AF567928

Michael Hartmann

Patient Hund

Michael Hartmann

Patient Hund

Krankheiten vorbeugen, erkennen, behandeln

4. Auflage

Oertel+Spörer

Bildnachweis
Titelbild: Dr. Gabriele Lehari

Innenteilbilder:
Dr. Carsten Schmidt: 56u., 57 (2), 217, 218o.
Dr. Eberhard Ludewig, Klinik für Kleintiere, Universität Leipzig: 59(2), 207
Dr. Gabriele Lehari: 22, 27, 29, 33, 48, 72, 82, 83, 92, 95, 98, 101u., 104, 105, 110, 113, 125, 134, 148, 152, 171, 205, 266, 278
Freie Universität Berlin, Institut für Parasitologie und Tropenveterinärmedizin: 89, 90, 158, 174o.
Monika Marschall: 25, 40, 42, 71, 99
Novartis Animal Health Inc.: 87(2), 161, 162 (li), 177o.
Prof. Reinhard Mischke, Klinik für Kleintiere, Tierärztliche Hochschule Hannover: 173u., 176u., 177u.
Sabine Strübig: 77

Alle anderen Bilder vom Autor

Zeichnungen: Sabine Drobik

Haftungsausschluss

Die Hinweise in diesem Buch wurden von dem Autor sorgfältig recherchiert und geprüft. Es können jedoch keinerlei Garantien übernommen werden. Eine Haftung des Autors bzw. des Verlags und seiner Beauftragten für Personen-, Sach- und Vermögensschäden ist ausgeschlossen. Sämtliche Teile des Werks sind urheberrechtlich geschützt. Jede Verwertung außerhalb der engen Grenzen des Urheberrechtsgesetzes ist ohne die schriftliche Zustimmung des Verlags und des Autors unzulässig und strafbar. Dies gilt insbesondere für Vervielfältigungen, Übersetzungen, Mikroverfilmungen und die Einspeicherung und Verarbeitung in elektronischen Systemen.

Bibliografische Information der Deutschen Nationalbibliothek

Die Deutsche Nationalbibliothek verzeichnet diese Publikation in der Deutschen Nationalbibliografie; detaillierte bibliografische Daten sind im Internet über http://dnb.d-nb.de abrufbar.

Postfach 1642 · 72706 Reutlingen
4. Auflage

Lektorat: Dr. Gabriele Lehari
DTP und Repro: raff digital GmbH, Riederich
Druck und Einband: FINIDR, s.r.o., Tschechische Republik
ISBN 978-3-88627-819-0

Inhalt

Vorwort **11**

Der gesunde Hund – biologische Besonderheiten **13**
Hecheln 14
Gebiss und Zahnwechsel 14
Der Geschlechtszyklus der Hündin 15
Kastration – ja oder nein? 18
Der Deckakt 22
Der Geburtsablauf 24

Gesunde Ernährung **27**
Fertigfutter oder selbst zubereitete Kost? 27
BARF – nur ein neuer Trend? 28
Wie oft und wie viel füttern? 31
Die richtige Futterzusammensetzung 31
Häufige Fütterungsfehler 39
Ernährungsempfehlungen bei verschiedenen Erkrankungen 42

Der Besuch beim Tierarzt **50**
Vorbereitung des Hundes 50
Fixationsmaßnahmen 51
Untersuchungsmöglichkeiten in der tierärztlichen Praxis 53
Arzneimittel für den Hund 60
Vorbereitung und Nachsorge einer Narkose 66
Krankenversicherung für Hunde 68
Preisbildung in der tierärztlichen Praxis 69
Euthanasie (Einschläfern) 70

Urlaubszeit – Reisezeit **71**
EU-Heimtierausweis und Tierkennzeichnung 72
Reisevorbereitungen 74
Der richtige Transport 76

Vorbeugen von Krankheiten **81**
Impfungen 81
Entwurmen 85
Parasiten bekämpfen 87

Pneumothorax/Hämothorax 213
Lungentumoren 213
Zwerchfellriss/Zwerchfellhernie 214

Erkrankungen von Herz und Kreislauf 215
Herzinsuffizienz (Herzschwäche) 215
Angeborene Herzfehler 215
Herzklappenerkrankungen
(Klappeninsuffizienz, mangelhaft schließende Herzklappen) 216
Herzmuskelerkrankungen (Kardiomyopathien) 217
Herzrhythmusstörungen 218
Schock 219

Erkrankungen des Blutes und der Milz 220
Blutarmut (Anämie) 220
Blutgerinnungsstörungen/Bluterkrankheit 220
Tumorerkrankungen der Blutzellen 221
Milzvergrößerung/Milztumor 222
Milzdrehung 223
Milzriss 223

Erkrankungen der Mundhöhle und Zähne 224
Mundschleimhautentzündung (Stomatitis) 224
Zungenentzündung (Glossitis) 224
Rachenentzündung (Pharyngitis) 224
Mandelentzündung (Tonsillitis) 225
Fremdkörper in Mundhöhle und Rachen 226
Erkrankungen des Gaumens 226
Erkrankungen der Speicheldrüsen 227
Zahnfleischentzündungen (Gingivitis) 228
Zahnfleischwucherung (Zahnfleischpolyp, Epulis) 229
Veränderungen des Kiefergelenks (Arthrose/Arthritis) 229
Kiefergelenkausrenkung (Kiefergelenkluxation) 230
Zahnerkrankungen 230
Tumoren der Mundhöhle 239

Erkrankungen der Verdauungsorgane 240
Fremdkörper in der Speiseröhre 240
Erweiterung der Speiseröhre (Megaösophagus) 240
Entzündung der Speiseröhre (Ösophagitis) 241
Magenschleimhautentzündung/Magengeschwür
(Gastritis/*Ulcus ventriculi*) 241
Fremdkörper im Magen 242
Magenblähung/Magendrehung 243
Darmschleimhautentzündung/Durchfall (Enteritis/Diarrhö) 245

Darmverschluss (Ileus) 246
Verstopfung (Obstipation, Koprostase) 247
Enddarmvorfall (Mastdarmvorfall, Rektumprolaps) 248
Enddarmaussackung (Rektumdivertikel) 248
Analbeutelentzündung/Analbeutelabszess 249
Tumoren der Zirkumanaldrüsen 250
Eingeweidebrüche (Hernien) 251
Bauchfellentzündung (Peritonitis) 253
Bauchwassersucht (Aszites) 254
Leberentzündung (Hepatitis) 254
Leberzirrhose 255
Stauungsleber 255
Gelbsucht (Ikterus) 256
Lebertumoren 258
Bauchspeicheldrüsenentzündung (Pankreatitis) 258
Enzymbildungsstörungen der Bauchspeicheldrüse (Exokrine Pankreasinsuffizienz) 259

Erkrankungen der Nieren und Harnwege 260
Niereninsuffizienz (Nierenschwäche) 260
Nierenversagen 260
Nierenentzündung (Nephritis) 261
Nierentumoren 262
Harnblasenentzündung (Zystitis) 263
Steinbildung in Nieren und Harnwegen (Urolithiasis) 263

Erkrankungen der männlichen Geschlechtsorgane 265
Übersteigerter Geschlechtstrieb (Hypersexualität) 265
Hodenhochstand (Kryptorchismus) 265
Hoden- und Nebenhodenentzündung 266
Hodentumoren 267
Prostatavergrößerung/Prostatazysten 267
Prostataentzündung/Prostataabszess 268
Prostatatumoren 268
Vorhautentzündung (Präputialkatarrh, Balanoposthitis, „Hundetripper“) 269
Vorhautverengung (Phimose) 269

Erkrankungen der weiblichen Geschlechtsorgane 270
Läufigkeitsstörungen 270
Gebärmuttervereiterung/Gebärmutterentzündung (Pyometra/Endometritis) 270
Scheidenentzündung (Vaginitis) 271
Scheidenvorfall 272
Tumoren der weiblichen Geschlechtsorgane 272

Gesäugeentzündung (Mastitis) 273
Gesäugetumoren (Mammatumoren) 273
Störungen der Trächtigkeit und Geburt 274
Störungen der Nachgeburtsphase 277
Zitterkrampf der Hündin (Eklampsie) 278
Milchmangel 278
Gestörtes Welpenpflegeverhalten 279

Erkrankungen der Bewegungsorgane 280
Erkrankungen der Knochen 280
Erkrankungen der Gelenke 283
Erkrankungen der Wirbelsäule 289
Erkrankungen von Muskeln, Sehnen und Bändern 292

Hormonelle Erkrankungen 295
Wasserharnruhr (Diabetes insipidus) 295
Nebennierenrindenunterfunktion (Morbus Addison) 295
Nebennierenrindenüberfunktion (Morbus Cushing) 296
Schilddrüsenunterfunktion (Hypothyreose) 297
Schilddrüsenüberfunktion (Hyperthyreose)/Schilddrüsentumoren 298
Zuckerkrankheit (Diabetes mellitus) 298

Erkrankungen des Nervensystems 300
Gehirnerschütterung (*Commotio cerebri*) 300
Fallsucht (Epilepsie) 300
Gehirn- und Rückenmarkentzündung 300
Gleichgewichtsstörungen und Störung
der Bewegungskoordination (Vestibulärsyndrom/Ataxie) 301
Altersbedingtes Vestibulärsyndrom
(Geriatrisches Vestibulärsyndrom) 301
Nervenlähmungen/Nervenabriss 301

Zwischen Hund und Mensch übertragbare Krankheiten 303

Anhang 307
Veterinärmedizinischer Sprachführer für den Tierarztbesuch 307
Übersicht rassebedingter Erkrankungen 311
Literatur 313
Wichtige Adressen 313
Register 314

Vorwort

Hunde retten Menschenleben, spüren Sprengstoff oder Rauschgift auf, bewachen Haus und Hof, geben alten oder kranken Menschen ein bisschen Sonnenschein in ihrem Leben, sind aber vor allem eines – zuverlässige Freunde und Sozialpartner des Menschen. Hunde sind in unserer Zeit zu fest integrierten Familienmitgliedern und den besten Spielgefährten für Kinder geworden.

Wer je die wertvolle Erfahrung machen durfte, einen Hund an seiner Seite zu haben, weiß, wie treu und dankbar diese Tiere sind. Nicht umsonst werden sie als „bester Freund" des Menschen bezeichnet.

Mit der Entscheidung für einen Hund geht man eine lange und schöne Partnerschaft ein. Neben der Liebe zum Tier gehören aber auch Verantwortung, Fürsorge und das Wissen um die Haltungsansprüche und Krankheiten der Hunde dazu.

Das vorliegende Buch richtet sich an interessierte Hundefreunde und Hundezüchter. Es soll helfen, Krankheiten ihrer Vierbeiner rechtzeitig zu erkennen, aber auch Hilfestellung bei der Frage geben, ob und in welcher Form eine Selbsthilfe möglich ist bzw. ab wann unbedingt tierärztlicher Rat eingeholt werden sollte.

Vor allem in Notfallsituationen ist schnelles und besonnenes Handeln des Hundehalters gefragt, um das eigene Tier optimal erstzuversorgen und es dann unverzüglich zur weiteren Behandlung beim Tierarzt vorzustellen.

Besonders für Kinder können Hunde die besten Spielgefährten sein und sind eine echte Bereicherung. Neben der Liebe zum Tier sollte der Hundehalter aber auch über ausreichende Fachkenntnisse verfügen.

Auch die Veterinärmedizin ist einem steten Wandel unterworfen. Durch ständig neue wissenschaftliche Erkenntnisse, aber auch die Überführung von Diagnostikverfahren und Behandlungsmethoden aus der Humanmedizin stehen dem Tierarzt somit modernste Möglichkeiten zur optimalen Versorgung seiner Patienten zur Verfügung. Dies hat in den letzten Jahren zunehmend zu einer Spezialisierung auf einzelne Tierarten und innerhalb dieser auch auf einzelne Fachgebiete (z.B. Kardiologie, Zahn- oder Augenheilkunde) geführt.

Durch eine verbesserte Gesundheitsversorgung, regelmäßige Impfungen und Entwurmung sowie eine Optimierung der Ernährung hat sich die Lebenserwartung der Hunde in den letzten Jahrzehnten deutlich erhöht.

Gleichzeitig rücken damit aber altersbedingte Erkrankungen zunehmend in den Mittelpunkt tierärztlicher Tätigkeit. Auch wenn viele dieser altersbedingten körperlichen „Verschleißerscheinungen“ nicht mehr heilbar sind, kann durch frühzeitiges Erkennen beispielsweise im Rahmen einer Altersvorsorgeuntersuchung und einer rechtzeitigen gezielten Einflussnahme deren Auswirkung gemildert und eine hohe Lebensqualität unserer Hunde erhalten werden.

Neben einer Fülle persönlicher Erfahrungen aus einer langen beruflichen Tätigkeit beinhaltet das vorliegende Buch auch die aktuellen wissenschaftlichen Erkenntnisse auf dem Gebiet der Kleintiermedizin.

Dr. Michael Hartmann

Der gesunde Hund – biologische Besonderheiten

Um beurteilen zu können, ob ein Hund gesund ist, muss man mit den biologischen Besonderheiten vertraut sein. Sie werden im Folgenden in Kürze zusammengefasst, sodass Sie sich jederzeit ein Bild vom Gesundheitszustand Ihres Hundes machen können, wobei es wichtig ist, die speziellen Gegebenheiten des Vierbeiners richtig einzuschätzen.

Daten der normalen Körperfunktion beim Hund	
Körpertemperatur (im Enddarm mit handelsüblichem Fieberthermometer zu messen)	37,5 bis 39,0 °C (Welpe bis 39,5 °C)
Puls (Fühlen auf der Schenkelinnenseite)	70/min. bis 130/min. (kleine Rassen bis 180/min., Welpen bis 220/min.)
Atemfrequenz (in Ruhe)	10 bis 30 Atemzüge/min.
Eintritt der Geschlechtsreife	7. bis 10. Lebensmonat
Zuchtreife (Entwicklungszustand, in dem Hunde zur Zucht geeignet sind, meist von Zuchtverbänden festgesetzt)	Hündin: ab 18 bis 24 Monate Rüde: ab 18 Monate
Hodenabstieg in den Hodensack	bis 9. Lebenswoche
Trächtigkeitsdauer	63 (58 bis 72) Tage

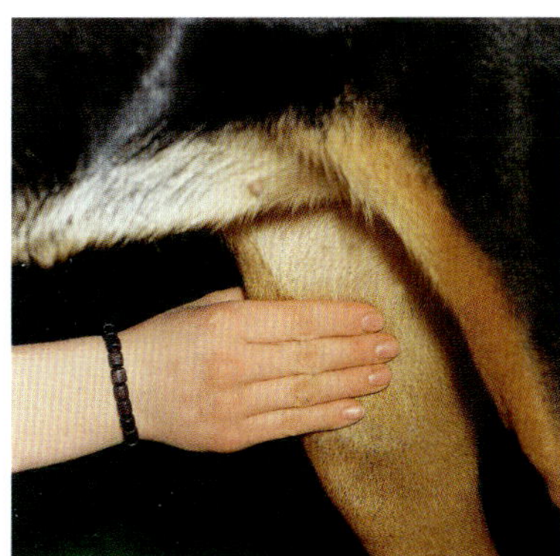

Das Pulsfühlen beim Hund erfolgt mit den Fingerspitzen an der Schenkelinnenseite des Hinterbeins.

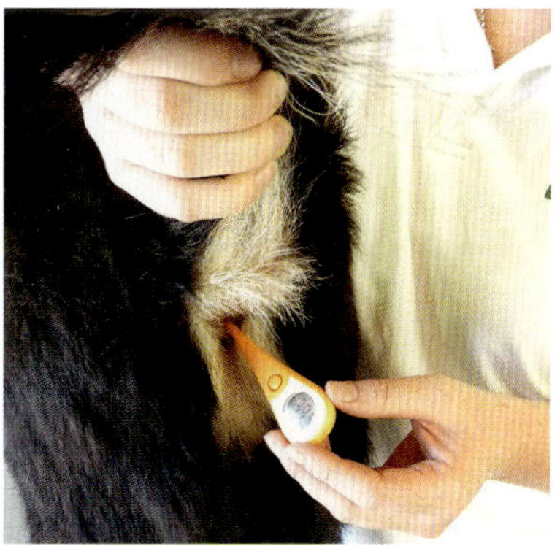

Die Körpertemperatur wird beim Hund im Enddarm gemessen.

Hecheln

Das Hecheln ermöglicht dem gesunden Hund, bei gesteigerter körperlicher Aktivität oder höherer Umgebungstemperatur seine eigene Körpertemperatur zu erniedrigen. Da Hunde im Gegensatz zum Menschen in der Haut keine Schweißdrüsen besitzen, fehlt ihnen somit diese Möglichkeit der Wärmeregulation. Aber auch bei Erregung, Fieber oder während der Geburt hechelt ein Hund stärker.

Gebiss und Zahnwechsel

Ein Hundewelpe kommt ohne Zähne zur Welt. Selbstverständlich haben auch Hundewelpen Milchzähne (dentes decidui = vergängliche Zähne). Im Alter von etwa drei bis vier Wochen beginnen die Milchschneidezähne durchzubrechen. Das vollständige Milchgebiss besteht aus insgesamt 28 Zähnen und ist nach sechs Wochen komplett ausgebildet.

Neben den **Milchschneidezähnen (Incisivi = Id)** verfügt das Milchgebiss noch über **Fangzähne (Canini = Cd)**, die auch als Hakenzähne bezeichnet werden, sowie über die **vorderen Backenzähne (Prämolaren = Pd)**. Die Milchzähne unterscheiden sich von den bleibenden Zähnen durch ihre bläulich weiße Farbe und sind ausgesprochen spitz und scharf, wovon sich jeder Welpenbesitzer sicher des Öfteren überzeugen kann.

Zahnformel Milchgebiss: $\frac{3\text{Id} \quad 1\text{Cd} \quad 3\text{Pd}}{3\text{Id} \quad 1\text{Cd} \quad 3\text{Pd}} \times 2 = 28$ Zähne

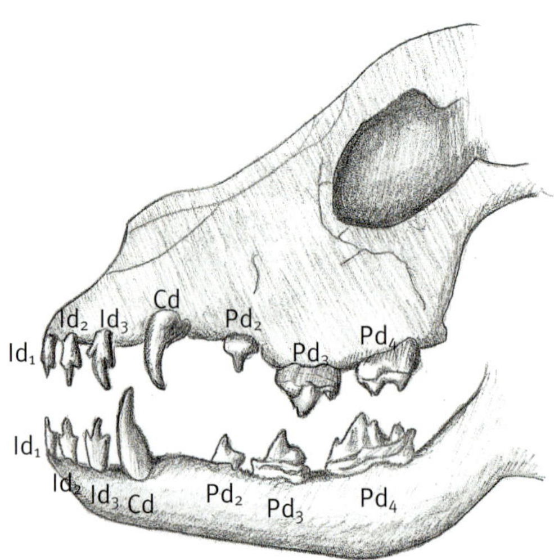

Milchgebiss des Hundes

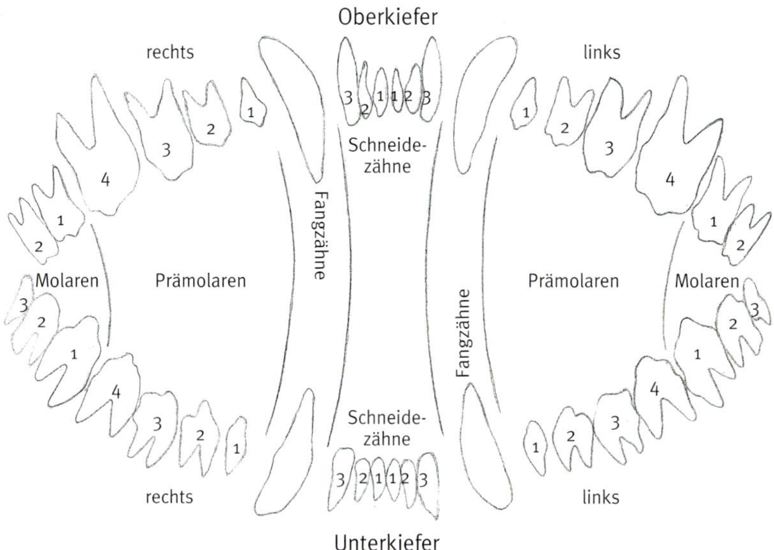

Gebiss des erwachsenen Hundes, Zahnbogen Ersatzgebiss

Der Zahnwechsel beginnt im Alter von drei bis vier Monaten mit den Schneidezähnen und sollte im 7. Monat mit dem Wechsel der Fangzähne und dem Durchbruch der hinteren **Backenzähne (Molaren = M)** abgeschlossen sein. Bei kleineren Hunderassen dauert der Zahnwechsel jedoch etwas länger. Das bleibende Gebiss verfügt somit über 42 Zähne.

Zahnformel Ersatzgebiss: $\dfrac{3I \quad 1C \quad 4P \quad 2M}{3I \quad 1C \quad 4P \quad 3M} \times 2 = 42$ Zähne

Der Hund besitzt als Fleischfresser ein Gebiss, mit dem er seine Beute zerreißen und in kleineren Stücken herunterschlingen kann. Knochen werden durch die brechscherenartige Wirkung der **Reißzähne** (Oberkiefer = letzter Prämolar – P4, Unterkiefer = erster Molar – M1) zerkleinert. Mahlbewegungen sind aufgrund der anatomischen Verhältnisse kaum möglich. Anhand des Zahnwechsels bzw. der unterschiedlichen Abnutzung der einzelnen Zähne im Laufe der Zeit kann das Alter des Hundes geschätzt werden.

Der Geschlechtszyklus der Hündin

Mit dem Eintritt der ersten **Läufigkeit** (Hitze) ist die Hündin geschlechtsreif. Dieser Zeitpunkt wird von vielen unterschiedlichen Faktoren wie Rasse oder genetischer Veranlagung bestimmt und weist eine große biologische Streuung

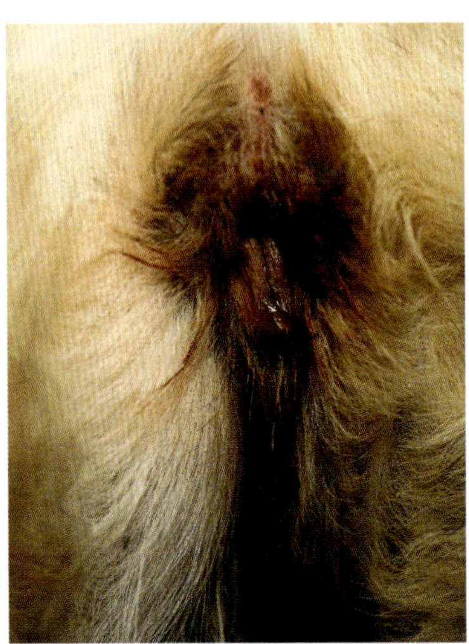

Läufigkeitsblutung in der Vorhitze: In dieser Phase besteht noch keine Deckbereitschaft. Die „gefährliche" Zeit kommt noch.

auf. Kleine Rassen sind gewöhnlich früher geschlechtsreif als größere Rassen. Im Allgemeinen tritt die erste Läufigkeit im 7. bis 10. Lebensmonat auf. Da es beim Hund im Gegensatz zum Menschen keine Wechseljahre (Klimakterium) gibt, folgen nun zeitlebens durchschnittlich alle sechs bis sieben Monate weitere Läufigkeiten. Auch wenn der Läufigkeitsabstand rasseabhängig stark variiert, treten beim Einzeltier doch recht gleichmäßige Läufigkeitsintervalle auf.

Der Sexualzyklus der Hündin lässt sich in die folgenden vier Phasen einteilen: Vorhitze (Proöstrus), Stehhitze (Östrus), Nachhitze (Metöstrus) und den Zeitraum der Zyklusruhe (Anöstrus) bis zum Beginn des nächsten Sexualzyklus. Jede dieser Phasen ist durch typische hormonell bedingte äußerliche und innerliche Veränderungen an den Geschlechtsorganen sowie auffallende Verhaltensänderungen gekennzeichnet. Vorhitze und Stehhitze werden zusammen als Läufigkeit bezeichnet.

Zyklusphase	Dauer	Äußerlich sichtbare Merkmale
Vorhitze (Proöstrus)	7 bis 12 Tage	Schwellung der Scham; blutiger bis fleischwasserfarbener Scheidenausfluss = Rotläufigkeit; nur mäßiges Interesse am Rüden; keine Deckbereitschaft; Rute wird über Scham „geklemmt"
Stehhitze (= Östrus)	3 bis 12 Tage	Schwellung der Scham; Scheidenausfluss schleimiger und heller, Menge abnehmend; starkes Interesse am Rüden; Deckbereitschaft; Rute wird zur Seite gestellt
Nachhitze (= Metöstrus)	9 bis 12 Wochen	Abklingen des Scheidenausflusses; Abschwellung der Scham, Scheinschwangerschaft mit unterschiedlicher Ausprägung
Zyklusruhe (= Anöstrus)	2 bis 4 Monate	Scham klein, unauffällig

Scheinschwangerschaft

Bei der Scheinschwangerschaft handelt es sich um einen ganzen Komplex von körperlichen und Verhaltensänderungen, die meist vier bis neun Wochen nach einer Läufigkeit auftreten. Unabhängig davon, ob eine Hündin tragend geworden ist, ob überhaupt ein Deckakt stattgefunden hat oder sich die Hündin nur einbildet, Junge zu bekommen, steht der Körper während dieser Zeit unter dem gleichen Einfluss bestimmter Hormone. Die Ausprägung der sichtbaren Veränderungen ist jedoch sehr unterschiedlich, sodass von einer offenen und einer verdeckten Form gesprochen wird.

Dieses Phänomen der Scheinschwangerschaft lässt sich bis zu den Vorfahren unserer Hunde zurückverfolgen. Im Wolfsrudel wirft nur die Leitwölfin Welpen. Auch die nicht tragend gewordenen Wölfinnen des Rudels beteiligen sich aber an der Brutpflege und sind in der Lage, Milch zu bilden und damit eine Ammenfunktion für die Welpen der Leitwölfin zu übernehmen, um diese zu entlasten.

WICHTIG!

Bei der Scheinschwangerschaft handelt es sich nicht um eine Krankheit, sondern um einen ganz natürlichen Vorgang, der bei jeder unkastrierten Hündin vorkommt.

Das auffälligste Anzeichen einer Scheinschwangerschaft besteht im Anschwellen von Milchdrüsen und Zitzen mit nachfolgendem Einschießen der Milch. Die Milchbildung ist meist nur gering, jedoch kann es auch zu einer ausgeprägten und anhaltenden Milchsekretion kommen, insbesondere wenn die Hündin sich selbst besaugt und beleckt.

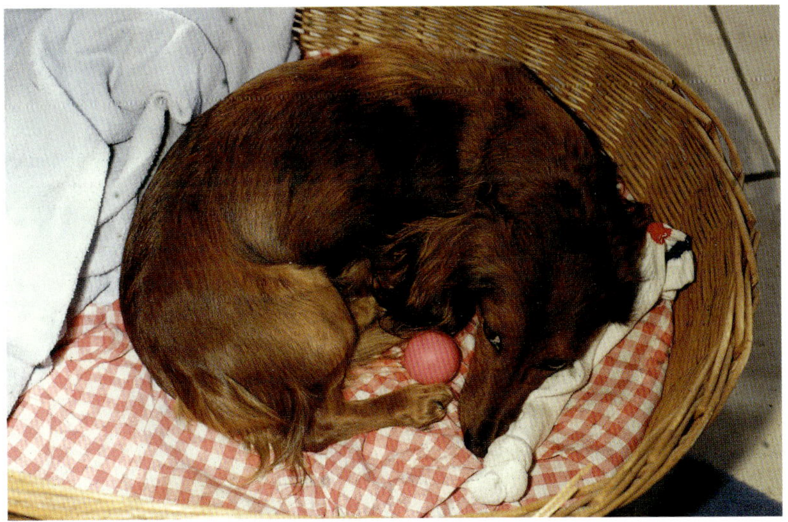

Diese Dackelhündin zeigt typische Verhaltensänderungen einer Scheinschwangerschaft, indem sie Bällchen und Socken als „Welpenersatz" mit in ihr Körbchen nimmt.

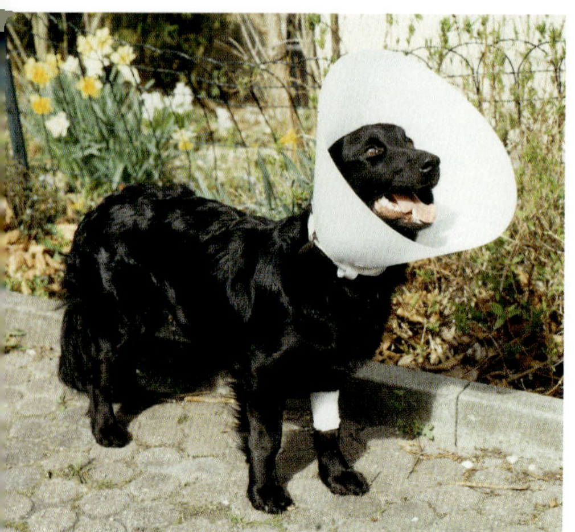

Ein Halskragen ist der beste Leckschutz für eine ungestörte Wundheilung.

Weiterhin können typische Verhaltensveränderungen bei der scheinschwangeren Hündin beobachtet werden: Die Tiere sind häufig bewegungsunlustig und lassen sich kaum zu einem Spaziergang überreden, tragen Spielsachen oder Hausschuhe der Besitzer als Welpenersatz in der Wohnung herum und verteidigen diese. Das Körbchen wird als Nest hergerichtet und nur noch ungern verlassen. Da sich diese Verhaltensweisen mitunter bis zur Aggression oder Teilnahmslosigkeit steigern und die Hunde auch zunehmend schlechter fressen, machen sie häufig einen kranken Eindruck.

Der Tierhalter sollte seine Hündin in dieser „Mutterrolle" nicht noch bestärken. Ablenkung ist deshalb die wichtigste „Behandlung": Viel Bewegung an frischer Luft, das Wegräumen von Spielsachen und eine Umgebungsveränderung wie z.B. ein Wechsel des Schlafplatzes führen häufig zu einer schnellen Besserung. Ein Belecken der Milchleiste kann durch Überziehen eines alten T-Shirts oder eines Halskragens verhindert werden. Keinesfalls sollte man ein prall gefülltes Gesäuge ausmassieren, da hierdurch die Milchproduktion noch weiter gefördert wird.

Nur in hartnäckigen Fällen oder bei starker Milchbildung ist eine zusätzliche medikamentöse Behandlung angezeigt. Durch spezielle Gegenspieler der verantwortlichen Hormone gelingt es recht schnell, deren Wirkung zu neutralisieren und eine Normalisierung des Zustandes zu erreichen. Diese Präparate können vom Tierhalter täglich über das Futter verabreicht werden.

Sollten sich nach jeder Läufigkeit derart stark ausgeprägte Veränderungen zeigen, muss unbedingt eine Kastration der Hündin erwogen werden.

Kastration – ja oder nein?

Bei vielen Hundehaltern stellt sich früher oder später die Frage nach einer Kastration ihrer Tiere, egal ob Rüde oder Hündin. Oft besteht jedoch Unklarheit über die Begriffe Kastration und Sterilisation. Während man unter einer **Kastration** die operative Entfernung der Keimanlagen, also der Eierstöcke bzw. Hoden versteht, erfolgt bei einer **Sterilisation** lediglich die Unterbindung von Eileitern und Samenstrang. Das Ergebnis beider Verfahren ist gleich – die Tiere sind unfruchtbar.

Da Eierstöcke und Hoden jedoch die weiblichen und männlichen Geschlechtshormone produzieren, werden Hündinnen nach einer Sterilisation auch weiterhin läufig und scheinschwanger. Rüden zeigen unverändertes Sexualverhalten. Eine Vielzahl der gewünschten Wirkungen, vor allem auch in Bezug auf eine aktive Gesundheitsvorbeugung, lassen sich somit auch durch eine Sterilisation nicht erzielen, sodass einer Kastration klar der Vorzug zu geben ist.

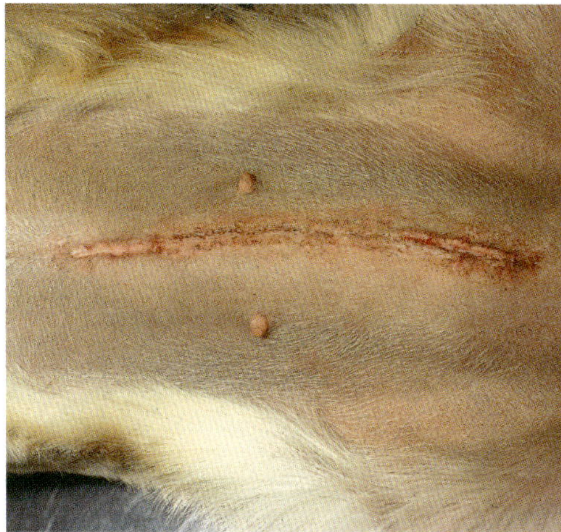

Die Naht einer Kastration nach dem Fädenziehen – sogar die Haare wachsen schon wieder nach.

Hormonelle Läufigkeitsunterdrückung oder Kastration bei der Hündin

Die Läufigkeitsunterdrückung der Hündin wird in der tierärztlichen Praxis oft von Hundehaltern gewünscht. Neben hygienischen Belangen, die sich vor allem auf die Zeit des intensiven blutigen Scheidenausflusses beziehen, spielt häufig auch die Haltungserleichterung eine Rolle, da man nicht mehr regelmäßig mit der Gefahr einer ungewollten Trächtigkeit leben oder beim Spaziergang eine Horde interessierter Rüden abwehren muss. Letztendlich löst eine Läufigkeitsunterdrückung auch das leidige Problem der Scheinschwangerschaften.

Prinzipiell unterscheidet man hierbei zwei Möglichkeiten: eine regelmäßige, das heißt lebenslange Hormongabe und die operative Entfernung der Eierstöcke (Kastration).

Sollte man sich für eine hormonelle Behandlung entscheiden, ist es sinnvoll, die ersten beiden Läufigkeiten der Junghündin ohne Behandlung verstreichen zu lassen. Der Hormoneinsatz darf nur in der Phase der absoluten Zyklusruhe erfolgen, das heißt frühestens drei Monate nach Ende der letzten und spätestens einen Monat vor Beginn der nächsten Läufigkeit. Vor einer Läufigkeitsunterdrückung sollte der Tierarzt durch eine mikroskopische Beurteilung eines Scheidenabstriches den genauen Zyklusstand bestimmen und somit den Zeitpunkt der Hormongabe festlegen. Die Hormonbehandlung muss je nach Zyklusintervall der Hündin und nach Wirkdauer des eingesetzten Medikamentes nach drei bis sechs Monaten wiederholt werden. Keinesfalls darf ein Hundehalter durch eine für Menschen bestimmte „Pille“ selbst den Versuch einer Läufigkeitsausschaltung unternehmen, da dies zu schweren Erkrankungen führt.

Trotz korrekter Hormonverabreichung kann es in Einzelfällen zu Läufigkeitsdurchbrüchen sowie zu Eierstockzysten oder Gebärmuttererkrankungen wie Entzündungen und Vereiterungen kommen, die eine intensive medikamentöse

Behandlung oder gar Operation notwendig machen. Besonders hoch ist diese Gefahr bei Hündinnen mit einer wechselhaften Zyklusdauer oder wenn die Behandlung außerhalb der Zyklusruhe erfolgte. Außerdem tritt durch wiederholte Hormonbehandlung ein höheres Risiko für die Entstehung von Gesäugetumoren oder einer Zuckerkrankheit (Diabetes mellitus) auf, weshalb die hormonelle Läufigkeitsunterdrückung in den letzten Jahren an Bedeutung verloren hat.

Wenn man nicht beabsichtigt, mit seiner Hündin zu züchten, ist es deshalb vorteilhafter, durch eine Kastration die Läufigkeit dauerhaft zu unterbinden. Das häufig erzählte Ammenmärchen, dass eine Hündin mindestens einmal im Leben Nachwuchs gehabt haben sollte, um ihre Muttergefühle voll ausleben zu können, entbehrt jeglicher wissenschaftlichen Grundlage. Als Operationsverfahren hat sich bei der Kastration die Totaloperation, also die vollständige Entfernung von Eierstöcken und Gebärmutter durchgesetzt, da bei einem Zurücklassen von Gebärmutteranteilen immer noch die Gefahr einer Gebärmutterentzündung oder -vereiterung bestehen bleibt. In den letzten Jahren haben sich hierfür zunehmend auch endoskopische Operationsverfahren etabliert.

WICHTIG!

Mit der Kastration besteht die Möglichkeit einer direkten Krankheitsvorbeugung! Dieser Eingriff verhindert nicht nur Eierstock- und Gebärmuttererkrankungen, sondern reduziert auch die Gefahr einer Gesäugetumorentstehung.

Die vom Menschen bekannten Probleme im Zusammenhang mit einer Totaloperation wie eine zunehmende Entkalkung der Knochen durch Hormonmangel treten bei der Hündin nicht auf.

Je früher eine Hündin kastriert wird, umso größer ist die Schutzwirkung für den Körper. Der beste Effekt besteht bei einer Kastration vor der ersten Läufigkeit. Frühkastrationen, wie sie in Amerika üblich sind, konnten sich in Deutschland aufgrund ethischer Vorbehalte und ungeklärter Fragen bezüglich Entwicklung und Verhalten bisher nicht durchsetzen. Der günstigste Zeitpunkt besteht deshalb zwischen erster und zweiter Läufigkeit. Untersuchungen belegen, dass kastrierte Tiere eine um etwa ein Jahr höhere Lebenserwartung gegenüber nicht kastrierten Hündinnen besitzen.

Aber auch die Nebenwirkungen einer Kastration sollen nicht unerwähnt bleiben. Neben dem immer zu berücksichtigenden Narkoserisiko kann es gelegentlich zu Wundheilungsstörungen insbesondere durch Beschlecken des Operationsbereiches kommen. Durch eine gewissenhafte Operationsvorbereitung und -überwachung, aber auch durch Mitarbeit des Tierhalters in der Nachoperationsphase (Anbringen von Leckschutz in Form von Halskragen oder T-Shirt werden derartige Risiken weitgehend minimiert.

Eine häufigere und für Hund und Halter unangenehme Kastrationsfolge ist das Harnträufeln. Betroffen sind vor allem schwergewichtige Hündinnen großer

Rassen. Bei den betroffenen Tieren ist der Verschlussmechanismus der Harnröhre gestört. Durch Verabreichung geeigneter Medikamente lässt sich dieses Problem jedoch sehr schnell beherrschen. Bei langhaarigen Hunderassen (insbesondere bei Cocker Spaniel, Langhaardackel, Irish Setter) kommt es gelegentlich infolge eines erniedrigten Hormonspiegels nach der Kastration zu einer Vermehrung der Wollhaare. Das Fell wird weicher und flauschiger und ähnelt dem Welpenfell.

Durch gesteigerte Futteraufnahme bei gleichzeitiger besserer Futterverwertung haben kastrierte Hündinnen ein erhöhtes Risiko etwas „molliger“ zu werden. Durch die Gewichtszunahme werden die Tiere eventuell bewegungsunlustig und träge. Eine ausgewogene und kontrollierte Fütterung in Zusammenhang mit ausreichender Bewegung lässt dieses Problem erst gar nicht aufkommen.

ACHTUNG!

Das Für und Wider einer Kastration der Hündin sollte gemeinsam mit Ihrem Tierarzt abgewogen werden. Gerade unter dem Aspekt der Gesundheitsvorsorge und Tumorvorbeugung spricht jedoch vieles für eine Kastration.

Kastration oder Hormonbehandlung beim Rüden

Prinzipiell besteht keine Veranlassung, einen normalen, gesunden Rüden vorbeugend zu kastrieren. Vielfach ist eine Kastration jedoch bei gesteigertem Sexualverhalten, Streunen, Markieren, ausgeprägtem Dominanzverhalten oder Aggressivität zur Erleichterung von Haltung und Erziehung des Hundes sinnvoll. Lebt eine Hündin im gleichen Haushalt, spielt auch die Vermeidung einer unerwünschten Fortpflanzung eine Rolle. Zudem wird der von vielen Hundehaltern als unhygienisch und störend empfundene gelblich cremige Vorhautausfluss (Präputialkatarrh) beseitigt. Rein medizinische Gründe, wie Hodenhochstand (Kryptorchismus), Tumoren der Zirkumanaldrüsen, Prostataerkrankungen (wiederkehrende Entzündungen, Abszesse, Zysten) oder Hodentumoren, machen dagegen eine Kastration unumgänglich.

Kastrierte Rüden neigen ähnlich der Hündin zur Gewichtszunahme. Die häufig von Tierhaltern befürchteten charakterlichen Veränderungen bleiben jedoch aus, auch wenn durch die Beeinflussung des Sexualtriebes die Hunde oft weniger aktiv erscheinen. Vereinzelt werden kastrierte Rüden attraktiver für intakte Geschlechtsgenossen und von diesen vermehrt belästigt, beschnuppert oder bestiegen. Fellveränderungen werden in einzelnen Fällen beobachtet, jedoch viel seltener als bei Hündinnen.

Zeitlich ist man weniger gebunden, der Rüde sollte jedoch die Geschlechtsreife (mindestens das Alter von sieben Monaten) erreicht haben.

Neben der chirurgischen Kastration besteht auch beim Rüden die Möglichkeit einer Hormonbehandlung. Gerade moderne Präparate mit Depotwirkungen, die in Form eines etwa reiskorngroßen Implantates unter die Haut injiziert werden, bieten eine ganze Reihe von Vorteilen, ohne derzeit bekannte negative Auswirkungen. Der Abfall der Sexualhormone führt zu einer Verkleinerung der Prostata, die Spermienproduktion wird eingestellt. Der aufgebaute Wirkspiegel besteht je nach verwendetem Implantat für etwa sechs bis zwölf Monate und fällt danach wieder ab. Die Wirkung ist vollständig reversibel, sodass sich dieses Verfahren z. B. für die vorübergehende Unfruchtbarmachung von jungen Zuchtrüden eignet, die nachfolgend ohne Einschränkungen in den Zuchteinsatz gehen können. Andererseits besteht für den Tierhalter vor einer geplanten chirurgischen Kastration auch die Möglichkeit, den erhofften und gewünschten Effekt zu testen, aber auch mögliche unerwünschte Nebenwirkungen zu prüfen.

Gerade bei älteren Tieren mit bestehendem Narkoserisiko kann durch den Hormonimplantateinsatz auf eine Narkose verzichtet werden.

Der Deckakt

Die Hündin zeigt dem Rüden ihre Deckbereitschaft, indem sie ihm das Hinterteil präsentiert, dabei den Schwanz zur Seite stellt und Aufsprungversuche des Rüden nicht mehr abwehrt. Der Deckakt dauert zwischen 10 und 45 Minuten. Gegen Ende des Deckaktes hängen Rüde und Hündin bis zu 30 Minuten fest zusammen. Bei diesem sogenannten „Hängen“ wird der Penisschwellkörper des Rüden durch die Scheidenmuskulatur der Hündin festgehalten. Auch bei einem „ungewollten“ Deckakt sollte man daher Trennungsversuche, z. B. durch Kaltwassergüsse, unbedingt vermeiden, da hierdurch nicht nur das Triebverhalten

Der Deckakt dauert meistens zwischen 10 und 45 Minuten.

gestört wird, sondern auch eine erhebliche Verletzungsgefahr für Rüde und Hündin besteht.

Der Eisprung erfolgt im ersten Drittel der Stehhitze, sodass die Hündin zwei bis vier Tage nach Einsetzen der Deckbereitschaft belegt, also vom Rüden gedeckt werden sollte. Eine Wiederholung des Deckens in ein- bis zweitägigen Abständen erhöht die Sicherheit einer erfolgreichen Belegung. Durch wiederholte Hormonbestimmungen und die mikroskopische Beurteilung von Scheidenabstrichen kann der Tierarzt den optimalen Deckzeitpunkt bestimmen.

Typischerweise verhält sich die Hündin während der Zeit der deutlichsten Läufigkeitsanzeichen (geschwollene Scham, stark blutiger Ausfluss) gegenüber Rüden eher reserviert. Der Scheidenausfluss wird weniger und der Tierhalter wiegt sich in Sicherheit, dass nun nichts mehr „passieren“ kann. Aber Vorsicht: Die fruchtbaren Tage, in denen jede Hündin ein starkes Interesse an Rüden hat und auch wegläuft (Läufigkeit!), beginnen gerade erst jetzt! Falls eine Schwangerschaft der Hündin unerwünscht ist, muss der Tierhalter in dieser Phase ausreichende Sicherheitsvorkehrungen (Anleinen, Einsperren, Höschen) ergreifen, da männliche Samenzellen bis zu sieben Tage im weiblichen Geschlechtstrakt befruchtungsfähig bleiben können.

Maßnahmen bei fehlgedeckten Hündinnen

Sollte es zu einem ungewollten Deckakt gekommen sein, ist die Verhinderung einer Trächtigkeit unumgänglich, wenn der Tierhalter keine Möglichkeit sieht, den zu erwartenden Nachwuchs aufzuziehen oder medizinische Belange gegen die Schwangerschaft sprechen.

Bevor man sich jedoch zu einer Abtreibung entschließt, empfiehlt es sich, gemeinsam mit dem Tierarzt das Für und Wider abzuwägen, da durch eine solche Behandlung auch unerwünschte Nebenwirkungen oder Komplikationen auftreten können. Vor allem gilt es abzuklären, ob überhaupt eine Befruchtung erfolgt sein kann. Der Tierhalter sollte deshalb dem Tierarzt möglichst genau den bisherigen Läufigkeitsablauf schildern und Angaben zum beobachteten Deckakt machen können.

Ist eine Aufnahme der Hündin wahrscheinlich, besteht die Möglichkeit, durch eine Hormonbehandlung eine Einnistung der befruchteten Eizellen in die Gebärmutterschleimhaut zu verhindern. Während durch die in früheren Jahren handelsüblichen Hormonpräparate ein hohes Risiko zur Entstehung von Gebärmuttererkrankungen (Entzündung, Vereiterung) bestand, stehen nunmehr moderne Präparate (Antigestagene) zur Verfügung, die bei korrektem Einsatz gut verträglich und komplikationsarm sind.

Die Medikamentenverabreichung sollte durch den Tierarzt nach Ende der Läufigkeit frühestens ab dem 10. bis 12. Tag nach der Fehlbelegung erfolgen und im Abstand von 24 Stunden wiederholt werden. Der Therapieerfolg ist ab dem

25. bis 26. Tag nach dem Deckakt durch eine Ultraschalluntersuchung zu kontrollieren. Die nächste Läufigkeit kann dann ein bis drei Monate früher als erwartet auftreten. Spätere Trächtigkeiten oder eine Geburt werden nicht beeinflusst, sodass auch Zuchthündinnen behandelt werden können.

Der Geburtsablauf

Die Trächtigkeitsdauer beträgt beim Hund zwischen 58 und 72 Tagen, wobei die Geburt bei den meisten Hündinnen um den 63. Tag einsetzt. Die große Variabilität erklärt sich daraus, da Deckzeitpunkt und Befruchtung der Eizelle um mehrere Tage differieren können, weil der Zeitpunkt von Eisprung und Deckakt nicht zwangsläufig identisch ist und die männlichen Spermien bis zu einer Woche befruchtungsfähig bleiben. Bei großer Welpenanzahl ist die Trächtigkeitsdauer verkürzt, bei Einlingsträchtigkeit bzw. kleinen Würfen hingegen verlängert.

Gegen Ende der normalen Trächtigkeitsdauer weisen verschiedene Veränderungen auf die bevorstehende Geburt hin. So lassen sich eine Zunahme des Bauchumfangs, eine deutliche Anbildung des Gesäuges, meist verbunden mit einem Einschießen der Milch, eine Schwellung der Scham und der Austritt von zähflüssigem Schleim aus der Schamspalte beobachten. Aber auch typische Verhaltensveränderungen werden deutlich: Häufig beginnen die Hündinnen mit dem Nestbau, sind gereizt, unruhig und hecheln verstärkt.

Eine Vorhersage des Geburtseintritts ist am ehesten möglich, wenn in den letzten sechs bis acht Tagen vor dem errechneten Geburtstermin dreimal täglich die Körpertemperatur im After gemessen wird. Während dieser Zeit bewegt sich die Körpertemperatur in einem Bereich um 38 °C. Fällt die Temperatur nun nochmals um 1 °C oder mehr auf 37 °C oder gar darunter, ist innerhalb der nächsten 12 bis 24 Stunden mit dem Geburtseintritt zu rechnen.

Hunde brauchen während der Geburt vor allem Ruhe. Auch wenn der Tierhalter häufig ebenso aufgeregt ist wie seine Hündin, vor allem wenn er das erste Mal oder gar völlig unvorbereitet Zeuge einer Geburt wird, sollte er durch ruhiges und umsichtiges Handeln auf die gebärende Hündin eine gewisse Souveränität ausstrahlen. Da der Tierhalter für die Hündin der „Leitwolf" ist, macht ein nervöser Halter die Hündin noch unruhiger und blockiert dadurch vielleicht sogar den normalen Geburtsablauf.

Die drei Phasen

Der Geburtsablauf lässt sich in drei Abschnitte gliedern: Eröffnungs-, Austreibungs- und Nachgeburtsphase.

Während der **Eröffnungsphase**, die sechs bis zwölf Stunden dauern kann, kommt es zu einer Verflüssigung des Schleimpfropfes im Muttermund und zu einer Aufweitung des weichen Geburtskanals durch kontinuierlichen Druck der flüssigkeitsgefüllten Fruchtblase des ersten Welpen. Die hierzu notwendige Wehentätigkeit ist noch recht leicht und unregelmäßig und äußerlich kaum zu erkennen. Während dieser Zeit sind die Hündinnen besonders nervös und unruhig, verlassen die Wurfkiste, laufen herum und belecken den Scheidenbereich. Vor allem junge, unerfahrene Hündinnen zeigen eine große Anhänglichkeit. Typisch ist in dieser Phase der Abgang von dünnflüssigem Schleim.

Mit dem Eintritt des ersten Welpen in den Muttermundbereich kommt es zu einer reflektorischen Steigerung der Wehentätigkeit bis hin zum Einsetzen der Presswehen (Bauchpresse), dem rhythmischen, krampfartigen Zusammenziehen der Bauchmuskulatur. Dies stellt den Beginn der **Austreibungsphase** dar. Manchmal wird diese Phase intensivster körperlicher Anstrengung von Wimmern oder Jaulen der Hündin begleitet.

Bei einer Erstgebärenden können nach Beginn der Presswehen durchaus bis zu 45 Minuten vergehen, bis der erste Welpe geboren wird. Bei einer erfahrenen Hündin sollte dieser Zeitraum maximal 30 Minuten betragen. Bevor jedoch Fruchtteile in der Schamspalte sichtbar werden, stülpt sich meistens die Fruchtblase vor, die nachfolgend spontan platzt oder von der Hündin zerbissen wird. Vielfach kommt es aber auch schon im Geburtskanal zu einer Eröffnung der Fruchtblase mit entsprechendem Austritt von Fruchtwässern aus der Schamspalte (Blasensprung).

So sieht eine vorbildliche Wurfkiste aus.

wusstsein des Halters verantwortlich sein, seinen Hund mit einem Fertigfutter ausgewogen und vollwertig zu ernähren. Dies trifft auf einen Großteil der Fertigfutter auch zu. Neue Fütterungskonzepte wie BARF (siehe unten) entstanden daher als Alternative zu den herkömmlichen, kommerziellen Fertigfuttern und finden zunehmend ihre Anhänger.

Die Herstellung von Fertigfutter unterliegt strengen Kriterien und entgegen der landläufigen Meinung werden keine minderwertigen oder gar gesundheitlich bedenklichen Inhaltsstoffe zu Hundefutter verarbeitet. Die Zusammensetzung der einzelnen Futtersorten erfolgt entsprechend den von der wissenschaftlichen Grundlagenforschung ermittelten Bedarfswerten und wird ständig kontrolliert. Für eine Haltbarmachung ist es jedoch unumgänglich, Zusätze zu verwenden, die z. B. ein Ranzigwerden des Fettes oder eine Überwucherung mit Schimmelpilzen verhindern. Aber auch Emulgatoren, Aromen, Farbstoffe und Gewürze werden zur Verbesserung der Futterakzeptanz und des äußeren Erscheinungsbildes zugesetzt.

Wer diese Zusätze ablehnt, sollte selbst für seinen Hund kochen. Mit einigem Ideenreichtum wird es gelingen, abwechslungsreich, aber doch ausgewogen zu füttern. Dieser Mehraufwand fällt unter Umständen gar nicht so ins Gewicht, da man grundsätzlich die gleichen Zutaten wie für die menschliche Ernährung verwenden kann. Bei der Zubereitung sollte jedoch auf ein Würzen verzichtet werden. Andererseits muss man an eine Zufütterung von Mineralstoff- und Vitaminpräparaten denken. Vor einer wahllosen Gabe von Zusatzpräparaten sei jedoch gewarnt, da dies eine häufige Ursache für Stoffwechselstörungen und Fehlernährung ist.

BARF – nur ein neuer Trend?

BARF ist eine Abkürzung, für die es unterschiedliche Erklärungen gibt. Neben „**B**ones **a**nd **r**aw **f**ood“ (Knochen und rohes Futter) wird auch „Biological appropriated raw food“ verwendet und steht demzufolge für eine biologisch artgerechte Rohfütterung.

Vor allem gesundheitsbewusste Hundehalter sehen hierin eine Alternative zu den kommerziellen Fertigfuttern, da sich das Ernährungskonzept an die Gewohnheiten der Urahnen unserer Hunde anpasst, die weder Dosen- noch Trockenfutter kannten und deren Hauptmahlzeit aus Knochen, Fleisch, Blut und Innereien inklusive Magen- und Darminhalt ihrer meist Pflanzen fressenden Beutetiere bestand.

Alle verwendeten Zutaten werden daher auch roh verfüttert. Auf dem Speiseplan der Hunde stehen somit rohes Fleisch von Rind, Huhn, Pute, Schaf, Ente, Kaninchen, Pferd, Eintagsküken, Fisch und/oder Wild (außer Schweinefleisch), ebenso wie fleischige Knochen (wie Hühnerhälse, Beinscheiben, Rippen, Schenkel

Die Rohfütterung setzt genaue Kenntnisse über die Bedürfnisse des Hundes voraus, damit dieser ausreichend mit allen wichtigen Nährstoffen versorgt wird.

mit hohem Fleischanteil usw.) oder Innereien wie Leber, Herz, Pansen oder Blättermagen. Auch wenn gekochtes Gemüse besser verdaulich ist, werden zur Vermeidung von Vitaminverlusten auch Obst, Kräuter und Gemüse roh, meist jedoch püriert verabreicht. Vitamine, Spurenelemente und essenzielle Fettsäuren ergänzen die Mahlzeit und werden in Form von See- und Meeresalgen, Spirulina, Kräutermischungen, Knochenmehl oder Ölen zugesetzt.

Mit diesen „natürlichen", schmackhaften und artgerechten Zutaten lässt sich ein Hund prinzipiell gut ernähren. Es bedarf jedoch schon einer intensiven Beschäftigung mit der sehr komplexen Materie ebenso wie entsprechender Grundkenntnisse über Energie- und Nährstoffbedarf des Hundes und den Gehalt der einzelnen Futterinhaltsstoffe. Generell muss zwar nicht jede einzelne Mahlzeit in Bezug auf den Gehalt an Vitaminen, Spurenelementen und Mineralstoffen ausbalanciert sein, aber selbst die ständige Abwechslung durch eine Verfütterung zahlreicher verschiedener Futtermittel ist auch nach Wochen und Monaten keine Garantie für eine korrekte Bedarfsdeckung, auch wenn dies beim Tierhalter den Eindruck erweckt. In BARF-Rationen fehlen häufig vor allem die Spurenelemente Kupfer, Zink und Jod.

Eine tierärztliche Rationsberechnung ist für die richtige Zusammensetzung einer BARF-Ration sehr hilfreich und kann auch spezifische Anforderungen bei bestimmten Erkrankungen wie bei Futtermittelunverträglichkeit berücksichtigen. Auch die handelsüblichen Fertig-BARF-Futtermischungen stellen dies nicht sicher.

Der Tierhalter sollte sich allerdings über eine Reihe von Gefahren bewusst sein, die durch die Rohfütterung von Fleisch entstehen, da es zur Übertragung von Krankheitserregern wie Bakterien, Einzellern oder Entwicklungsstadien von Würmern kommen kann. Vor allem Schweinefleisch darf nur ausreichend durchgegart (gekocht, gebraten) verfüttert werden, da rohes Schweinefleisch das für den Hund tödliche Aujeszky-Virus übertragen kann. Durch die Nahrung aufgenommene Salmonellen können mit dem Hundekot wieder ausgeschieden werden und stellen somit eine Infektionsquelle für den Hundehalter dar.

Darüber hinaus beeinträchtigt rohes Eiklar ebenso wie roher Fisch die Vitaminaufnahme im Darm. Rohe Zwiebeln und Knoblauch (auch Knoblauchextrakte) sind strikt zu vermeiden, da sie durch eine Zerstörung der roten Blutkörperchen zu einer mitunter tödlichen Blutarmut führen können.

Auch die Knochenfütterung birgt Gefahren. Schwere Kotabsatzprobleme infolge Verstopfung sind ebenso zu beobachten wie Zahnabsplitterungen, Speiseröhrenverschlüsse oder Schleimhautverletzungen im Magen-Darm-Trakt durch zerbissene Knochensplitter.

Wer aber als Tierhalter bereit ist, für die Fütterung seines Vierbeiners entsprechend mehr Zeit als gewöhnlich aufzuwenden, findet in diesem Ernährungskonzept bei korrekter Umsetzung jedoch eine durchaus alltagstaugliche Fütterungsvariante unter Berücksichtigung der genannten Risiken.

Die richtige Ernährung sollte auch die unterschiedlichen Bedürfnisse von kleinen und großen Rassen während des Wachstums berücksichtigen.

Wie oft und wie viel füttern?

Fragen wie „Wie viel soll ich denn meinem Hund nun täglich füttern?" oder „Er bekommt morgens und abends eine große Tasse mit Fertigfutter, reicht das aus?" hört der Tierarzt in der Praxis häufig. Jedoch lässt sich die Frage nach der täglichen Futtermenge gar nicht so pauschal beantworten, da sie von verschiedenen Faktoren wie der Art des Futters und dessen Nährstoffzusammensetzung, der körperlichen Aktivität oder dem Lebensalter des Tieres abhängt.

Bei der alleinigen Verfütterung eines Fertigfutters kann man sich hierbei an den Herstellerangaben orientieren. Eine Möglichkeit, die tägliche Futtermenge selbst zu ermitteln, besteht darin, dem Hund eine entsprechend große Portion anzubieten und ihn sich davon satt essen zu lassen. Der Rest sollte 10 bis 15 Minuten später weggestellt werden. Die nächste Mahlzeit wird nun um die übrig gelassene Menge reduziert. Falls die Gesamtration vollständig gefressen wurde, wird die Futtermenge von Mahlzeit zu Mahlzeit schrittweise wieder erhöht. Während dieser Einstellungsphase sollte der Hund wöchentlich gewogen werden. Bleibt die Körpermasse beim **wachsenden** Hund unverändert oder ist sie gar rückläufig, muss, wenn das Tier gesund ist, die Futtermenge nach oben korrigiert werden. Gleiches gilt, wenn Schwankungen von mehr als 5 bis 10 Prozent des Optimalgewichtes bei einem **erwachsenen** Hund auftreten.

WICHTIG!

Die tägliche Futtermenge sollte etwa 30 bis 60 g pro kg Körpergewicht bei Junghunden und zwischen 15 und 30 g pro kg Körpergewicht beim ausgewachsenen Hund betragen. Hunde kleiner Rassen bekommen hierbei mehr Futter pro kg Körpergewicht als Vertreter großer Rassen.

Junghunden sollte ihr Futter in drei bis vier Portionen über den Tag verteilt angeboten werden, wobei die Hauptmahlzeit zur Mittagszeit erfolgen sollte. Ein gesunder ausgewachsener Hund bekommt einmal am Tag sein Futter.

Bei Hunden großer Rassen, die zum Auftreten einer Magendrehung (siehe S. 243 f.) neigen, sollte jedoch die tägliche Futtermenge auf mehrere kleine Portionen verteilt werden, um einer Magenüberladung durch zu reichliche Futteraufnahme vorzubeugen. Unerlässlich ist eine Ruhephase nach jeder Mahlzeit! Eine Verteilung der täglichen Gesamtfuttermenge auf mehrere kleine Mahlzeiten ist auch bei Krankheit sowie bei Hündinnen in der zweiten Trächtigkeitshälfte zu empfehlen.

Die richtige Futterzusammensetzung

Unter Nährstoffen versteht man all jene Futterbestandteile, die für eine Aufrechterhaltung der Stoffwechselprozesse im Körper notwendig sind. Hierzu zählen neben den Kohlenhydraten die Eiweiße und Fette, aber auch die Vitamine und Mineralstoffe und nicht zuletzt das Wasser.

Die wilden Vorfahren unserer heutigen Haushunde waren Fleischfresser. Doch in Abhängigkeit vom schwankenden Nahrungsangebot standen auch Beeren, Obst, Gräser oder Pilze auf dem Speiseplan. Die erlegten Beutetiere wurden mit Haut und Haaren einschließlich Knochen und Innereien verspeist. Hieraus ergab sich eine umfassende Versorgung mit allen lebensnotwendigen Nährstoffen und durch den Verzehr des Magen- und Darminhalts der zumeist Pflanzen fressenden Beutetiere war immer ein ausreichendes Angebot an pflanzlichen Futterbestandteilen garantiert.

Auch wenn viele Generationen zwischen unserem heutigen Hund und seinen wölfischen Vorfahren liegen, hat sich an dieser Situation nicht viel geändert. Der Hund ist und bleibt zwar Fleischfresser, aber kein ausschließlicher. Alle Versuche von entweder sehr bedachten oder völlig einfallslosen Hundehaltern, ihre Tiere zu Vegetariern umzuerziehen oder ausschließlich mit Fleisch zu ernähren, sind nicht im Gesundheitsinteresse unserer Hunde.

Der Nährstoffbedarf eines Hundes, aber auch das Verhältnis der einzelnen Nährstoffe untereinander ist von der täglich benötigten Energiemenge und der Verdaulichkeit der einzelnen Nährstoffträger abhängig. Der tägliche Energiebedarf wird von der Größe des Tieres und seiner körperlichen Aktivität bestimmt. Ein wachsender Hund, ein Diensthund im täglichen Polizeieinsatz, eine säugende Hündin oder ein im Hundesport tätiger Hund hat demzufolge einen gesteigerten Energiebedarf. Dieser erhöht sich beispielsweise bei einer säugenden Mutterhündin um das Drei- bis Vierfache.

Kohlenhydrate

Die Kohlenhydrate in der Nahrung sind ein wichtiger Energielieferant und beeinflussen die Magen- und Darmfunktion. Sie sind vorwiegend pflanzlicher Herkunft und stammen zumeist aus Weizen, Reis, Mais, Kartoffeln oder Sojabohnen sowie verschiedenen Verarbeitungsprodukten wie z. B. Eierteigwaren. Ein Großteil der Kohlenhydrate wird durch körpereigene Enzyme im Darm abgebaut und steht danach dem Körper für die Energiegewinnung zur Verfügung. Es gibt jedoch auch für den Hund nur langsam oder unverdauliche Kohlenhydrate, für deren Abbau spezielle Mikroorganismen und Enzyme notwendig sind. Zu dieser Gruppe von Kohlenhydraten, die auch als Rohfaser oder Ballaststoffe bezeichnet werden, gehört die Zellulose.

Aufgrund ihrer Wirkungen, wie Anregung der Darmmotilität, Beschleunigung der Darmpassage und der enormen Wasserbindungsfähigkeit, sind derartige Faserstoffe oft Bestandteil verschiedener Diäten. Da diese Stoffe bei großem Futtervolumen nur einen ausgesprochen geringen Energiegewinn erbringen und damit die Gesamtenergiekonzentration des Futters vermindern, ist ein hoher Gehalt an Ballaststoffen bei Tieren mit einem hohen Energiebedarf während Wachstum, Trächtigkeit oder körperlicher Anstrengung ungeeignet, jedoch bei Diäten zur Gewichtsreduktion ausgesprochen nützlich. Ein für den Hund bestens geeigneter Ballaststoff ist Weizenkleie, insbesondere zur Koterweichung.

Auch Milchzucker kann vom erwachsenen Hund wegen eines Enzymmangels nicht mehr aufgespalten und verwertet werden. Dieser unverdaubare Milchzucker stellt für verschiedene Darmbakterien einen geeigneten Nährboden dar, sodass es häufig nach der Aufnahme von (zu viel) Milch zu Durchfall kommt. Im Übermaß aufgenommene Kohlenhydrate, die nicht zur Energiegewinnung benötigt werden, speichert der Körper unter anderem in Form von Fett – mit der Folge, dass Übergewicht entsteht.

Eiweiße

Eiweiße (Proteine) sind aus einer Vielzahl von Einzelbausteinen, den Aminosäuren, aufgebaut. Futtereiweiße werden im Darm des Hundes enzymatisch in ihre Einzelbestandteile aufgespalten und über die Darmschleimhaut aufgenommen. Körpereigene Eiweiße sind Bestandteile von Hormonen und Enzymen, aber auch einer jeden Zelle. Sie unterliegen ständigen Auf- und Umbauprozessen. Teilweise werden sie auch zur Energiegewinnung genutzt. Deshalb besteht ein ständiger Bedarf an neuen Aminosäuren.

Von den 22 verschiedenen Aminosäuren, die für den Aufbau körpereigener Eiweiße benötigt werden, kann der Hund zwölf bedarfsdeckend selbst herstellen. Bei den übrigen Aminosäuren ist der Hund auf eine Zufuhr von außen, also über das Futter, angewiesen, weshalb diese Aminosäuren als essenziell bezeichnet werden. Die Qualität des Futtereiweißes ist daher abhängig von der Menge und der Anzahl der darin enthaltenen essenziellen Aminosäuren.

Ein glattes, glänzendes Fell gehört zu den Merkmalen, an denen man einen gesunden und optimal ernährten Hund erkennt.

Als Maß für die Qualität wird die sogenannte biologische Wertigkeit benutzt. Eine hohe biologische Wertigkeit besitzen Ei-Eiweiß, Fischmehl, Milch und Leber. Tierische Eiweiße werden vom Hund allgemein besser verdaut und verwertet als pflanzliche. Eine ungenügende Eiweißaufnahme ist ebenso schädlich wie ein ständiges Eiweißüberangebot, das langfristig zu einem frühzeitigen Altern der Nieren und zum Auftreten von Nierenerkrankungen führt.

Fette

Fette sind als Nahrungsbestandteil unentbehrlich. Sie stellen eine bedeutende Energiequelle des Körpers dar und tragen zur Versorgung des Organismus mit lebensnotwendigen (essenziellen) ungesättigten Fettsäuren bei. Ein Mangel dieser Fettsäuren führt zu schuppiger Haut, trockenem, glanzlosem Fell und einer verstärkten Neigung zu nässenden Hautentzündungen. Weiterhin treten Wundheilungs- und Fortpflanzungsstörungen auf. Hervorgerufen werden Mangelzustände meist durch eine zu lange und unsachgemäße Lagerung von Trockenfutter sowie eine länger anhaltende fettarme Fütterung, die vorwiegend gehärtete Fette (Rindertalg) enthält. Reich an ungesättigten Fettsäuren sind Schweineschmalz, Geflügelfett, Leinsamen- oder Distelöl. Fette sind wichtige Geschmacksträger. Ein bestimmter Fettgehalt des Futters steigert deshalb zusätzlich die Akzeptanz der Futteraufnahme. Ohne Fette wäre eine Aufnahme der fettlöslichen Vitamine A, D, E und K nicht möglich.

Vitamine

Vitamine fördern und steuern unzählige Stoffwechselprozesse. Aufgrund ihrer Löslichkeit erfolgt eine Einteilung in fett- und wasserlösliche Vitamine.

Da der Körper bis auf wenige Ausnahmen Vitamine nicht oder nicht bedarfsdeckend selbst bilden kann, ist er auf eine Zufuhr über das Futter angewiesen. Eine ausreichende Versorgung ist lediglich beim Vitamin C aufgrund der Eigensynthese in der Leber gewährleistet. Darüber hinaus produzieren die Darmbakterien des Hundes auch noch das Vitamin K und einige Vitamine des B-Komplexes.

Fütterungsbedingte Vitaminmangelzustände kommen unter den heutigen Fütterungsbedingungen nur noch selten vor, da die meisten natürlichen Futtermittel zahlreiche Vitamine in genügender Menge enthalten und Fertigfuttermittel durch Vitaminzusätze ausbalanciert sind. Vitaminverluste entstehen jedoch bei der Herstellung und Lagerung des Futters. Außerdem erhöht sich im Krankheitsfall der Vitaminbedarf eines Hundes zum Teil erheblich.

Vitamine	Einfluss auf Körperfunktion	Mangelversorgung	Vorkommen in Futtermitteln
Fettlösliche Vitamine			
Vitamin A	Aufbau und Schutz von Schleimhäuten, Einfluss auf Stoffwechsel, Sehen in der Dämmerung	Fruchtbarkeitsstörung, Bindehautentzündung, Nachtblindheit, Bewegungsstörungen	Leber, Lebertran, Fischöl, Milch, Hühnerei, Butter, ß-Karotin als Vitamin-A-Vorstufe in Karotten, Spinat, Mangold, Feldsalat
Vitamin D	Förderung der Mineralisierung des Knochens, Stimulierung der Kalziumaufnahme im Darm, Regulierung von Kalzium- und Phosphorblutspiegel	Störung im Knochenbau, Knochenweiche, Knochenbrüche, Wirbelsäulenverkrümmung	Milch, Leber, Hefe, Eigelb, Butter, Lebertran
Vitamin E	Verhinderung der Zerstörung von Fetten, Bedeutung für Zellstoffwechsel, Stärkung des Immunsystems	Fruchtbarkeitsstörung, Muskelschädigung	Weizenkeimöl, Sonnenblumenöl, Leinsamen, Eigelb, Milch, Butter
Vitamin K	Zentrale Rolle im Blutgerinnungssystem	Blutgerinnungsstörungen	Grünes Gemüse (Salat, Spinat, Grünkohl)
Wasserlösliche Vitamine			
Vitamin B	Als Bestandteil von Enzymen (Koenzyme) im Zellstoffwechsel tätig	Störungen des Stoffwechsels, gestörte Nervenfunktion, mangelhafte Bildung roter Blutkörperchen, Krämpfe, Bewegungsstörungen	Hefe, Kleien, Molkepulver, Weizenkeimlinge, Innereien
Vitamin C	Förderung der Knochen- und Zahngrundsubstanzbildung, Infektabwehr	Wundheilungsstörungen, verminderte Widerstands- und Leistungsfähigkeit	Obst und Gemüse, insbesondere Orange, Zitrone, Grapefruit, Kiwi, Hagebutten, Sanddorn

Eine Überversorgung mit Vitamin C oder den Vitaminen des B-Komplexes ist praktisch bedeutungslos, da sie aufgrund ihrer Wasserlöslichkeit wieder ausgeschieden werden. Fettlösliche Vitamine können nicht so leicht aus dem Körper beseitigt werden, sodass insbesondere durch eine Überversorgung mit Vitamin A und D ernsthafte Erkrankungen in Form von Leberzellzerstörung, Knochenentkalkung (Vitamin A) bzw. Weichteilverkalkungen (Vitamin D) auftreten können.

Mineralstoffe

Mineralstoffe besitzen eine Reihe lebenswichtiger Funktionen im Körper. Ein Mangel kann ebenso wie ein Überschuss zu Stoffwechselstörungen, Erkrankungen oder zu einer verminderten Infektabwehr führen. Trotz der umfassenden Aufgaben beträgt ihr Anteil an der Gesamtfuttermenge nur einen winzigen Bruchteil. Entsprechend der Höhe ihres täglichen Bedarfs werden die Mineralstoffe in Mengen- und Spurenelemente eingeteilt.

Vielfach ist die Wirkung einzelner Mineralstoffe eng aufeinander abgestimmt. Wechselwirkungen bestehen auch zu einigen Vitaminen. So stehen z. B. Kalzium, Phosphor und das Vitamin D in einem engen Verhältnis und eine Störung des Gleichgewichts kann zu ernsthaften Erkrankungen des Knochensystems führen. Das Spurenelement Selen unterstützt die Wirkung des Vitamin E und kann einen gewissen Vitamin-E-Mangel im Körper ausgleichen.

Da die meisten Fertigfuttermittel über eine ausgewogene Mineralstoffzusammensetzung verfügen, muss vor einer kritiklosen Mineralstoffzufütterung eingehend gewarnt werden. Neben der absolut enthaltenen Menge eines Mineralstoffs in einem Zusatzfuttermittel sollte unbedingt auch auf dessen chemische Bindung mit anderen Stoffen geachtet werden (z. B. Kalzium**phosphat**, Kalzium**laktat**, Kalzium**zitrat**), da sich hieraus deutliche Unterschiede in der Verwertbarkeit ergeben. Fragen Sie deswegen Ihren Tierarzt.

Mineralstoffe	Einfluss auf Körperfunktion	Überschuss oder Mangelversorgung	Vorkommen in Futtermitteln
Mengenelemente			
Kalzium	Baustein für Knochen und Zähne, Nervenerregung und Muskelaktivität, Blutgerinnung, Aktivierung von Enzymen, Inhaltsstoff der Muttermilch	↑: verminderte Schilddrüsenfunktion ↓: Lahmheit, Bewegungsunlust, Knochenverbiegungen, Knochenbrüche, Krämpfe, schlecht mineralisierte Zähne	Milchprodukte (v. a. Käse), Gemüse, Knochen und Knochenmehl

Mineralstoffe	Einfluss auf Körperfunktion	Überschuss oder Mangelversorgung	Vorkommen in Futtermitteln
Phosphor	Baustein für Knochen und Zähne, Energiegewinnungsprozesse, Vermittler von Hormonwirkungen	↑: Nierenschäden ↓: Appetitmangel, Minderzunahme, Wachstumsstillstand, Bewegungsstörung, Bewegungsunlust	Käse, Fisch, Geflügel, Fleisch, Brot
Magnesium	Baustein von Knochen und Zähnen, Inhaltsstoff der Muttermilch, Temperaturregulation, Erregungsübertragung	↑: Durchfall, Blasensteinbildung, Harnblasenentzündung ↓: verzögertes Wachstum, Krampfanfälle, Entwicklungsstörungen von Knochen und Gelenken	Fisch, Geflügel, Rindfleisch, Getreide, Gemüse und Obst (z. B. Banane)
Natrium	Zellstoffwechsel, Erregungsleitung in Nerven und Muskelfasern	↑: Durst, Juckreiz, Krampfanfälle, Bluthochdruck, Herz- und Nierenschäden ↓: selten gesteigerter Urinabsatz, Salzhunger, verzögertes Wachstum, Gewichtsabnahme, Austrocknung	Rindernieren, Fleisch, gesalzener Speck, Brühwürstchen, Kochsalz, wenig in pflanzlichen Futterstoffen
Kalium	Zellstoffwechsel, Erregungsleitung in Nerven und Muskelfasern (insbesondere Herzmuskel)	↑: Krämpfe, Lähmungen, schwere Herzstörungen ↓: Futterverweigerung, herabgesetzte Muskelspannung, Bewegungsstörungen, Lähmungen	Forelle, Gänse-, Schaf- und Wildhasenfleisch, Gemüse (v.a. Spinat, Kartoffeln), Banane
Spurenelemente			
Eisen	Bildung roter Blutfarbstoff, Sauerstofftransport, Bestandteil wichtiger Enzyme	↑: Gewichtsabnahme, Futterverweigerung ↓: Blutarmut	Geflügel, Fleisch (v. a. Pferdefleisch), Leber, Niere, Vollkornbrot
Zink	Bestandteil bzw. Aktivierung zahlreicher Enzyme, Erhaltung der Fruchtbarkeit, Knochenwachstum, Haut- und Haarkleid	↑: verursacht Kupfer- bzw. Kalziummangel ↓: dünnes Haarkleid, schuppige Haut, verzögerte Wundheilung, verminderte Hodenentwicklung, verlangsamtes Wachstum	Käse, Fisch, Geflügel, Fleisch, Leber, Gemüse (Rosenkohl, Brokkoli)

Fütterung von rohem Fleisch, Fisch und Ei

Fleisch sollte wegen einer möglichen Krankheitsübertragung nur in gut durchgegartem Zustand (gekocht, gebraten) angeboten werden. Denn durch Verfüttern von rohem Schweinefleisch kann die Aujeszky'sche Krankheit, eine für Hunde tödlich verlaufende Virusinfektion ausgelöst werden. Auch wenn diese Erkrankung in deutschen Schweinebeständen nahezu getilgt ist, bestehen vor allem Gefahren durch Fleischimporte aus dem osteuropäischen Ausland. Aber auch Bakterien (z.B. Salmonellen, Campylobacter) und Parasiten (z.B. Sarkosporidien, Toxoplasmen) werden über rohes Futterfleisch übertragen. Die gleiche Infektionsgefahr besteht auch bei rohen Wurstwaren wie Salami oder rohem, geräucherten Schinken. Darüber hinaus beeinträchtigt rohes Eiklar ebenso wie roher Fisch die Aufnahme verschiedener Vitamine im Darm nachteilig.

Leckerlis

Das übermäßige Naschen von Leckerlis als Belohnung oder kleinen Snack zwischendurch führt, wie auch beim Menschen, häufig zum Dickwerden. Durch die meistens sehr energiereichen Leckerbissen wird oft zu den Hauptmahlzeiten nicht mehr genügend ausgewogenes Futter verzehrt. Leckerlis müssen daher unbedingt energetisch in der täglichen Futterration berücksichtigt werden. Viel gesünder sind Mohrrüben-, Kohlrabi- bzw. Apfelstücke oder Reiswaffeln.

Schokolade und Süßigkeiten sollten gänzlich gemieden werden. Neben der Gefahr der Zahnkaries ist in Schokolade ein für Hunde giftiger Inhaltsstoff, das Theobromin, enthalten. Für das Auslösen einer Vergiftung ist jedoch schon ein Verzehr größerer Mengen notwendig.

Hunde sollten an einem festgelegten Platz aus einem für sie bestimmten Futternapf gefüttert werden. Mit der Erziehung dafür kann nicht früh genug begonnen werden.

Energieüberversorgung

Eine ständige Energieüberversorgung führt im Zusammenhang mit einem Mangel an körperlicher Bewegung unweigerlich zur Fettleibigkeit (Adipositas). Die im Futter enthaltene Energiemenge sollte deshalb entsprechend Rasse, Alter und körperlicher Aktivität des Hundes bemessen werden.

Einseitige Ernährung

Da durch eine einseitige Ernährung das Auftreten von Mangelerkrankungen begünstigt wird, sollte eine abwechslungsreiche und vielseitige Kost angestrebt werden. So verursacht beispielsweise eine alleinige Fleischfütterung Phosphorüberschuss und Kalziummangel im Blut. Der Körper versucht, dies durch eine Entkalkung der Knochen auszugleichen. Dies wiederum kann zu Lahmheiten oder Knochenbrüchen führen. Bei zu viel Verzehr von Leber kann eine Überversorgung mit Vitamin A entstehen. Mangelerkrankungen zeigen sich jedoch selten sofort, sondern erst nach Erschöpfung der körpereigenen Reserven.

Mangelnde Fütterungshygiene

Überlagertes oder verdorbenes Futter darf nicht mehr verfüttert werden. Neben der Gefahr der Übertragung von Schimmelpilzen tritt häufig ein Ranzigwerden der Fette auf. Auch wenn ranziges Futter mitunter gern verzehrt wird, kommt es zur Zerstörung der Vitamine A und E. Abgestandenes und angetrocknetes Futter gehört in den Mülleimer. Gerade im Sommer ist es für Fliegen ein idealer Platz zur Eiablage. Die Einhaltung der richtigen Futtertemperatur ist ebenfalls zu beachten. Futter sollte weder direkt aus dem Kühlschrank noch aus dem Kochtopf an den Hund verfüttert werden, da sonst Verdauungsstörungen vorprogrammiert sind.

Unzureichendes Fütterungsverhalten

Hunde müssen zu einem richtigen Fütterungsverhalten erzogen werden. Mangelnde Konsequenz des Tierhalters führt dazu, dass der Hund ein Selektivfresser wird, der nur bestimmte Futterinhaltsstoffe oder Futtersorten akzeptiert. Betteln bei Tisch ist untersagt. Die Fütterung sollte an einem dafür festgelegten Platz aus einem nur für den Hund bestimmten Futternapf erfolgen.

Verfüttern von Speiseresten

Speisereste oder Tischabfälle stellen kein geeignetes Hundefutter dar, da sie entsprechend des menschlichen Geschmacks oft zu stark gewürzt und auf Dauer zu unausgewogen sind. Sie sollten deshalb keinesfalls als Hauptnahrung verwendet werden.

Nichteinhaltung der Verdauungsruhe

Wie seine wild lebenden Vorfahren benötigt auch der Hund, egal ob Chihuahua oder Deutsche Dogge, nach einer ausgiebigen Mahlzeit eine Pause zur Verdauung. Körperliche Aktivitäten wie Spaziergänge oder das Herumtollen mit anderen Hunden sollten direkt nach einer Fütterung strikt gemieden werden. Gerade

Die Verdauungsruhe sollte nach jeder ausgiebigen Mahlzeit bei allen Hunden eingehalten werden.

bei großen, tiefbrüstigen Hunderassen wird durch die Nichteinhaltung der Verdauungsruhe häufig eine für den Hund lebensbedrohliche Magenerweiterung mit nachfolgender Magendrehung provoziert (siehe „Magenblähung/Magendrehung“ S. 243 f.).

Nichtbeachtung des veränderten Energie- und Nährstoffbedarfs

Bei bestimmten körperlichen Beanspruchungen ändern sich die Bedarfswerte. Wachsende Hunde, jagdlich geführte Hunde, Sport- und Schlittenhunde, Diensthunde im Einsatz oder säugende Mutterhündinnen haben einen doppelt bis viermal so hohen Energie- und Nährstoffbedarf wie ein normaler Hund. Futterart- und Futtermenge sollten daher immer an die individuellen Bedürfnisse des Hundes angepasst werden.

Ernährungsempfehlungen bei verschiedenen Erkrankungen

Fettleibigkeit (Adipositas)

Etwa 30 Prozent aller Hunde in Westeuropa sind übergewichtig. Fettleibigkeit verkürzt nicht nur die Lebenserwartung und vermindert die Lebensfreude, sondern trägt auch wesentlich zur Entstehung von Erkrankungen des Bewegungsapparates und des Herz- und Kreislaufsystems oder von Diabetes bei. Infektions- und Narkoserisiken sind erhöht. Die Ursache für Fettleibigkeit besteht in einem Energieüberschuss der Nahrung bei gleichzeitiger Bewegungsarmut. Aber auch Kastration, Einsatz bestimmter Medikamente oder hormonelle Erkrankungen können durch Appetitsteigerung und eine verbesserte Ausnutzung der Nahrungsenergie zu einer Zunahme des Körpergewichts führen. Regelmäßiges Wiegen hilft, die Gewichtsentwicklung zu kontrollieren. Durch eine gezielte Diät, bei der Sie Ihr Tierarzt gern berät, ist eine Rückkehr zum Normalgewicht möglich. Das Diätfutter muss anfangs vermutlich mit dem Lieblingsfutter vermischt werden, da es kaum eine Reduktionsdiät gibt, die auf Anhieb akzeptiert wird.

Eine sinnvolle Diät enthält ein ausgewogenes Nährstoffverhältnis und ist rohfaserreich bei einem reduzierten Gehalt an Fett und Energie. Hierzu stehen eine Reihe von kommerziellen Fertigfuttermitteln zur Verfügung, wobei zwischen den sogenannten „Light-Produkten“, die zur Vorbeugung bei einer Veranlagung zur Fettleibigkeit dienen, und den therapeutischen Reduktionsdiäten, die nach strengem Diätplan bei deutlicher Verfettung und unter tierärztlicher Kontrolle eingesetzt werden, zu unterscheiden ist. Letztere sind auch nur über den Tierarzt zu beziehen.

Als Eiweißquelle bei einer selbst zubereiteten Diät dienen mageres Muskelfleisch, Soja, Magermilch und Magerquark. Der Bedarf an ungesättigten Fettsäuren wird durch Distel- oder Sonnenblumenöl gedeckt. Als ballaststoffreiche Futterbestandteile können Weizenkleie und frisches Gemüse eingesetzt werden. Durch den hohen Ballaststoffanteil (über 15 Prozent) bleibt die gewohnte Futtermenge nahezu unverändert, wodurch ein ausreichendes Sättigungsgefühl bei jedoch wesentlich geringerer Energiedichte erreicht wird. Eine drei- bis viermal tägliche Fütterung sollte zur Vermeidung eines eventuell auftretenden Hungergefühls angestrebt werden. Von sogenannten „Nulldiäten“ oder Modediäten für den Menschen sollte Abstand genommen werden.

Für den Hund zugelassene medikamentöse Appetitzügler oder Diät-Ergänzungsfuttermittel, die aufgrund ihrer Zusammensetzung einen schnelleren Sättigungseffekt bewirken, dürfen nur unter tierärztlicher Kontrolle eingesetzt und als Teil eines umfassenden Diätmanagements angesehen werden, das neben einer entsprechenden Ernährungsumstellung auch ein Bewegungstraining beinhaltet.

Herzerkrankungen

Eine alleinige Wirksamkeit von Diätmaßnahmen zur Behandlung von Herzerkrankungen ist nicht zu erwarten, jedoch kann eine sinnvolle Diät die medikamentöse Herztherapie unterstützen. Ziel der speziellen Herzdiät ist es, das Herz weitestgehend zu entlasten und den Körper optimal mit Nährstoffen zu versorgen. Eine natrium- und damit kochsalzarme Ernährung steht dabei an erster Stelle. Die Gesamteiweißversorgung sollte reduziert werden, jedoch muss das angebotene Nahrungseiweiß über eine hohe biologische Wertigkeit verfügen.

Da Herzpatienten einen im Vergleich zu gesunden Hunden oft deutlich eingeschränkten Bewegungsumfang besitzen, muss dies in der bereitgestellten Energiemenge berücksichtigt werden. Auf gar keinen Fall sollte zusätzlich zur Herzerkrankung noch eine Fettleibigkeit entstehen. Andererseits zeigen Patienten im fortgeschrittenen Erkrankungsstadium häufig einen reduzierten Appetit und magern ab. Regelmäßiges Wiegen und eine Anpassung der Fütterung (schmackhaftes Futter, Erhöhung der Energiekonzentration) sind daher notwendig. Bei Patienten, die dauerhaft entwässert werden, muss auch die Mineralstoffversorgung beachtet werden. Gegebenenfalls ist eine zusätzliche Kaliumversorgung notwendig.

Fieber

Bei einer Reihe von Erkrankungen, vor allem bei Infektionserkrankungen, tritt Fieber auf. Durch eine gesteigerte Stoffwechselaktivität erhöht sich der Energiebedarf im Fieberzustand um mehr als die Hälfte und sollte im Wesentlichen durch eine erhöhte Kohlenhydratzufuhr gedeckt werden. Aber auch der gesteigerte Bedarf an Vitaminen, Mineralstoffen und Wasser muss beachtet werden. Eine zusätzliche Gabe von Vitamin C stärkt die Abwehrbereitschaft des Körpers. Zumeist wird als Folge des Fiebers jedoch die Nahrungsaufnahme reduziert oder sogar völlig verweigert. Das angebotene Futter sollte deshalb über eine hohe Akzeptanz verfügen und die Verdaulichkeit der Nährstoffträger hoch sein. Bekannte Ernährungsgewohnheiten des Hundes müssen ausgenutzt werden.

So lässt sich durch Untermischen von Leckerbissen, durch das Erwärmen des Futters oder eine breiige Futterverabreichung häufig die Nahrungsaufnahme verbessern. Die Gesamtration sollte auf mehrere Einzelgaben über den Tag verteilt werden. Bei vollständiger Futter- und Wasserverweigerung ist eine Zwangsfütterung bzw. eine Infusionsbehandlung beim Tierarzt unerlässlich.

Nierenerkrankungen

Bei vielen älteren Hunden, vor allem ab dem 8. Lebensjahr, liegen Nierenfunktionsstörungen vor. Chronische Nierenentzündungen treten am häufigsten auf. Bereits beim geringsten Hinweis auf ein Nierenproblem sollte die Fütterung den veränderten Bedürfnissen angepasst werden, um die Nieren zu entlasten und die verbliebenen Nierenanteile möglichst lange funktionsfähig zu erhalten. Im Mittelpunkt aller Nierendiäten steht eine eiweißreduzierte und phosphorarme Fütterung. Der frühzeitige Einsatz verlangsamt hierbei nachweislich das Fortschreiten einer Nierenerkrankung.

Das zur Verfügung gestellte Nahrungseiweiß sollte biologisch sehr hochwertig sein, um trotz Reduktion eine ausreichende Eiweißversorgung des Körpers sicherzustellen und einen Ausgleich für den als Folge zahlreicher Nierenerkrankungen auftretenden Eiweißverlust über die Nieren zu bieten. Hierzu sind besonders Hühnerei-Eiweiß, mageres Rindfleisch, Leber und verschiedene Milchprodukte wie Hüttenkäse geeignet. Da eiweißreduzierte Diäten jedoch häufig schlecht gefressen werden, sollte eine Umstellung auf ein Nierendiätfutter schrittweise, aber beharrlich vorgenommen werden.

Die Wasserzufuhr darf auf keinen Fall reduziert werden. Frisches Trinkwasser muss dem nierenkranken Hund ständig in ausreichender Menge zur Verfügung stehen.

Harnsteinbildung

Eine Zusammenlagerung von kristallinen Harnbestandteilen führt zur Entstehung von Steinen, die entweder im Nierenbecken oder in der Harnblase lagern, aber auch Harnleiter oder Harnröhre verschließen können. Eine spezielle Diäternährung soll einerseits bereits gebildete Steine auflösen und andererseits deren Neubildung nach operativer Entfernung oder vorheriger Zerstörung verhindern. Deshalb ist es wichtig, die chemische Zusammensetzung der vorliegenden Steine genau zu kennen. Nur so ist es möglich, die entsprechenden Vorstufen der Steine in der täglichen Nahrung zu vermeiden. Meist handelt es sich hierbei um einzelne Mineralstoffe (Phosphor, Magnesium, Kalzium, Natrium), aber auch komplexer aufgebaute Verbindungen kommen vor. Bei einzelnen Steinarten kann über eine Ansäuerung des Harns eine Kristallbildung verhindert werden. Über eine Steigerung der täglichen Harnmenge lässt sich eine natürliche Ausschwemmung bereits entstandener Kristalle oder kleinerer Steinchen erreichen.

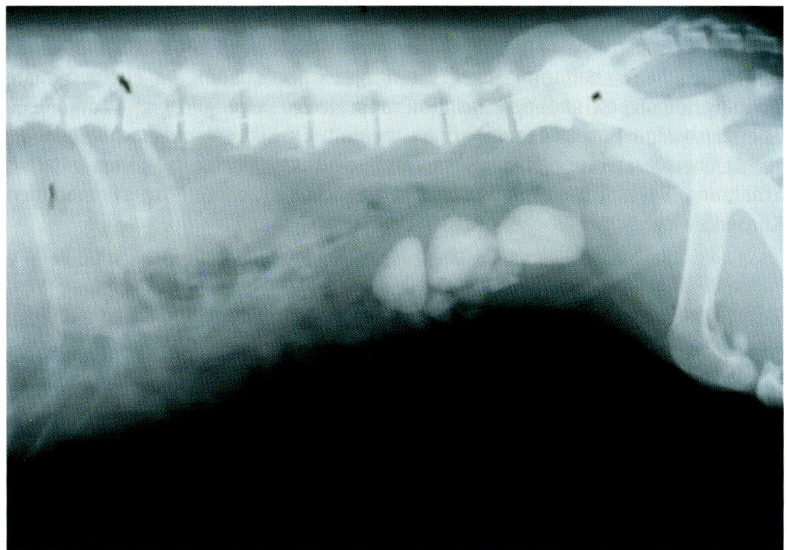

Hier sieht man eine massiv mit Zystinsteinen gefüllte Harnblase einer Dackelhündin.

Der Eiweißgehalt einer selbst bereiteten Harnsteindiät sollte stark reduziert sein. Kochsalz und Mineralstoff-Vitamin-Präparate müssen gemieden werden. Die eigene Zubereitung eines speziellen Futters für Hunde mit Harnsteinen verlangt nicht nur Zeit, sondern auch genaue Kenntnisse bezüglich Mineralstoffgehalt der einzelnen Futterkomponenten und dem Bedarf des Hundes. Es stehen aber für einzelne Steinarten auch Fertigfuttermittel zur Verfügung, die vollwertig und ausgewogen sind und somit als Alleinfuttermittel eingesetzt werden können.

Lebererkrankungen

Die Leber ist das wichtigste Stoffwechsel- und Entgiftungsorgan des Körpers. Eine spezielle Diätfütterung unterstützt bei Lebererkrankungen die medikamentöse Behandlung durch eine Entlastung des Leberstoffwechsels wirkungsvoll. Es empfiehlt sich, möglichst leicht verdauliche Eiweiße, Fette und Kohlenhydrate anzubieten. Als Hauptenergieträger dienen Kohlenhydrate, während Eiweiße und Fette gerade den Mindestbedarf decken sollten. Eiweißquellen mit hoher biologischer Wertigkeit sind Milchprodukte wie Quark und Hüttenkäse oder Ei-Eiweiß. Leicht lösliche und hoch verdauliche Kohlenhydrate können durch die Fütterung von Reis, Haferflocken, Traubenzucker oder Bienenhonig bereitgestellt werden. Einige Vitamine des B-Komplexes besitzen eine ausgeprägte Leberschutzwirkung, weshalb eine Verdoppelung der B-Vitamingaben angezeigt ist. Kleinere Mahlzeiten bei gesteigerter Fütterungsfrequenz (4- bis 6-mal täglich) erhöhen die Wirksamkeit der Diät.

Durchfall lässt sich häufig bereits mit der richtigen Diät erfolgreich behandeln.

Die sogenannte Eliminationsdiät stellt derzeit die einzig sichere Methode zum Ausschluss einer Futtermittelallergie dar. Die meisten betroffenen Hunde sind gegen ein spezielles Futtereiweiß ihrer Ration überempfindlich. Derartige Eiweiße können von Fleisch, Soja, Getreide (Gluten), Milchprodukten (Milcheiweiß), Ei oder Fisch stammen. Entgegen der häufig geäußerten Meinung spielen Konservierungsstoffe, Farbstoffe oder Futterzusatzstoffe aufgrund ihrer geringen Molekülgröße kaum eine Rolle bei der Auslösung von Überempfindlichkeitsreaktionen.

Die Eliminationsdiät besteht lediglich aus zwei Komponenten, einer Kohlenhydrat- und einer Eiweißquelle und wird zu Hause durch den Tierhalter selbst zubereitet. Vor allem die Eiweißquelle sollte nicht Bestandteil des bisherigen Futters gewesen sein.

Da Pferdefleisch seltener als Hundefutter eingesetzt wird, empfiehlt es sich als Eiweißlieferant der Ration. Reh, Ente, Truthahn, Lachs oder Kaninchen sind mögliche Alternativen. Gegen das bisher häufig favorisierte Lammfleisch lassen sich zunehmend Überempfindlichkeiten nachweisen.

Als Kohlenhydratquelle dienen Reis, Kartoffeln, Tapioka, Süßkartoffeln oder Kidneybohnen.

Die Eliminationsdiät sollte konsequent über mindestens acht Wochen durchgeführt werden. Auch wenn die Ration für viele Nährstoffe nicht bedarfsdeckend ist, dürfen keine Ergänzungen vorgenommen werden, um das Ergebnis nicht zu verfälschen. Ein erwachsener und ansonsten gesunder Hund toleriert dies ohne Schwierigkeiten.

Probleme bereitet dagegen oft das Bedürfnis der Tierhalter, dem Hund als Belohnung Leckerlis zu verabreichen. Eine gute Alternative bietet hier die Herstellung von Trockenfleischwürfeln des verwendeten Diätfleisches (drei bis vier Stunden bei 50 °C im Backofen erhitzen).

Werden Tabletten zusammen mit Futter verabreicht, muss dieses auch Bestandteil der Eliminationsdiät sein. Eine konsequente Durchführung einer Eliminationsdiät ist aufwendig und verlangt Disziplin. Alle Familienmitglieder, Nachbarn oder etwaige Besucher müssen unterrichtet werden. Bei mehreren Tieren im Haushalt ist mitunter eine Diätfütterung an alle Tiere sinnvoller, als eine räumlich getrennte Futtergabe.

Nach Abschluss der Eliminationsdiät wird das frühere Futter wieder angeboten und führt im Falle einer Futterallergie innerhalb von Stunden bis einigen Tagen wieder zur Verschlechterung (Provokationstest). Ebenso kann durch schrittweise Zugabe unterschiedlicher Eiweißquellen versucht werden, die krankheitsauslösende Komponente herauszufinden, die dann strikt zu meiden ist. Eine dauerhafte Fortsetzung der Eliminationsdiät ist nur bei entsprechender Mineralstoff- und Vitaminergänzung möglich, was allerdings eine genaue Kenntnis der tierischen Bedarfswerte sowie des Nährstoffgehaltes der verwendeten Futtermittel erfordert.

Kommerzielle Diäten enthalten zwar ebenfalls seltener verwendete Eiweißquellen wie Ente, Ei, Lachs oder Wild. Als Alleinfuttermittel liegt jedoch eine ausgewogene Nährstoffzusammensetzung unter Einsatz zahlreicher Nahrungskomponenten vor. Hierdurch steigt aber auch das Risiko einer Unverträglichkeit. Diese Diäten eignen sich aber als Anschlussbehandlung einer Eliminationsdiät bei nachgewiesener Eiweißunverträglichkeit. Die Nahrungseiweiße in sogenannten hypoallergenen Diäten sind in derart kleine Untereinheiten aufgespalten, sodass sie vom körpereigenen Abwehrsystem nicht festgestellt werden und somit keine Überempfindlichkeit auslösen können. Derartige Diäten sind aufgrund ihrer aufwendigen Herstellung entsprechend teuer.

Der Besuch beim Tierarzt

Der erste Besuch beim Tierarzt ist für einen Hund mit Sicherheit ein aufregendes Erlebnis. Da er prägend für das Verhalten bei späteren Konsultationen ist, sollte er für den Hund immer zu einem Positiverlebnis werden.

Fragen Sie Ihren Tierarzt, ob Sie mit Ihrem Welpen oder neuen Hund nicht einfach einmal die Praxis besuchen können, auch ohne dass er gleich eine Spritze bekommt. Ein Leckerli als Belohnung für eine kurze Stippvisite auf dem Behandlungstisch lässt den Hund beim nächsten Mal gleich viel freudiger die Praxis betreten. Zudem können nebenher gleich eine Reihe von Halterfragen geklärt werden.

Viele verschiedene Gerüche wecken das Interesse des Hundes, aber auch die Konfrontation mit anderen Tieren (neben Hunden besuchen ja auch fauchende Katzen oder zwitschernde Wellensittiche die Tierarztpraxis) führt zuweilen zu Verunsicherung oder gar Aggression des Tieres.

Aus Sicherheitsgründen sollte der Hund deshalb in der Praxis unbedingt ständig an der Leine gehalten werden. Bei überängstlichen oder sehr nervösen und unruhigen Hunden empfiehlt es sich, diese besser noch im Auto zu lassen oder durch einen kleinen Spaziergang in der näheren Umgebung der Praxis die Zeit zu überbrücken, bis man an der Reihe ist.

Vorbereitung des Hundes

Mit einigen kleinen Übungen kann man den Vierbeiner schon auf den ersten Gang zum Tierarzt vorbereiten. Hierzu zählen das Streicheln des Bäuchleins, das Betasten der Pfotenballen, das Öffnen des Fangs und die Einsicht in die Mundhöhle. Der Hund sollte es gewohnt sein, alle Körperstellen einschließlich Lefzen, Augen und Ohren anfassen zu lassen. Optimal ist es, wenn er schon die Kommandos „Sitz“ und „Platz“ beherrscht. Das Trainieren dieser Lektionen ist durchaus spielerisch möglich, jedoch darf der Tierhalter gegenüber dem Hund eine gewisse Konsequenz nicht vermissen lassen. Strahlt der Hundehalter Ruhe und Souveränität aus, überträgt sich das auch auf den Hund.

Zum ersten Tierarztbesuch sollten, falls schon vorhanden, der Impfpass sowie Aufzeichnungen über die bisherigen Entwurmungen des Hundes mitgebracht werden. Bei späteren Besuchen ist es sinnvoll, bei der Anmeldung das Praxispersonal zu informieren, wenn eine Hündin läufig ist oder der Verdacht einer ansteckenden Infektionserkrankung besteht, damit rechtzeitig eine Trennung von den anderen Patienten vorgenommen werden kann.

Fixationsmaßnahmen

Die Untersuchung und Behandlung des Hundes sollte immer auf einem Untersuchungstisch erfolgen. Die Hunde sind hierdurch abgelenkt sowie teilweise eingeschüchtert, womit das weitere Vorgehen erleichtert wird. Der Patient wird vom Tierhalter allein oder gemeinsam mit einer Person des Praxispersonals auf den Tisch gehoben. Der Tierhalter hält am Kopf Kontakt mit seinem Hund und lenkt diesen durch Zureden oder Kraulen ab.

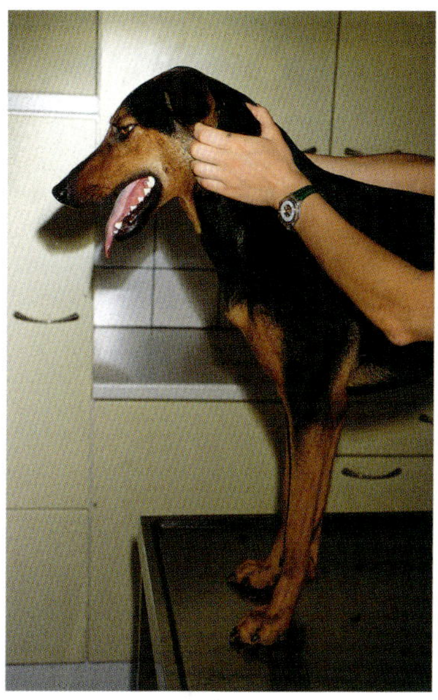

So erfolgt die richtige Fixation des Hundes durch Halten des Kopfes.

Eine vorsichtige und liebevolle Untersuchung kann vor allem im Krankheitsfall selbst beim liebsten Hund Unbehagen oder Schmerzen auslösen. Eine sichere Fixierung des Patienten ist deshalb unerlässlich, um einen aussagefähigen Untersuchungsbefund zu erzielen und um die Sicherheit von Tierhalter und Praxispersonal zu garantieren.

Fixation durch Halten des Kopfes

Ein Helfer erfasst den Hund mit beiden Händen direkt hinter dem Kopf am Nackenfell und hält durch Kraulen Kontakt mit dem Tier. Bei einer plötzlichen Unwilligkeit des Patienten kann durch festes Zupacken ein Herumdrehen des Kopfes und Beißen verhindert werden. Bei kleineren Hunden kann der Körper des Hundes zusätzlich mit dem Unterarm des Helfers fixiert werden. Ein zweiter Helfer kann durch den Griff unter den Bauch ein Hinsetzen des Hundes vermeiden und hierdurch zur Stabilisierung beitragen.

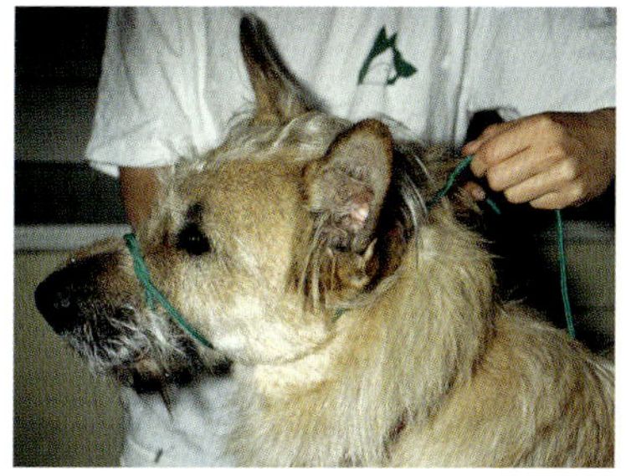

Das Anlegen eines Schnauzenbandes ist ein sicherer Schutz gegen Bissverletzungen.

Fixation mit Schnauzenband

Die vorbereitete Schlinge eines breiten und festen Leinenbandes oder einer Binde wird von einem hinter dem Hund stehenden Helfer so über die Schnauze gelegt, dass die Schlaufe auf dem Nasenrücken zu liegen kommt. Nach

Zuziehen der Schlinge werden die freien Bandenden unter dem Kinn gekreuzt, kurz hinter den Ohren entlanggeführt und im Nacken verknotet. Ein korrekt angelegtes Schnauzenband ist ein absolut sicherer Schutz vor Bissverletzungen.

Fixation mit Maulkorb

Maulkörbe sind in den verschiedensten Größen und in unterschiedlichen Materialien (Leder, Kunststoff, Metall) lieferbar und stellen vermutlich die elegantere Alternative zum Schnauzenband dar. Der Maulkorb wird vom Tierhalter von hinten über die Schnauze gezogen und mittels Befestigungsriemchen entsprechend eng hinter den Ohren verschlossen. Somit bleibt dem Hund jederzeit die Möglichkeit, auch durch die Mundhöhle frei zu atmen.

Fixation eines Hundes im Liegen

Die wohl wirkungsvollste Methode, einen Patienten in Seitenlage zu fixieren, besteht darin, das jeweils unten liegende Vorder- und Hinterbein zu halten und mit den Unterarmen den Körper des Hundes auf den Untersuchungstisch zu drücken. Somit wird ein Aufrichten des Tieres auf die Brust verhindert. Der Tierhalter sollte den Kopf des Tieres auch bei während der Untersuchung auftretenden Schmerzen sicher fixieren und Kontakt mit seinem Hund halten.

Trotzdem gibt es Situationen, in denen diese Fixationsmaßnahmen nicht ausreichen. Es ist aber nicht das Ziel, den Untersuchungsgang vorzeitig abzubrechen oder nur oberflächlich zu Ende zu führen. Andererseits steht die Gesundheit von Tierhalter, Tierarzt und Praxisteam natürlich im Vordergrund. Eine weitere Untersuchung nach einer Beruhigungsspritze oder in Narkose des Hundes wäre daher für alle Beteiligten zufriedenstellender. Außerdem würde der Hund keine so schlechten Erfahrungen in Erinnerung behalten wie nach einem Ringkampf mit dem Tierarzt.

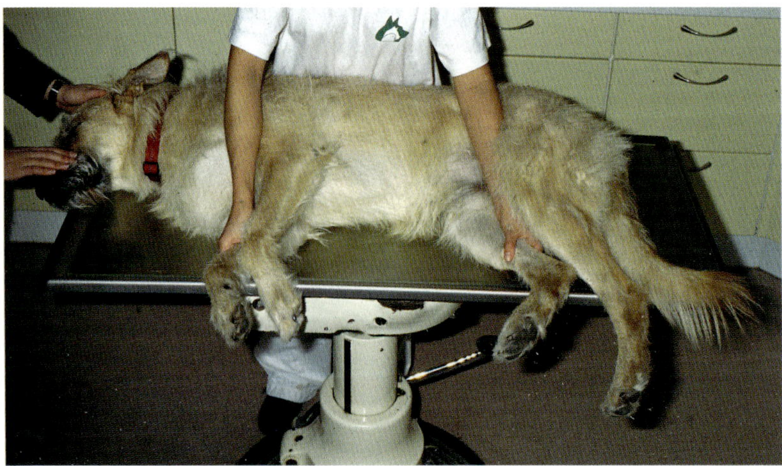

Auch in der Seitenlage muss der Hund von einer Person fixiert werden.

Untersuchungsmöglichkeiten in der tierärztlichen Praxis

Es gibt eine ganze Reihe von Methoden, um die Erkrankung eines Tieres festzustellen.

Zuerst erfolgt das genaue **Beobachten (Adspektion)** des Hundes. Bereits beim Betreten des Behandlungsraums beurteilt der Tierarzt den Bewegungsablauf, achtet auf Fell, Augen und Ohren und wirft danach einen Blick auf die Schleimhäute des Patienten.

Durch **Betasten (Palpation)** kann er eine Schmerzhaftigkeit im Gelenkbereich, eine Hautverdickung und Fremdkörper, Organvergrößerungen oder Fruchtteile in der Bauchhöhle feststellen.

Zum **Abhören (Auskultation)** des Patienten verwendet der Tierarzt ein Stethoskop. Hiermit lassen sich z.B. Herzrhythmusstörungen, unnatürliche Lungengeräusche oder eine übersteigerte Darmaktivität ermitteln. Aber selbst mit dem bloßen Ohr sind manchmal überlaute Darmgeräusche oder das Knirschen der Knochenenden nach einem Knochenbruch hörbar.

Auch durch **Riechen** lassen sich bestimmte Erkrankungen erkennen. Ein Harngeruch aus der Mundhöhle weist beispielsweise auf eine schwere Nierenerkrankung, ein fischiger Geruch aus der Region des Afters auf eine Analbeutelverstopfung oder ein muffig-dumpfer Gehörgangs- oder Hautgeruch auf das Vorliegen einer Hefepilzinfektion hin.

Neben diesen klassischen Verfahren ist es zur genauen Diagnosestellung unter Umständen notwendig, weiterführende Untersuchungsmethoden einzusetzen, ehe der Tierarzt eine exakte Diagnose stellen und mit einer gezielten Behandlung beginnen kann.

Laboruntersuchungen

Die Blutuntersuchung bietet umfangreiche Möglichkeiten, Aufschluss über den Gesundheitszustand zu erlangen. Ob die Untersuchungen nun in der Tierarztpraxis selbst durchgeführt oder die Proben in ein Fremdlabor eingeschickt werden, hängt von der technischen Ausstattung der jeweiligen Praxis ab. Für eine Vielzahl von Fragestellungen (wie Krankheitserregernachweis im Blut oder Hormonspiegelbestimmungen) ist es jedoch unerlässlich, mit einem spezialisierten Labor zusammenzuarbeiten.

Das Blutbild und die Blutkörperchensenkung geben Aufschluss über Entzündungen und Infektionen. Anhand spezifischer Enzyme ist der Funktionszustand einzelner Organe wie Leber, Niere oder Bauchspeicheldrüse überprüfbar, aber auch Mineralstoff-, Eiweiß-, Fett- und Blutzuckergehalt lassen sich mittels Blutuntersuchung kontrollieren.

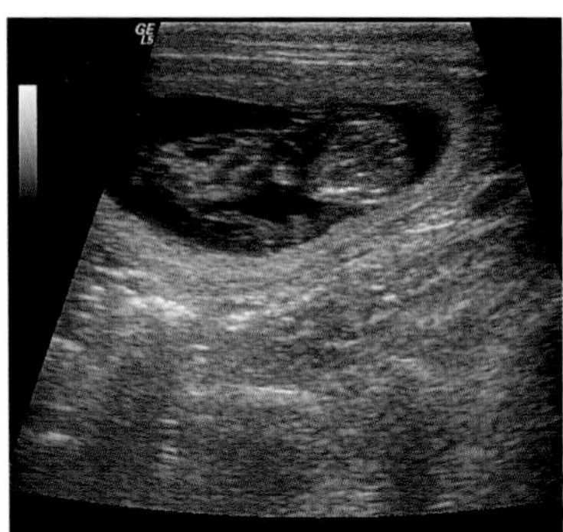

Dieses Ultraschallbild wurde in der zweiten Hälfte der Trächtigkeit erstellt. Die Differenzierung von Kopf und Rumpf ist schon deutlich erkennbar.

Das EKG liefert präzise Informationen zu Herzfrequenz oder Herzrhythmusstörungen und erlaubt Aussagen zur Größe der einzelnen Herzkammern. Nach dem Befestigen der EKG-Klemmen wird der Patient auf die rechte Seite gelegt und das EKG wird geschrieben.

Da der Hund nur einen kurzen Zeitraum stillhalten muss, ist hierzu keine Narkose erforderlich. Im Gegenteil, eine Narkose verfälscht mitunter die Untersuchungsbefunde sogar noch. Die Auswertung eines EKGs ist mit einem gewissen Zeitaufwand verbunden und erfordert eine entsprechende Ausbildung und Erfahrung des Tierarztes.

Ultraschalluntersuchung

Die Ultraschalluntersuchung hat in den letzten Jahren einen beachtlichen Aufschwung in der Veterinärmedizin genommen. Dies ist nicht verwunderlich, da hiermit ein Verfahren zur Verfügung steht, das zur Diagnostik fast aller Organsysteme verwendbar und beliebig oft wiederholbar ist. Eine Ultraschalluntersuchung tut nicht weh und stellt weder für den Patienten noch für Tierhalter oder Tierarzt ein gesundheitliches Risiko dar. Für den Hund ist es allenfalls mit dem Freischeren des Fells und dem Aufbringen von Ultraschallgel zur besseren Ankopplung des Schallkopfes verbunden.

Längsschnitt vom Herzen eines Dackels mit einer Mitralklappenerkrankung: stark aufgetriebene Klappensegel bei Klappenschluss, linke Herzkammer und linker Vorhof sind volumenüberladen.

Da eine komplette Ultraschalluntersuchung der Bauchhöhle oder ein Herzultraschall durchaus 30 Minuten und länger dauern kann, ist weiterhin eine gewisse „Disziplin" des Patienten notwendig. Sobald Hunde jedoch merken, dass keine Gefahr droht und es sogar recht angenehm ist, sich auf dem Untersuchungstisch zu entspannen und kraulen zu lassen, werden sie schnell zu kooperativen Partnern.

Während die Ultraschalluntersuchung der Bauchhöhle als Standardverfahren gilt, stellen die Echokardiografie (Ultraschall des Herzens) und Dopplerechokardiografie (Darstellung der Strömungsrichtung und der Geschwindigkeit des fließenden Blutes) Spezialverfahren dar, die einer größeren gerätetechnischen Ausrüstung und einer entsprechenden Erfahrung des Untersuchers bedürfen.

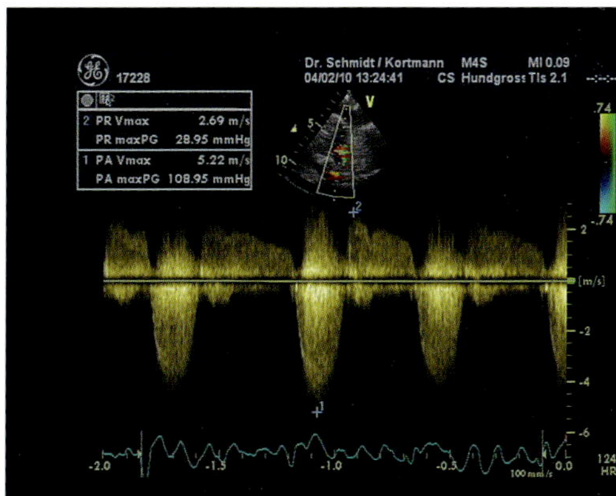

Dopplermessung bei einem Husky mit einer Pulmonalklappenerkrankung mit deutlicher Verengung des Klappenringes (Pulmonalstenose). Zusätzlich besteht eine leichte Pulmonalinsuffizienz.

Ein häufiges Einsatzgebiet für den Ultraschall ist die Trächtigkeitsuntersuchung der Hündin. Bereits ab dem 20. Tag ist ein Nachweis von Fruchtblasen möglich, der günstigste Zeitpunkt liegt um den 25. bis 30. Tag. Eine gesundheitliche Belastung durch die Schallwellen besteht weder für die Mutterhündin noch für ihre Früchte.

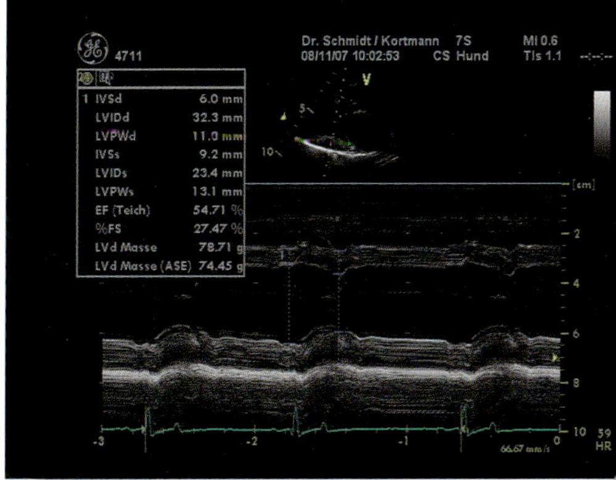

Ausmessung der Kammerdimension der linken Herzkammer im M-Mode.

Die Herzultraschalluntersuchung hat in den letzten Jahren zu einem enormen Wissenszuwachs über die Herzerkrankungen des Hundes geführt. Diese Methode stellt daher eine wesentliche Erweiterung und Bereicherung der diagnostischen Möglichkeiten in der Kleintierkardiologie (Lehre von den Herzerkrankungen) vor allem auch für Zuchttauglichkeitsuntersuchungen bzw. den Nachweis angeborener Herzfehler dar. Durch die bewegten Bilder sind eine funktionelle Beurteilung der Herzarbeit und eine Überprüfung des Strömungsverhaltens des Blutes in den Herzkammern und den herznahen Gefäßen möglich. Zudem kann eine exakte Vermessung der Herzgröße und der Flussgeschwindigkeit des Blutes vorgenommen werden. Wie jedes Verfahren besitzt auch die Ultraschalluntersuchung Grenzen. So lassen sich z. B. Erkrankungen der Knochen oder der Lunge viel besser durch Röntgen nachweisen.

Von der Untersuchung ausgeschlossen sind Patienten, die metallische Strukturen (Mikrochips, Schrotkugeln, metallische Implantate, Metallclips, Herzschrittmacher) in der Nähe der zu untersuchenden Körperregion beherbergen. Metalle stören das Magnetfeld so stark, dass keine aussagefähigen Bilder erzeugt werden können.

Arzneimittel für den Hund

Arzneimittel nur vom Tierarzt

Entsprechend ihrer Ausbildung besitzen die Tierärzte das Recht, Arzneimittel in der eigenen Praxis anzuwenden und dem Tierhalter für seinen Hund per Rezept zu verschreiben. Darüber hinaus darf der Tierarzt aber auch Medikamente bevorraten, selbst herstellen und an den Hundehalter gegen Bezahlung abgeben, das heißt, er ist berechtigt, eine eigene tierärztliche Hausapotheke zu führen.

Viele Medikamente sind in Großpackungen im Handel, der Hund benötigt jedoch im entsprechenden Behandlungszeitraum meist nur eine kleinere Teilmenge davon. Aus diesem Grund werden viele Medikamente in der notwendigen Menge einzeln abgepackt und an den Tierhalter abgegeben. Die genaue Beschriftung der Flasche oder Medikamententüte und eine Anwendungsbeschreibung durch den Tierarzt gewährleisten jederzeit einen zweckentsprechenden Medikamenteneinsatz.

Von einer Selbsttherapie seines Hundes mit Medikamenten aus dem eigenen Gebrauch oder von Präparaten, die man der Einfachheit halber schnell aus der Apotheke geholt oder übers Internet bestellt hat, ist unbedingt abzu-

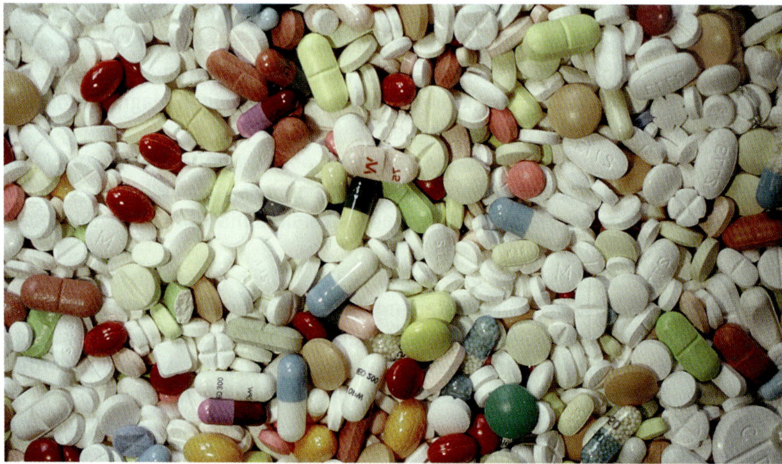

Medikamente sollten beim Hund nur nach Rücksprache mit dem Tierarzt verabreicht werden. Selbst millionenfach beim Menschen bewährte und völlig harmlose Präparate können beim Hund schwere Probleme auslösen.

raten. Der Apotheker ist für den Einsatz dieser Präparate beim Hund nicht entsprechend geschult und kann den Hundehalter nicht umfassend beraten. Auch die Tabletten, die beim Hund des Nachbarn oder eines befreundeten Hundehalters so fantastisch gewirkt haben, müssen für den eigenen Hund nicht unbedingt den gleichen Erfolg garantieren.

ACHTUNG!

Zahlreiche für den Menschen gut wirksame und zudem unbedenkliche Medikamente besitzen für Hunde gefährliche Nebenwirkungen und sollten deshalb unbedingt gemieden werden.

Krankheitserscheinungen des Hundes können durch den Hundehalter falsch gedeutet werden. Hinter augenscheinlichen, mitunter banalen Krankheitsanzeichen kann sich eine ernsthafte Erkrankung verbergen, die schnellstens behandelt werden sollte und durch eine Selbsttherapie nur noch weiter verschleppt wird. So kann sich hinter einem Durchfall, der vom Tierhalter mit Kohletabletten behandelt wird, eine schwerwiegende Virusinfektion oder sogar ein Darmverschluss verbergen. Andererseits besteht die Gefahr, dass bei harmlosen Problemen mit zu drastischen Mitteln vorgegangen wird.

Die Medikamentendosis und die Behandlungsintervalle sind krankheitsabhängig und können innerhalb verschiedener Rassen variieren. Diese rassebedingten Unterschiede können sogar so weit gehen, dass das gleiche Medikament bei einzelnen Rassen gute Behandlungserfolge erzielt, bei anderen hingegen tödlich wirken kann. Bei Welpen, tragenden Hündinnen oder älteren Patienten muss eine Medikamentengabe sorgsam abgewogen werden, da sowohl das sich entwickelnde Leben geschützt als auch eventuell vorliegende altersbedingte Organschädigungen beachtet werden müssen. Vor einem Medikamenteneinsatz bei Ihrem Hund sollte deshalb immer zuerst eine tierärztliche Diagnose stehen.

Verabreichung von Arzneimitteln

In der tierärztlichen Praxis erfolgt die Verabreichung von Medikamenten zu einem großen Teil per Spritze. Dabei kann das Präparat je nach Art des Medikamentes und des beabsichtigten Wirkungseintritts unter die Haut, in die Muskulatur oder direkt in ein Blutgefäß gespritzt werden. Darüber hinaus ist auch oft der Tierhalter gefordert und muss seinem Hund zu Hause verschiedene Medikamente eingeben oder verabreichen. Da man bei einem Tier nicht von vornherein auf Kooperationsbereitschaft hoffen darf, bereitet dies erfahrungsgemäß einige Schwierigkeiten. Eine entsprechende Vorbereitung verhindert einen Ringkampf mit seinem Hund, wenn es einmal „ernst“ wird. Ihr Tierarzt wird Sie auch beraten, in welcher Dosierung bzw. in welchen Intervallen die Medikamente einzusetzen sind und ob die Verabreichung vor oder nach einer Mahlzeit zweckmäßig ist.

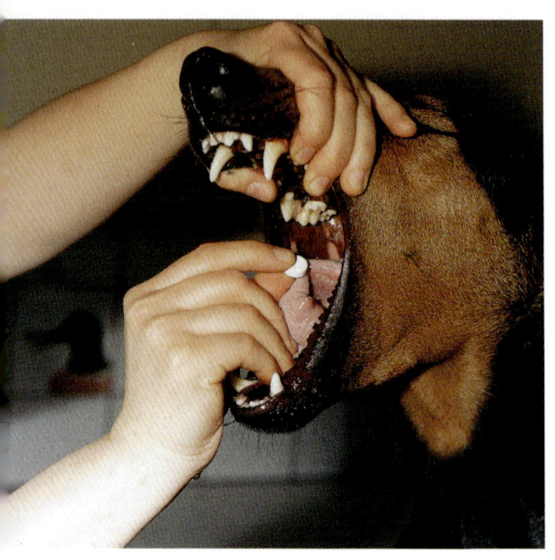

So wird beim Hund eine Tablette richtig eingegeben.

Tabletten, Dragees und Kapseln

Ein geübter Tierhalter ist durchaus dazu in der Lage, seinem Hund bei geöffnetem Fang ein zwischen Daumen und Zeigefinger gehaltenes Medikament so weit auf den Zungengrund zu legen, dass der Schluckreflex ausgelöst und das Präparat problemlos abgeschluckt wird. Andernfalls sollten Tabletten und Dragees in kleinen Leberwurstkügelchen oder anderen Wurst- bzw. Fleischstückchen versteckt werden, die der Hund besonders gern mag. Kleine Tabletten lassen sich auf diese Weise gut verabreichen.

Nachdem man dem Hund einige „unbeladene" Stücke angeboten hat, erfolgt die Verfütterung der präparierten Leckerbissen. Bei einem argwöhnischen Patienten empfiehlt es sich, das Tier zuvor etwas nüchtern zu lassen und die Medikamente vor der eigentlichen Fütterung zu verabreichen. Wichtig ist in jedem Fall, dass der Hund keinen Verdacht schöpft, da er sonst das gesamte Futter auf derartige versteckte Bestandteile überprüft, diese mit Sicherheit auch findet und wieder ausspuckt.

Da die meisten Tabletten über eine vorgefertigte Bruchkerbe verfügen, lassen sich auch größere Tabletten problemlos in kleinere Stückchen zerteilen. Bei Dragees ist das schon etwas schwieriger ist, denn bei den meisten Dragees darf die Umhüllung keinesfalls zerstört werden, da diese einen Schutz vor der Magensäure darstellt, um eine Wirkstofffreisetzung erst im Darm zuzulassen.

Ein Zerstampfen der Tabletten ist wegen der ungenauen Kontrolle der vollständigen Wirkstoffaufnahme zwar weniger gut geeignet, häufig jedoch die einzige Möglichkeit für die Verabreichung. Die handelsüblichen Tabletteneingeber für Hunde erweisen sich häufig als unpraktisch und finden deshalb nur wenig Anwendung.

Kapseln sind zumeist von beachtlicher Größe, gerade für einen kleinen Hund. Da sich jedoch der eigentliche Wirkstoff als Pulver- oder Granulat im Inneren der Gelatineumhüllung befindet, ist es möglich, die Kapseln zu öffnen und den Inhalt in der oben beschriebenen Art und Weise zu „verpacken", falls es nicht gelingt, die vollständige Kapsel zu verabreichen.

Hier sei erwähnt, dass einige Wirkstoffe wie z. B. bestimmte Antibiotika ihre Wirksamkeit verlieren, wenn sie zusammen mit Kalzium (unter anderem in Milch, Quark und Käse) eingegeben werden. Ihr Tierarzt gibt gerne Auskunft über mögliche Besonderheiten bei der Verabreichung einzelner Präparate. Grundsätzlich sollte beachtet werden, dass Patienten, die erbrechen, keine Medikamente über die Mundhöhle verabreicht werden dürfen.

Saft und Tropfen

Eine genaue Dosierung ist auch bei der Gabe von Flüssigkeiten notwendig. Mittels Pipette lässt sich die exakte Tropfenzahl bestimmen. Flüssigkeiten in Saftform werden mit einem beiliegenden Messbecher oder -löffel bzw. einer Einmalplastikspritze abgemessen. Ein Untermischen der Flüssigkeiten unter das Futter ist prinzipiell möglich. Es sollte jedoch darauf geachtet werden, dass die gesamte Futtermenge auf einmal verzehrt wird, um die Aufnahme der gesamten Wirkstoffmenge sicherzustellen. Ein anderes Tier darf von diesem Futter natürlich nicht fressen.

Handelt es sich um ein Präparat mit einem starken Eigengeschmack oder intensiven Geruch, treten häufig Akzeptanzprobleme auf. Eine direkte Eingabe des Saftes in die Mundhöhle mit einer Plastikspritze, natürlich ohne aufgesetzter Kanüle, kann in diesem Falle weiterhelfen. Die Flüssigkeit wird entweder in die Backentaschen oder nach leichtem Öffnen des Fangs seitlich zwischen Ober- und Unterkieferzahnreihe langsam in kleinen Portionen auf die Zunge gegeben. Hierbei sollte vor allem auf regelmäßige Schluckbewegungen geachtet werden. Ein Abschlucken kann durch leichtes Anheben der Schnauze oder Massage von Kehlkopf und Speiseröhre gefördert werden.

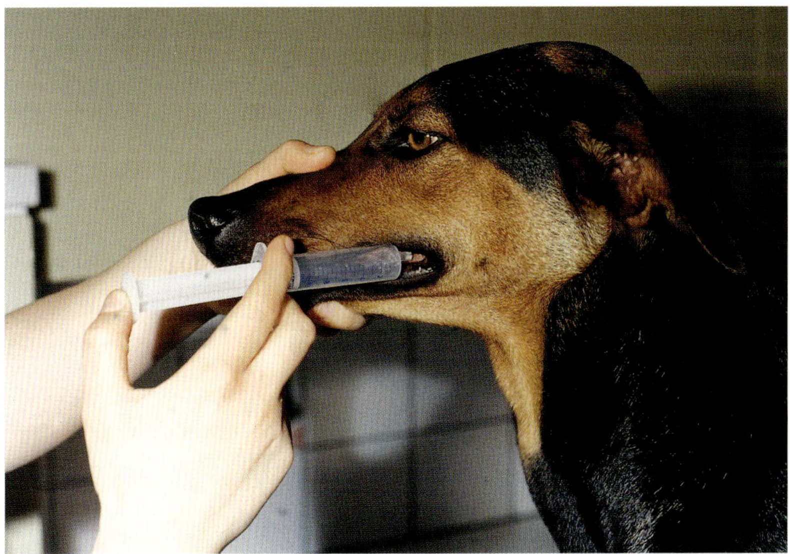

Die Eingabe von Flüssigkeiten erfolgt am besten mit einer Einmalspritze – ohne Kanüle!

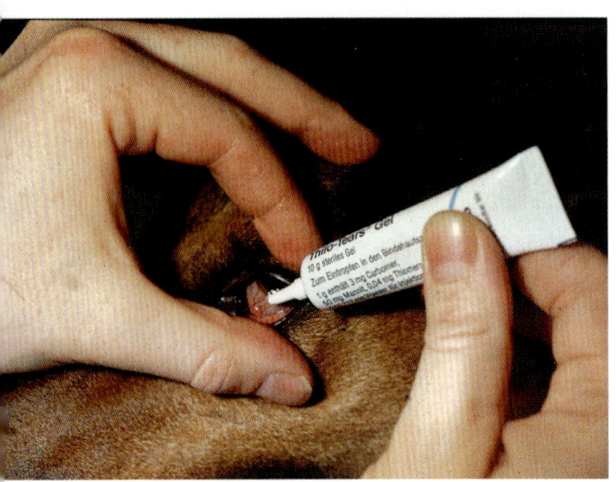

Eine Augensalbe wird in den Bindehautsack eingegeben.

Pulver

Pulver und Granulate lassen sich recht einfach über das Weichfutter verteilen und durch mehrmaliges Umrühren gut untermischen. Sollte aufgrund eines starken Eigengeschmacks des Pulvers die Akzeptanz des Futters verloren gehen, besteht auch die Möglichkeit, das Pulver in einer Fleischbrühe zu lösen oder mit etwas Wasser aufzuschwemmen und mit einer Einmalplastikspritze (ohne Kanüle!) direkt in den Fang des Tieres zu verabreichen.

Pasten

Pasten sind am einfachsten unter das Futter zu mischen. Einige Vitaminpasten sind für den Hund sogar so wohlschmeckend, dass sie direkt von der Tube oder vom Finger abgeschleckt werden. Auch die Verabreichung mit einem sogenannten Injektor direkt in die Mundhöhle ist möglich. Klappt dies nicht auf Anhieb, kann man einen Pastenstrang auf den Zeigefinger aufbringen und diesen nach Öffnung des Fangs am harten Gaumen abstreichen.

ACHTUNG!

Ein häufiger Fehler ist das Säubern des Auges mit Kamillentee oder Borwasser. Am Auge sollte ausschließlich lauwarmes Leitungswasser eingesetzt werden!

Augentropfen oder -salben

Ob nun Tropfen oder Salben einfacher anzuwenden sind, darüber lässt sich nur mutmaßen. Allgemein gilt, dass Salben etwas länger im Bindehautsack verweilen und deshalb im Vergleich zu Tropfen meist auch seltener verabreicht werden müssen.

Am einfachsten klappt das Einbringen der Medikamente zu zweit. Während ein Helfer den Kopf des Hundes festhält, kann sich ein zweiter ganz auf die Medikamentengabe konzentrieren. Zuerst müssen eventuell am Auge vorhandene Verklebungen mit einem in lauwarmem Wasser getränkten Mullgazetupfer entfernt werden. Das Entfernen dieser Sekrete ist ganz wichtig, da sie sonst das erkrankte Auge zusätzlich reizen und die Wirkung des Medikamentes behindern.

Nach dem Reinigen wird durch ein Herunterziehen des Unterlides mit dem Daumen und leichtem Druck auf das Oberlid der Bindehautsack freigelegt. Eine gezielte Gabe der Tropfen oder eines Salbenstranges ist nun leicht möglich. Hierbei sollte eine Berührung der Pipetten- oder Tubenspitze mit dem Augenlid oder der Hornhaut vermieden werden. Der Hund schließt das Auge nun wieder von selbst. Eine gleichmäßige Verteilung der Präparate erfolgt über den Lidschlag.

Präparate für die Anwendung am Ohr
Ohrenpräparate stehen als Salben, Gele, Suspensionen, Tropfen oder Spüllösungen zur Verfügung und werden sowohl zur Behandlung einer bestehenden Erkrankung als auch zur Vorbeugung eingesetzt. Wichtig ist in jedem Fall das möglichst tiefe Einbringen der Medikamente in den Gehörgang. Eine Verletzungsgefahr des Gehörgangs besteht wegen der abgerundeten Spitze der verwendeten Pipetten oder Tubenaufsätze nicht. Außerdem verengt sich der Gehörgang in Richtung Trommelfell so stark, dass ein Berühren lediglich bei einem bewusst gewaltsamen Eindringen möglich ist.

Während man mit einer Hand die Ohrmuschel aufrichtet und den Gehörgang dabei streckt, lässt sich mit der anderen Hand bequem das Präparat einbringen. Anschließend wird der Gehörgang von außen gut massiert, um eine gleichmäßigere Verteilung der Medikamente in der Tiefe des Gehörgangs zu erreichen. Der Hund reagiert darauf sofort mit einem Schütteln des Kopfes, womit schon gleich Medikamentenreste und gelöste Krusten herausgeschleudert werden.

Zur Vermeidung von Verklebungen lassen sich überschüssige Sekret- oder Flüssigkeitsmengen im Bereich der Ohrmuschel mit einem Stück Küchenpapier oder einem Papiertaschentuch entfernen. Das Einführen eines Wattestäbchens in den Gehörgang sollte wegen der hohen Verletzungsgefahr des Trommelfells bei einer ruckartigen Abwehrbewegung unbedingt vermieden werden. Ein routinemäßiges Putzen des Gehörgangs mit Wattestäbchen oder Ähnlichem stopft außerdem das entstehende Ohrenschmalz, das durch seine Fließtätigkeit und die Bewegung des Kopfes auf natürliche Weise nach außen transportiert wird, wieder in die Tiefe und unterstützt die Bildung von Ohrpfropfen. Das Säubern des Gehörgangs sollten Sie deshalb Ihrem Tierarzt überlassen, der Sie jedoch gern über Ohrspüllösungen informiert, die Sie selbst anwenden können.

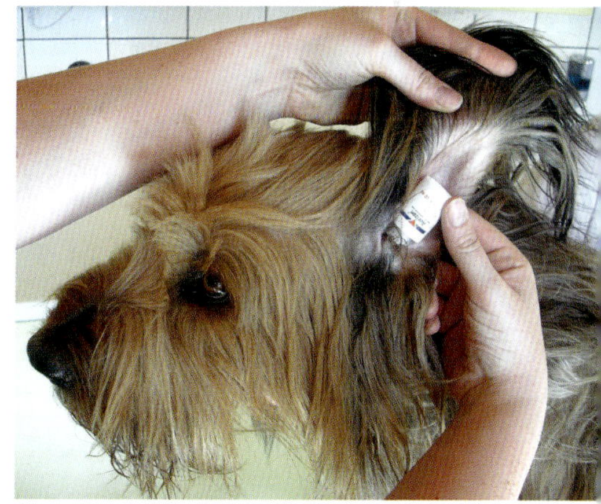

Ohrpräparate sollten möglichst tief in den Gehörgang eingebracht werden. Die Ohrmuschel muss hierzu gut gestreckt werden.

Äußerliche Anwendung von Medikamenten auf der Haut
Hierzu zählt die Badebehandlung mit Medizinalshampoos, die Verwendung von Sprays oder Salben, aber auch das Aufträufeln von Medikamenten im sogenannten „Spot-on-Verfahren“.

Eine Badebehandlung, wie sie bei vielen Hauterkrankungen oder bei Parasitenbefall notwendig ist, kann als Ganzkörper- oder Teilshampoonierung vorgenommen werden. Wenn das Baden bereits beim Junghund trainiert wurde, werden keine Probleme auftreten. Eine Anwendung im Freien bei sonnigem und warmem Wetter bereitet den Tieren dann sogar sichtlich Freude. Kleinere Hunderassen können aber auch durchaus in der Badewanne oder Dusche behandelt werden.

Nach einer vollständigen Durchnässung des Fells wird das Shampoo ins Fell eingeschäumt und nach einer präparateabhängigen Einwirkzeit wieder ausgespült. Während dieser Zeit sollte ein Belecken des Fells unbedingt verhindert werden, wozu ein Hundehalskragen eingesetzt werden kann. Bei kühler Witterung ist ein gründliches Frottieren sowie ein Aufenthalt in einem temperierten Raum notwendig, bis das Fell vollständig abgetrocknet ist. Erst danach sollte der Hund wieder ins Freie gelassen werden.

Auch nach der örtlichen Anwendung von Salben oder Sprays sollte einem Ablecken vorgebeugt werden. Findet die Anwendung vor einem Spaziergang statt, ist der Hund vermutlich genügend abgelenkt. Andernfalls muss ein Halskragen oder ein Verband eingesetzt werden.

Die Aufträufelbehandlung im Spot-on-Verfahren ist den meisten Hundehaltern von verschiedenen Floh- und Zeckenmitteln her bekannt. Nach Scheitelung der Haare zwischen den Schulterblättern bzw. im Rückenbereich wird das Präparat direkt auf die Haut aufgebracht, wo es innerhalb kurzer Zeit aufgenommen wird. Beim Einsatz von derartigen Mitteln müssen die Herstellerangaben auf dem Beipackzettel unbedingt befolgt werden.

Auch beim Menschen können diese Präparate die Haut durchdringen oder sich darin anreichern. Dies sollte der Tierhalter bei der Anwendung bedenken und durch gründliches Händewaschen nach der Behandlung oder das Tragen von Schutzhandschuhen jegliches gesundheitliche Risiko vermeiden.

Vorbereitung und Nachsorge einer Narkose

Vor Beginn einer jeden Narkose steht die Abklärung der Narkosefähigkeit des Patienten, um das bestehende Narkoserisiko weitestgehend zu minimieren. Ihr Tierarzt wird Sie in einem Vorgespräch über individuelle Risiken und den Narkoseablauf informieren. Narkoserisiken bestehen bevorzugt bei sehr jungen Tieren, bei älteren Patienten, die mehr als acht Jahre alt sind, aber auch bei Notfallpatienten. Zur Narkosevorbereitung gehört deshalb eine gründliche Allgemeinuntersuchung, bei älteren Patienten auch eine Blutuntersuchung und die Überprüfung des Herz-Kreislauf-Systems.

Der Hund sollte zwölf bis 24 Stunden vor dem geplanten Narkosetermin nüchtern gehalten werden, um bei einem eventuell auftretenden reflektorischen Erbrechen während der Narkose ein Fehlschlucken von Futterbestandteilen zu

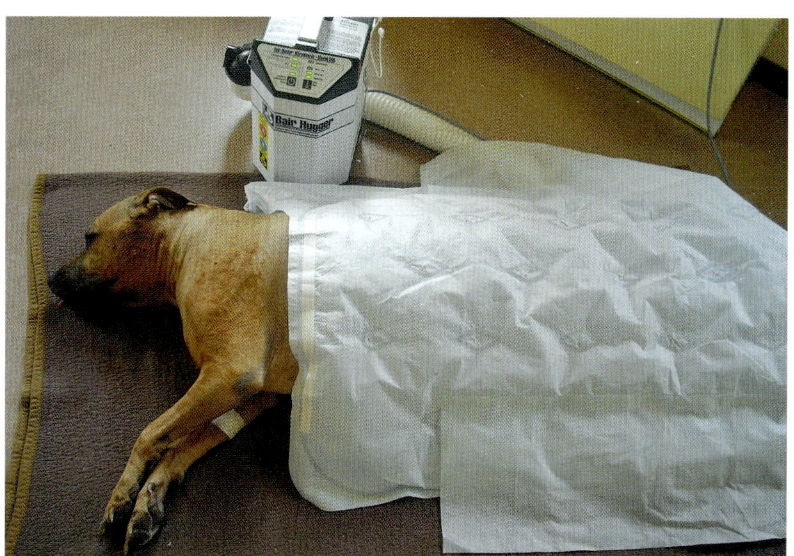

Zur Verhinderung einer Auskühlung sollten Narkosepatienten auf einer warmen Wolldecke gelagert werden. Eine sanfte Wärmezufuhr ist z. B. mit dem Bair Hugger® möglich.

verhindern. Wasser darf jedoch bis auf die letzten ein bis zwei Stunden vor der Narkose bereitgestellt werden.

Die Narkosenachschlafphase kann unterschiedlich lang sein. Bei einigen Kurznarkosemitteln oder steuer- bzw. umkehrbaren Narkosen ist der Hund kurze Zeit später sogar schon wieder gehfähig. Während der Aufwachphase sind die Patienten mitunter sehr unruhig, stöhnen, jammern und zucken mit einzelnen Muskelpartien. Dies ist jedoch narkosetypisch und hat nichts mit Schmerzen zu tun. In der Regel wird jeder Patient nach einem schmerzhaften Eingriff vor dem Aufwachen mit einem hochwirksamen Schmerzmedikament versorgt.

Da der Hund jedoch während und nach einer Narkose vorübergehend Probleme hat, seine Körpertemperatur zu regulieren, muss ein Zittern entsprechend beachtet werden. Der Patient sollte auf jeden Fall zum Aufwachen in einem gut temperierten Raum auf einer Wolldecke gelagert werden. Nach einer Abschlusskontrolle durch den Tierarzt, bei der sich dieser überzeugt, dass die Aufwachphase planmäßig verläuft und das Herz-Kreislauf-System voll funktionstüchtig ist, kann der Patient durchaus noch während der Nachschlafphase mit nach Hause genommen werden.

Größere Hunde lassen sich auf einer Trage oder einer ausgebreiteten Decke ebenso gut transportieren wie kleine Hunde in ihrem Körbchen. Auf dem Transport sollte der Hund möglichst flach und mit gestrecktem Kopf und Hals gelagert werden. Eine große Ladefläche in einem Kombifahrzeug oder die Lagerung auf dem Rücksitz des Autos mit dem Rücken des Tieres zur Rücklehne ist hierbei am besten geeignet. Auch im Fahrzeug sollte auf eine entsprechende Innentemperatur geachtet werden. Mangelhafte Regulation der Körpertemperatur bedeutet natürlich auch, dass das Fahrzeug nicht überhitzt sein darf. Im Sommer empfiehlt es sich deshalb, im Schatten zu parken und vor dem Transport gut durchzulüften!

Zu Hause wird der Hund ebenerdig und abseits von Treppen oder gefährlichen Hindernissen gelagert. Die Telefonnummer des behandelnden Tierarztes und gegebenenfalls des tierärztlichen Notdienstes in den Nachtstunden sowie an Sonn- und Feiertagen sollte bereitliegen, falls wider Erwarten etwas Besorgniserregendes eintreten sollte. Der Patient darf erst am Morgen nach der Narkose wieder trinken und im Laufe des Vormittags auch eine erste kleine Futterration zu sich nehmen.

Lassen Sie sich sicherheitshalber die Narkosenachsorge von Ihrer Tierarztpraxis ausführlich erklären und fragen Sie bei Unklarheiten nach! In vielen Tierarztpraxen erhalten die Tierhalter Narkosemerkblätter mit Hinweisen zur Nachsorge.

Krankenversicherung für Hunde

Hunde sind „Privatpatienten“, das heißt, im Krankheitsfall muss der Tierhalter die anfallenden Tierarztkosten bezahlen.

Während die Anschaffungskosten, die Hundesteuer oder Futterkosten einen relativ festen und planbaren Betrag ausmachen, sind die Tierarztkosten nur schwer kalkulierbar. Zwar gibt es regelmäßig wiederkehrende Kostenpositionen wie die jährlichen Impfungen, eine Entwurmung oder eine Floh- und Zeckenbehandlung, aber durch plötzlich auftretende Erkrankungen oder Unfälle können schon leicht größere Summen auflaufen. So sind z. B. für die Behandlung eines komplizierten Knochenbruchs oder die operative Versorgung einer Magendrehung schnell 1000,– € und mehr fällig.

Tierkrankenversicherungen, die inzwischen von zahlreichen Versicherungsgesellschaften angeboten werden, bieten in diesem Fall eine finanzielle Absicherung. Ohne auf die Kosten schauen zu müssen, kann man seinem Hund im Bedarfsfall die beste tierärztliche Versorgung ermöglichen, denn Tierhalter haben bei allen Gesellschaften freie Tierarztwahl.

Vor Abschluss einer solchen Versicherung empfiehlt es sich jedoch, verschiedene Angebote einzuholen und die unterschiedlichen Konditionen genau zu vergleichen, um ganz individuell für sein Tier eine optimale und kostengünstige Variante herauszusuchen.

So werden je nach Gesellschaft reine OP-Kosten-Versicherungen oder ein Rundumschutz angeboten, der neben einer OP-Kostenübernahme auch Heilbehandlungen mit einschließt.

Ein Auslandskrankenschutz wird in unterschiedlichem Maße von allen Anbietern gewährt. Teilweise bieten die Gesellschaften bei Vertragsabschluss einer Tierkrankenversicherung auch Sonderkonditionen für die Hundehalterhaftpflicht-Versicherung an.

Die monatlichen Beiträge variieren je nach Tarif in Abhängigkeit von Rasse, Gewicht, Alter oder Risikogruppen von knapp 10,– € für eine OP-Versicherung bis ca. 50,– € für eine Vollversicherung. Erstattet wird der zweifache, teilweise sogar der dreifache Satz der tierärztlichen Gebührenordnung (GOT), wobei eine Erstattungsbegrenzung im einzelnen Schadensfall ebenso besteht wie ein Jahreslimit.

Je nach Gesellschaft werden Hunde ab einem Alter zwischen acht Wochen und vier Monaten versichert. Eine regelmäßige bzw. altersentsprechende Impfung (nach Empfehlung der Ständigen Impfkommission Vet.) ist nachzuweisen. Ebenso werden detaillierte Auskünfte zum Gesundheitszustand des Hundes gefordert. Unwahre Angaben sind in diesem Fall Versicherungsbetrug, führen zum Versicherungsausschluss und können strafrechtliche Konsequenzen nach sich ziehen.

Generell werden nur Privatkunden versichert. Je nach Versicherer bestehen obere Altersgrenzen für einen Versicherungseintritt. Kastrationen werden in der Regel nicht bezahlt. Die Kostenübernahme für Vorsorgemaßnahmen (Wurmkur, Impfungen, Floh- und Zeckenmittel) differiert abhängig von Tarif und gewählter Gesellschaft. Entsprechend unterschiedlich ist auch der Selbstbehalt. Während für bestimmte Tarife keine Zuzahlung erforderlich ist, werden andere Behandlungskosten nur bis zu einem festgelegten Prozentsatz erstattet oder es ist ein fester Selbstbeteiligungsbetrag festgesetzt.

Diät- und Ergänzungsfuttermittel sowie Pflegezubehör werden selbstverständlich nicht erstattet.

Alles in allem stellen Tierkrankenversicherungen sicherlich eine sinnvolle Alternative zum individuellen Ansparen eines regelmäßigen Geldbetrages dar, da dies nur selten konsequent erfolgt und bereits in der „Ansparphase“ ein plötzlicher Finanzbedarf bestehen kann.

Preisbildung in der tierärztlichen Praxis

Der Tierarzt ist berechtigt, dem Hundehalter die von ihm erbrachten Leistungen in Rechnung zu stellen. Dies geschieht nicht willkürlich, sondern wird durch eine vom Deutschen Bundestag beschlossene „Gebührenordnung für Tierärzte“ (kurz GOT) geregelt. Der Gesetzgeber sieht derzeit für jede Leistung einen ein- bis dreifachen Gebührensatz vor. Ob der Tierarzt nun den einfachen Satz berechnet oder den vorgegebenen Preisrahmen vollständig ausschöpft, hängt von der Schwierigkeit der Leistung, dem erforderlichen Zeitaufwand, dem Wert des Tieres oder z. B. bei Hausbesuchen von den örtlichen Verhältnissen und der Mitarbeit des Hundehalters ab. Eine Überschreitung des dreifachen Satzes muss mit dem Tierhalter zuvor schriftlich vereinbart werden. Ebenso dürfen die vorgegebenen Gebührensätze nicht einfach unterschritten werden. Während des tierärztlichen Notdienstes in den Abend- und Nachtstunden sowie an Sonn- und Feiertagen wird eine zusätzliche Notdienstgebühr von 50,– € erhoben und mit dem zwei- bis vierfachen Satz der GOT abgerechnet.

Neben der vom Tierarzt erbrachten Leistung beinhaltet der Rechnungsbetrag zusätzlich noch alle Kosten für die angewendeten oder abgegebenen Medikamente und Verbrauchsmaterialien sowie die Mehrwertsteuer. Jeder Hundehalter besitzt ein Recht auf eine klar gegliederte Rechnung und kann sich diese auf Wunsch auch weiter spezifizieren lassen. Hierzu wird jeder Tierarzt gern bereit sein, wenn damit Unklarheiten aus dem Weg geräumt werden können.

Euthanasie (Einschläfern)

Das Einschläfern eines Tieres ist sicher einer der schlimmsten und traurigsten Momente in jeder Tier-Mensch-Beziehung, heißt es doch, von einem Gefährten, Wegbegleiter und Familienmitglied Abschied zu nehmen. Der von vielen Tierhaltern gehegte Wunsch, ihr Hund möge eines Nachts in seinem Körbchen ruhig und ohne Schmerzen einschlafen, geht leider nur selten in Erfüllung. Viel häufiger müssen Tierarzt und Hundehalter gemeinsam abwägen, was für den Patienten die richtige Entscheidung ist, wenn die Behandlungsmöglichkeiten ausgeschöpft sind und keinerlei Aussicht mehr auf Heilung besteht. Auch der richtige Zeitpunkt sollte sorgsam ausgewählt werden, um dem Tier unnötige Leiden zu ersparen. Eine Lebensverlängerung um jeden Preis ohne ein Mindestmaß an Lebensqualität kann und darf nicht das Ziel tierärztlicher Bemühungen sein.

Ob ein Hund nun zu Hause oder in der Tierarztpraxis eingeschläfert wird, liegt im Ermessen des Tierhalters. Ein Tierarzt wird sicher gern bereit sein, einen seiner langjährigen Patienten auch zu Hause zu erlösen, falls die Begleitumstände dies zulassen. Andererseits kann das Eindringen eines Fremden in das Revier des Hundes gerade in dieser schweren Krankheitssituation zu einem Vertrauensbruch mit seinem Halter führen.

Um dem Hund die Angst zu nehmen und ihn möglichst wenig von der meist stark emotional betonten Stimmung spüren zu lassen, wird ihm zuerst eine Beruhigungsspritze gegeben. Der Tierhalter darf seinen Hund während dieser Phase durchaus noch liebevoll in den Arm nehmen und sollte auch dabei sein, wenn wenig später eine Überdosis eines Narkosemittels verabreicht wird und der Hund durch einen sehr rasch und ohne Schmerzen eintretenden Herz- und Atemstillstand den Tod findet.

Obwohl verständlicherweise dieses traurige, letzte Kapitel in der Lebensgeschichte eines Hundes vom Tierhalter oft verdrängt wird, ist es sinnvoll, den Tierarzt einmal darauf anzusprechen, bevor diese schwere Entscheidung ansteht. Ein Hundehalter, der weiß, was auf ihn zukommt, kann bei diesem letzten Gang zum Tierarzt seinen Hund besser begleiten und ihm helfen. Über Möglichkeiten der Einäscherung des Tierkörpers oder der Bestattung auf einem Tierfriedhof wird Sie Ihre Tierarztpraxis gern beraten und Ihnen Informationsmaterial zur Verfügung stellen.

Urlaubszeit – Reisezeit

Bereits vor dem Kauf eines Hundes muss man sich darüber im Klaren sein, dass man für seinen Freund und Partner eine ständige Verantwortung übernehmen wird. Vor dem Urlaub ergibt sich aber häufig die Frage, was aus dem Hund während der schönsten Wochen des Jahres werden soll? Kann er mit in die Ferien reisen oder sollte er lieber zu Hause bleiben? Wer betreut ihn während der Abwesenheit?

Der Hund als Rudeltier und fest integrierter Bestandteil der Familie gehört zu seinem „Rudel", also zu den ihm vertrauten Menschen – auch im Urlaub! Natürlich gibt es einige Einschränkungen. Man sollte sich vor dem Urlaub überlegen, ob das Reiseziel auch hundegerecht ist und Hunde im Urlaubsquartier willkommen sind. Zahlreiche Reiseveranstalter bieten spezielle Urlaubsreisen für Hundehalter und ihre Vierbeiner an. Extreme klimatische Gegebenheiten, eine lange und strapaziöse Anreise, z.B. mit dem Flugzeug, oder eine Gefährdung des Hundes durch Infektionserreger am Urlaubsort sollten jedoch Anlass dazu sein, den Hund zu Hause zu lassen oder sich nach einem anderen Urlaubsziel umzuschauen.

Bleibt der Hund in der Obhut vertrauter und verlässlicher Personen, wie bei Familienangehörigen oder anderen Hundefreunden, wird diese Trennungszeit meist problemlos überstanden. Am wohlsten fühlt sich der Vierbeiner, wenn er

Urlaub am Strand – damit das auch ein Hund genießen kann, müssen die richtigen Vorkehrungen getroffen werden.

in dem ihm bekannten Revier bleiben kann. Dies ermöglicht unter anderem auch ein Haushüter, der über entsprechende Agenturen deutschlandweit gebucht werden kann und während der Abwesenheit des Tierhalters dessen Heim bewohnt. Neben der individuellen Betreuung des Hundes kann er nebenher noch die Blumen gießen, den Briefkasten leeren oder Telefonanrufe entgegennehmen. Aber auch Tierheime, Tierpensionen oder der Züchter des Hundes nehmen Urlaubsgäste in Pflege, vorausgesetzt man meldet sich rechtzeitig an.

EU-Heimtierausweis und Tierkennzeichnung

Seit dem 01.10. 2004 gelten weitgehend einheitliche Bestimmungen für Reisen mit Hunden, Katzen und Frettchen innerhalb der Mitgliedsstaaten der EU.

Einige Länder, wie die Schweiz oder Liechtenstein, in denen der Tollwutstatus dem der EU entspricht, werden hierbei wie EU-Länder behandelt.

Die EU-Verordnung regelt darüber hinaus auch den grenzüberschreitenden Verkehr zwischen Drittländern und EU-Mitgliedsstaaten, wobei insbesondere verschärfte Wiedereinreisebestimmungen bestehen. Ziel der Verordnung ist ein verbesserter Schutz vor Einschleppung und Verbreitung der Tollwut. Die getroffenen Maßnahmen sollen aber auch einer Erleichterung des Reiseverkehrs innerhalb der EU dienen. Ältere länderspezifische Reiseformalitäten (tierärztliches- oder amtstierärztliches Gesundheitszeugnis) wurden damit abgeschafft bzw. vereinheitlicht.

Der EU-Heimtierausweis ist ein amtliches Dokument des Hundes. Neben der Dokumentation aller Impfungen berechtigt er auch zum grenzüberschreitenden Reiseverkehr.

Im Mittelpunkt dieser Verordnung steht der (blaue) **EU-Heimtierausweis,** der beim grenzüberschreitenden Verkehr mitgeführt und auf Verlangen vorgezeigt werden muss. Der Heimtierausweis ist ein amtliches Dokument des Hundes, der unserem Personalausweis oder Reisepass entspricht. Die Ausstellung erfolgt durch den Tierarzt. Neben den aktuellen Besitzerangaben enthält der Pass tierspezifische Daten inklusive Mikrochipnummer.

Um eine eindeutige Zuordnung vornehmen zu können, muss das Tier daher zweifelsfrei identifizierbar sein. Dies erfolgt am besten durch eine **elektronische Tierkennzeichnung** mit einem

Transponder, der vom Tierarzt implantiert (eingesetzt) wird. Hierbei handelt es sich um einen kleinen Mikrochip mit winziger Antenne, der mittels gewebeverträglichem Glas oder Kunststoff flüssigkeitsdicht ummantelt ist und die Größe eines Reiskorns besitzt. Der Transponder wird durch eine etwas dickere Kanüle an der linken Halsseite (internationaler Standard) unter die Haut injiziert. Für diesen Eingriff ist keine Narkose erforderlich, lediglich die betroffene Hautstelle muss zuvor desinfiziert und örtlich betäubt werden.

Die Belastung entspricht der einer Impfung. Der Transponder verwächst sich im Unterhautbindegewebe, sodass ein Wandern unter der Haut ausgeschlossen ist.

Beim Ablesevorgang wird der Mikrochip mit harmlosen niederfrequenten Radiowellen eines speziellen Lesegerätes aktiviert. Entsprechend des internationalen Standards muss gemäß ISO-Norm jeder Chip von jedem Lesegerät erkannt werden.

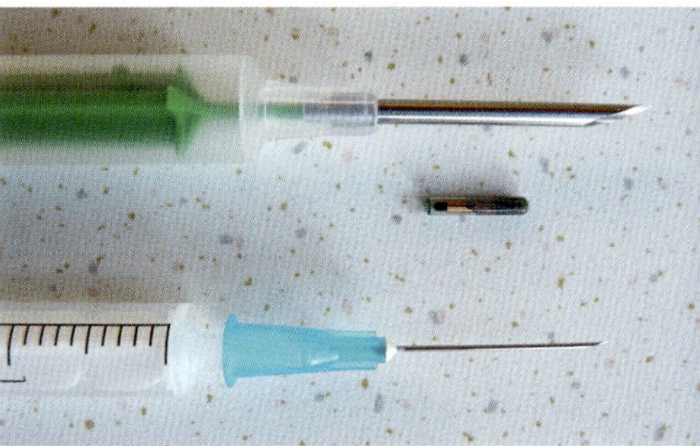

Der wenige Millimeter große Transponder enthält einen Mikrochip und wird durch eine Hohlnadel unter die Haut gespritzt. Zum Vergleich darunter eine Einmalspritze mit normaler Injektionskanüle.

ACHTUNG!

Tätowierungen waren nur noch bis Mitte 2011 als Identifikationsmerkmal gültig.
Heute werden Hunde mit einem Mikrochip gekennzeichnet.

Über den auf dem Chip gespeicherten fünfzehnstelligen Zahlencode ist eine eindeutige und individuelle Tierkennzeichnung möglich, da die entsprechende Nummer weltweit nur einmal vergeben wird. In diesem Zusammenhang ist die Eintragung in die Datenbank eines Haustierregisters (Adresse siehe Anhang) dringend zu empfehlen. Formulare für die kostenlose Registrierung erhalten Sie bei Ihrem Tierarzt. Schon viele Hunde konnten Dank Mikrochip und erfolgter Registrierung an ihre Besitzer zurückvermittelt werden. Eine Datenabfrage ist per Internet 24 Stunden am Tag auch nachts bzw. an Sonn- und Feiertagen möglich, das heißt auch dann, wenn Ihre Tierarztpraxis nicht geöffnet hat. Die elektronische Kennzeichnung mit einem Transponder ist fälschungssicher und ermöglicht im Falle von Rechtsstreitigkeiten sowie bei An- und Verkauf einen zweifelsfreien Identitätsnachweis.

Der EU-Heimtierausweis muss außerdem über den tierärztlichen Nachweis einer erfolgten Tollwutschutzimpfung verfügen. Die Tollwutimpfung wird dann als gültig angesehen, wenn sie bei Erstimpfung mindestens 21 Tage (einige Botschaften/Konsulate geben noch 30 Tage an), bei Wiederholungsimpfungen längstens den Zeitraum zurückliegt, den der Impfstoffhersteller für eine Wiederholungsimpfung angibt (ein bis drei Jahre). Derartige Auffischungsimpfungen sind unmittelbar gültig.

Neben der Tollwutimpfung werden auch alle anderen Impfungen des Hundes eingetragen, so dass der EU-Heimtierausweis gleichzeitig ein Impfdokument darstellt. Der bisherige gelbe „Internationale Impfpasse" besitzt zwar weiterhin Gültigkeit, berechtigt jedoch nicht zum grenzüberschreitenden Reiseverkehr.

Auch die in Vorbereitung einer Auslandsreise durchgeführten Zecken- und Bandwurmbehandlungen und die Resultate einer Tollwuttiterbestimmung müssen durch den Tierarzt im Heimtierausweis bestätigt werden.

Reisevorbereitungen

Eine Reise stellt für einen unternehmungslustigen Hund immer ein Erlebnis dar. Da jedoch Unterordnung Pflicht ist, viele unbekannte Eindrücke auf den Hund einwirken und häufig eine längere Einschränkung der Bewegungsfreiheit notwendig wird, bedeutet Reisen für den Vierbeiner auch viel Stress.

Ein Hund sollte deshalb niemals unvorbereitet auf die Reise gehen. So lässt sich der Ablauf einer Bahnfahrt durchaus trainieren und auch an eine längere Autofahrt kann man seinen Hund durch kleinere Wochenendausflüge gewöhnen. Wenn ein Hund bereits als Welpe auf das Verreisen vorbereitet wird, gibt es im „Ernstfall" nur selten Probleme.

Vor Reisebeginn sollte man sich rechtzeitig überlegen, was für den Hund ins Reisegepäck gehört. Gerade wenn eine Reise ins Ausland bevorsteht, müssen bestimmte Einreisevorschriften beachtet werden.

Da auch innerhalb Deutschlands durch die Hundeverordnungen und -gesetze der Länder von Bundesland zu Bundesland differierende gesetzliche Bestimmungen existieren und insbesondere durch die Einstufung einzelner Hunderassen als „Kampfhund" oder „gefährlicher Hund" spezielle Halterpflichten bestehen, sollten diese Vorschriften auch beim innerdeutschen Reiseverkehr vor allem in Bezug auf Leinenführung und Maulkorbpflicht beachtet werden.

Durch die Einführung des EU-Heimtierausweises wurden die bisher bestehenden Reisebeschränkungen abgeschafft. Innerhalb der EU-Mitgliedstaaten darf man daher mit seinem Hund reisen, wenn

- der EU-Heimtierausweis mitgeführt wird,
- eine eindeutige Kennzeichnung des Tieres durch Mikrochip (bis Juli 2011 auch noch Tätowierung) besteht,
- eine gültige Impfung gegen Tollwut vorliegt.

Dies gilt auch für die meisten NIcht-EU-Staaten Europas, da der Tollwutstatus dem der EU entspricht. Besondere Einreiseauflagen gibt es hingegen für Großbritannien, Norwegen oder die Schweiz. So ist z.B. die Einfuhr von Hunden

CHECKLISTE ZUR REISEVORBEREITUNG

- *EU-Heimtierausweis mit gültiger Tollwutimpfung und Mikrochip-Identifikationsnummer*
- *rechtzeitige Information über spezielle Reisebestimmungen bei Auslandsreisen (wie einzuhaltende Fristen, Tollwuttiterbestimmung, Wiedereinreise aus Drittländern nach Deutschland usw.)*
- *Ersatzleine und Ersatzhalsband (möglichst mit Urlaubs- und Heimatadresse versehen)*
- *Hundekorb oder Hundedecke, Spielzeug*
- *ausreichend gewohntes Futter, insbesondere Trockenfutter (ggf. spezielles Diätfutter)*
- *Reiseapotheke für den Hund*
- *Futter- und Wasserschüssel sowie ausreichend Trinkwasser für die Fahrt*
- *Maulkorb (teilweise besteht Maulkorbpflicht)*
- *Pflegeutensilien (Bürste, Kamm)*
- *Zeckenzange, eventuell Insektenschutz wie Mosquitonetz*
- *Vorbeugende Floh-, Zecken- und Stechmückenbekämpfung*
- *Notfall-Beruhigungsmittel bei unruhigen Hunden (nach Rücksprache mit dem Tierarzt!)*

mit kupierten Ohren und/oder kupierter Rute in die Schweiz verboten. Norwegen und Großbritannien verlangen eine im Heimtierausweis attestierte Bandwurmbehandlung, die 24 bis 120 Stunden vor der Einreise erfolgen muss.

Da die Einreisebestimmungen regelmäßigen Änderungen unterliegen, andererseits auch bestimmte Fristen einzuhalten sind, empfiehlt sich bei bestehendem Reisewunsch ins Ausland eine frühzeitige Information. Auskünfte holt man sich am besten bei den Konsulaten/Botschaften der Reiseländer oder beim Tierarzt.

Bei der Rückreise aus Nicht-EU-Staaten differenziert der Gesetzgeber zwischen Ländern mit einem der EU vergleichbaren Tollwutstatus (gelistete Drittländer) und Länder, in denen die Tollwut noch weit verbreitet ist bzw. ein unbekannter Status existiert (nicht gelistete Drittländer). Während bei der Wiedereinreise aus gelisteten Drittländern die EU-Bestimmungen gelten und allenfalls zusätzlich eine Veterinärbescheinigung benötigt wird, ist die Rückkehr aus nicht gelisteten Drittländern wie z. B. Türkei, Serbien oder Montenegro deutlich erschwert.

Da der bestehende Tollwutimpfschutz bei Wiedereinreise durch einen belastbaren Tollwut-Antikörpertiter nachgewiesen werden muss, empfiehlt sich eine Blutuntersuchung mit Titerbestimmung und dem Eintrag des Ergebnisses in den EU-Heimtierausweis vor der Urlaubsreise. Andernfalls droht eine Wartezeit von mindestens drei Monaten bis zur Einreise nach Deutschland. Da diese Frist auch

WICHTIG!

Informieren Sie sich rechtzeitig über die bestehenden Ein- und Ausreisebestimmungen des Urlaubslandes, bei Reisen mit der Bahn oder dem Auto aber auch möglicher Transitländer.

für die Ersteinreise von Hunden besteht, sollten keinesfalls am Urlaubsort oder in Hotelanlagen aufgegriffene Fundhunde aus Urlaubsländern wie Ägypten, Marokko, Türkei, Tunesien, Thailand usw. mitgenommen werden.

Durch einen Gesundheitscheck beim Tierarzt in Vorbereitung der Urlaubsreise kann man sich nicht nur vergewissern, ob der Hund fit für die Ferien ist und ob alle Impfungen termingerecht durchgeführt wurden. Man sollte sich auch darüber informieren, welche Gefahren für den Hund in der Urlaubsregion bestehen und wie man seinen Vierbeiner am besten davor schützen kann. Sowohl am Meer als auch im Gebirge besteht durch die starke UV-Strahlung die Gefahr einer Augenreizung ebenso wie durch das Salzwasser bei einem Badeurlaub. Verschiedene Erkrankungen durch Parasiten werden vor allem in den südlichen Reiseländern durch Stechmücken und Zecken übertragen und stellen oft ein unangenehmes Reisesouvenir des Hundes dar. Zur Vorbeugung einer Infektion werden u.a. spezielle Spot-on-Präparate oder Halsbänder eingesetzt. Auch bei der Zusammenstellung der Reiseapotheke wird man Ihnen beim Tierarzt gern behilflich sein.

Während man bei einer Reise im eigenen Pkw die Umstände für seinen Vierbeiner selbst so angenehm wie möglich gestalten kann, gilt es bei Reisen mit öffentlichen Verkehrsmitteln (Bahn, Flugzeug, Schiff), die Vorschriften des Betreibers zu beachten und auf Mitreisende Rücksicht zu nehmen.

Der richtige Transport

Reisen im Auto

Unabhängig davon, ob man mit seinem Hund eine Urlaubsreise plant oder nur schnell eine Einkaufsfahrt in der Stadt zu erledigen hat, sollte man seinen Vierbeiner im Auto entsprechend sichern. In Deutschland ist dies Pflicht und die Nichtbeachtung wird mit Bußgeld bestraft. Dies dient nicht nur dem Schutz des Hundes, sondern auch der eigenen Sicherheit, da schon bei einem Aufprall mit 50 km/h ein ungesichertes Tier mit dem Dreißigfachen seines Körpergewichtes beschleunigt und somit zur tödlichen Gefahr für alle Fahrzeuginsassen werden kann. Der Platz auf dem Beifahrersitz oder gar auf der Hutablage ist deshalb streng verboten. Auch ein normaler „Menschen“-Sicherheitsgurt stellt keine geeignete Sicherungsmethode dar.

Eine **Schutzdecke** für die Rückbank wird an den vorderen und hinteren Kopfstützen fixiert und verhindert neben einer Verschmutzung des Autos auch ein „Abstürzen“ in den Fußraum. Bei stärkeren Kollisionen besteht jedoch kein ausreichender Verletzungsschutz für den Hund.

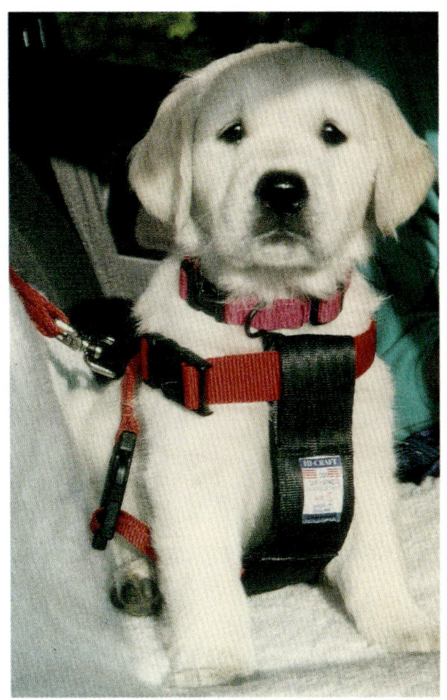

Auch für Hunde gibt es einen Sicherheitsgurt.

Mehr Sicherheit bieten spezielle **Tiersicherheitsgurte**, die in Form eines Brustgeschirrs angelegt und an den Sicherheitsgurten des Autos oder direkt an den Gurtschlössern befestigt werden. Die Gurtsysteme sind zwar leicht zu handhaben, setzen aber eine gewisse Gewöhnung des Hundes voraus.

Laderaumtrenngitter oder -netze findet man häufig in Kombis oder Fahrzeugen mit Schrägheck. Bei geräumigem Kofferraum ist zwar die Bewegungsfreiheit für den Hund recht groß, aber ebenso die Gefahr von Verletzungen bei einem plötzlichen Aufprall. Die Fahrzeuginsassen werden aber recht gut geschützt.

Tiertransportboxen stellen die sicherste Transportmöglichkeit dar. Sie werden in verschiedenen Größen, passend zur Größe des Tieres, angeboten und lassen sich sowohl auf dem Beifahrersitz oder der Rückbank, aber auch im Laderaum eines Kombis gut verstauen. Bei entsprechender Befestigung durch die Sicherheitsgurte stellen sie einen ausgezeichneten Personen- und Tierschutz dar. Der Hund wird hierdurch zusätzlich von Fremdeinflüssen während der Fahrt abgeschirmt. Bei entsprechender Gewöhnungsphase vor der Urlaubsreise (z. B. als Schlafbox in der Wohnung) werden diese Behältnisse von den Tieren auch gern angenommen. Insbesondere für größere Hunde haben sich fest installierte Kunststoff- oder Leichtmetallboxen etabliert, die über die Heckklappe eines Kombis leicht zugänglich und gut zu reinigen sind.

Vor Fahrtbeginn sollte man mit dem Hund noch einmal ausreichend lange Gassi gehen. Auch bei Hunden tritt häufiger die Reisekrankheit auf und ist durch Erbrechen, Speicheln und taumelige Bewegungen gekennzeichnet. Sobald die Fahrt beendet ist, sind die Symptome jedoch meist verschwunden. Eine Gewöhnung des Hundes ist durch anfangs kurzzeitige und dann allmählich länger werdende Autofahrten möglich. Um Übelkeit vorzubeugen, sollte die letzte Mahlzeit am Abreisetag spätestens vier Stunden vor Fahrtbeginn verabreicht werden.

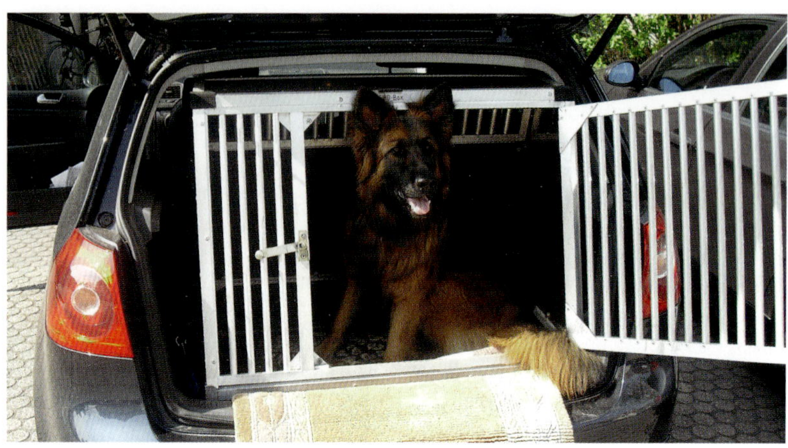

Die sicherste Transportmöglichkeit stellt eine fest installierte Leichtmetallgitterbox dar, die über die Heckklappe leicht zugänglich ist.

Bei längeren Fahrten sind regelmäßige Pausen, mindestens jedoch alle zwei Stunden, notwendig, um dem Hund Gelegenheit zum Auslauf und zur Wasseraufnahme zu geben. Gegebenenfalls können hierbei kleine Portionen gefüttert werden.

Beruhigungsmittel oder sogenannte „Reisetabletten" sollten nur in Einzelfällen bei sehr aufgeregten und unruhigen Hunden nach tierärztlicher Verordnung verabreicht werden. Bewährt haben sich zur Minderung der Reiseangst bei Hunden bestimmte Pheromonpräparate. Pheromone sind natürlich vorkommende Botenstoffe, die unter anderem von der säugenden Hündin zur Beruhigung ihrer Welpen freigesetzt werden und auf natürliche Weise Geborgenheit schenkt.

Bei warmer Witterung empfiehlt es sich, vor allem bei nicht klimatisierten Fahrzeugen, längere Autofahrten in die kühleren Morgen- oder Abendstunden zu verlegen. Insbesondere an heißen Tagen dürfen Hunde niemals längere Zeit in parkenden Fahrzeugen zurückgelassen werden. Selbst eine leicht geöffnete Autoscheibe schafft keine ausreichende Zirkulation im Fahrzeug. Aufgrund der schnell einsetzenden Überhitzung des Hundes entsteht eine akute Lebensgefahr. Ebenso sollten für Pausen schattige Parkplätze ausgewählt werden.

Zugluft im Fahrzeug ist zu vermeiden, auch wenn es viele Hunde lieben, die Nase aus der geöffneten Autoscheibe zu stecken. Eine Bindehautentzündung ist hierdurch vorprogrammiert.

Reisen mit der Bahn

Auch vor einer Fahrt mit der Bahn sollte der Hund ausreichend Gelegenheit bekommen, sich zu bewegen und Kot und Urin abzusetzen. Knappe Anschlusszeiten sind zu vermeiden, sodass jeder Zwischenstopp zum Umsteigen gegebenenfalls noch zu einem kurzen Vertreten der Beine und zur Entleerung der Blase in der Bahnhofsumgebung genutzt werden kann.

Für kleinere Hunde (bis zur Größe einer Hauskatze), die in einer Tasche oder einer Transportbox transportiert werden können, müssen keine Fahrkarten gelöst werden. Diese Regelung ist gewichtsunabhängig, sodass der Zugbegleiter im Zweifelsfall das letzte Wort hat. Größere Hunde, die nicht im Transportbehältnis als Handgepäck transportiert werden können, zahlen den halben Normalpreis. Aus Sicherheitsgründen müssen sie an der Leine geführt werden und einen Maulkorb tragen.

Bei internationalen Reisen ist für Hunde grundsätzlich der Kinderfahrpreis 2. Klasse zu zahlen. Für CityNightLine und DB Autozug gelten jeweils besondere Bedingungen. Die Onlinebuchung für Fahrkarten für Hunde ist leider nicht möglich. Außerdem besteht für Hunde kein Anspruch auf einen Sitzplatz, eine Platzreservierung kann also nicht getätigt werden.

Im Abteil kann es sich der Vierbeiner je nach Größe auf einer Decke vor oder unter dem Sitz bequem machen. Für größere Hunde geht es in voll besetzten Zügen oder in Großraumwagen mitunter recht eng zu. Der Ein- und Ausstiegsbereich sowie die Gänge sollten prinzipiell freigehalten werden, damit man anderen Reisenden keine Unannehmlichkeiten bereitet und weil der Hund während der Fahrt auch keine Ruhe finden würde.

Reisen mit dem Flugzeug

Selbst wer mit dem Flugzeug verreisen will, muss auf seinen Hund nicht unbedingt verzichten. Jedoch sollte man sich vor Urlaubsantritt sehr genau überlegen, ob für den Hund der ungewohnte Stress eines Fluges durch die gemeinsamen Urlaubsfreuden aufgewogen wird. Da die Reisebedingungen zwischen den einzelnen Fluggesellschaften variieren, ist es ratsam, sich rechtzeitig beim Reiseveranstalter oder direkt bei der Fluggesellschaft zu erkundigen. Eine frühzeitige Buchung ist insbesondere deshalb von Bedeutung, da die Zahl der in der Kabine mitreisenden Tiere streng limitiert ist.

Während des Fluges müssen die Hunde in einem wasserundurchlässigen, geschlossenen und gut belüfteten Transportbehältnis untergebracht werden, das der Größe des Hundes entsprechen sollte, aber die üblichen Handgepäckmaße nicht übersteigen darf. Derartige Tierboxen gibt es entweder bei der Fluggesellschaft oder am Flughafen zu kaufen oder zu mieten, können aber auch gegebenenfalls über den Tierarzt oder den Heimtierhandel bezogen werden. Bereits vor Reiseantritt empfiehlt es sich, dem Hund ausreichend Gelegenheit zu geben, sich mit seinem Reisebehältnis vertraut zu machen. Der Boden der Box sollte mit einer saugfähigen Matte ausgelegt werden, damit der Hund nicht unnötig im Nassen oder gar Erbrochenem sitzen muss.

Darüber, ob unser Vierbeiner uns in die Kabine begleiten darf oder im Frachtraum reisen muss, entscheidet, unabhängig von der gebuchten Klasse, sein Gewicht. Je nach Fluggesellschaft gelten 5 bis 8 kg (inklusive Transportbehälter) als Obergrenze. Schwerere Hunde werden in einem beleuchteten und klimatisierten Abschnitt des Frachtraumes getrennt von ihren Haltern transportiert. Mit oder ohne Beruhigungstabletten ist dies jedoch eine gewaltige Tortur für den Hund und im Prinzip nur bei einer zumutbaren Flugzeit zu rechtfertigen. In jedem Fall sollte man versuchen, einen Direktflug zu buchen.

Blinden- und Gehörlosenhunde werden dagegen unabhängig von der Größe in der Kabine geduldet und reisen in der Regel kostenlos. Die Tarife für alle anderen Hunde variieren in Abhängigkeit der gebuchten Gesellschaft. Bei einigen existieren Festbeträge sowohl für die Beförderung in der Kabine als auch im Frachtraum. Vor allem bei außereuropäischen Landstreckenflügen sind Hunde nicht im Freigepäck enthalten und werden als Übergepäck pro Kilogramm Körpergewicht abgerechnet.

Reisen mit dem Schiff

Ausflugstouren auf Binnengewässern oder eine kurze Fährüberfahrt innerhalb Deutschlands stellen für einen Vierbeiner keine allzu große Belastung dar, da er in absehbarer Zeit wieder „festen Boden" unter die Pfoten bekommt. Längere Schiffspassagen mit einem Hund sollten hingegen gut überlegt werden. Für Kreuzfahrten sind Hunde gänzlich ungeeignete Reisebegleiter, weshalb sie auf Kreuzfahrtschiffen normalerweise nicht zugelassen werden. Da ebenso wie bei den Fluggesellschaften auch bei den einzelnen Reedereien recht unterschiedliche Beförderungsrichtlinien existieren, sollte man sich entsprechend kundig machen.

Auch wenn Hunde auf Fährschiffen als Passagiere willkommen sind, müssen doch zum Teil erhebliche Einschränkungen in Kauf genommen werden. Um andere Mitreisende nicht zu belästigen, erfordert eine Schiffsreise sowohl für den Hund als auch für seinen Begleiter somit ein hohes Maß an Disziplin. Die Benutzung der Kabinen und der Gesellschaftsräume ist für Hunde untersagt. Bei verschiedenen Gesellschaften dürfen Hunde nicht einmal an Deck und müssen die Fährüberfahrt in ihrer Transportbox im Auto verbringen. Zahlreiche Schiffe verfügen über eine begrenzte Anzahl von Hundezwingern, deren Benutzung vorgeschrieben ist, sofern der Hund nicht unter Aufsicht seines Halters steht.

Sicherheitshalber sollten die Vierbeiner an Bord angeleint sein und oft besteht sogar eine Maulkorbpflicht. Obwohl teilweise ein Spaziergang auf gekennzeichneten Wegen möglich ist, wird die Bewegungsfreiheit des Hundes doch erheblich eingeschränkt und auch eine Sandkastentoilette ist sicher kein gleichwertiger Ersatz für eine grüne Wiese oder einen Park mit Bäumen und Sträuchern. Etwaige Verunreinigungen durch Kot und Urin auf Deck sind durch den Tierhalter unverzüglich zu entfernen. Hunde müssen vor Reiseantritt als Haustiere mitgebucht werden. Die Beförderungstarife variieren sehr beträchtlich und sollten zuvor bei der Reederei erfragt werden.

Vorbeugen von Krankheiten

Impfungen

Infektionskrankheiten des Hundes spielen nach wie vor eine große Rolle in der Veterinärmedizin. Gegen die bedeutendsten und gefährlichsten Infektionskrankheiten konnten jedoch Impfstoffe entwickelt werden, die unsere Hunde wirkungsvoll schützen.

Impfungen verhindern daher das Auftreten bestimmter, zum Teil für den Hund tödlich verlaufender Erkrankungen oder sorgen dafür, dass sie deutlich milder und kürzer verlaufen. Nicht zuletzt schützt eine Impfung gegen die Tollwut auch vor tödlichen Erkrankungen des Menschen. Noch immer sterben nach Schätzungen der Weltgesundheitsorganisation (WHO) 60.000 Menschen an Tollwut, hauptsächlich in Afrika und Asien.

Durch die regelmäßige Impfung unserer Hunde konnten klassische Infektionskrankheiten wie Staupe und Parvovirose deutlich zurückgedrängt werden. Dies ist durchaus als Erfolg einer konsequenten Impfstrategie anzusehen. Allerdings sollte man sich durch die derzeit günstige Situation nicht zu sehr in Sicherheit wiegen. Durch den grenzüberschreitenden Tierhandel oder die Zunahme des internationalen Reiseverkehrs entstehen neue Gefahren. Die regionalen Neuausbrüche von Staupe und Parvovirose in den letzten Jahren oder aus dem Ausland eingeschleppte Tollwutfälle mahnen zur ständigen Vorsicht und sollten die Impfdisziplin aufrechterhalten.

Ein ganz besonderer Aspekt spricht gerade bei der Tollwutimpfung für eine Beachtung der Impfintervalle. Die Tollwut-Verordnung schreibt vor, dass Hunde, die Kontakt mit einem tollwutkranken Tier hatten, getötet werden müssen, wenn sie keinen wirksamen Impfschutz besitzen. Zu dieser drastischen Maßnahme ist der Amtstierarzt ermächtigt und zum Schutz vor einer Gefährdung des Menschen oder einer weiteren Krankheitsausbreitung auch verpflichtet. Zudem sind Tollwutimpfungen wichtige Voraussetzungen für den internationalen Reiseverkehr. Neben der genauen Beachtung verschiedener Fristen wird von einigen Ländern auch der Nachweis eines ausreichenden Schutzes über die Bestimmung des Tollwutantikörpertiters im Blut des Hundes verlangt.

ACHTUNG!

Ein flächendeckender Impfschutz besteht nur dann, wenn von der gesamten Tierpopulation mindestens 70 Prozent gegen bestimmte Infektionskrankheiten geimpft sind. Bei abnehmender Anzahl geimpfter Tiere, zu großen oder unregelmäßigen Impfabständen kann der Impfschutz der ganzen Tierpopulation zusammenbrechen und zu einer rasanten, seuchenartigen Krankheitsausbreitung (Epidemie) führen.

Hunde können überall Kontakt mit den verschiedensten Krankheitserregern bekommen. Daher ist eine Impfung auf alle Fälle sinnvoll.

Auch wenn der Tierarzt vor einer Impfung das Tier genau untersucht, um die Impffähigkeit des Hundes festzustellen, können in seltenen Einzelfällen Reaktionen an der Einstichstelle oder Impfschäden hervorgerufen werden. Alle verwendeten Impfstoffe werden im Rahmen der Zulassung neben ihrer Wirksamkeit vor allem auf ihre Unschädlichkeit und Verträglichkeit aufwendig geprüft.

Impfungen sind in der Veterinärmedizin nach wie vor die wichtigste Maßnahme zur Verhinderung von Infektionskrankheiten!

Der Nutzen einer Impfung überwiegt daher alle bekannten Risiken und Nebenwirkungen bei Weitem!

Ein geschwächtes Immunsystem, falsche Ernährung, Stress, Parasitosen oder andere Infektionskrankheiten können die Wirksamkeit der Impfung ebenso beeinflussen wie der Einsatz bestimmter Medikamente und somit den Impfschutz reduzieren.

Aufgrund ihrer Haltungsform, ihrer Nutzung (Diensthunde, Jagdhunde, Zucht- und Ausstellungshunde) oder der Reisegewohnheiten der Halter sind unsere Hunde jedoch nicht alle den gleichen Infektionsgefahren ausgesetzt.

Man unterscheidet daher bei den auszuwählenden Impfkomponenten in **Core-Komponenten** und **Non-Core-Komponenten**. Unter Core-Komponenten versteht man diejenigen Krankheitserreger, gegen die ein Hund zu jeder Zeit geschützt sein muss. Non-Core-Komponenten sind nicht zwangsläufig weniger bedeutungsvoll, sind aber nicht für jeden Hund in jeder Situation gleich wichtig. Ein Schutz gegen diese Erreger ist daher nur bei entsprechend gefährdeten Tieren erforderlich.

Auch wenn die Tollwut in der neuesten Fassung der Impfleitlinien der Ständigen Impfkommission Vet aufgrund der recht komfortablen Situation in Deutschland „nur noch“ als Non-Core-Komponente geführt wird, bleibt sie aus Sicht der praktizierenden Tierärzte durchaus bedeutungsvoll und eine Einschleppung durch den internationalen Reiseverkehr weiterhin gegenwärtig.

Junge Hunde sind aufgrund ihres noch nicht vollständig ausgereiften Immunsystems besonders anfällig für Infektionserkrankungen.

Zwar werden Welpen in den ersten Lebensstunden über die Muttermilch mit natürlichen Schutzstoffen versorgt, leider besitzen diese aber nur eine zeitlich begrenzte Wirkdauer. Zwischen der 6. und 10. Lebenswoche kommt es zu einem starken Abfall der Schutzwirkung, der von Welpe zu Welpe individuell recht un-

Core-Komponenten	Non-Core-Komponenten
■ Stuttgarter Hundeseuche (Leptospirose) ■ „Hundeseuche“ (Parvovirose) ■ Staupe ■ (Tollwut)	■ ansteckende Leberentzündung *(Hepatitis contagiosa canis, HCC)* ■ Borreliose ■ Zwingerhusten ■ Infektiöses Welpensterben (Herpesvirusinfektion) ■ Hautpilze ■ Leishmaniose ■ Babesiose

terschiedlich verläuft. Bis zu einem durch die Impfung hervorgerufenen Impfschutz entsteht somit eine Abwehrlücke (immunologische Lücke), in der ein Hundewelpe besonders infektionsgefährdet ist.

Gleichzeitig beeinflussen diese mütterlichen Schutzstoffe aber auch die Wirksamkeit unserer Impfstoffe, sodass mit einer Impfung des Welpen daher in der Regel frühestens ab der 8. Lebenswoche begonnen wird. Bei der Tollwut sind derartige mütterliche Schutzstoffe sogar bis zur 12. Lebenswoche nachweisbar.

Grundimmunisierung und Auffrischung

Ähnlich wie beim Menschen müssen vor allem bei Jungtieren zur Erlangung einer belastbaren Immunität einzelne Impfkomponenten mehrfach wiederholt werden, was auch als **Grundimmunisierung** bezeichnet wird.

Unter Grundimmunisierung versteht man beim Hund die in den ersten beiden Lebensjahren vorgenommene Impfabfolge. Impfungen erfolgen dabei in der 8., 12. und 16. Lebenswoche sowie im 15. Lebensmonat.

Anschließend muss der bestehende Impfschutz durch regelmäßige **Auffrischungen** erneuert werden (Wiederholungsimpfungen).

Da der Organismus einige Zeit benötigt, um sich mit den verabreichten Impferregern auseinanderzusetzen und um einen belastbaren Impfschutz aufzubauen, sollten frisch geimpfte Hunde in den ersten Wochen nach der Impfung von erkrankungsverdächtigen Tieren oder Hunden mit unbekanntem Impfstatus fern gehalten werden. Dies entfällt jedoch bei fristgerecht durchgeführten Wiederholungsimpfungen.

Vor allem bei einem Besuch der Welpengruppe muss der Hund ausreichend geimpft sein.

Der Besuch von Welpenschulen oder Welpenspielgruppen ist meist nur mit nachgewiesenem Impfschutz erlaubt und sinnvoll.

Aufgrund nachlassender Abwehrbereitschaft des Körpers sind regelmäßige Impfungen vor allem auch beim älteren Hund erforderlich.

Das nachfolgende Impfschema wird so in der Praxis des Autors angewendet und basiert weitgehend auf den Empfehlungen der Ständigen Impfkommission Veterinär. Hierbei handelt es sich um ein Expertengremium, bestehend aus namhaften Wissenschaftlern und Vertretern der Zulassungsbehörde sowie tierärztlicher Berufsverbände, die gemäß aktueller wissenschaftlicher Erkenntnisse Richtlinien für einen effektiven und wirkungsvollen Impfstoffeinsatz erarbeiten und diese ständig aktualisieren (sogenannte Impfleitlinien). Diese Leitlinien werden auch vom Verband für das Deutsche Hundewesen (VDH) und den meisten Zuchtverbänden anerkannt und unterstützen somit die Entscheidungsfindung im praktischen Impfstoffeinsatz.

Empfohlenes Impfschema (Grundimmunisierung)	
8. Lebenswoche	HCC, Leptospirose, Parvovirose, Staupe, Tollwut
12. Lebenswoche	HCC, Leptospirose, Parvovirose, Staupe, Tollwut
16. Lebenswoche	HCC, Parvovirose, Staupe, Tollwut
15. Lebensmonat	HCC, Leptospirose, Parvovirose, Staupe, Tollwut

WICHTIG!

Jeder Hund sollte so häufig wie notwendig, aber so individuell wie möglich nach Bedarf geimpft werden.

Bei Tieren, bei denen erst später mit der Impfung begonnen wird, gelten die gleichen Abstände. Es genügt jedoch eine zweimalige Impfung nach drei bis vier Wochen, gefolgt von einer Wiederholung nach einem Jahr für eine erfolgreiche Grundimmunisierung. Wiederholungsimpfungen sind in den folgenden Jahren in den vom Impfstoffhersteller angegebenen Abständen (ein bis drei Jahre) erforderlich.

Eine jährliche Auffrischung der Impfung ist vor allem bei bakteriellen Erregern wie Leptospirose und Borreliose unbedingt notwendig, während bei anderen Impfkomponenten auch längere Zeitintervalle möglich sind. Ob dies für Ihren Hund infrage kommt, klärt der Tierarzt gemeinsam mit Ihnen anlässlich der jährlichen Impfuntersuchung in Abhängigkeit der individuellen Rahmenbedingungen (geplante Reiseaktivität, Nutzung, Kontaktmöglichkeiten mit anderen Hunden usw.). Allerdings sind auch jährlich durchgeführte Komplettimpfungen für den Hund gesundheitlich unbedenklich.

Entwurmen

Mit einer Entwurmung des Hundes sollte schon im Welpenalter begonnen werden. Bereits im Mutterleib besteht die Möglichkeit einer Übertragung von infektionsfähigen Spulwurmlarven mit dem Blut. Nach der Geburt können sich die Welpen durch die Muttermilch ständig neu infizieren. Eine Rundwurmbekämpfung (Spulwürmer zählen zur Gruppe der Rundwürmer) ist deshalb ab der 2. Lebenswoche zu empfehlen und sollte in 14-tägigem Abstand bis zwei Wochen nach Aufnahme der letzten Milchmahlzeit fortgeführt werden. Danach reicht in der Regel eine Behandlung pro Vierteljahr aus, bis das erste Lebensjahr erreicht ist.

Nur selten entdeckt der Hundebesitzer Würmer im Kot seines Hundes. Eine parasitologische Kotuntersuchung deckt viel zuverlässiger einen Wurmbefall auf.

Trächtige Hündinnen können zur Verhinderung der Übertragung von Spulwurmlarven auf den Welpen auch während der Schwangerschaft entwurmt werden. Mutterhündinnen sollte man in den ersten Wochen nach der Geburt gleichzeitig mit ihren Welpen alle zwei Wochen entwurmen, da sie sich bei der Welpenpflege über infektionsfähigen Welpenkot ständig selbst anstecken können.

Haltungsform, Nutzung → erhöhtes Risiko
- in Zwingern/Tierheimen, Tierpensionen
- freier unkontrollierter Auslauf, Streuner
- Sport- und Ausstellungshunde
- Dienst- und Rettungshunde
- Jagdhunde

Ernährung → erhöhtes Risiko
- Aufnahme von wild lebenden Beutetieren bzw. Schadnagern und Schnecken
- Fütterung von rohem Fleisch inklusive Eingeweiden oder nicht ausreichend erhitzter oder gefrorener Schlachtabfälle

Reiseaktivität → erhöhtes Risiko
- Reisen oder Aufenthalt in bzw. Einfuhr aus Gegenden, in denen bestimmte Parasitenarten beheimatet sind

Flohbefall → erhöhtes Risiko
- für Bandwurmerkrankung

Auch für einen erwachsenen Hund gibt es vielfältige Möglichkeiten, sich mit inneren Parasiten zu infizieren. In Abhängigkeit von Haltung und Nutzung bestehen für den Einzelhund jedoch ganz individuelle Risiken.

Da einzelne Wurmarten nur eine sehr kurze Generationsfolge besitzen, kann bei hoher Ansteckungsgefahr (Infektionsdruck) bereits wenige Wochen nach einer Entwurmung eine erneute Infektion vorliegen.

Beim Hund kommen eine Reihe unterschiedlicher Wurmarten vor. Eine gezielte Entwurmung ist sinnvoller als eine Breitspektrumbehandlung. Nicht jeder Parasit gefährdet jedoch jeden Patienten in gleichem Maße, sodass manche Tiere seltener, andere häufiger kontrolliert bzw. entwurmt werden sollten.

Hieraus leiten sich individuelle Strategien zur Entwurmung ab. Während Hunde mit kontrolliertem Freilauf und fehlendem Kontakt zu Artgenossen lediglich ein- bis zweimal jährlich gegen Spul- und Bandwürmer entwurmt werden sollten, empfiehlt sich bei nicht eindeutig einzuschätzendem Risiko eine mindestens viermal jährliche Wurmkur. Für jagdlich geführte Hunde besteht insbesondere die Gefahr einer Infektion mit dem Fuchsbandwurm. Neben einer viermal jährlichen Entwurmung gegen Rundwürmer sollte daher eine monatliche Bandwurmentwurmung vorgenommen werden.

Haben Hunde die Möglichkeit zu unkontrolliertem Auslauf und frisst das Tier Schadnager, Aas oder Kot von Artgenossen, ist sicherheitshalber sogar zwölfmal im Jahr eine Rund- und Bandwurmbehandlung zweckmäßig.

Pflegen Kinder intensiven Kontakt mit den Vierbeinern oder leben abwehrgeschwächte Personen im Haushalt, sollte wie auch bei Therapiebegleithunden eine Ausscheidung infektiöser Spulwurmstadien durch eine regelmäßige Spulwurmbehandlung ausgeschlossen werden. Bei Auslandsreisen vor allem nach Süd- und Osteuropa müssen auch die Gefahren einer Herz- oder Hautwurmerkrankung berücksichtigt werden.

Vor einer anstehenden Impfung sollte ein eventuell bestehender Wurmbefall aufgedeckt und gezielt behandelt werden, sodass ein möglichst hoher Impfschutz erreicht werden kann.

Alternativ zur vorbeugenden Entwurmung bei bekannten oder nachgewiesenen Infektionsrisiken können auch Kotuntersuchungen in regelmäßigen Intervallen vorgenommen werden. Da vor allem bei geringer Befallsintensität nicht bei jedem Kotabsatz auch zwangsläufig Wurmeier ausgeschieden werden, erhöht eine Sammelkotprobe (über drei Tage) die Nachweiswahrscheinlichkeit. Die mikroskopische Kotuntersuchung ermöglicht eine ganz gezielte Entwurmung gegen die nachgewiesenen Parasitenarten.

Durch eine konsequente und regelmäßige Entfernung und Entsorgung von Hundekot über den Hausmüll kann jeder Hundehalter selbst einen Beitrag zur Reduzierung einer möglichen Umweltkontamination mit infektionsfähigen Parasitenstadien leisten. Hiermit lassen sich nicht nur unschön anzusehende Hundehaufen in Städten und Gemeinden vermeiden, die Hundegegner nur unnötig Argumente zuspielen, sondern auch die eigenen Tiere zusätzlich vor einer parasitären Infektion schützen.

Parasiten bekämpfen

Flöhe und Zecken sind die häufigsten äußeren Parasiten des Hundes. Einige Grundkenntnisse zur Erregerbiologie können hilfreich sein, die einzelnen Bekämpfungsstrategien und Maßnahmen zur Vorbeugung besser zu verstehen.

Flöhe

Wussten Sie, dass ein einziges Flohweibchen nach erfolgter Blutmahlzeit bis zu 50 Eier am Tag ablegen kann? Einer explosionsartigen Vermehrung steht somit nichts im Wege. Erwachsene Flöhe im Fell des Hundes machen aber lediglich einen Anteil von etwa 5 Prozent einer Flohfamilie aus. Floheier, Larvenstadien und Puppen müssen daher unbedingt in die Flohbehandlung integriert werden. Die mit dem bloßen Auge kaum sichtbaren, etwa sandkorngroßen, glattwandigen Floheier fallen nach ihrer Ablage durch den weiblichen Floh aus dem Fell und verteilen sich an allen Plätzen im Haushalt, an denen sich der Hund aufhält. Teppichböden, Hundekorb, Sofa, Bett, aber auch Autositze sind beliebte Aufenthaltsorte. Fußboden- und Zentralheizungen schaffen zudem angenehme Wärme, sodass sich der Flohbefall vom saisonalen zum ganzjährigen Problem entwickelt hat. Während der Entwicklungszyklus des Flohs im Idealfall gerade mal drei Wochen dauert, kann ein Floh bei ungünstigen Umweltbedingungen bis zu einem halben Jahr im Puppenstadium verharren.

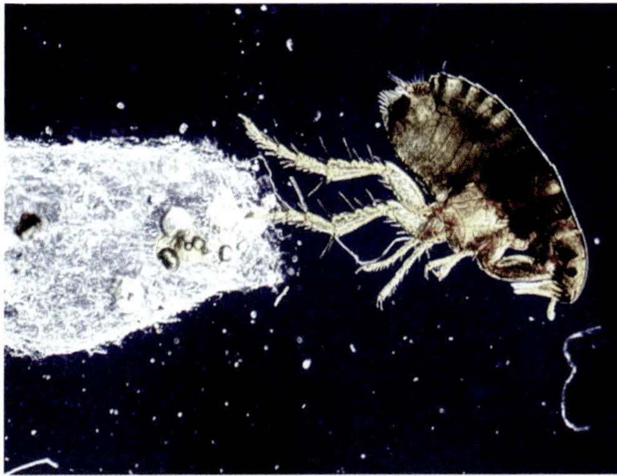

Dieser Floh schlüpft gerade aus seinem Puppenkokon.

Flöhe verursachen Juckreiz und Unwohlsein, das sich oft als Unruhe mit abruptem Umdrehen nach dem Körper und Fellbeißen äußert. Bei manchen Hunden tritt eine Flohspeichelallergie auf, bei der bereits ein einziger Flohstich zur Krankheitsauslösung ausreicht. Hautirritationen, Hautentzündungen und schwere Ekzeme können die Folge sein. Bei Junghunden kann ein massenhafter Flohbefall auch zur

So sehen Floheier und -larven sowie Flohkot in den Fasern eines Teppichbodens aus. Somit ist klar, dass zur Flohbekämpfung auch eine gründliche Umgebungsbehandlung gehört.

Blutarmut führen. Selbst Menschen werden oft für eine Blutmahlzeit von den Flöhen ihres Tieres befallen. Durch das Verschlucken oder Zerbeißen von Flöhen besteht für Hunde zudem die Gefahr einer Bandwurminfektion.

Im Rahmen einer Flohbehandlung dürfen nicht nur die ausgewachsenen Flöhe bekämpft werden, sondern es sind eine ganze Reihe von Maßnahmen notwendig:

- Abtötung der lebenden Flöhe bei allen im Haushalt lebenden Tieren durch wiederholten Einsatz von Parasitenpräparaten
- Insektenwachstumshemmer zum Stopp der Entwicklung von Eiern und Larven
- Vermeidung/Unterbindung des Kontakts zu flohbefallenen Tieren (Nachbarhunde oder -katzen, aber auch Wildtiere wie Igel oder Eichhörnchen)
- gründliches Staubsaugen in der ganzen Wohnung und im Auto (dabei regelmäßiger Wechsel des Staubsaugerbeutels, auch wenn dieser noch nicht voll ist)
- Waschen oder Entsorgen aller möglicherweise kontaminierten Textilien (Decken, Bezüge, Unterlagen)

Die chemische Umgebungsbehandlung mit dafür angebotenen Verneblern muss kritisch bewertet werden, da vor allem bei nicht ausreichender Lüftung gesundheitliche Gefahren für den Menschen nicht auszuschließen sind.

Eine Erfolgskontrolle der vorgenommenen Behandlung ist an einem Verschwinden aufgetretener Krankheitsanzeichen wie Juckreiz oder über den Nachweis von Flohkot im Fell des Hundes möglich. Zur Vorbeugung des Befalls mit Flöhen sind Antiparasitika in Form von Spot-on-Präparaten, Tabletten oder Halsbändern geeignet und sinnvoll. Bei nachgewiesenem Flohbefall sollte auch immer eine Bandwurmbehandlung erfolgen.

Zecken

Zecken gehören zu den Spinnentieren und besitzen wie diese vier Beinpaare. Auch sie sind primäre Blutsauger, die zum Überleben eine regelmäßige Blutmahlzeit benötigen. Zecken können bis zu einem Meter an Gräsern oder Gehölzen hochklettern. Bei Annäherung eines potenziellen Opfers lassen sie sich auf dieses fallen oder streifen sich an dessen Fell ab. Beliebte Stellen zum Blutsaugen sind beim Hund weichhäutige Körperpartien, vor allem Schenkel- und Ellenbogenfalte, Ohrränder, Schnauze oder Zwischenzehenbereich.

Zecken sind zwar nicht das ganze Jahr über gleichermaßen aktiv. Durch den Klimawandel und insbesondere milde Winter kann ein Zeckenbefall jedoch im zeitigen Frühjahr und Spätherbst und nicht nur während der Hauptaktivitätsphase von April bis Juni sowie September/Oktober auftreten.

Zecken bevorzugen Waldregionen mit dichtem Unterholz als Lebensraum, treten aber auch in Parkanlagen, hoch bewachsenen Wegrändern oder dem heimischen Garten auf. Die Braune Hundezecke überwintert sogar in Wohnungen und Häusern.

Auch wenn gelegentlich Hautreizungen durch den Stich der Zecke oder einen nach unsachgemäßer Entfernung stecken gebliebenen Zeckenkopf auftreten können, besteht die Hauptgefahr der Zecken in der während des Blutsaugens möglichen Übertragung von Krankheitserregern (Borreliose, Babesiose, Anaplasmose, Ehrlichiose, FMSE = ansteckende Hirnhautentzündung/ Frühsommermeningoenzephalitis).

Der gemeine Holzbock (Ixodes ricinus) ist die häufigste und bedeutendste Zeckenart in Deutschland und überträgt die Erreger von Borreliose, Anaplasmose und Frühsommermeningoenzephalitis.

Bei einigen dieser Erkrankungen handelte es sich bisher um exotische Reiseerkrankungen, die nach Auslandsreisen oder Einfuhr von Hunden aus Südosteuropa oder dem Mittelmeerraum nach Deutschland eingeschleppt wurden. Mit dem Heimischwerden der Überträgerzecken in Mitteleuropa besteht nunmehr aber zunehmend auch die Gefahr einer Erkrankung ohne vorherigen Auslandsaufenthalt.

ACHTUNG!

Neben dem einheimischen **Holzbock** *(Ixodes ricinus) haben sich in den letzten Jahren zunehmend auch ursprünglich im Mittelmeerraum beheimatete Zeckenarten wie die* **Braune Hundezecke** *(Rhipicephalus sanguineus) oder die* **Auwaldzecke** *(Dermacentor reticulatus) regional unterschiedlich ausgebreitet.*

Eine konsequente Zeckenvorbeugung ist daher in jedem Fall von Bedeutung, vor allem aber in Vorbereitung einer Auslandsreise. Hierfür stehen eine Reihe moderner und sehr wirksamer Präparate zum Spot-on-Einsatz oder als Halsband zur Verfügung, die neben einer abtötenden Wirkung auf die Erreger vor allem als Repellent, also abwehrend und abschreckend, wirken.

Ziel ist bereits eine Vermeidung von Zeckenstichen und der nachfolgenden Blutmahlzeit, durch die es zur Erregerübertragung kommen kann. Dies wird erreicht, indem sich die Wirkstoffe der einzelnen Präparate in den Talgdrüsen der Haut anreichern und mit dem Fettfilm über den gesamten Körper verteilen. Eine Aufnahme in die Blutbahn ist daher bei diesen Präparaten nicht erforderlich. Auch Baden oder ein kurzer Regenguss heben den Wirkschutz nicht auf, haben aber Einfluss auf die Wirkdauer der eingeleiteten Behandlung.

Eine vollgesogene Auwaldzecke. Die frühzeitige Entfernung innerhalb der ersten 24 Stunden reduziert die Gefahr einer Erregerübertragung erheblich.

Während Halsbänder bis zu sechs Monaten wirken, müssen Spot-on-Präparate etwa alle vier Wochen erneut aufgetragen werden.

Aber auch Tablettenpräparate mit ein- oder dreimonatiger Wirkung bieten einen hochwirksamen Schutz und sind bevorzugt für Tiere geeignet, die regelmäßig und länger im Wasser sind.

Festgestellte Zecken sollten unverzüglich entfernt werden, da mit zunehmender Zeitdauer die Wahrscheinlichkeit einer Erregerübertragung ansteigt. Mit einer Pinzette oder Zeckenzange werden die Zecken möglichst nah an der Haut erfasst. Durch drehende Bewegung wird der in den oberen Hautschichten verankerte Zeckenkopf vorsichtig gelöst und die Zecke entfernt. Generell sollten Hunde ebenso wie ihre Halter nach jedem Aufenthalt in der Natur auf das Vorhandensein von Zecken überprüft werden.

Der Welpe

Die Entscheidung zum Kauf eines Hundewelpen muss gründlich überlegt sein und von allen Mitgliedern der Familie gleichermaßen mitgetragen werden. Keinesfalls sollte man sich aus emotionalen Beweggründen spontan für einen Hund entscheiden. Sachliche Aspekte müssen immer im Vordergrund stehen. Die durchschnittliche Lebenserwartung unserer Hunde liegt je nach Rasse zwischen zehn und 15 Jahren. Mit der Anschaffung eines Hundes geht man daher eine verantwortungsvolle Bindung ein, die Auswirkungen auf einen sehr langen Lebensabschnitt hat.

Überlegungen vor dem Kauf

Vor einer Kaufentscheidung ist es sinnvoll, sich selbst eine Reihe von Fragen zu stellen und somit zu prüfen, ob die Motivation und die Voraussetzungen für eine Hundehaltung gegeben sind. Damit erspart man sich und vor allem seinem Vierbeiner später Enttäuschungen. Sicher wäre dadurch die Zahl der ausgesetzten oder ins Tierheim abgeschobenen Hunde drastisch zu senken.

Die Anschaffung eines Hundewelpen hat den Vorteil, dass sich der Hund bereits von Kindesbeinen an die Lebensgewohnheiten und -umstände im neuen Zuhause anpassen kann und eine Integration in die Hausgemeinschaft und insbesondere der Umgang mit Kindern somit einfacher ist. Auch wenn der Welpe nach den individuellen Ansprüchen des Halters erzogen werden kann, ist die Welpenhaltung und -erziehung sehr zeit- und arbeitsintensiv. Für ältere Menschen ist es auch unter dem Gesichtspunkt der körperlichen Fitness mitunter sinnvoll, sich einen erwachsenen Hund zuzulegen. Bei Hunden aus dem Tierheim sollten die zukünftigen Halter eine gewisse Hundeerfahrung mitbringen.

Habe ich ausreichend Zeit für meinen Hund?

Gerade ein Welpe, der soeben von seiner Mutter und den Geschwistern Abschied nehmen musste, braucht in den ersten Wochen sehr viel menschliche Zuwendung. Er braucht Zeit, um sich in der neuen Umgebung und in seinem neuen Rudel, das heißt in der neuen Familie zurechtzufinden. Deshalb ist es nur zu empfehlen, dass die Ankunft des Hundes auf den Beginn eines langen Wochenendes oder sogar eines gemeinsamen Familienurlaubes zu Hause gelegt wird. Der Spaß und die Freude beim Spielen und Tollen mit dem Welpen sind Erlebnisurlaub pur und lassen das Fernweh vergessen.

Aber auch nach der Eingewöhnungsphase sollte ein Welpe nicht viele Stunden allein zu Hause zurückgelassen werden. Ein Hund ist mehr als eine sinnvolle Freizeitbeschäftigung für die wenige Zeit zwischen Feierabend am späten Nachmittag und dem Gang ins Bett oder vielleicht für das Wochenende. Hundeerzie-

Jeder Welpe – hier ein kleiner Akita – ist niedlich.
Daher ist es nicht immer ganz leicht, die richtige Rasse auszuwählen.

hung ist kein Selbstläufer. Einen wohlerzogenen und „alltagstauglichen" Hund gibt es nicht von der Stange. Gerade für hundeunerfahrene Halter empfiehlt es sich daher, das vielfältige Angebot einer Hundeschule (Welpen- und Junghundegruppen, Begleithundprüfung, Kurs für Agility und andere Hundesportarten usw.) zu nutzen. Unser Hund braucht als fester Bestandteil der Familie regelmäßige Zuwendung und seine Erziehung vor allem Zeit und Geduld.

Welche Rasse soll es sein?

Bei einer Auswahl aus über 340 unterschiedlichen Hunderassen fällt die Entscheidung in der Tat schwer und schließlich gibt es noch eine schier unerschöpfliche Palette von Mischlingshunden. Als Welpe sind alle Hunde süß und putzig. Doch wie schnell entwickelt sich aus einem lustigen Wollknäuel ein stattlicher Vierbeiner. Die zu erwartende Körpergröße des Hundes sollte deshalb bei den Überlegungen ebenso ausschlaggebend sein wie die Frage nach der Fellbeschaffenheit. Hiernach richtet sich letztendlich der Pflegeaufwand.

Ein Hund sollte vom Temperament und seinen Lebensgewohnheiten her auch immer zu seinem Besitzer passen. Verschiedene Rassen sind allein schon aufgrund ihres enormen Bewegungsdrangs und ihrer Energie für den einen oder anderen Hundefreund ungeeignet. Gerade wenn die Anschaffung eines Familienhundes geplant wird, sollte auf ein ausgeglichenes Temperament, eine geringe

Aggressivität und eine möglichst leichte Erziehbarkeit verstärkt Wert gelegt werden. Informieren Sie sich daher rechzeitig ausführlich über Wesen und Eigenarten der Rassen, die Ihnen gefallen würden, um die richtige Entscheidung zu treffen.

Hat man sich einmal für eine bestimmte Rasse entschieden, sollten Sie baldmöglichst „lebendigen“ Kontakt knüpfen. Gelegenheit hierzu bieten Rassehundeschauen, der Besuch auf einem Hundeübungsplatz, einer Hundeschule oder bei einem erfahrenen Züchter. Von anderen Hundehaltern bzw. vom Züchter kann man gleichzeitig noch viele interessante Details erfragen.

Die unterschiedlichen Hundeverordnungen der einzelnen Bundesländer definieren besondere Halterpflichten, sehen zum Teil Haltungsbeschränkungen vor und regeln Leinen- sowie Maulkorbpflicht. Vor der Anschaffung des neuen Vierbeiners ist es daher notwendig, sich rechtzeitig beim zuständigen Ordnungsamt zu erkundigen.

Soll ich mich für einen Rüden oder eine Hündin entscheiden?

Ein Rüde wird meist kräftiger als eine Hündin aus dem gleichen Wurf. Sein dominantes Wesen kann bei der Erziehung zu Problemen führen, ebenso wie die häufig gesteigerte Aggressivität gegenüber anderen Rüden. Ist eine läufige Hündin in der Nachbarschaft, sind Rüden oft wochenlang unruhig, fressen schlecht und warten nur auf eine Gelegenheit zu entwischen.

Eine Hündin ist in dieser Hinsicht viel pflegeleichter. Jedoch wird sie ein- bis zweimal im Jahr für etwa drei Wochen läufig und muss während dieser Zeit ständig unter Kontrolle gehalten werden. Ein Spaziergang ohne Leine ist somit in dieser Zeit unmöglich. Der unterschiedlich starke blutige Scheidenausfluss während der Läufigkeit wird von manchen Hundehaltern als lästig empfunden. Während einer möglichen Scheinschwangerschaft sind die Hündinnen einige Zeit lang träge, lustlos und mitunter ausgesprochen zickig. Eine Kastration löst bei Tieren, die nicht zur Zucht eingesetzt werden sollen, beide Probleme und stellt zusätzlich noch eine aktive Gesundheitsvorsorge dar.

Reicht der Platz in meinem Heim auch für einen Hund?

Der Idealfall besteht natürlich in einem eigenen Häuschen im Grünen mit großem Gartengrundstück und herrlichen Spaziermöglichkeiten im nahe gelegenen Wald. Doch wo findet man schon solch ideale Bedingungen? Die alleinige Wohnraumgröße ist letztendlich auch zweitrangig für eine Hundehaltung. Von viel größerer Bedeutung sind hingegen regelmäßige Spaziergänge. Hat ein Hund tagsüber ausgiebig im Freien herumgetollt und genügend Gelegenheiten für das kleine und große Geschäft, dann macht er es sich nachts auch in einer Zweizimmerwohnung auf seiner Decke oder in seinem Körbchen bequem.

Ist eine Hundehaltung in meiner Wohnung überhaupt erlaubt?

In zahlreichen Mietwohnungen ist die Heimtierhaltung nicht gestattet. Sehen Sie deshalb in Ihrem Mietvertrag nach oder erkundigen Sie sich am besten beim Vermieter, bevor Sie sich einen Hund zulegen. Auch erscheint es angebracht, die unmittelbaren Nachbarn in Kenntnis zu setzen bzw. um ihre Zustimmung zu bitten, um späteren Ärgernissen aus dem Wege zu gehen. Denn auch der liebste Hund kann bellen! Und wer weiß, ob Sie und Ihr Hund nicht später einmal auf die Nachbarn angewiesen sind.

Bin ich bereit, den Mehraufwand beim Putzen zu akzeptieren?

Ein Hund kann noch so gute „Manieren" haben, gepflegt und sauber sein, eine gewisse Unordnung sowie einen erhöhten Aufwand bei der Sauberhaltung der Wohnung muss man in Kauf nehmen. Vor allem ein Welpe schafft es häufig noch nicht, seine Harnblase zu kontrollieren, und wird gelegentlich auch an unpassenden Stellen ein kleines Pfützchen hinterlassen. Bei Schmuddelwetter bringt jeder Hund zwangsläufig Dreck im Fell und an den Pfoten mit in die Wohnung. Während des regelmäßigen natürlichen Fellwechsels treten mitunter massenhaft herumfliegende Haare auf. Ein Abwischen der Pfoten und ein Frottieren des Fells vor dem Betreten der Wohnung sowie eine verstärkte Fellpflege während des Fellwechsels schaffen Abhilfe.

Wer versorgt den Hund im Urlaub oder wenn eine dringende Verpflichtung ruft?

Ein Hund braucht ständigen Kontakt zu seiner Familie. Er liebt es, Sie auf Schritt und Tritt zu begleiten. Das gilt natürlich auch für den Urlaub. Dennoch gibt es bestimmte Situationen, in denen ein Hund besser zu Hause bleiben sollte. Eine Reise in tropische Länder, ein längerer Flug im Frachtraum oder ein erhöhtes Krankheitsrisiko im Urlaubsland sind Gründe für einen Urlaubsantritt ohne den geliebten Vierbeiner. Doch wer versorgt den Hund während dieser Zeit?

Auch für Alleinstehende ergeben sich häufig Schwierigkeiten, wenn dringende Verpflichtungen oder unvorhergesehene Umstände wie z. B. ein Krankenhausbesuch eine Trennung vom Hund notwendig machen. Für solche Fälle sollte deshalb ein kleiner Kreis zuverlässiger und hundeerfahrener Menschen zur Verfügung stehen. Nachbarn, denen Sie und Ihr Hund sympathisch sind, können auch hier von unschätzbarem Wert sein.

Sind alle Familienmitglieder mit dem Hundekauf einverstanden?

Der Kaufentscheidung sollten alle Familienmitglieder zustimmen und sie sollten entsprechend Zeit für den Hund aufbringen. Für Kinder ist ein Hund häufig ein idealer Partner. Durch bestimmte Betreuungsaufgaben wie Spazierengehen oder Füttern lernen die Kinder, Verantwortung zu übernehmen. Andererseits finden sie im Hund auch einen treuen Freund und tollen Spielgefährten. Man sollte sich jedoch davor hüten, Kinder zu überfordern. Allzuschnell verlieren sie dann nämlich die Lust und wenden sich vom Tier ab. Kinder unter 14 Jahren können keine

Rudelführung übernehmen, da sie vom Hund nicht als ranghöher akzeptiert werden. Daher sollten Kinder bei der Hundebetreuung nie allein gelassen werden, um Unfälle zu vermeiden. Die Hauptverantwortung – und auch die meiste Arbeit – für die Versorgung und Betreuung des Hundes tragen selbstverständlich die Eltern.

Kinder können erst ab einem gewissen Alter (12 bis 14 Jahre) die Führung eines Hundes übernehmen. Ideal ist es dann, wenn sie mit ihrem Vierbeiner bei einem Erziehungskurs teilnehmen.

Kann ich mir einen Hund finanziell leisten?

Neben dem Kaufpreis, der rasseabhängig stark variiert, gibt es noch eine Reihe weiterer finanzieller Aufwendungen, die zur Erhaltung von Gesundheit und Wohlergehen des Hundes unbedingt notwendig sind. Im Laufe eines Hundelebens ergibt dies eine nicht unbeträchtliche Summe, die natürlich von der Rasse und der Größe des Hundes abhängt. Prüfen Sie vor dem Kauf des Vierbeiners, ob Sie in der Lage und auch bereit sind, einen derartigen Betrag regelmäßig aufzuwenden. Ein erfahrener Hundehalter wird Sie hierbei sicher gern beraten. Während die Kosten für eine Grundausstattung mit Körbchen, Halsband, Leine, Pflegeutensilien sowie für die jährliche Hundesteuer, die Erziehung des Hundes, die Hundehaftpflichtversicherung und das Futter noch relativ gut kalkulierbar sind, stellen vor allem die Tierarztkosten eine schlecht abschätzbare Größe dar. Zwar gibt es auch hier regelmäßige Kostenpositionen wie Impfungen und Wurmbehandlungen, die keine großen finanziellen Belastungen darstellen. Eine unerwartete ernsthafte Erkrankung, die einen Klinikaufenthalt oder gar eine Operation notwendig macht, kann ebenso wie die Versorgung von Unfallfolgen leicht einen monatlich eingeplanten Betrag überschreiten. Der Abschluss einer Tierkrankenversicherung bietet sich hier als durchaus sinnvolle Lösung an.

Habe ich alle Voraussetzungen für die Ankunft des Vierbeiners geschaffen?

Die Auswahl eines geeigneten Schlafplatzes für den Welpen zählt zu den wichtigsten Vorüberlegungen. Günstig ist in der Anfangszeit ein Plätzchen in der Nähe des Tierhalters. Ein gerade von Mutter und Geschwistern getrennter Hund würde in entsetzliche Panik verfallen, wimmern und bellen, wenn er die Nacht allein in einer fremden Umgebung verbringen müsste. Außerdem kann man auch viel schneller auf die erste Unruhe reagieren, wenn den kleinen Hund beispielsweise sein volles Bläschen drückt.

Halsband, Leine, Pflegebedarf und Spielzeug sollten vorhanden sein, bevor der Welpe nach Hause geholt wird. Ein geeignetes Halsband besteht aus Leder oder Synthetikmaterial. Sogenannte „Erziehungshalsbänder" wie Stachel- oder Würgehalsbänder oder gar Elektroschockgeräte sind tierschutzwidrig und haben im Hundehaushalt nichts zu suchen. Als Hundespielzeug eignen sich Büffelhautknochen, Lederriemen oder zusammengeknotete Textilien, die der Hund benagen kann. Vorsicht ist bei allen Sachen geboten, die zerbissen und verschluckt werden können und dann eventuell als Fremdkörper in der Speiseröhre stecken oder im Magen des Hundes liegen bleiben.

Da ein Junghund aus lauter Neugier alle unbekannten Dinge schnuppernd begutachtet und danach in die Schnauze nimmt, sollte vor Ankunft des Welpen die Wohnung auf Dinge überprüft werden, die einem lieb und teuer sind. Andererseits müssen alle hundeuntauglichen Gegenstände, zu denen Büromaterialien wie Reißzwecken, Büroklammern, aber auch Kinderspielzeug wie Legosteine, Glasmurmeln oder Ähnliches zählen, entfernt werden.

Für die ersten Tage sollte das vom Züchter gewohnte Futter weiterverwendet werden. Beabsichtigt man danach einen Futterwechsel, sind Züchter und Tierarzt gern bei der Auswahl eines alters- und bedarfsgerechten Futters behilflich.

Was beim Welpenkauf zu beachten ist

Einen Rassehundewelpen kauft man am besten direkt bei einem Züchter, der einem anerkannten Rassezuchtverband angehört. Darüber hinaus gibt es aber auch viele Hobbyzüchter, die ebenso liebevoll und fürsorglich ihre Welpen betreuen. Lassen Sie sich Zeit bei der Auswahl eines seriösen Züchters und entscheiden Sie nicht spontan. Hüten sollte man sich vor einem Kauf per Zeitungsannonce oder Internetangebot, wenn vom gleichen „Züchter" Hunde zahlreicher unterschiedlicher Rassen angeboten werden. Dies sind häufig Hundehändler, die unter zweifelhaften Umständen jeden gewünschten Hund „organisieren", und das noch zu einem „günstigeren" Preis als der Züchter in der Nachbarschaft. Oft handelt es sich dabei um Hunde, die in Osteuropa geboren, unter undenkbaren Umständen aufgezogen und vor dem Kauf über die Grenze verschoben werden. Ein Vielfaches des eingesparten Kaufpreises müssen Sie oft schon in den ersten Lebenswochen beim Tierarzt lassen, wenn Sie einen kranken Welpen erworben haben.

Hunde sind keine Massenware und auch nicht immer gleich verfügbar. Wer ein ehrliches Interesse an einem Welpen besitzt, muss sich mitunter auch auf eine Wartezeit einstellen.

Zu jedem Wurf gehört auch eine vorzeigbare Mutter.

Sehen Sie sich das Zuhause ihres zukünftigen Hundes auf jeden Fall an. Ein seriöser Züchter gewährt ab der 4. bis 5. Lebenswoche Zutritt zur Mutterhündin mit ihrem Wurf. Zu jedem Wurf gehört natürlich auch eine vorzeigbare Mutter! Bei Welpen ohne Mutter – Vorsicht: Händler!

Nutzen Sie die von vielen Züchtern angebotenen Kennenlernnachmittage, an denen Sie mit anderen Interessenten Ihren Welpen aussuchen, aber auch seine Entwicklung im Familienverband bis zum Abgabetag mitverfolgen können. Auch für den Züchter ist es von Interesse, Sie kennenzulernen, will er doch sicher gehen, dass er sein Hundekind in gewissenhafte Hände abgibt.

WICHTIG!

Lassen Sie sich vom Züchter den Impfpass zeigen und informieren Sie sich, wann die nächste Entwurmung und Impfung notwendig sind.

Überzeugen Sie sich vom gesundheitlichen Zustand des ganzen Wurfes und insbesondere natürlich von dem Ihres Favoriten. Tränende und verklebte Augen, Nasenausfluss, ein kotverschmiertes Hinterteil und ein schlechter Ernährungs- und Entwicklungszustand der kleinen Vierbeiner sollte Anlass genug sein, sich bei einem anderen Hundezüchter umzusehen. Ein gesunder Hund ist munter und lebhaft und sitzt nicht teilnahmslos in der Ecke. Zur Begrüßung beschnuppert er neugierig seine Besucher und zwickt auch schon mal mit seinen Milchzähnen. Der ganze Übermut und die Vitalität der Welpen lassen sich beim Spielen und Balgen mit den Wurfgeschwistern und der Mutter beobachten.

Im Welpenkurs dürfen die Kleinen noch ausgelassen miteinander spielen, um das richtige Sozialverhalten zu entwickeln.

Für einen Hundewelpen sind die ersten Lebenswochen in Hinblick auf Erziehung und charakterliche Entwicklung von entscheidender Bedeutung. Den Hauptteil der Erziehungsarbeit übernimmt anfangs noch die Mutter. Von ihr kann man sich viel abschauen. Mit Geduld, aber auch der notwendigen Bestimmtheit sorgt sie für Ordnung in ihrem Wurf. Wenn der Züchter darüber hinaus noch für die acht bis zwölf Wochen bis zur Abgabe der Welpen sein Wohnzimmer in eine Hundekrabbelstube verwandelt hat, können Sie fast sicher sein, dass Ihr Welpe als fest integriertes Familienmitglied aufgewachsen ist. Welpen mit einer derartigen Kinderstube entwickeln sich wesentlich problemloser zu ausgeglichenen und selbstbewussten Junghunden.

Körperpflege

Eine regelmäßige Körperpflege fördert Wohlergehen und Gesunderhaltung Ihres Hundes. Zahlreichen Erkrankungen kann somit wirkungsvoll vorgebeugt werden. Besonderes Augenmerk sollte der Fellpflege, der Sauberkeit von Augen und Ohren, der Zahnreinigung und der Pflege der Pfoten, insbesondere der Krallen, gelten. Auch wenn der Pflegeaufwand eines Welpen im Vergleich zum erwachsenen Hund geringer ist, sollte bereits im Welpenalter mit einer intensiven Körperpflege begonnen werden. Ein älterer Hund, der beispielsweise eine regelmäßige Zahnkontrolle und das Zähneputzen nicht von Welpenbeinen an gewöhnt ist, wird sich später viel schwerer damit tun.

Fell

Der Aufwand für die Pflege des Haarkleides hängt vom Felltyp des Hundes ab. Während zottelhaarige Rassen wie Puli oder Komondor niemals gekämmt oder geschoren werden sollten, ist ein mindestens wöchentliches gründliches Kämmen und Bürsten des Fells bei den meisten anderen Rassen notwendig. Es ist besser, regelmäßig ein paar Minuten pro Tag für die Fellpflege aufzuwenden, als sporadisch einige Stunden damit zuzubringen. Besonders während des Fellwechsels sollten abgestoßene Haare sofort aus dem Fell ausgekämmt werden, da die toten Haare sonst leicht zu schmierigen Hautveränderungen und Entzündungen führen können. Zudem verhindert man somit auch die Entstehung eines unangenehmen Fellgeruchs. Bei jeder Fellpflege sollte auch die Haut kontrolliert und der Hund auf Anzeichen von Fell- oder Hautparasiten untersucht werden.

Bei Schmuddelwetter reicht es in der Regel völlig aus, den durchnässten und schmutzigen Hund gründlich zu frottieren, da das Fell über eine erstaunliche Selbstreinigungskraft verfügt. Baden oder duschen Sie Ihren Hund nur in Ausnahmefällen. Häufiges Baden entzieht der Haut natürliche Fette und hartes, drahtiges Fell wird eher weich und stumpf. Deshalb ist bei den meisten Hunden ein zwei- bis dreimaliges Baden pro Jahr völlig ausreichend. Ausnahmen sind lediglich medizinische Badebehandlungen (z.B. bei einer Hautinfektion durch Bakterien bzw. Pilze) oder kleine „Stinktiere", die sich auf Nachbars Misthaufen genüsslich gewälzt haben.

Ein warmer Sonnentag ist für den Badespaß bestens geeignet. Neben der Badewanne oder Duschkabine ist hierfür besonders für große Hunde der Garten am besten geeignet. Zu Beginn wird das Fell gründlich durchgebürstet. Dabei werden Verfilzungen gelöst. Die Gehörgänge sollten mit einem Wattebausch verschlossen werden. Nach einer gründlichen Durchnässung des Fells mit handwarmem Wasser wird ein nicht parfümiertes Shampoo (Tiershampoo) aufgetragen und einshampooniert. Nach kurzer Einwirkzeit sollte das Shampoo mit viel Wasser wieder vollständig ausgespült werden. Bei kühler Witterung muss der Hund anschließend bis zur völligen Trocknung des Fells in einem gut temperierten Raum bleiben, um eine Erkältung zu vermeiden.

Bei verschiedenen Hunderassen wie z.B. Pudel oder Terrier ist ein regelmäßiges Scheren bzw. Trimmen des Fells zur Erhaltung eines rassetypischen Haarkleids erforderlich. Die damit verbundenen zusätzlichen Kosten sind zu berücksichtigen.

Das Fell des Hundes verfügt über eine erstaunliche Selbstreinigungskraft. In diesem Fall ist aber das Baden wohl unumgänglich.

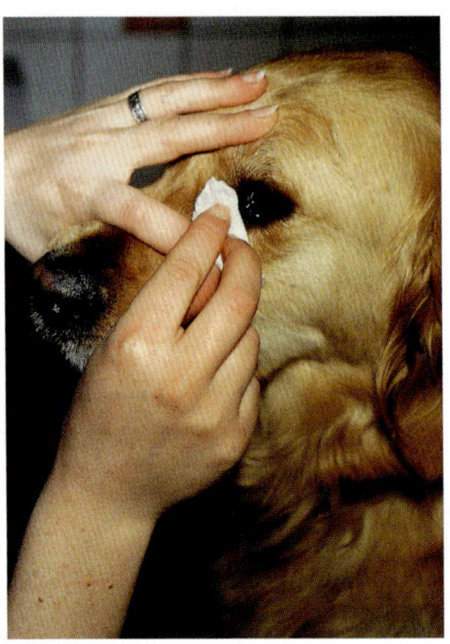

Absonderungen im Augenwinkel entfernt man mit einem angefeuchteten Tupfer.

Augen

Eine Kontrolle der Augen sollte täglich vom Tierhalter vorgenommen werden. Absonderungen im inneren Augenwinkel, die vor allem nach dem Aufwachen oder nach Spaziergängen in zugiger und staubiger Luft auftreten, sollten mit einem in lauwarmem Wasser getränkten, fusselfreien Tupfer oder Tuch vorsichtig entfernt werden. Ein häufiger Fehler ist die Verwendung von Kamillentee oder Borwasser, was meist zu einer zusätzlichen Augenreizung führt. Tränenstraßen, milchiger oder sogar eitriger Augenausfluss sind Anzeichen krankhafter Veränderungen. Eine Ursachenabklärung und Behandlung sollte durch Ihren Tierarzt vorgenommen werden.

Ohren

Im Zusammenhang mit der Fellpflege empfiehlt sich auch ein prüfender Blick in die Ohren. Eine mäßige Verschmutzung der Ohrmuscheln durch Ohrenschmalz oder Dreck ist normal. Mit einem angefeuchteten oder mit etwas Babyöl beträufelten Stück Küchenkrepp oder Ähnlichem werden Auflagerungen und lose Haare entfernt. Eine Reinigung des Gehörgangs mit Wattestäbchen sollte wegen der Verletzungsgefahr des Trommelfells und der möglichen Entstehung von Ohrenschmalzpfropfen unterbleiben.

Bei manchen Rassen wachsen die Haare im Gehörgang stärker als üblich. Wenn diese Haare reizen oder die natürliche Selbstreinigung des Gehörgangs behindern, sollten sie entfernt werden.

Verschwollene und gerötete Gehörgänge verbunden mit verstärktem Juckreiz oder Kratzen sind eindeutige Krankheitsanzeichen. Von einer Selbsttherapie mit diversen Ohrreinigern ist abzuraten. Eine genaue Ursachenabklärung durch Ihren Tierarzt ist für einen gezielten Medikamenteneinsatz erforderlich. Nur so kann eine langwierige Behandlung oder gar ein chronischer Erkrankungsverlauf vermieden werden.

Zähne

Nach jeder Nahrungsaufnahme bildet sich auch beim Hund ein schmieriger Belag auf der Zahnoberfläche (Plaque). Durch die Mineralien des Mundspeichels entsteht daraus nach einiger Zeit Zahnstein. Das zweimal tägliche Zähneputzen gehört beim Menschen zur Mundhygiene und ist für jeden von uns selbstverständlich. Beim Hund reduzieren das Benagen von Hundespielzeug oder Büffelhautknochen und die Verabreichung von Trockenfutter den Plaquebelag. Zusätzlich gibt es spezielle Fertigfuttermittel zur Zahnreinigung. Eine mechanische Entfernung des Zahnbelags lässt sich jedoch auch hierdurch nicht vollständig ersetzen.

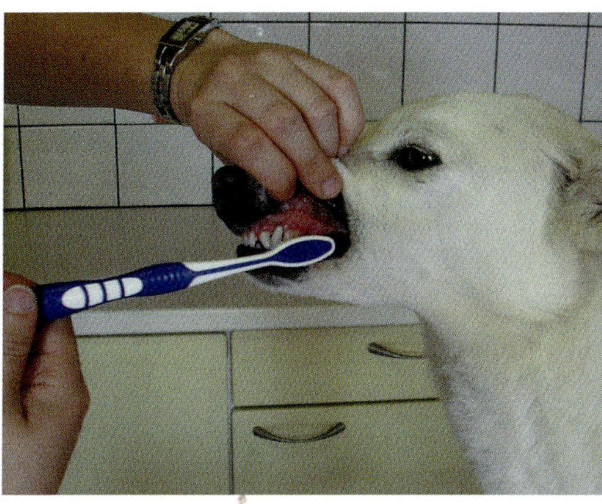

Regelmäßiges Zähneputzen verhindert Zahnsteinbildung.

Eine konsequente, möglichst tägliche Zahnpflege ist auch beim Hund die beste Vorbeugung von Zahn- bzw. Zahnfleischerkrankungen. Ein Hund, der bereits in seiner Jugend an das Zähneputzen gewöhnt wurde, lässt sich ohne Weiteres mit einer Zahnbürste, einem Mikrofaserfingerling oder mit dem Zeigefinger, um den eine Mullbinde gewickelt wurde, das Gebiss reinigen. Zudem stehen spezielle Hundezahncremes zur Verfügung, die auf den Hundegeschmack abgestimmt sind und mitunter auch noch spezielle Enzyme enthalten. Wichtiger als die richtige Zahnpasta ist allerdings die mechanische Reinigung durch das Bürsten oder Reiben.

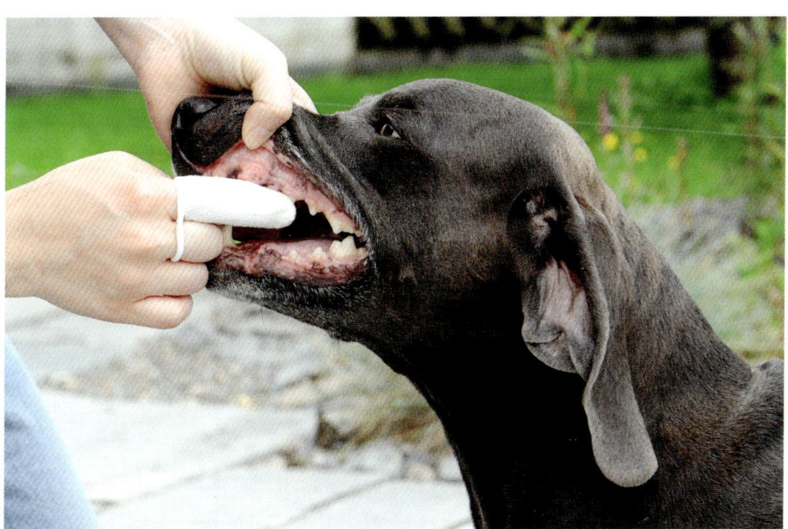

Wird eine Zahnbürste vom Hund nicht akzeptiert, kann man den Zahnbelag auch sehr effektiv mit einem Mikrofaserfingerling entfernen.

Bei jeder Gebisskontrolle ist auf Zahnabsplitterungen oder Farbveränderungen der Zahnoberfläche zu achten. Gerade während des Zahnwechsels muss regelmäßig kontrolliert werden, ob die Milchzähne nach dem Durchbrechen der bleibenden Zähne auch ausfallen. Sind Milchzähne und bleibende Zähne gleichzeitig vorhanden, kann dies zu schwerwiegenden Zahnfehlstellungen im Ersatzgebiss führen. Mundgeruch und Zahnfleischblutungen sind natürliche Begleiterscheinungen eines jeden Zahnwechsels und verursachen häufig eine herabgesetzte Futteraufnahme des Welpen. Während des Zahnwechsels ist der Welpe auch sehr viel anfälliger für Infektionserkrankungen.

Pfoten

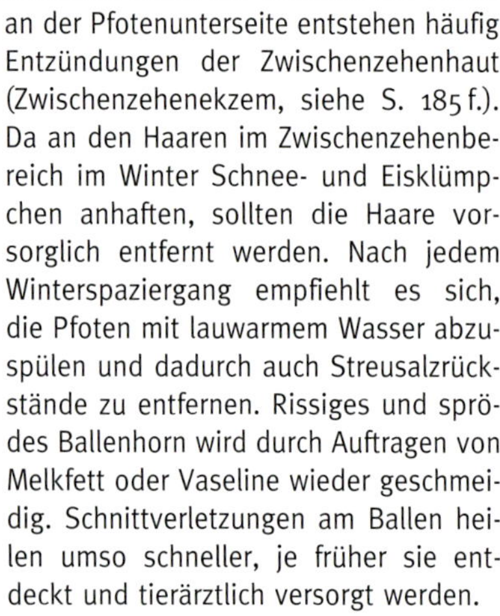

Die Zehenzwischenräume sollten regelmäßig auf Verletzungen und Fremdkörper (Steinchen, Dornen) untersucht werden. Besonders durch ein Verfilzen der Haare an der Pfotenunterseite entstehen häufig Entzündungen der Zwischenzehenhaut (Zwischenzehenekzem, siehe S. 185 f.). Da an den Haaren im Zwischenzehenbereich im Winter Schnee- und Eisklümpchen anhaften, sollten die Haare vorsorglich entfernt werden. Nach jedem Winterspaziergang empfiehlt es sich, die Pfoten mit lauwarmem Wasser abzuspülen und dadurch auch Streusalzrückstände zu entfernen. Rissiges und sprödes Ballenhorn wird durch Auftragen von Melkfett oder Vaseline wieder geschmeidig. Schnittverletzungen am Ballen heilen umso schneller, je früher sie entdeckt und tierärztlich versorgt werden.

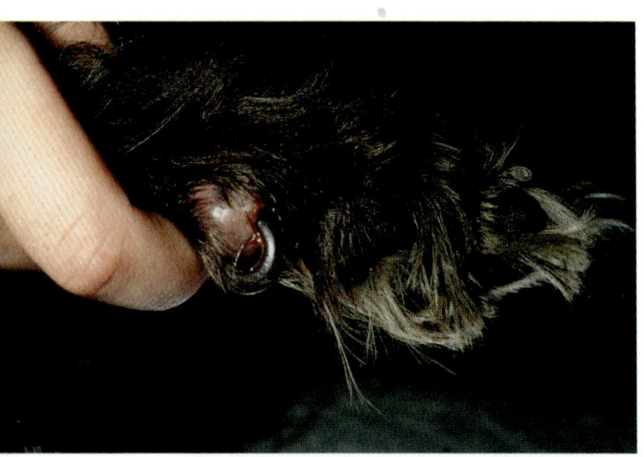

Eine regelmäßige Kontrolle der Daumen- und Wolfskrallen verhindert ein schmerzhaftes Einwachsen.

Krallen

Bei Hunden mit ausreichend Auslauf auf festem Untergrund nutzen sich die Krallen meist natürlich ab. Lediglich die Daumen- und Wolfskrallen, die keinen Bodenkontakt haben, müssen regelmäßig kontrolliert und notfalls gekürzt werden. Das Krallenschneiden ist jedoch bei Hunden, die sich überwiegend auf weichem Boden bewegen, notwendig. Als Faustregel gilt hierbei: Ragt eine Kralle über die gedachte Verlängerung des Ballenplateaus der entsprechenden Zehe bei entlasteter Pfote deutlich hinaus, sollte sie gekürzt werden.

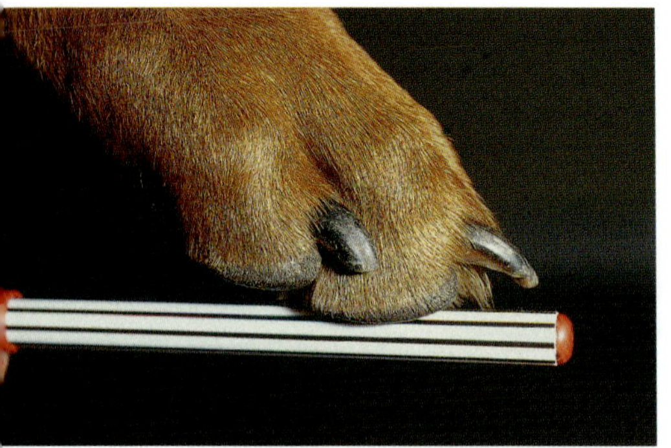

Ragt die Kralle über die gedachte Verlängerung des Ballenplateaus hinaus, sollte sie gekürzt werden.

Herkömmliche Nagelscheren sind aufgrund ihrer Quetschwirkung ungeeignet. Bei pigmentiertem Krallenhorn ist es schwierig, den Verlauf der feinen Blutgefäße zu verfolgen. Deshalb sollte man das Krallenschneiden besser dem Tierarzt überlassen. Durch ein regelmäßiges Befeilen mit einer handelsüblichen Nagelfeile lassen sich die Krallen allerdings auf einer entsprechenden Länge halten.

Aufzucht und Haltung

Die Rolle des Hundes in der Mensch-Hund-Beziehung hat sich in den letzten Jahrzehnten grundsätzlich gewandelt. Die Haus- und Hofhunde der früheren Jahre, deren Aufgabe das Bewachen des Grundstücks und die Abwehr ungebetener Gäste war, sind selten geworden. Vielmehr besitzt der Hund heute den Status eines Familienhundes und Sozialpartners, der an allen Aktivitäten seiner Familie teilnehmen darf. Aus diesem Grund ist eine möglichst frühzeitige Gewöhnung des Hundes an den Menschen notwendig.

Prägung und Sozialisierung

Ein bereits beim Züchter im Familienverband aufgewachsener Welpe hat während seiner Prägungsphase (4. bis 7. Lebenswoche) bereits engen Kontakt mit freundlichen Menschen gehabt und wird sich viel leichter in seine neue Familie integrieren lassen. Die Zeit beim Züchter hat damit bereits wesentlichen Einfluss auf die spätere Entwicklung des Hundes. Die emotionale Prägung des Welpen findet maßgeblich in den ersten Lebenswochen durch verschiedene Umweltreize statt. Ein reizarm aufgewachsener Welpe kann die entstandenen Defizite später nur schwer wieder aufholen.

Im Alter von acht bis zwölf Wochen (Sozialisierungsphase) ist ein Welpe noch sehr verspielt, aber auch lernwillig. Für alles Neue ist er zu begeistern. Er sollte deshalb seine ersten Erfahrungen mit der Welt außerhalb von Wohnung oder Garten sammeln. Zeigen Sie ihm alles in seinem Umfeld, womit er auch die nächsten Jahre konfrontiert wird. Machen Sie kleine Spaziergänge in der näheren Umgebung, damit der Hund mit knatternden Mopeds und brummenden Autos, aber auch mit anderen Hunden Bekanntschaft machen kann. Nehmen Sie Ihren Welpen mit, wenn Sie einkaufen gehen. Gewöhnen Sie ihn frühzeitig ans Autofahren oder unternehmen Sie eine erste kleine Reise mit der Bahn. Im Beisein seiner Besitzer wird sich der Welpe nicht fürchten und diese positive Erfahrung ins weitere Leben übernehmen.

Damit der Hund aber auch ganz Hund sein kann, braucht er seine eigene Erlebniswelt. Hierzu gehören z. B. das Buddeln im Garten, das Jagen von Schmetterlingen, das Apportieren von Gegenständen und regelmäßige Spaziergänge, während denen der Hund auch mal ohne Leine herumtoben darf. Trotz aller Begeisterung und Freude sollte die Bewegung aber immer wohl dosiert sein, um Wachstums- und Entwicklungsstörungen vorzubeugen. Junghunde bemer-

Welpen brauchen vor allem während der Prägungsphase ihre eigene Erlebniswelt und den Kontakt zu ihren Artgenossen.

ken ihre Müdigkeit nicht von sich aus und überfordern sich leicht selbst. Ausgedehnte Wanderungen, Treppensteigen oder die Begleitung am Fahrrad sind für einen Welpen oder Junghund tabu.

Sozialkontakt ist wichtig

Der Kontakt zu anderen Hunden sollte bereits im frühen Welpenalter gepflegt werden. Hierzu eignen sich vor allem gemeinsame Spaziergänge mit anderen Hundefreunden, Welpenspielnachmittage und vor allem der Besuch von Welpen- und Junghundekursen in einer Hundeschule. Hier lernen die Welpen auf spielerische Art, sich im Umgang mit anderen Junghunden zu behaupten. Das hierbei gewonnene Selbstbewusstsein trägt wesentlich zur charakterlichen Entwicklung Ihres Welpen bei. Hüten Sie sich davor, Ihren Hund jederzeit in Schutz nehmen zu wollen. Er muss seine eigenen Erfahrungen sammeln können. Sämtliche Unterwürfigkeitsgesten beherrscht ein Welpe perfekt. Bereits von seiner Mutter wurde er in die Schranken verwiesen, wenn er einmal zu weit gegangen ist.

Stubenreinheit

Ein wichtiges Problem für einen Hundeneuling ist die Erziehung zur Stubenreinheit. Hunde haben zwar das angeborene Bedürfnis, ihren unmittelbaren Lebensbereich sauber zu halten. Von einem zwei bis drei Monate alten Welpen kann man aber noch nicht erwarten, dass Harnblase und Darm schon jederzeit perfekt kontrolliert werden. Nach den Mahlzeiten und vor dem Schlafengehen muss ein Welpe deshalb Gelegenheit bekommen, sein Geschäft zu erledigen. Bringen Sie den Hund immer wieder dann geduldig an die Stelle, wo er sich lösen darf, oder begleiten Sie ihn auf die Wiese vor dem Haus, wenn Sie der Meinung sind, Ihr Hund „muss mal". Schnuppert der Hund mit der Nase suchend auf dem Boden und wird er unruhig, sind dies zumeist Anzeichen auf ein bevorstehendes Geschäft.

Durch überschwängliches Loben, wenn es dann „geklappt" hat, wird Ihr Hund auch beim nächsten Mal warten, bis er am richtigen Platz ist, und in einigen Tagen oder Wochen vielleicht selbst dorthin gehen, wenn das Bläschen drückt. Haben Sie einmal die Hilferufe des Hundes übersehen oder falsch gedeutet und er hat sein Geschäft am falschen Fleck erledigt, vermeiden Sie es, ihn zur Strafe mit der Schnauze in das Pfützchen zu tauchen. Ein dickes Lob und eine Sonderstreicheleinheit beim nächsten gelungenen „kleinen oder großen Geschäft" sind viel förderlicher für das Sauberkeitstraining. Geduld und Konsequenz sind bei allen Fragen der Erziehung eines Hundes enorm wichtig.

Auf die weitere Erziehung des Welpen soll an dieser Stelle nicht weiter eingegangen werden, da es dazu eine Reihe ausgezeichneter Sachbücher gibt.

Besonderheiten der Welpenernährung

Bei der Übernahme im Alter von acht bis zwölf Wochen ist ein Welpe schon vollständig von der Mutter entwöhnt und bekommt normales Hundefutter. Wenn man bedenkt, wie wichtig eine ausgewogene und bedarfsgerechte Ernährung gerade in den ersten Lebensmonaten ist, wird klar, dass es mit „normalem" Futter

Unterwürfigkeitsgesten werden auch schon von jungen Hunden beherrscht.

nicht einfach abgetan ist. Das angebotene Futter muss den speziellen Bedürfnissen eines wachsenden Hundes gerecht werden.

Bei Fertigfutter sollte die Zusammensetzung und Menge der jeweiligen Entwicklungsphase des Hundes entsprechen. Richten Sie sich deshalb nach den Herstellerangaben.

Selbst zubereitete Kost muss abwechslungsreich sein und die einzelnen Nährstoffe in einem ausgewogenen Verhältnis beinhalten. Dies erfordert Erfahrung und Zeitaufwand. Erkundigen Sie sich im Zweifelsfall bei Ihrem Tierarzt oder Züchter, da unausgewogene Fütterung oder Mangelernährung zu schweren Wachstums- und Entwicklungsstörungen des Hundes führt, die auch in späterem Alter nicht mehr auszugleichen sind.

So braucht ein wachsender Hund viel hochwertiges Eiweiß zum Aufbau der Muskulatur. Der Energiebedarf ist doppelt so hoch wie beim erwachsenen Hund und auch Vitamine und Mineralstoffe werden verstärkt benötigt.

Die Körpergröße eines Hundes wird durch seine Eltern vorgegeben und ist genetisch festgeschrieben. Auch durch eine über den Bedarf hinausgehende Fütterung ist keine Wachstumssteigerung möglich. Lediglich der Zeitpunkt der körperlichen Ausreifung wird frühzeitiger erreicht, was jedoch meist zulasten der Knochenentwicklung geht.

Vergleicht man die Körpermasseentwicklung eines wachsenden Chihuahuas mit der eines Irish Wolfhound, wird deutlich, dass bei Riesenrassen eine ungleich höhere Aufbauarbeit zu leisten ist. Keinesfalls dürfen Welpen großwüchsiger Rassen deshalb überfüttert werden. Eine Energie- und Eiweißüberversorgung im Zusammenhang mit einem unausgewogenen Mineralstoffverhältnis, wie dies bei einer überwiegenden Fleischfütterung zu beobachten ist, führt zu schwerwiegenden Fehlentwicklungen der Knochen. Bei schnell wachsenden Riesenrassen empfiehlt es sich deshalb, eher etwas zurückhaltender mit einer „Arme-Leute-Kost" zu füttern oder eine Zwischenmalzeit durch Kartoffelbrei zu ersetzen sowie jederzeit eine ausgewogene Futtermittelzusammenstellung einzuhalten. Gesundheitliche Probleme, die durch eine Überfütterung verursacht werden, kommen in Deutschland um ein Vielfaches häufiger vor als Erkrankungen durch Unterernährung.

Die Gesamtfuttermenge sollte bei Welpen auf drei bis vier Einzelrationen am Tag verteilt werden. Ab dem 6. bis 7. Lebensmonat kann die Fütterung auf zwei Mahlzeiten pro Tag reduziert werden.

Der alternde Hund

Altern ist ein natürlicher Prozess, in dessen Verlauf es zu einem schrittweisen Nachlassen bzw. zu einem Verlust der Funktion verschiedener Organe und Gewebe des Körpers kommt. Häufig handelt es sich hierbei um sehr komplexe Veränderungen, da einzelne Organsysteme voneinander abhängig sind. Der Ausfall eines Organs führt deshalb sehr schnell zu einem Zusammenbruch des gesamten Organismus. Am Ende aller Alterungsprozesse steht der natürliche Alterstod.

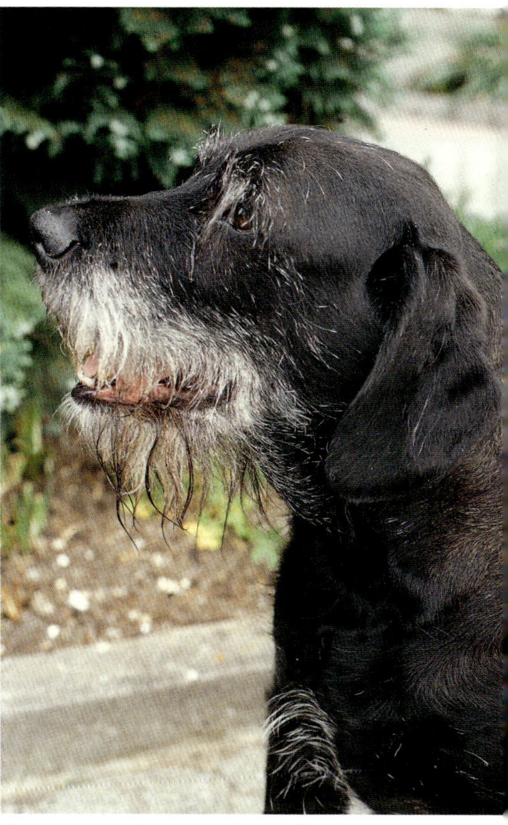

Eine ergraute Schnauze ist häufig das erste Alterszeichen.

Keinesfalls sollte Altern jedoch mit Krankheit gleichgesetzt werden. Fortgeschrittenes Alter muss nicht zwingende Auswirkungen auf den Gesundheitszustand des Hundes haben. Durch das altersbedingte Nachlassen der Leistungsfähigkeit zahlreicher Organe, eine Verminderung der Stoffwechselleistung und eine reduzierte Abwehrbereitschaft des Körpers treten jedoch gerade mit zunehmendem Alter bestimmte Krankheiten häufiger auf. Dem älteren Hund fällt naturgemäß die Überwindung einer Erkrankung viel schwerer und die Genesung ist langwieriger als bei einem jüngeren Patienten.

Durch flächendeckende Impfungen, eine ausgewogene, altersgerechte Ernährung und eine umfassende Gesundheitsvorsorge ist in den letzten Jahren die Lebenserwartung unserer Hunde deutlich gestiegen. Dies hat natürlich auch zur Folge, dass altersbedingte Verschleißerscheinungen des Körpers viel häufiger beobachtet werden können als noch vor zwanzig Jahren. Dem Tierarzt stehen allerdings vielfältige Möglichkeiten zur Verfügung, um Gesundheit und Wohlbefinden eines älteren Hundes auf einem akzeptablen Stand zu halten, ehe die unaufhaltsamen Alterungsprozesse zum Tod des Patienten führen oder die Frage des Einschläferns mit dem Tierhalter besprochen werden muss.

Der alte Hund ist zwar nicht mehr so bewegungsfreudig wie früher, er kann aber bis ins hohe Alter noch sehr fit sein.

Die Eiweißverdauung belastet durch die entstehenden Abbauprodukte den Stoffwechsel. Hiervon sind vor allem Leber und Niere betroffen. Bei einer Erkrankung dieser Organe muss deshalb die Eiweißzufuhr eingeschränkt werden. Andererseits nimmt die Eiweißspeicherkapazität in Leber und Muskulatur mit zunehmendem Alter ab. Wegen des hierdurch entstehenden erhöhten Bedarfs müssen biologisch hochwertige und gut verdauliche Eiweiße gefüttert werden. Hervorragend geeignet sind Milchprodukte, Ei-Eiweiß, Fisch sowie Muskelfleisch von Rind und Geflügel.

Für einige Vitamine besteht ein höherer Bedarf im Alter. So sollte der Gehalt an B-Vitaminen im Futter auf das Dreifache des Normalbedarfs eines erwachsenen Hundes erhöht werden. Aufgrund des nachlassenden Speichervermögens der Leber verdoppelt sich der Vitamin-A-Bedarf. Mineralstoffe werden im Allgemeinen nicht vermehrt gebraucht. Lediglich bei verschiedenen Organerkrankungen muss auf veränderte Bedarfswerte geachtet werden. So ist bei einer chronischen Nierenentzündung wegen der reduzierten Ausscheidungsleistung der Niere der Phosphorgehalt des Futters zu senken.

Die heutigen Fertigfuttermittel für alternde Hunde decken jedoch im Wesentlichen den Bedarf an Vitaminen und Mineralstoffen. Vorsicht ist deshalb bei der kritiklosen Verfütterung von Zusatzstoffen oder Futterergänzungen geboten. Im Bestreben, seinem Hund im Alter etwas Gutes zu tun, kommt es häufig zu einer Überversorgung.

Ein älterer Hund sollte mehrmals (mindestens dreimal) täglich gefüttert werden. Die dabei angebotenen Futtermengen sollten den Hunger stillen, den Magen aber nicht durch zu große Portionen belasten.

Durch eine Verminderung des Geruchs- und Geschmacksempfindens, aber auch durch Zahnfleischentzündungen, Zahnstein und Zahnverlust ist mitunter die Fresslust älterer Hunde merklich eingeschränkt. Das Futter sollte deshalb besonders wohlschmeckend sein. Eine Erwärmung des Futters führt häufig zur Steigerung der Akzeptanz. Durch Zubereitung kleinerer Futterbrocken wird die Aufnahme erleichtert.

Aufgrund einer sich mit zunehmenden Alter entwickelnden Darmträgheit sollte ballaststoffreich gefüttert werden (Gemüse, Weizenkleie). Keinesfalls dürfen Knochen an ältere Hunde verfüttert werden, da dies zu Verstopfung und lebensbedrohlichen Darmverschlüssen führen kann.

Bei kranken Hunden unterstützen spezielle Diäten die medikamentöse Behandlung und mindern ein Fortschreiten der Krankheit. Ihr Tierarzt wird Ihnen bei der Auswahl geeigneter Diätrezepte behilflich sein. Es sind jedoch auch eine Reihe von ausgewogenen Fertigfuttermitteln im Handel, zum Beispiel für Nierenerkrankungen oder bei Fettleibigkeit.

Altersvorsorgeuntersuchungen auch beim Hund!

Die Frage, ab wann ein Hund zu altern beginnt, lässt sich nicht pauschal beantworten. Im Allgemeinen geht man davon aus, dass deutliche Alterungsprozesse beim Hund einsetzen, wenn er Dreiviertel seiner Lebenserwartung überschritten hat. Der zeitliche Ablauf der Alterungsprozesse ist stark rasseabhängig. Bei Riesenrassen (Deutsche Dogge, Irish Wolfhound, Bernhardiner) muss ab dem 6. Lebensjahr mit ersten Altersanzeichen gerechnet werden. Bei großen und mittelgroßen Rassen treten derartige Prozesse erst ab dem 7. bis 9. Lebensjahr auf, während kleinere Rassen durchaus zehn Jahre alt werden können, ehe deutliche Alterserscheinungen offensichtlich werden. Auch bestimmte Lebens- und Ernährungsgewohnheiten tragen zu einem schnelleren Körperverschleiß bei. Ein bewegungsarm gehaltener und unausgewogen ernährter Hund wird ebenso wie ein dickleibiger Hund schneller altersbedingte Probleme entwickeln als ein optimal gehaltenes Tier.

Da sich die Alterungsvorgänge schleichend entwickeln, nimmt der Tierhalter die ersten Anzeichen häufig gar nicht wahr. Das Ergrauen der Haare im Schnauzenbereich ist meist der erste und mitunter lange Zeit auch einzige äußerlich erkennbare Hinweis für das Altern.

Beim Menschen sind Altersvorsorgeuntersuchungen selbstverständlich geworden. Die Fortschritte der Geriatrie (Altersheilkunde) führen dazu, dass immer mehr altersbedingte Erkrankungen frühzeitig erkannt und wirkungsvoll behandelt werden können. In der Veterinärmedizin beschäftigt man sich ebenfalls sehr intensiv mit den Problemen des Alterns.

Die Altersvorsorgeuntersuchung sollte regelmäßig erfolgen, um dem alten Hund ein beschwerdefreies Leben zu ermöglichen.

Auch wenn es nicht möglich ist, die körperlichen Verschleißerscheinungen und die daraus resultierenden Erkrankungen rückgängig zu machen oder zu heilen, so kann man mit einem rechtzeitigen Aufdecken der Probleme deren weitere Ausprägung durch eine gezielte Behandlung mildern. Das wichtigste Ziel der veterinärmedizinischen Altersheilkunde besteht darin, dem Patienten auch im fortgeschrittenen Alter ein beschwerdefreies Leben und eine artgerechte Lebensqualität zu ermöglichen.

Mit einer regelmäßigen Altersvorsorgeuntersuchung (Geriatrie-Check) sollte etwa ein bis zwei Jahre vor Erreichen des rassespezifischen Beginns der Alterserscheinungen begonnen werden. Somit stehen beim Einsetzen erster altersbedingter Veränderungen individuelle Vergleichswerte zur Verfügung. Diese Untersuchungsergebnisse aus „jüngeren Jahren" sind bei der Beurteilung der Alterungsprozesse nützlich. Als günstiger Zeitpunkt für einen umfassenden Check bietet sich der Tierarztbesuch bei der jährlichen Impfung an. Da im Rahmen der Impfuntersuchung ohnehin eine gründliche Allgemeinuntersuchung durchgeführt wird, kann Sie Ihr Tierarzt auf eventuell abweichende Befunde und die Notwendigkeit einer erweiterten Diagnostik hinweisen.

Eine einmalige jährliche Untersuchung des Hundes bedeutet auf den Menschen übertragen einen Arztbesuch lediglich alle fünf bis sieben Jahre, sodass nach Möglichkeit ein zweiter Termin im Jahr vereinbart werden sollte, der ausschließlich der Altersvorsorgeuntersuchung dient. Zahlreiche Praxen bieten aus diesem Grund ihren älteren Vierbeinern regelmäßige komplette Geriatrie-Checks an. Neben den Befunden einer umfassenden klinischen Untersuchung sind für den Tierarzt auch die Beobachtungen des Tierhalters zur Einschätzung des Gesundheitszustandes von Bedeutung. Vor dem Tierarztbesuch sollte man sich deshalb alle in der letzten Zeit festgestellten Veränderungen notieren.

Insbesondere ist zu achten auf:
- gesteigerten Harnabsatz, erhöhter Wasserbedarf
- Kot- und Harnabsatzstörungen
- Abmagerung bei ungestörtem Appetit
- verminderte Leistungsfähigkeit, schnelle Ermüdung
- Husten
- Mundgeruch
- Bewegungsstörungen
- Schmerzäußerungen
- verändertes Fressverhalten
- Verhaltensveränderungen

Danach richtet sich das weitere diagnostische Vorgehen des Tierarztes. Näheren Aufschluss über die Ursache der auftretenden Probleme geben im Einzelfall neben einer gründlichen Allgemeinuntersuchung vor allem Blut- und Harndiagnostik, aber auch Röntgen, Ultraschall oder Elektrokardiogramm.

Narkosen sind gerade beim älteren Patienten nicht unproblematisch. Durch das altersbedingte Nachlassen verschiedener Organfunktionen werden der Abbau und die Ausscheidung der Narkosemittel durch Leber und Niere vermindert. Auch Herz und Kreislauf sind vielfach nur noch begrenzt belastbar. Trotzdem lassen sich Narkosen auch beim älteren Hund häufig nicht umgehen. Bei einer planbaren Operation sind Voruntersuchungen zur Abklärung der Narkosefähigkeit sinnvoll. Bei einer Notfallsituation ist es hingegen sehr hilfreich, wenn auf die Ergebnisse der letzten Vorsorgeuntersuchung zurückgegriffen werden kann. Hierdurch wird wertvolle Zeit gespart, die für die Stabilisierung des Gesundheitszustandes des Patienten aufgewendet werden kann.

Im Allgemeinen ist jedoch durch eine korrekte Narkosevoruntersuchung eine Abschätzung des individuellen Narkoserisikos auch beim älteren Hund möglich. Die Auswahl einer entsprechenden Narkose, eine intensive Monitorüberwachung und eine begleitende Infusion tragen zu einer Verminderung unerwünschter Narkosezwischenfälle bei.

Krankheiten erkennen

Eine Erkrankung äußert sich durch verschiedenartige Krankheitszeichen (Symptome) wie z. B. Durchfall, Erbrechen, Kopfschütteln oder Lahmheit. Für die Krankheitserkennung ist ein umfangreiches Wissen über Aussehen und Verhalten eines gesunden Hundes erforderlich. Ein aufmerksamer Tierhalter wird jedoch frühzeitig eventuelle Abweichungen bemerken und entsprechend darauf reagieren. Ebenso ist die richtige Beurteilung der Krankheitszeichen wichtig.

Während ein gelegentliches Niesen, ein vorübergehender weicherer Kot oder Grasfressen mit anschließendem Erbrechen nicht überbewertet werden sollten und vielfach einen Schutzreflex bzw. einen Selbstregulationsversuch des Körpers darstellen, sollte bei bestimmten Symptomen wie einer plötzlichen Nachhandlähmung, unablässigem Erbrechen oder Atemstillstand sofort ein Tierarzt hinzugezogen werden. Ein Abwarten in der Hoffnung einer spontanen Besserung kann die Heilungsaussichten erheblich verschlechtern. Auch ist es notwendig, den Tierarzt über alle beobachteten Krankheitszeichen zu informieren. Im Zusammenhang mit einer gründlichen Untersuchung und gegebenenfalls weiteren Spezialverfahren (Blutuntersuchung, Röntgen) kann er dann die Diagnose stellen und mit einer gezielten Behandlung beginnen.

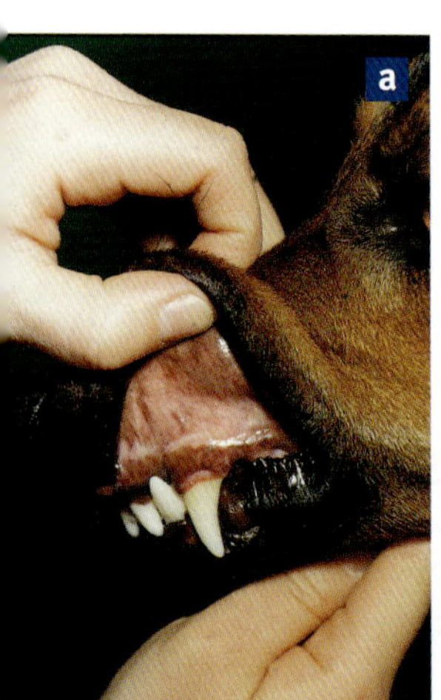

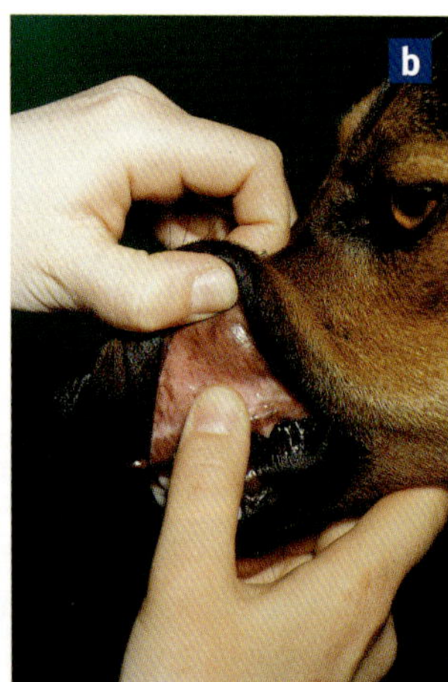

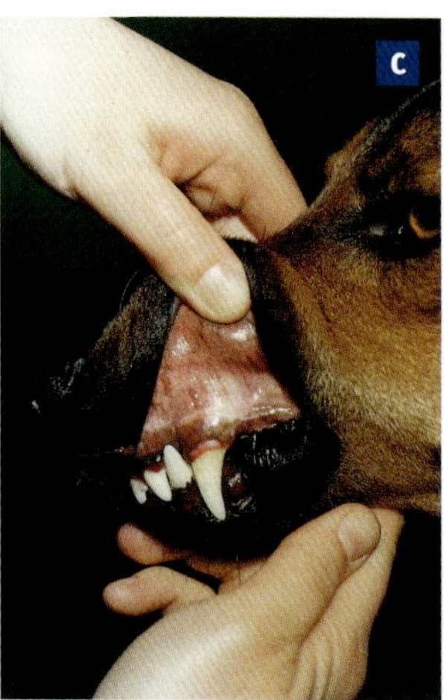

Kapilläre Rückfüllzeit
a) So sieht die normale Maulschleimhaut aus.
b) Durch Druck auf die Schleimhaut wird das Blut „weggedrückt“.
c) Nach dem Druck sieht man die Blutleere.
Das Blut muss nach spätestens 2 Sekunden „wieder einschießen“.

Die Gesundheitskontrolle

Der folgende schematische Untersuchungsgang soll dem Hundehalter bei der regelmäßigen Gesundheitskontrolle behilflich sein.

- **Allgemeinbefinden**
  Beurteilt werden Anteilnahme, Aufmerksamkeit, Körperhaltung und Fressverhalten.

- **Ernährungszustand**
  Bei einem optimal ernährten Hund stehen Wirbelsäule und Darmbeinschaufeln nicht übermäßig hervor. Die Rippen sollten gut tastbar sein, es darf aber durchaus ein kleines Unterhautfettpolster bestehen. Eine Gewichtskontrolle in regelmäßigen Abständen ist sinnvoll.

- **Beurteilung der Körperschleimhäute**
  Hauptsächlich sollte auf die Schleimhautfarbe und eventuell auf Schleimhautblutungen geachtet werden. Für die Beurteilung eignen sich besonders die Lidbindehäute und die Mundschleimhaut. Bei einem gesunden Hund sind die Körperschleimhäute blassrosa. Blasse oder porzellanfarbene, gelbe, blaurote, verwaschene, gestaute und kräftig rote Schleimhäute weisen auf eine Erkrankung hin.

- **Betrachtung der Körperöffnungen**
  Folgende Symptome deuten auf Erkrankungen hin:
  Ohr: Rötung, Verkrustung, verstärkte Ohrenschmalzproduktion, Kopfschütteln, Kratzen an den Ohren
  Nase: wässriger, blutiger oder eitriger Nasenausfluss, verklebte Nasenöffnungen
  Mund: Speicheln, Mundgeruch, Zahnschleimhautrötung, Zahnbelag
  Augen: Rötung der Bindehaut, Trübung der Hornhaut, Ausfluss
  After: verklebtes, kotverschmiertes Fell in der Aftergegend
  Schamgegend: Schwellung, Ausfluss, verklebte Haare im Schamwinkel

- **Körpertemperatur**
  Die Körpertemperatur wird im Enddarm des Hundes gemessen. Der normale Wert liegt zwischen 37,5 und 39 °C, beim Welpen bis 39,5 °C. Neuere Messmethoden beim Menschen (Ohr) sind beim Hund unzweckmäßig.
  Eine „kalte und feuchte Nase" ist kein ausreichendes Kriterium für eine normale Körpertemperatur bzw. einen gesunden Hund, denn auch bei schweren Kreislaufstörungen sind die Körperspitzen (Pfoten, Ohren, Nase, Schwanz) kühl.

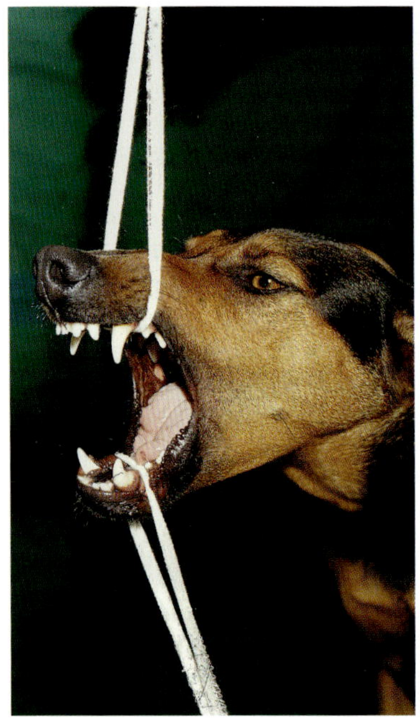

Das Öffnen des Mauls erfolgt am besten mithilfe von zwei Binden.

aus dieser Ansprechlosigkeit durch Schmerzreize (Kneifen in das Ohr oder den Zwischenzehenbereich) aufwecken oder nicht?

Hunde, die sich auch durch Schmerzreize nicht aufwecken lassen, befinden sich im Koma. Das Koma ist die Folge schwerster Schlageinwirkungen auf Gehirn und/oder Rückenmark, kann jedoch auch durch innere Störungen wie Vergiftungen oder Stoffwechselerkrankungen ausgelöst werden.

Das A-B-C-Schema der Wiederbelebung

Die Wiederbelebung oder Reanimation geht eigentlich weit über den Rahmen der Ersten Hilfe hinaus. In ernsten Notfällen, bei bewusstlosen Hunden und bei Hunden ohne sichtbare Atembewegungen müssen Sie jedoch selbst reanimieren, da das Gehirn ohne Sauerstoff maximal zwei bis drei Minuten auskommen kann, ohne bleibenden Schaden zu nehmen.

Damit das Gehirn mit Sauerstoff versorgt wird, muss

- Sauerstoff in den Körper gelangen und
- dieser Sauerstoff mit dem Blut in das Gehirn und alle anderen lebensnotwendigen Organe verteilt werden.

  Diese Anforderungen kontrolliert man mit dem A-B-C-Schema:
  A = Atemwege, B = Beatmung, C = Circulation (Kreislauf)

A = Atemwege

Luft kann nur in den Körper eingeatmet werden, wenn die Atemwege frei sind. Eingeklemmte Knochen oder andere Fremdkörper, Verletzungen des Kehlkopfes, Schleim oder Erbrochenes, Schwellungen durch Insektenstiche oder Ähnliches behindern die Atmung oder verhindern sie vollständig. Ist die Atmung behindert, macht sich dies häufig durch sichtbar angestrengte Atembewegungen oder durch schnarchend-schnorchelnde Geräusche bemerkbar. Auch ein Hund, der überhaupt keine Atmung mehr zeigt, kann verlegte Atemwege haben.

Als Erstes muss das Maul, eventuell mit zwei Binden, Taschentüchern oder Ähnlichem, geöffnet werden (Achtung: Verletzungsgefahr für den Halter!). Der Kopf wird so zum Licht gedreht, dass die Mundhöhle gut betracht werden kann.

Die Zunge wird weit nach vorn herausgezogen, damit auch der Zungengrund und der Eingang zum Kehlkopf kontrolliert werden können. Sichtbare Fremdkörper werden mit den Fingern entfernt, Schleim oder Flüssigkeit ausgewischt.

Zur Entfernung tiefer sitzender Fremdkörper empfiehlt sich der sogenannte „Heimlichgriff" als Notfallmaßnahme. Größere Hunde werden hierzu auf die Seite gelagert, kleinere Hunde an den Hinterbeinen gehalten und mit dem Kopf nach unten so hochgehoben, dass ihre Wirbelsäule am Bauch des stehenden Helfers zu liegen kommt. Der Helfer ballt seine andere Hand zur Faust, drückt sie kurz hinter dem Zwerchfell fest in den Bauch und macht eine ruckhafte Schlagbewegung in Richtung Zwerchfell. Dadurch werden tief sitzende Fremdkörper aus dem Mund herauskatapultiert oder zumindest so weit hoch geschoben, dass sie anschließend mit den Fingern aus dem Mund gezogen werden können. Bei Verdacht auf tief sitzende Fremdkörper in den Atemwegen kann dieses Manöver mehrmals versucht werden.

Wenn die Atemwege frei sind und der Hund nicht selbsttätig atmet, muss er beatmet werden.

B = Beatmen

Unsere Ausatemluft besitzt immer noch genügend Sauerstoff, um damit andere Menschen und Tiere zu beatmen.

Hunde, die selbst nicht mehr atmen, sollten auf die Seite gelagert werden. Die Person, die beatmen will, kniet sich so vor den Hund, dass sie sowohl die Hundenase mit dem Mund umschließen als auch bei der Atemspende das Anheben des Brustkorbs beobachten kann.

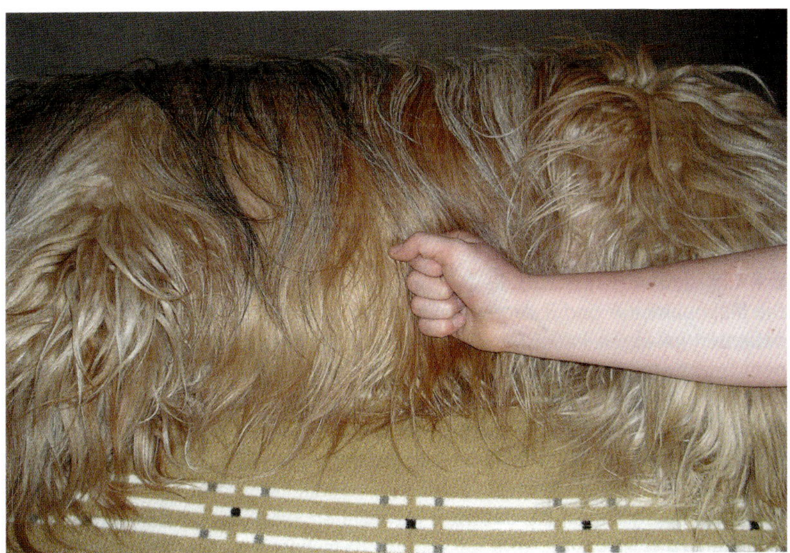

Zur Entfernung tief sitzender Fremdkörper wird der „Heimlichgriff" angewendet.

Haus- und Notfallapotheke für den Hund

Die Zusammenstellung einer Apotheke für den Hund sollte nicht als Aufforderung zur unkritischen Selbsttherapie aufgefasst werden. Jedoch können mit den aufgeführten Materialien und Medikamenten kleinere Probleme durchaus selbst versorgt werden oder es ist durch den Tierhalter eine Erstversorgung möglich, ehe der Hund zur weiteren Behandlung einem Tierarzt vorgestellt wird.

Es ist sinnvoll, wenn man die Instrumente, Verbandsmaterialien und Medikamente in einem kleinen Köfferchen oder einer Box bereithält, um im Notfall nicht erst lange suchen zu müssen. Zu Ausflügen kann diese Box schnell ins Auto gestellt werden. In einer Hüfttasche können darüber hinaus Verbandsmaterialien oder eine Zeckenzange bei längeren Spaziergängen mitgeführt werden. Durch die Ergänzung mit einem Durchfallpräparat und einigen Dosen Diätfuttermittel hat der Tierhalter somit auch schnell eine Reiseapotheke parat. Wie im Autoverbandskasten sollten auch in der Hausapotheke für den Hund alle Verbrauchsmaterialien regelmäßig auf ihre Verwendbarkeit und die angegebenen Medikamente auf ihr Verfallsdatum hin überprüft werden.

Inhalt der Notfallapotheke

- 10 bis 12 steril verpackte Mullgazetupfer
- Mullbinden
- Polster- oder Verbandswatte (z. B. Rolta®)
- Selbstklebende Binde (z. B. Peha-haft®, Flexus®)
- Textilklebeband
- Frubiase-Kalzium-Trinkampullen
- 1000 ml Ringerlaktatlösung
- 1 Fläschchen Jodlösung
- Wund- und Heilsalbe (z. B. Bepanthen®)
- Wund- und Pflegespray
- Pinzette
- Schere
- Zeckenzange
- Thermometer

Die häufigsten Notfälle beim Hund

Im Bereich Kopf und Hals

Augapfelvorfall

Krankheitszeichen: Plötzlich vorgequollener Augapfel, der immer stärker anschwillt.
Ursache und Vorkommen: Besonders gefährdet sind Hunderassen, die von Natur aus eine große Lidspalte und hervorstehende Augen haben wie z.B. Pekingese oder Mops. Durch Gewalteinwirkung (Autounfall, Beißerei usw.) wird der Augapfel aus seiner knöchernen Höhle herausgepresst. Dabei werden die Blutgefäße zum Teil abgedrückt, sodass der vorgefallene Augapfel immer weiter anschwillt. Je nach Stärke des Vorfalls können auch Augenmuskeln und der Sehnerv abreißen.
Untersuchung und Behandlung: Ein Hund mit Augapfelvorfall muss umgehend einem Tierarzt vorgestellt werden. Je länger der Vorfall besteht, umso problematischer wird die Behandlung, da der Augapfel immer stärker anschwillt und sich somit immer schwerer zurückverlagern lässt.

Die betroffenen Tiere kratzen sich oft am vorgefallenen Auge. Aus diesem Grund sollte das Auge unverzüglich mit einem sauberen Tuch abgedeckt werden, das mit kühlem Wasser getränkt wurde. Beherzte Tierhalter können versuchen, über dieses feuchte Tuch den Augapfel mit dem Daumen wieder in die Augenhöhle zurückzudrücken. Häufig gelingt dieser Versuch unmittelbar nach dem Vorfall des Augapfels. Der sofortige Besuch beim Tierarzt ist dennoch unumgänglich.
Je nach Umfang des Vorfalls muss der Augapfel operativ zurückverlagert und dafür gesorgt werden, dass er an Ort und Stelle bleibt. In besonders schweren Fällen kann die Entfernung des zerstörten Auges notwendig werden.

Bei Rassen mit vorstehenden Augen kann eher ein Augapfelvorfall auftreten.

Augenverletzung, Augenverätzung, Fremdkörper im Auge

Krankheitszeichen: Sobald Reizstoffe auf die Hornhaut des Auges gelangen, beginnen die Hunde mit den Pfoten am Auge zu reiben oder wischen mit dem Kopf über den Boden. Das Auge wird rot und beginnt zu tränen. Bestehen Rötung, Reiz und verstärkter Tränenfluss nur auf einem Auge, sollte stets an eine Augenverletzung oder einen Fremdkörper gedacht werden.

Ursache: Fremdkörper wie Pflanzenteile, Sandkörner, Splitter, aber auch Hunde- oder Katzenkrallen schädigen die Hornhaut mechanisch, indem sie auf ihr kratzen oder scheuern. Gase, Rauch, Chemikalien (z. B. Kalk) zerstören die Hornhaut auf chemischem Weg.

Untersuchung und Behandlung: Bei einseitig gereiztem Auge sollte der Tierhalter das Auge mit einer guten Lichtquelle genau untersuchen. Fremdkörper können eventuell mit einem feuchten Tuch vorsichtig aus dem Auge gewischt werden. Dabei sollte der Fremdkörper so entfernt werden, dass der Weg über die Hornhaut bis zum Augenrand möglichst kurz ist.

Fremdkörper, die in der **Bindehaut** stecken, können bei ruhigen Tieren mit vorsichtigem Zug entfernt werden. Dabei darf der Fremdkörper jedoch auf keinen Fall abbrechen.

Fremdkörper, die in der **Hornhaut** stecken, dürfen nur durch den Tierarzt entfernt werden, da ansonsten die Gefahr besteht, dass das Auge ausläuft.

Kalkstücke müssen vor der Spülung mit einer Pinzette von der Hornhaut abgesammelt werden. Flüssige oder gasförmige Reizstoffe sind umgehend mit größeren Mengen körperwarmen Wassers auszuspülen.

Bei Verletzungen, Fremdkörpern oder Verätzungen des Auges handelt es sich um dringende Notfälle, die, auch wenn der Tierhalter Erste Hilfe geleistet hat, unverzüglich dem Tierarzt vorgestellt werden müssen. Wenn möglich, sollte die Verpackung des Reizstoffes oder eine Probe davon zum Tierarzt mitgenommen werden, da die Behandlung erfolgreicher ist, wenn bekannt ist, um welchen Reizstoff es sich handelt.

Nasenbluten

Krankheitszeichen: Nasenbluten ist beim Hund nicht zu übersehen. Das wahre Ausmaß wird jedoch häufig über- oder unterschätzt.

Ursache und Vorkommen: In den meisten Fällen ist das Nasenbluten harmlos, entsteht durch Gewalteinwirkung und stoppt von selbst nach wenigen Minuten. Hunde mit Nasenbluten, das länger als 15 Minuten anhält und keine Tendenz zeigt abzunehmen, sollten dem Tierarzt vorgestellt werden. Wesentlich ist dabei auch, ob das Blut aus beiden oder nur aus einem Nasenloch fließt.

Ursachen bei einseitigem Nasenbluten:

- Verletzungen, Fremdkörper, Tumoren, Infektionen

Ursachen bei beidseitigem Nasenbluten:

- Vergiftungen, Blutgerinnungsstörungen, Tumoren, Lebererkrankungen, Infektionen, Störungen der Körperabwehr

Untersuchung und Behandlung: Als Erste-Hilfe-Maßnahme Kühlkissen, zerhackte Eiswürfel in Handtuch oder Ähnliches auf den Nasenrücken legen. Kommt dadurch die Blutung nicht zum Stehen, sollten Sie mit Ihrem Tierarzt Kontakt aufnehmen.

Fremdkörper im Gehörgang

Krankheitszeichen: Kopfschütteln und Kratzen am Ohr. Das betroffene Ohr wird häufig nach unten gehalten.
Ursache und Vorkommen: Getreidegrannen, abgebrochene Watteträger, Kinderspielzeug, Insekten. Bestimmte Fremdkörper haben nicht nur die Eigenschaft, sich im Gehörgang festzusetzen, sondern bewegen sich immer tiefer in Richtung Trommelfell wie Getreidegrannen oder Insekten.
Vorbeugung: Die Reinigung des äußeren Gehörgangs mit Wattestäbchen oder Ähnlichem ist bei einem gesunden Ohr nicht nur überflüssig, sondern auch gefährlich, da die Watteträger abbrechen und als Fremdkörper im Gehörgang stecken bleiben können. Die Reinigung des Gehörgangs ist Aufgabe des Tierarztes! Im schlimmsten Fall können die Fremdkörper im Gehörgang das Trommelfell durchstoßen.
Untersuchung und Behandlung: Besteht der Verdacht, dass Ihr Hund einen Fremdkörper im Ohr hat, muss er zum Tierarzt gebracht werden. Nur er verfügt über geeignete Instrumente und die Erfahrung, um den Fremdkörper ohne Gefahr entfernen zu können.

Verletzungen von Mundhöhle und Rachen

Krankheitszeichen: Würgen, Speicheln (eventuell blutig), Probleme beim Essen und Abschlucken.
Ursache und Vorkommen: Beim Spielen oder Essen werden durch abgeschluckte, scharfkantige, ätzende oder einfach zu große Gegenstände Mundhöhle oder Rachen verletzt. Typisch ist eine Verletzung, die beim Spielen mit Stöckchen entsteht: Beim Versuch, den geworfenen Stock zu fangen, rammt sich der Hund mit voller Wucht die Spitze des mit dem anderen Ende im Boden stecken bleibenden Stöckchens in den Rachen. Er jault kurz auf, verliert das Interesse am Stöckchen, fängt an zu speicheln und macht einen kranken Eindruck.
Vorbeugung: Vorsicht beim Werfen von dünnen, spitzen Stöcken!
Untersuchung und Behandlung: Bei Verdacht einer Stöckchenverletzung sollte umgehend ein Tierarzt aufgesucht werden, um Ausmaß und Auswirkungen der Verletzung festzustellen und möglichst frühzeitig mit einer Behandlung zu beginnen. Eine genaue Untersuchung der Mundhöhle und des Rachens ist häufig nur in Narkose möglich. Bei dieser Gelegenheit müssen oft Fremdkörperreste entfernt werden. Bei tieferen Verletzungen ist eine Wundnaht in Narkose notwendig. Wunden, die korrekt versorgt werden, heilen meistens problemlos ab. Lebensbedrohliche Probleme ergeben sich dann, wenn Blutgefäße im Gaumen eröffnet werden und Verblutungsgefahr besteht.

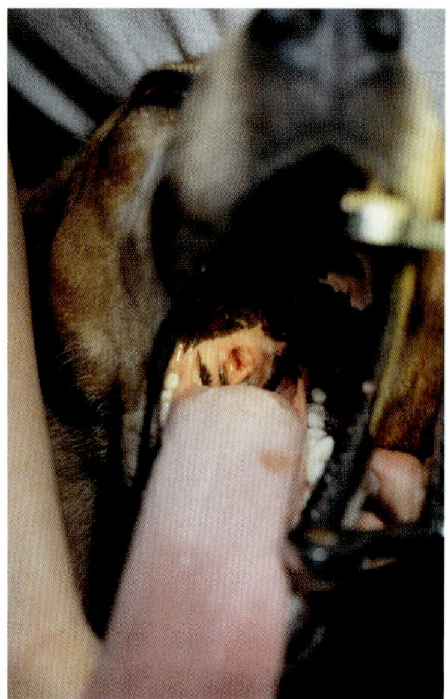

Bei diesem Hund wurde der weiche Gaumen durch ein eingerammtes Holzstöckchen verletzt.

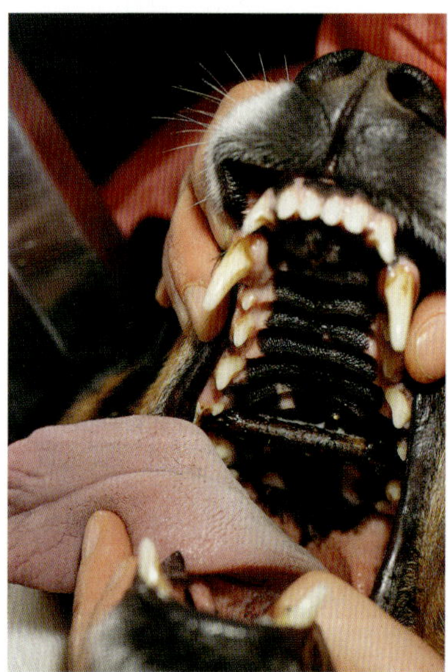

Zwischen den Oberkieferreißzähnen ist ein Holzstöckchen eingekeilt.

Knochen oder Stöckchen im Maul

Krankheitszeichen: Die Hunde versuchen, durch Wischen mit den Pfoten, den Knochen oder das Holzstück wieder aus der Mundhöhle „herauszuwischen". Je länger dies erfolglos bleibt, desto mehr geraten die Tiere in Panik.

Ursache und Vorkommen: Knochen, Holzstöckchen oder Teile davon, gelegentlich auch andere Fremdkörper, verkeilen sich beim Fressen oder Spielen typischerweise im Ober-, seltener auch im Unterkiefer zwischen den Reißzähnen (P4). Teile von Röhrenknochen (Rindermarkknochen) können sich über den Unterkiefer schieben und verkeilen.

Vorbeugung: Hühnerröhrenknochen und Schweinerippchen machen besonders häufig Probleme und sollten deshalb nicht verfüttert werden.

Untersuchung und Behandlung: Wenn Sie den Fremdkörper erkennen, können Sie versuchen, ihn mit den Fingern herauszunehmen. Sie sollten dabei jedoch bedenken, dass auch friedliche Hunde in solchen Situationen zubeißen können. Festgekeilte Fremdkörper müssen vom Tierarzt, eventuell sogar in einer kurzen Narkose, entfernt werden. Es ist wichtig, Ihren Hund immer wieder daran zu gewöhnen, sich von Ihnen – und auch von anderen (Richter, Tierarzt) – ohne Angst und Gegenwehr ins Maul schauen zu lassen.

Frische Zahnfrakturen

Krankheitszeichen: Absplitterung von Zahnschmelz und Zahnbein mit Eröffnung des Zahnmarks (Pulpa), frische Pulpablutung, zum Teil blutiges Speicheln, Schmerzen und Überempfindlichkeit bei Futter- und Wasseraufnahme.

Ursache: Beißen auf harte Gegenstände (Knochen, Steine usw.), Zerrspiele, Beißübungen bei der Ausbildung, Autounfälle.

Vorkommen: Vor allem Junghunde sind gefährdet, da der Hundezahn erst nach 24 Monaten „ausgewachsen“ und somit belastungsstabil ist. Betroffen sind vor allem die Fangzähne, aber auch die Schneidezähne und der letzte Vorderbackenzahn im Oberkiefer sind häufiger frakturiert.

Vorbeugung: Strikte Vermeidung des „Steinefangens“, keine Knochenfütterung, zur Zahnreinigung gibt es genügend Alternativen (getrocknete Schweinsohren, Kauknochen oder Kaustrips, Futtermittel mit Zahnpflegeeffekt), Berücksichtigung des Zahnalters beim Apportieren und bei der Ausbildung von Dienst- und Gebrauchshunden.

Untersuchung und Behandlung: Prüfung mit zahnärztlicher Sonde, Zahnröntgen, Glättung scharfer Bruchkanten, Zahnfüllung (Vitalamputation) – bei frisch blutender Zahnwunde besteht die Chance auf ein noch lebensfähiges (vitales) und entzündungsfreies Zahnmark. Innerhalb der ersten 24 Stunden nach der Zahnfraktur kann der Zahn noch lebend erhalten werden, ansonsten ist eine Wurzelbehandlung erforderlich.

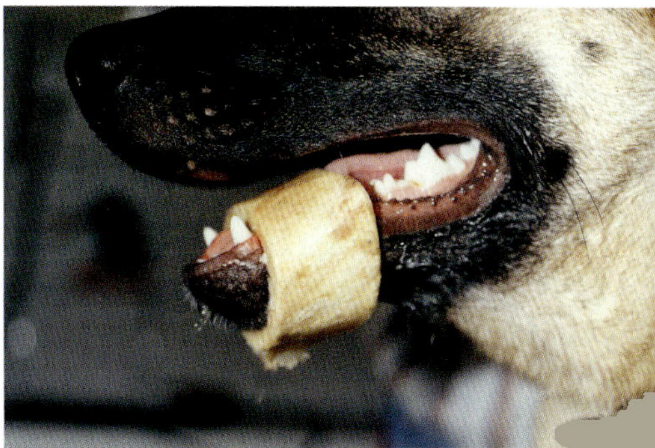

Ein ausgehöhlter Röhrenknochen hat sich über den Unterkiefer geschoben und hinter den Fangzähnen verkeilt.

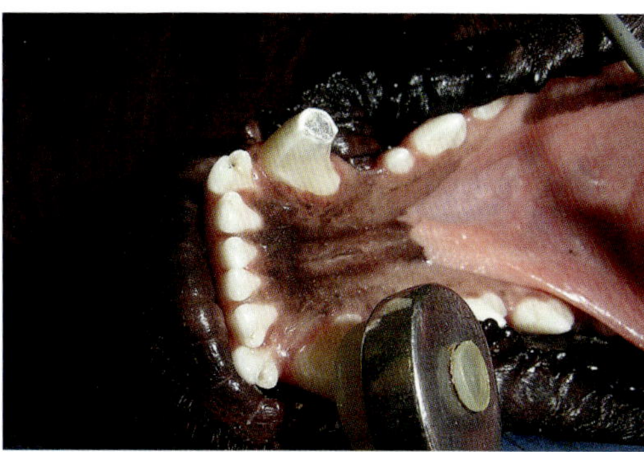

Bei einem Gordon Setter wurde eine frische Zahnfraktur mit einer Amalgamfüllung versorgt. Analog zur humanen Zahnheilkunde wird heutzutage zahnfarbener Komposit-Kunststoff als Füllungsmaterial eingesetzt.

Fremdkörper in Rachen und Speiseröhre

Krankheitszeichen: Schluckstörungen, Husten, Würgen, Speicheln, gegebenenfalls sogar mit Blutbeimengungen.

Ursache und Vorkommen: Fremdkörper aller Art, die zum Abschlucken zu groß sind, können sich im Rachen verkeilen. Reflektorisch versucht der Hund, durch Husten oder Würgen den Fremdkörper wieder herauszubringen. Das Abschlucken des Speichels bereitet Probleme, sodass der Speichel aus dem Mund tropft. Besonders gefährlich sind Rachenfremdkörper, die die Atmung behindern. Dies sind absolute Notfälle, die unverzüglich dem Tierarzt vorgestellt werden müssen.

Problematisch sind auch ringförmige Fremdkörper (Plastikteile, Luftröhrenspangen beim Verfüttern von Innereien), die sich über die Zunge stülpen oder haken- bzw. nadelförmige Fremdkörper, an denen vielleicht sogar noch ein Faden hängt.
Auch wenn der Fremdkörper erfolgreich in den Magen abgeschluckt wurde, bedeutet dies noch nicht, dass die Gefahr gebannt ist. Vor allem größere Wirbelknochen, Teile von Kotelettknochen, aber auch große Trockenfutterbrocken verklemmen sich in der Speiseröhre des Hundes gelegentlich über der Herzbasis oder beim Durchtritt durch das Zwerchfell. Scharfkantige Knochenspitzen schädigen hierbei die Speiseröhrenschleimhaut.
Vorbeugung: Insbesondere Welpen und Junghunde nehmen wegen ihres noch stark ausgeprägten Spieltriebs häufiger Fremdkörper auf als ausgewachsene Hunde. Deshalb sollten Hunde nicht in Kinderzimmer hineingelassen werden, in denen kleine Spielzeuge auf dem Boden herumliegen. Wenn Schlünde oder andere Innereien verfüttert werden, müssen die darin enthaltenen Ringe (Luftröhrenspangen, Blutgefäße) vor dem Verfüttern aufgespalten werden.
Wenn Sie Ihren Hund Eis vom Stiel ablecken lassen, ist die Begeisterung groß. Eisstiele sind häufig verschluckte Fremdkörper, die nicht immer harmlos sind. Weitere Spitzenreiter auf der Hitliste der Fremdkörper, die Tierärzte entfernen müssen, sind Rouladennadeln und Schaschlikspieße.
Untersuchung und Behandlung: Bei Fremdkörperverdacht sollte der Schlund untersucht werden. Wichtig ist hierbei, die Zunge möglichst weit vorzuziehen, damit auch der Bereich am Grund der Zunge eingesehen werden kann. Gute Lichtverhältnisse sind hierfür eine wesentliche Voraussetzung. Anschließend kann versucht werden, den Fremdkörper vorsichtig zu entfernen.
Bei Atemnot (siehe Seite 121), sollte man mit einem Notfallmanöver, dem sogenannten „Heimlichgriff", den Fremdkörper aus dem Schlund „hervorschleudern". Festsitzende Speiseröhrenfremdkörper (Knochen, Trockenfutter) müssen in Narkose unter Sichtkontrolle eines Endoskops vorsichtig über die Mundhöhle entfernt oder in den Magen vorgeschoben werden.
Insbesondere bei deutlicher Atemnot sollte sofort versucht werden, den Fremdkörper zu entfernen, bevor der Hund erstickt.
Verschlucken Hunde Nähnadeln oder Angelhaken, an denen noch ein Faden hängt, darf dieser unter keinen Umständen abgeschnitten werden. Die Entfernung der Nadeln ist sehr schwierig, bei abgeschnittenem Faden nahezu unmöglich. Hunde mit verschluckten Angelhaken müssen sofort in die Tierarztpraxis gebracht werden.
Sind Sie Zeuge geworden, dass Ihr Hund einen Fremdkörper abgeschluckt hat, der offensichtlich problemlos in den Magen gerutscht ist, sollten Sie Ihren Hund in den nächsten Tagen noch genauer als sonst beobachten. Der Abgang auf natürlichem Wege kann durch das Verfüttern von Sauerkraut unterstützt werden. Sauerkraut hüllt Fremdkörper ein, sodass die Verletzungsgefahr für die Magen- und Darmschleimhaut verringert wird. Außerdem besitzt Sauerkraut eine milde abführende Wirkung.

Insektenstich

Krankheitszeichen: Juckreiz, schmerzhafte Schwellung, Nesselfieber (Quaddeln auf der Haut), Löwen- oder Nilpferdkopf (plötzlich dick angeschwollener Kopf), Atemnot.

Ursache und Vorkommen: Hunde schnappen gern nach vorbeifliegenden Insekten. Viele Hunde sind Meister im Enthaupten dieser kleinen Tierchen. Ungeschicktere Hunde werden jedoch dabei mitunter gestochen. Diese Insektenstiche können eine örtliche Schleimhautreizung hervorrufen und sind schmerzhaft, jedoch in der Regel nicht lebensbedrohlich. Komplikationen treten allerdings auf, wenn das Insekt in Rachen oder Atemwege sticht oder der gestochene Hund auf das Insektengift allergisch reagiert.

Vorbeugung: Bienen- und Wespenstiche sind am häufigsten. Eine mögliche allergische Reaktion darauf kann ihr Tierarzt durch eine Blutuntersuchung feststellen. Hat Ihr Hund eine Allergie, sollten Sie mit Ihrem Tierarzt besprechen, ob er Ihnen für Notfälle während der warmen Jahreszeit Kortisonzäpfchen verschreibt.

Dieser junge Labrador Retriever hat eine einseitig verschwollene Lefze aufgrund eines Insektenstichs.

Untersuchung und Behandlung: Stiche an den Gliedmaßen oder am Körper lassen sich mit Eisbeuteln oder Kühlkissen durch den Tierhalter selbst behandeln. Kalzium z. B. in Form von Trinkampullen über das Futter oder direkt in die Mundhöhle verabreicht oder eine örtlich aufgetragene Insektenstichsalbe lindern die Probleme. Bei Anzeichen einer Atemnot oder Allergie (Löwenkopf, Nesselfieber) muss der Hund unverzüglich einem Tierarzt vorgestellt werden.

Im Bereich Gehirn und Rückenmark

Sonnenstich und Hitzschlag

Krankheitszeichen: Hecheln, Erbrechen, Durchfall, Taumeln.

Ursache und Vorkommen: Unter Sonnenstich versteht man eine Erwärmung des Gehirns durch Sonneneinstrahlung. Voraussetzung dafür ist ein mehr oder weniger intensives Sonnenlicht. Die meisten Hunde suchen von sich aus den Schatten auf, sodass typischerweise die Hunde einen Sonnenstich bekommen, die über längere Zeit in der Sonne angebunden oder bei voller Sonneneinstrahlung im Auto eingesperrt sind.

Bei Tieren, die sich länger in höheren Umgebungstemperaturen aufhalten müssen, steigt die Körperinnentemperatur. Verstärktes Hecheln reicht zur Temperatursenkung nicht mehr aus. Die Temperaturerhöhung wird verstärkt durch Stress, körperliche Anstrengung oder hohe Luftfeuchtigkeit. Rassen mit kurzen Schnauzen (z.B. Boxer, Mops, Englische oder Französische Bulldogge, Pekingese) sind besonders gefährdet. Eine starke Sonneneinstrahlung ist für das Auftreten eines Hitzschlags also gar nicht unbedingt notwendig. Ausschlaggebender sind Belastung, Stress und hohe Luftfeuchtigkeit. Eine typische Situation für einen Hitzschlag ist der Hund, der vor dem Supermarkt im Auto eingesperrt ist oder mit dem Herrchen am Sonntagmorgen bei zwar bedecktem Himmel, aber schwüler Luft mit dem Fahrrad unterwegs ist.

Vorbeugung: Hunde dürfen niemals in der Sonne angebunden werden. Auch kurzfristige Aufenthalte im abgestellten Auto sind für Hunde im Sommer tabu. Bei schwülem Wetter müssen körperliche Anstrengungen (auch Leistungsprüfungen oder Turniere) unterbleiben.

Untersuchung und Behandlung: Bei Anzeichen von Hitzschlag oder Sonnenstich müssen die betroffenen Hunde umgehend in eine schattige, kühle und gut gelüftete Umgebung gebracht werden. Kühlende Umschläge um die Beine bringen Erleichterung. Sind die Hunde nicht ansprechbar oder erholen sie sich nicht innerhalb weniger Minuten, sollte umgehend ein Tierarzt aufgesucht werden.

Plötzliche Lähmungen

Krankheitszeichen: Typischerweise an der Hintergliedmaße. Ein oder sogar beide Hinterbeine können nicht mehr bewegt werden, sondern schleifen nach. Auch an der Vordergliedmaße möglich. Hier wird die betroffene Gliedmaße häufig in einer nach hinten abgebeugten Haltung vorgeführt, die als „Kusshandstellung“ bezeichnet wird.

Ursache und Vorkommen: Störungen oder Beschädigungen der Nerven oder des Rückenmarks. Häufige Ursachen für Nervenlähmungen sind Gewalteinwirkungen (z.B. Autounfall). Schäden am Rückenmark können verstärkt bei kleineren Hunderassen durch Bandscheibenvorfälle ausgelöst werden. Besonders betroffen sind davon Hunde mit kurzen Beinen und relativ langer Wirbelsäule. Aus diesem Grund wird die durch einen Bandscheibenvorfall verursachte Lähmung landläufig auch als „Teckellähme“ bezeichnet.

Vorbeugung: Lähmungen des Rückenmarks kündigen sich meistens durch Schmerzen beim Laufen oder Springen an. Die Hunde machen einen Katzenbuckel und haben gegebenenfalls Probleme beim Kot- und Urinabsatz. Die Nerven, die die Schmerzen übertragen, sind empfindlicher als die Nerven, die für die Bewegung zuständig sind. Schmerzen, die auf Rückenmarksprobleme hindeuten, sollten deshalb unbedingt als Warnzeichen verstanden werden, mit denen sich eine Lähmung ankündigen kann. Absolute Ruhigstellung, keine Manipulationen am Rücken durch den Tierhalter (auch keine Massage oder Wärmebehandlung!) und sofortiger Tierarztbesuch können eine Querschnittslähmung oft verhindern.
Untersuchung und Behandlung: Der Tierarzt hat verschiedene Untersuchungsmöglichkeiten, Ausmaß und Ursprungsort der Lähmung festzustellen. Wesentliches Behandlungsziel ist es, die Schwellung, die auf den Nerven drückt, wieder abzubauen. In den meisten Fällen gelingt dies durch die Verabreichung von abschwellenden Medikamenten. In einigen Fällen kann sogar eine Rückenmarksoperation notwendig werden, um den Hund vor einer dauerhaften Querschnittslähmung zu bewahren.
Unabhängig von der Art der Behandlung muss der erkrankte Hund absolut ruhig gehalten werden, um eine weitere Zunahme der Druckbelastung durch die erkrankte Bandscheibe zu verhindern.

Epilepsie

Krankheitszeichen: Unterschiedlich stark ausgeprägt, von Zuckungen einzelner Muskelgruppen bis hin zu massiven Krampfanfällen mit Bewusstseinsbeeinträchtigung oder -verlust sowie Dauerkrämpfen. Der typische Anfall kündigt sich kurz vorher an. Die Hunde werden entweder unruhig oder sie suchen engen Kontakt zu ihrer Bezugsperson. Der Hund fällt auf die Seite, verdreht die Augen, ist nicht mehr ansprechbar, schäumt aus dem Maul, setzt Kot und Urin ab und zuckt oder strampelt mit den Beinen („Fahrradfahren"). Nach wenigen Minuten werden die Zuckungen schwächer und langsamer, das Bewusstsein kehrt zurück und nach einer kurzen Verschnaufpause ist der Hund wieder fit, als ob nichts geschehen wäre. Oft verlangen die Hunde sogar direkt nach dem Anfall Fressen und Trinken.
Weil diese typische Verlaufsform der Epilepsie der des Menschen ähnelt, nennt man sie beim Hund „epileptiformer" Anfall.
Ursache und Vorkommen: Epileptiforme Anfälle sind für die Umstehenden schlimmer als für den betroffenen Hund. Meistens sind die Anfälle vorbei, bevor der Hund in der Tierarztpraxis ankommt. Dennoch ist es wichtig, nach der Ursache der Anfälle zu suchen. Der Tierarzt hat die Möglichkeit, durch Laboruntersuchungen einige Erkrankungen auszuschließen, die zu solchen Krampfanfällen führen können. Solche ursächlichen Erkrankungen können behandelt werden, wodurch sich weitere Krampfanfälle verhindern lassen. Oft liegt die Ursache jedoch im Gehirn selbst.
Aus diesem Grund sollten Sie sich Datum, Dauer und Ausprägung der Anfälle notieren. Einmalige Anfälle, die sich nie mehr wiederholen, sind möglich. Die Anfallshäufigkeit kann jedoch ebenso zunehmen wie die Anfallsdauer.

Dieser Manchester Terrier ist kerngesund. Aber nicht alle Erkrankungen weisen regelmäßig sichtbare Krankheitszeichen auf.

Läufige Hündinnen können anscheinend bei Rüden epileptiforme Anfälle auslösen.
Vorbeugung: Keine. Während des Krampfanfalls sollten Hindernisse am Boden aus dem Weg geräumt werden. Im Gegensatz zum Menschen sind bisher keine Fälle bekannt, in denen Hunde an ihrer eigenen Zunge erstickt wären oder sich diese abgebissen hätten. Aus diesem Grund sollten Sie nicht versuchen, Ihrem Hund die Zunge aus dem Mund zu ziehen.
Untersuchung und Behandlung: Ursachenabklärung durch Ihren Tierarzt. Steigt die Anzahl oder die Dauer der Krampfanfälle über ein bestimmtes Maß, so wird Ihr Tierarzt mit Ihnen den Einsatz bestimmter Epilepsiemittel besprechen.

Im Brustbereich

Atemprobleme (Ödeme, Fremdkörper, Brustkorbblutungen)

Krankheitszeichen: Veränderte, angestrengte Atmung, eventuell mit abnormalen Atemgeräuschen. Blaue, das heißt mit Sauerstoff ungenügend versorgte Schleimhäute. Am besten lässt sich die Atemnot (Dyspnoe) anhand der Zunge beurteilen.
Solange der Hund noch selbst atmet, spricht man von Spontanatmung. Hört die Atmung auf, besteht ein Atemstillstand.

Ursache und Vorkommen: Häufige Ursachen für Atemprobleme sind

- Fremdkörper im Schlund oder in den Atemwegen
- Wasser in der Lunge (Lungenödem) durch Eiweißmangel, Schock, Vergiftungen, allergische Reaktionen oder Herzschwäche
- Verletzungen des Brustkorbs durch Unfälle, Rippenbrüche, Lungenblutungen, Zwerchfellriss
- Flüssigkeitsansammlungen zwischen Lunge und Rippenfell
- Blutungen (Hämothorax), Infektionen, Tumoren

ACHTUNG!

Luftnot und Sauerstoffmangel können zu lebensbedrohlichen Krisen führen. Viele tödlich verlaufende Notfälle kündigen sich als Atemproblem an. Hunde mit Atemproblemen gehören unverzüglich in tierärztliche Behandlung. Sorgen Sie für freie Atemwege und beatmen Sie Ihren Hund, wenn er einen Atemstillstand hat.

Untersuchung und Behandlung: Untersuchung und Behandlung hängen von der Ursache des Atemproblems ab.

Verletzungen des Brustkorbs und Pneumothorax

Krankheitszeichen: Verletzungen des Brustkorbs müssen stets daraufhin kontrolliert werden, wie tief sie gehen. Auch eine winzig kleine Verletzung der Brustwand kann ernsthafte Probleme bereiten, wenn sie bis in die Brusthöhle reicht. Ein besonderes Atemproblem stellt deshalb der sogenannte **Pneumothorax** dar. Zwischen der Lungenoberfläche und dem Rippenfell muss sich ein Unterdruck befinden, damit der Hund atmen kann. Ist dieser Unterdruck nicht vorhanden, fallen die Lungenflügel zusammen und die Atmung ist kaum noch möglich.
Ursache und Vorkommen: Beißen größere Hunde kleinere Hunde von oben in den Brustkorb, besteht die Gefahr, dass dabei der Brustkorb durchlöchert wird. Von außen strömt Luft zwischen Rippenfell und Lungenoberfläche. Durch den fehlenden Unterdruck fällt der Lungenflügel zusammen. Glücklicherweise sind beide Lungenflügel gegeneinander abgedichtet, sodass bei einer einseitigen Verletzung der andere Lungenflügel weiter normal arbeiten kann. Fatal ist es jedoch, wenn beide Brustkorbseiten zerlöchert sind. Bei einem beidseitigen Pneumothorax bestehen sehr schlechte Überlebenschancen. Einen solchen

Pneumothorax, der durch Verletzungen von außen entsteht, nennt man einen **offenen Pneumothorax.**
Stumpfe Gewalteinwirkungen können jedoch auch ohne Durchbohrung des Brustkorbs zu einem Pneumothorax führen. Ein **geschlossener Pneumothorax** entsteht häufig nach Autounfällen.
Vorbeugung: Jede Brustwandverletzung sollte auf ihre Tiefe hin kontrolliert werden. Nach Autounfällen oder anderen Gewalteinwirkungen müssen auch Hunde ohne sichtbare äußere Verletzungen einige Tage unter konsequenter Kontrolle stehen. Dabei ist im Hinblick auf einen möglichen Pneumothorax insbesondere auch auf eine ungestörte Atmung zu achten.
Untersuchung und Behandlung: Hunde mit offenem Pneumothorax sind absolute Notfälle, die sofort in die Tierarztpraxis gebracht werden müssen. Als Erste-Hilfe-Maßnahme sollten Sie ein sauberes Taschentuch fest auf die äußere Wunde des Brustkorbs drücken.
Ein offener Pneumothorax muss umgehend operiert werden. Ein geschlossener Pneumothorax heilt, wenn er rechtzeitig erkannt und behandelt wird, meistens von selbst aus, sofern der Hund für einige Zeit entsprechend ruhig gehalten wird.

Im Bauchbereich

Plötzliches Erbrechen

Krankheitszeichen: Viele Notfallsituationen können Erbrechen auslösen – aber nicht jedes Erbrechen ist ein Notfall. Das normale Fressverhalten der wild lebenden Fleischfresser besteht darin, die Beute schnell und gierig hinunterzuschlingen und sie dann an einem geschützten und ruhigen Ort wieder hochzuwürgen. Anschließend wird die vorgewürgte Beute in Ruhe und voll Genuss gründlich gekaut und abgeschluckt.
Auch unsere Haushunde haben in der Regel keine gesundheitlichen Probleme, wenn sie das Erbrochene wieder auffressen.
Wiederholtes, heftiges Erbrechen von Schaum, Würgen, Mattigkeit sowie ein gestörtes Allgemeinbefinden sind jedoch stets Hinweise auf ein krankheitsbedingtes Erbrechen und sollten zumindest telefonisch mit Ihrem Tierarzt abgeklärt werden. Im Zweifelsfall ist der Patient jedoch sicherheitshalber in der Praxis vorzustellen.
Ursache und Vorkommen: Ursachen für Erbrechen sind sehr vielfältig:

- Magen (Schleimhautentzündung, Magengeschwür, Fremdkörper)
- Bauchspeicheldrüsenentzündung
- Bauchfellentzündung
- eingeklemmter Eingeweidebruch
- Darmverschluss
- Nierenversagen
- Nebennierenunterfunktion (Morbus Addison)
- Vergiftung

Vorbeugung: Keine. Bei beobachteter Aufnahme von Fremdstoffen (Waschmittel, Dünger usw.) Verpackung oder Probe mit zum Tierarzt bringen.
Untersuchung und Behandlung: Um die Ursache des Erbrechens festzustellen, kann der Tierarzt auf viele Hilfsuntersuchungen wie Röntgen, Ultraschall und Laboruntersuchungen zurückgreifen.
Die Behandlung hängt von der Ursache des Erbrechens ab. Viele Erkrankungen, die Erbrechen auslösen, können mit Medikamenten geheilt werden. Es gibt jedoch auch Probleme wie z.B. Darmverschluss, die nur mit einer Operation behoben werden können.
Harmloses Erbrechen bessert sich nach 24-stündigem Hungern von selbst. Hunde, die trotz Fasten nach 24 Stunden immer noch erbrechen, sollten dem Tierarzt vorgestellt werden.

Hodenentzündung und Hodendrehung

Krankheitszeichen: Schmerzhafter, geschwollener Hoden. Hochgradig gestörtes Allgemeinbefinden. Bei Hodenentzündung meistens Fieber.
Ursache und Vorkommen: Bakterien aus den Harnwegen, der Prostata oder anderen Körperregionen können zu einer Infektion eines oder beider Hoden führen.
Bei der Hodendrehung dreht sich der Hoden um die eigene Achse. Dabei werden die Blutgefäße, welche den Hoden versorgen, abgedreht. Der Hoden schwillt an, der Patient hat extrem starke Schmerzen, krümmt sich und erbricht meistens. Häufig drehen sich die Hoden, die gar nicht in den Hodensack abgestiegen sind, sondern noch im Leistenspalt oder gar in der Bauchhöhle liegen.
Vorbeugung: Gegen Hodenentzündung gibt es keine Vorbeugung. Rüden, bei denen nur ein Hoden oder gar kein Hoden in den Hodensack abgestiegen ist (Kryptorchide), sollten gründlich kontrolliert werden. Eine operative Entfernung dieser Hoden aus der Bauchhöhle oder aus dem Leistenspalt ist ratsam.
Somit beugen Sie einer möglichen Hodendrehung vor. Noch größer als das Risiko einer Drehung ist eine mit den Jahren zunehmende Gefahr einer tumorösen Entartung.
Untersuchung und Behandlung: Hodenentzündungen können normalerweise mit bestimmten Antibiotika und Schmerzmitteln behandelt werden.
Eine Hodendrehung muss notfallmäßig operiert werden. In der Regel wird der Hoden dabei entfernt. Der andere Hoden übernimmt dann allein die Aufgaben der Sperma- und Hormonproduktion.

Eingeklemmte Eingeweidebrüche

Krankheitszeichen: Schmerzhafte Schwellungen am Nabel, in der Leiste, im Hodensack oder Beckenbodenbereich. Erbrechen. Hochgradig gestörtes Allgemeinbefinden.
Ursache und Vorkommen: Eingeweidebrüche entstehen dadurch, dass sich die Bauchdecke an bestimmten Stellen nicht korrekt schließt. Die Umgebung des Bauchnabels oder der Leistenspalt sind hierfür typische Bereiche. Häufig bestehen an diesen Stellen von Geburt an bereits kleinere Brüche. Ein Nabelbruch

Dieses Foto einer alten Zuchthündin wurde aufgenommen, als sie noch einen doppelten Leistenbruch, bedingt durch die Belastung mehrerer Trächtigkeiten, hatte. Zusammen mit der Kastration wurde der Leistenbruch erfolgreich operativ behandelt.

lässt sich meistens als kleine Erhebungen am Nabel tasten, die gegebenenfalls auf Druck mit dem Finger in die Bauchhöhle zurückflutschen. Ein solcher Bruch besteht aus der Bruchpforte (dem Loch in der Bauchdecke) sowie dem Bruchsack (dem ausgestülpten Bauchfell) mit Bruchinhalt. Bei kleineren Bruchpforten ist meist nur Bauchhöhlenfett vorgefallen. Besteht eine größere Bruchpforte, können auch andere Bauchorgane wie Darmschlingen durch die Bruchpforte in den Bruchsack rutschen, die sich bei zunehmender Füllung mit Darminhalt einklemmen können. Solche plötzlich eingeklemmten Brüche sind hoch schmerzhaft, die Tiere erbrechen und sind in ihrem Allgemeinbefinden schwer gestört.

Ein Leistenbruch tritt vorwiegend bei Hündinnen auf. Er ist genauso aufgebaut wie ein Nabelbruch. Beim Rüden kann der Bruchinhalt jedoch in den Hodensack rutschen, sodass kleinere Leistenbrüche häufig unsichtbar bleiben. Ein plötzlich angeschwollener, schmerzhafter Hodensack kann jedoch ein Hinweis auf einen eingeklemmten Leistenbruch sein.

Bei Hündinnen kann ein Leistenbruch mit Gesäugetumoren verwechselt werden. Eine im Leistenbruch eingeklemmte Gebärmutter oder Harnblase kann auch bei der Hündin einen akuten Notfall auslösen.

Bei älteren unkastrierten Rüden führen eine Bindegewebsschwächung im Beckenbodenbereich und ein steter Druck durch die Baucheingeweide zu einer ein- oder beidseitigen Vorwölbung neben bzw. unterhalb des Afters. Neben Darmschlingen, Fettgewebe oder Prostatazysten kann sich auch die Harnblase vorwölben und einklemmen.

Vorbeugung: Bei einem Hund mit Eingeweidebruch muss der Bruchsack regelmäßig durch Abtasten kontrolliert werden. Bei Erbrechen und gestörtem Allgemeinbefinden sollte der Bruchsack auf Schmerzhaftigkeit geprüft werden. Bei einem größeren Bruch ist es sinnvoll, ihn operieren zu lassen, bevor er einklemmt und einen Notfall verursacht.

Untersuchung und Behandlung: Der Tierarzt hat die Möglichkeit, zusätzlich zum Abtasten durch verschiedene Verfahren wie Röntgen oder Ultraschall Ausmaß und Inhalt des Bruches festzustellen. Ein eingeklemmter Bruch muss notfallmäßig operiert werden.

Zitterkrampf der Hündin (Eklampsie)

Krankheitszeichen: Unruhe, Zittern, Muskelkrämpfe, Anfall, Bewusstlosigkeit.

Ursache und Vorkommen: Um den Zeitpunkt der Geburt und in den ersten Tagen der Säugeperiode benötigt der Körper der Hündin vermehrt Kalzium für die Milchproduktion. Wird der Hündin mit dem Futter nicht ausreichend Kalzium zur Verfügung gestellt oder kann sie ihrem Futter nicht genügend Kalzium entziehen, greift der Körper auf seine eigenen Kalziumreserven zurück. Der Blutkalziumspiegel sinkt, die Muskeln beginnen zu zittern und zu krampfen.

Vorbeugung: Vorbeugend sollten Sie bei einer Zuchthündin vor der Geburt die Kalziumversorgung kontrollieren. Ihr Tierarzt berät Sie dabei gern und wird Ihnen auch sagen, ob Sie zusätzlich noch Vitamin D verabreichen sollten.

Unruheerscheinungen bei einer hochtragenden oder säugenden Hündin sind stets ein Alarmsignal, da eine Eklampsie tödlich ausgehen und auch das Leben der Welpen bedrohen kann. Bessern sich die Unruheerscheinungen nach Kalziumgabe nicht innerhalb von zwei bis drei Stunden, sollten Sie umgehend Ihren Tierarzt aufsuchen.

Untersuchung und Behandlung: Die Verdachtsdiagnose wird durch eine Bestimmung des Blutkalziums im Labor erhärtet. Direkt in die Blutbahn (intravenös) verabreichtes Kalzium hilft schnell, das Muskelzittern zu beseitigen. Krampft die Hündin bereits, müssen oft noch zusätzlich Beruhigungsmittel verabreicht werden.

Vorfall von Scheide oder Gebärmutter

Krankheitszeichen: Aus der Scheide quillt ein fleischfarbenes bis rotes, ballonartiges Gebilde, das unterschiedliche Größe haben kann.

Ursache und Vorkommen: Bindegewebsschwäche, die durch bestimmte hormonelle Situationen noch verschlimmert wird. Typisch ist deshalb ein Vorfall der Scheide oder gar der gesamten Gebärmutter während der Läufigkeit oder gegen Ende der Schwangerschaft. Beim Vorfall stülpt sich die Gebärmutter durch die Schamlippen nach außen. Diesen Vorgang kann man sich vorstellen, als würde man einen Fingerhandschuh so ausziehen, dass die Innenseite nach außen gekehrt wird.

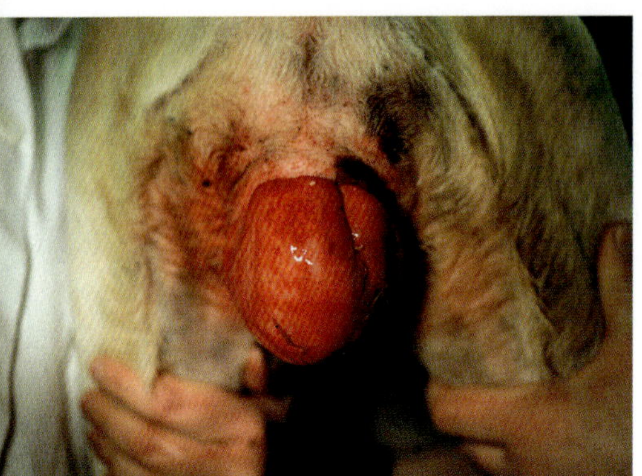

Anzeichen für einen Scheidenvorfall: Aus der Scheide quillt ein faustgroßes fleischfarbenes Gebilde.

Vorbeugung: Gegen den Vorfall gibt es keine Vorbeugung. Nach einem Vorfall muss die Hündin auf alle Fälle daran gehindert werden, die Gebärmutter zu belecken oder gar anzubeißen. Einschlagen in feuchte, kühle Tücher schützt das vorgefallene Körperteil nicht nur vor Verletzungen, sondern verzögert auch ein weiteres Anschwellen. Der Tierarzt sollte schnellstens aufgesucht werden.

Untersuchung und Behandlung: Kleinere Vorfälle kann der Tierarzt gegebenenfalls mit einer bestimmten Technik wieder zurückverlagern. Größere Vorfälle müssen jedoch operiert werden. Eine Entfernung von Gebärmutter und Eierstöcken ist dabei meistens der für die Hündin sinnvollste Weg.

Vergiftungen

Krankheitszeichen: Die Krankheitserscheinungen hängen von der Art des aufgenommenen Giftes ab. Erbrechen wird durch viele Gifte ausgelöst, ist jedoch nicht zwangsläufig Begleiter einer Vergiftung. Darüber hinaus existieren eine Reihe sehr unspezifischer Befunde, die infolge einer Giftaufnahme festgestellt werden können. Hierzu zählen Speicheln, Zittern, Durchfall, Sehstörungen, Pupillenerweiterung, Krämpfe, Unruhe, Herzrhythmusstörungen, Kollaps und anderes. Untersuchungen über Todesursachen der Tiere weltweit beweisen, dass Vergiftungen sehr viel seltener die Todesursache sind als angenommen. Häufig wird der Vergiftungsverdacht vom Tierhalter ausgesprochen, um sich den plötzlichen Tod seines Hundes besser erklären zu können. Man sollte jedoch mit dem Verdacht „Vergiftung“ sehr vorsichtig sein, da zur Vergiftung auch stets jemand gehört, der das Gift verteilt oder liegen gelassen hat.

Ursache und Vorkommen: Sehr viel häufiger als die klassischen Gifte wie Arsen oder Strychnin verursachen typische Haushaltsmittel Vergiftungen. Da unsere Hunde als Familienmitglieder mit uns unter einem Dach leben, sind sie von denselben Giftstoffen bedroht wie auch unsere Kleinkinder. Zierpflanzen zählen beim Hund nicht zu den häufigsten Vergiftungsursachen, trotzdem können Vergiftungen durch Zierpflanzen tödlich enden. Gerade Junghunde, die aus Spieltrieb, Neugierde oder auch im Zahnwechsel Pflanzenteile aufnehmen, sind betroffen. Vor allem Eibe, Fingerhut, Blauer Eisenhut, Gefleckter Aronstab, Goldregen, Oleander, Rizinus oder auch Dieffenbachien sind als hochgradig giftig einzustufen.

Vorbeugung: Medikamente, Reinigungsmittel, Chemikalien für den Heimwerkerbedarf, Dünger und Unkrautvernichtungsmittel, Öl, Schmier- und Frostschutzmittel müssen unter festem Verschluss gehalten werden, damit Hunde keinen Zugang zu diesen potenziellen Giftstoffen haben.

Untersuchung und Behandlung: Haben Sie den Verdacht einer Vergiftung oder sind Sie gar Zeuge gewesen, dass Ihr Hund Gift aufgenommen hat, sollten Sie unverzüglich mit Ihrem Tierarzt telefonisch Kontakt aufnehmen. Absolut wichtig ist es, den Rest des verdächtigen Stoffes, die Verpackung oder das Erbrochene des Hundes mit zum Tierarzt zu nehmen. Ihr Tierarzt kann nur dann zusammen mit einer Giftzentrale abklären, welche gezielten Gegenmaßnahmen zu ergreifen sind, wenn bekannt ist, welcher Stoff aufgenommen wurde.
Trotz aller Aufregung müssen Sie in der Lage sein, folgende Fragen zu beantworten:

- Welches Gift wurde aufgenommen?
- Wann wurde das Gift aufgenommen?
- Wie wurde es aufgenommen (Lecken, Fressen, Schnüffeln, über die Haut)?
- Welche Veränderungen haben Sie seit der Giftaufnahme bei Ihrem Hund festgestellt?

Sofern das aufgenommene Gift unbekannt ist oder kein spezifisches Gegengift existiert, besteht die Behandlung in erster Linie in der Aufrechterhaltung der wichtigsten Lebensfunktionen (Beatmung, Kreislaufstabilisierung) sowie der Bekämpfung der durch das Gift aufgelösten Krankheitserscheinungen.

Bei der Behandlung einer Vergiftung konzentriert sich der Tierarzt darauf,

- die Giftaufnahme zu unterbrechen.
  Sind Giftstoffe auf die Haut gelangt, sollten die betroffenen Hautstellen unverzüglich großzügig geschoren werden, z.B. wenn ein Hund mit Öl oder Treibstoffen Hautkontakt hatte.
- das Gift zu binden und zu entfernen.
  Die meisten Stoffe, die über das Maul aufgenommen wurden, werden sinnvoll durch Injektion eines Brechmittels entfernt. Dies ist nur dann erfolgreich, wenn das Erbrechen möglichst kurz nach Giftaufnahme ausgelöst wird. Nach mehr als einer halben Stunde dürften sich die meisten Gifte nicht mehr im Magen befinden.
  Ätzende Flüssigkeiten, wie Waschlauge oder Säure, richten ihren größten Schaden in der Speiseröhre an, wenn sie abgeschluckt werden. Im Magen selbst werden sie durch die Magensäure oft unwirksam. Nach der Aufnahme von Säuren oder Laugen darf deshalb auf keinen Fall ein Brechmittel verabreicht werden.
  Durch die Verabreichung von Aktivkohle kann das Gift gebunden werden. Die Aktivkohle wird in Wasser gelöst und häufig über einen Schlauch direkt in den Magen verabreicht.

- die Ausscheidung des Giftes aus dem Körper zu beschleunigen. Hierzu muss bekannt sein, auf welchem Weg das Gift den Körper verlässt. Durch harntreibende oder abführende Mittel kann dann versucht werden, die Ausscheidung des gebundenen Giftes zu fördern.

Auch am Anfang harmlos erscheinende Vergiftungen sollten ernst genommen und mit aller Sorgfalt behandelt werden. Bei vielen Vergiftungen zeigen sich deutliche Krankheitserscheinungen erst mehrere Tage nach der Giftaufnahme wie z. B. bei Rattengift.

Auf den so viel gepriesenen „Instinkt" unserer Hunde sollte man sich in Hinblick auf Vergiftungen nicht verlassen. Es gibt nichts, was – jüngere wie ältere – Hunde auf dieser Welt nicht bereits gefressen haben.

Verletzungen von Haut und Muskeln

Krankheitszeichen: Verletzungen von Haut und Muskeln werden vom Tierhalter dann bemerkt, wenn entweder die Haut deutlich sichtbar zerstört oder die Funktion der Gliedmaßen beeinträchtigt ist und die Hunde lahmen.

Ursache und Vorkommen: Scharfe Gegenstände, Beißereien, Quetschungen, stumpfe Gewalteinwirkung wie durch Autounfälle oder Stürze aus größerer Höhe. Ursache und Wirkung stehen oft in ihrem Ausmaß in keinem Verhältnis zueinander. So können durch minimale Krafteinwirkungen z. B. die inneren Kniegelenkbänder so zerstört werden, dass eine Operation notwendig ist.

Untersuchung und Behandlung: Das Ausmaß der Haut- oder Muskelverletzung allein sagt nichts darüber aus, ob ein Notfall vorliegt, der sofort behandelt werden muss, oder ob man sich Zeit nehmen kann, den Tierarzt aufzusuchen.

Gefährlich sind stets Wunden, bei denen der Verdacht besteht, dass Brust-, Bauch- oder Gelenkhöhle eröffnet sein könnte. Ist bei einer Verletzung ein größeres Blutgefäß beschädigt worden, besteht die Gefahr eines größeren Blutverlustes. Die Blutung kann vorerst gestillt werden, indem man mit dem Finger oder sogar mit der ganzen Faust auf die blutende Stelle drückt. Stark blutende Gliedmaßen können mit einem Tuch abgebunden werden.

Ob eine Wunde vom Tierarzt genäht wird, hängt von verschiedenen Kriterien ab. Generell gilt, dass Bisswunden eher nicht genäht werden, um einen besseren Abfluss des erregerhaltigen Wundsekretes zu ermöglichen. Auch kleine, harmlos erscheinende Bisswunden können große Probleme nach sich ziehen. In die Wunde eingedrungene Bakterien führen zu Infektion und Eiterbildung. So entstandene Abszesse (Eiteransammlungen) müssen oft einige Tage nach der Bissverletzung in Narkose operativ versorgt werden. Diese Komplikationen lassen sich oft vermeiden, wenn auch „Bagatellwunden" nach Beißereien unverzüglich korrekt versorgt und dem Tierarzt vorgestellt werden.

Die Erstversorgung von Haut- und Muskelwunden durch den Tierhalter muss im Wesentlichen drei Bedingungen erfüllen:

1. Blutstillung

Eine Blutstillung ist normalerweise nur dann notwendig, wenn eine Schlagader (Arterie) eröffnet ist.
Zur Blutstillung wird das Blutgefäß mit dem Finger oder der Faust abgedrückt. An den Gliedmaßen kann man meistens einen Druckverband anlegen, im Notfall sollte man die Gliedmaße oberhalb der Blutung abbinden (mit Taschentuch, Gürtel, Nylonstrumpf oder Ähnlichem).
Sofern lediglich kleinere Gefäße verletzt sind, kommen die Blutungen meistens innerhalb von zwei bis drei Minuten zum Stillstand und bedeuten keine Lebensgefahr. Bestimmte Medikamente oder Krankheiten können die Blutgerinnung jedoch stören. In diesen Fällen besteht auch bei kleineren Gefäßverletzungen Verblutungsgefahr.

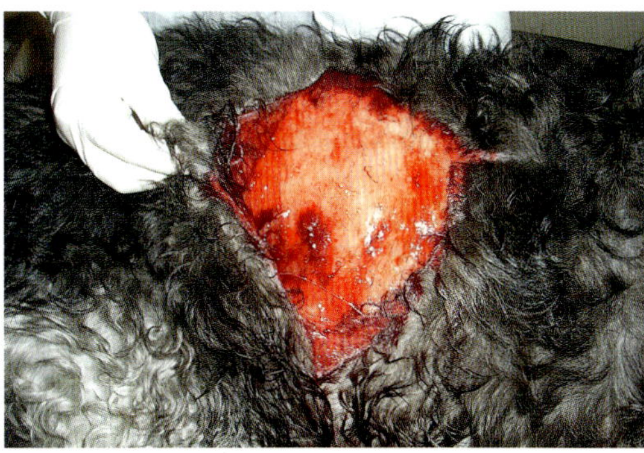

Großflächige Risslappenwunden müssen nach vorheriger gründlicher Wundreinigung durch den Tierarzt umgehend operativ versorgt werden.

WICHTIG!

Eine arterielle Blutung erkennt man daran, dass das Blut nicht gleichmäßig, sondern rhythmisch an- und abschwellend aus der Wunde spritzt. Die Farbe des Blutes ist hellrot.

2. Wundreinigung

Dreck und Fremdkörper sollten möglichst sofort aus der Wunde gespült werden. Um das verletzte Gewebe dabei nicht noch weiter zu schädigen, muss diese Wundspülung sehr schonend erfolgen. Die Haare am Wundrand sollten abgeschnitten oder zumindest so weggescheitelt werden, dass sie nicht in die Wunde hineinhängen. Anschließend wird die Wunde mit möglichst körperwarmer Flüssigkeit und geringem Druck ausgespült. Am besten eignet sich dazu Ringerlaktatlösung oder physiologische Kochsalzlösung. (Fragen Sie Ihren Tierarzt danach.) Chemische Desinfektionsmittel (Jod, Lavanol®, Octenisept® Wundspüllösung usw.) sollten zu diesem Zeitpunkt noch nicht eingesetzt werden. Zur Not eignet sich lauwarmes Leitungswasser.

3. Verband

Eine gereinigte Wunde sollte mit einem Verband abgedeckt werden, der eine weitere Verschmutzung der Wunde verhindert. Optimal sind sterile Verbandsstoffe aus der Haus- und Notfallapotheke Ihres Hundes, die Ihnen Ihr Tierarzt gern zusammenstellt. Notfalls reicht auch der Autoverbandskasten aus.

Ein Verband sollte im Notfall folgende Aufgaben erfüllen:

- Abdeckung der Wunde
- Bewegungseinschränkung der betroffenen Gliedmaße
- Ruhigstellung der betroffenen Gelenke

Ein Verband darf auf keinen Fall

- die Wundheilung verzögern,
- die Blutgefäßversorgung abschnüren,
- Schmerzen oder zusätzliche Verletzungen verursachen.

Ein Verband sollte aus drei Schichten bestehen:
1. Schicht: liegt direkt auf der Wundoberfläche, sollte mit dieser nicht verkleben und Wundflüssigkeit durchlassen. Hierzu eignet sich vor allem sterile Wundgaze.
2. Polsterschicht: macht den Verband bequem und ist genügend saugfähig, um das Wundsekret aufzusaugen. Diese Schicht sorgt gleichzeitig für eine Ruhigstellung der Gliedmaße. Nach guter Auspolsterung der Zwischenzehenräume oder von Knochenvorsprüngen zur Vermeidung von Druckstellen wird eine dicke Lage Polster- oder Verbandswatte in zirkulären Touren locker um das betroffene Bein gewickelt. Man beginnt hierbei an den Zehenspitzen und bewegt sich auf den Körper zu. Zum Abschluss der Polsterschicht wird die Wattelage mit einer Mullbinde straff umwickelt.
3. Äußere Schicht: bietet dem Verband zusätzliche Stabilität und einen gewissen Schutz gegen äußere Einflüsse (Schmutz, Feuchtigkeit). Selbsthaftende elastische Binden sind hierzu ebenso geeignet wie Textilklebeband, Leukoplast oder Isolierband.

Ein Verband, der diese Bedingungen erfüllt, ist der sogenannte „Robert-Jones-Verband“.

Auch eine Wunde, die von Ihnen korrekt versorgt wurde, sollten Sie innerhalb der nächsten zwölf Stunden Ihrem Tierarzt vorstellen.

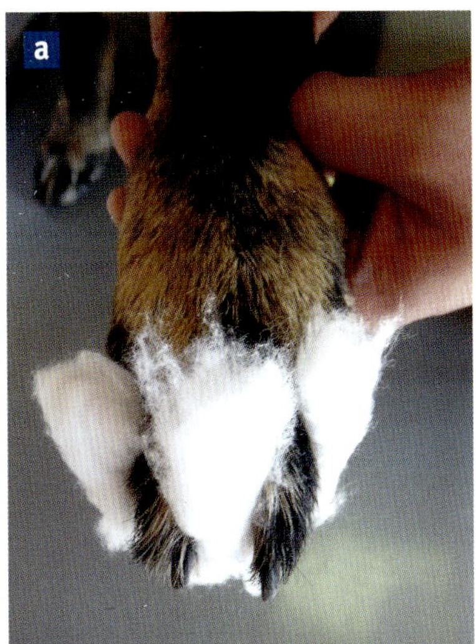

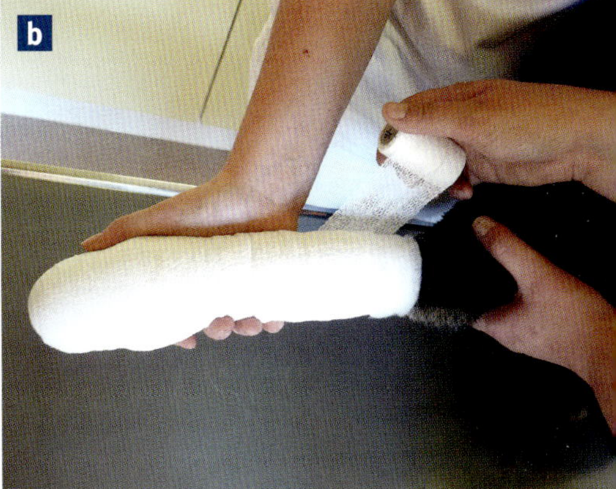

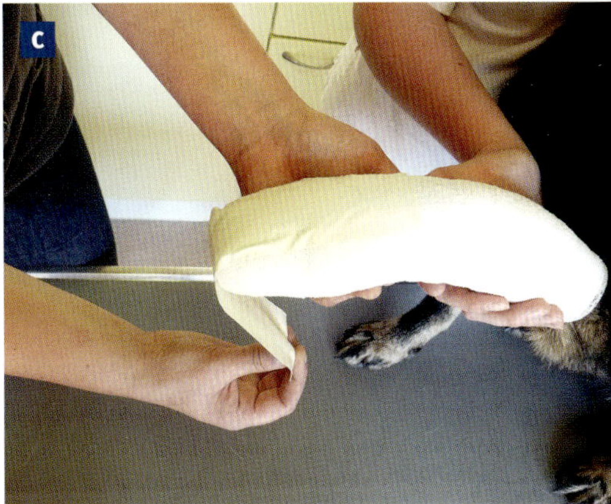

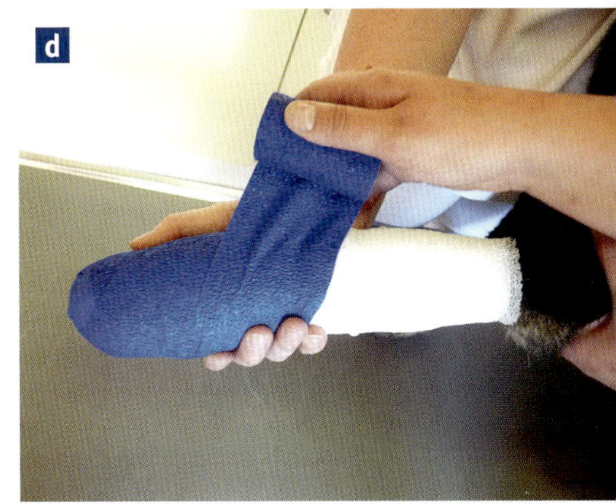

Anlegen eines Verbandes
a) Gute Auspolsterung der Zwischenzehenbereiche und aller Knochenvorsprünge mit Verbandswatte.
b) In zirkulären Touren gewickelte dicke Lage von Polster- oder Verbandswatte.
c) Straffe Umwicklung der Polsterschicht mit einer selbsthaftenden Mullbinde.
d) Äußere Schicht dient zur Stabilisierung und zum Schutz vor Verschmutzung; selbstklebende elastische Binden sind hierfür ebenso geeignet wie Textilklebeband.

Knochenbrüche

Krankheitszeichen: Knochenbrüche sind nur in wenigen Fällen auf den ersten Blick als solche äußerlich zu erkennen. Lahmheiten sind häufige, aber nicht zwingend notwendige Begleiter von Knochenbrüchen. Nicht jede Lahmheit wird durch einen Knochenbruch hervorgerufen.
Ursache und Vorkommen: Krafteinwirkungen auf den Knochen.
Untersuchung und Behandlung: Durch Beobachten und Abtasten kann der Tierarzt feststellen, ob der Knochen gebrochen sein könnte. Endgültige Gewissheit und Aufschluss über die notwendigen Maßnahmen geben dann die Röntgenaufnahmen. Häufig müssen diese in Narkose angefertigt werden. Hat der Hund beim Festhalten der betroffenen Gliedmaße Schmerzen, wird er sich bewegen und die Röntgenaufnahme verwackeln.
Ziel jeder Frakturbehandlung ist es, die Bruchenden möglichst exakt wieder aufeinander zu stellen (Reposition) und in dieser Position sicher zu halten (Fixation), bis die Knochenenden wieder zusammengewachsen sind.

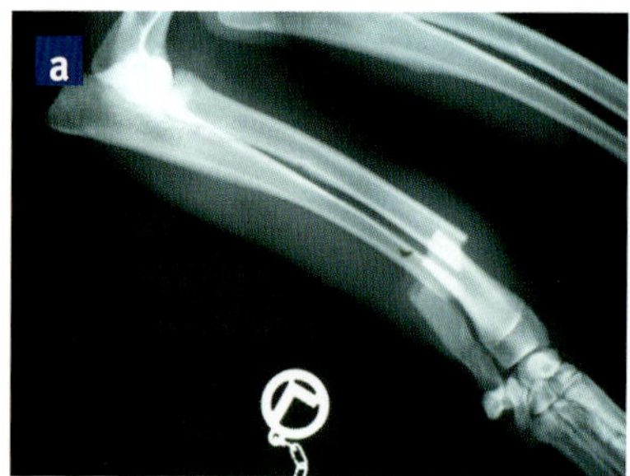

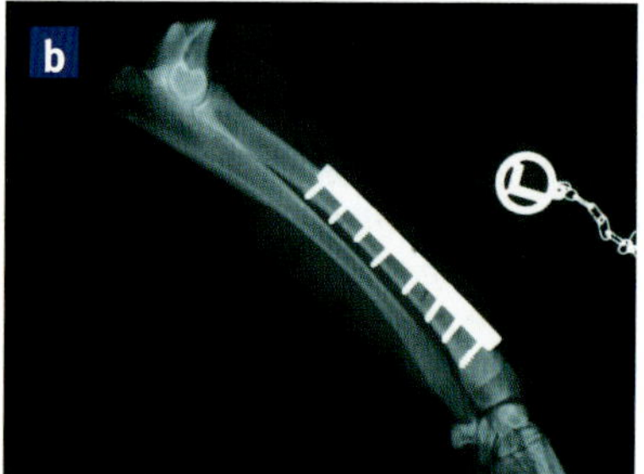

a) Vollständiger glatter Bruch von Elle und Speiche mit Verlagerung der Bruchenden.
b) Derselbe Patient nach Stabilisierung der Speiche durch eine Metallplatte und Schrauben.

Reposition und Fixation können mitunter konservativ (durch Fixationsverbände) mit gutem Erfolg erzielt werden. Häufig ist es jedoch notwendig, die Knochen in einer Operation wieder zu reponieren (in die richtige Lage bringen) und mittels Nägel, Schrauben oder Platten zu fixieren. Die Knochenheilung nimmt beim Hund nicht weniger Zeit in Anspruch als beim Menschen. Selbstverständlich muss sich ein Hund in dieser Zeit ebenso eingeschränkt bewegen wie Menschen mit Knochenbrüchen, wenn alles komplikationslos verheilen soll.
Besondere Probleme bereiten die sogenannten „offenen" Frakturen, das sind Brüche, bei denen die Haut zerstört ist und eventuell sogar Knochenstücke nach außen schauen. Offene Frakturen müssen vom Tierhalter mit Verbandsmaterial, zur Not mit dem Taschentuch, abgedeckt werden, um weitere Verschmutzungen der Wunde zu verhindern. Offene Frakturen sind schwere Notfälle, die unverzüglich dem Tierarzt vorgestellt werden müssen.

„Gedeckte“ Frakturen, also Frakturen, bei denen die Haut intakt ist, sind normalerweise nicht so dringend und können auch noch gut am nächsten Tag versorgt werden.
Der Tierhalter kann einen gut gepolsterten Verband anlegen, um damit seinem Hund Schmerzen zu nehmen und eine Belastung des betroffenen Beins einzuschränken.

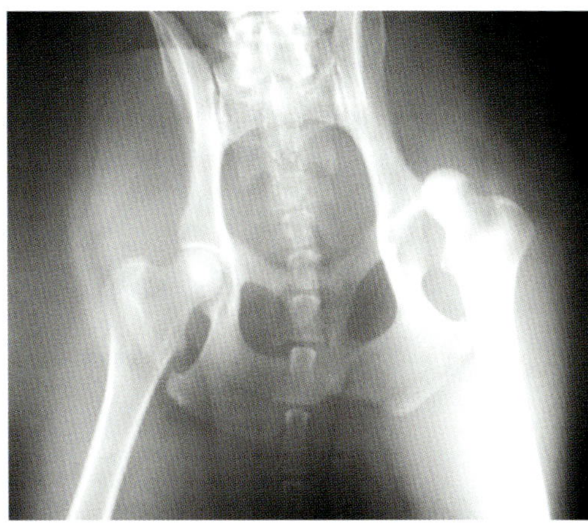

Komplette Ausrenkung des Hüftgelenks (Hüftgelenksluxation).

Verrenkungen

Krankheitszeichen: Funktionseinschränkung oder -verlust des betroffenen Gelenks. Verrenkungen sind meist äußerst schmerzhaft.
Ursache und Vorkommen: Unglückliche Belastungen oder stumpfe Gewalteinwirkungen können dazu führen, dass ein Gelenk ausgerenkt wird. Betroffen sind beim Hund vor allem Hüft-, Kiefer- und Ellenbogengelenk.
Untersuchung und Behandlung: Bei Verdacht auf Verrenkung (Luxation) sollten Sie Ihren Tierarzt zumindest telefonisch konsultieren. Das Einrenken (Reposition) ist am erfolgreichsten, wenn es möglichst bald durchgeführt wird. Zur Reposition ist jedoch nicht nur eine genaue Kenntnis des betreffenden Gelenks notwendig, sondern auch eine möglichst schlaffe Muskulatur. Deshalb sind Repositionen meistens erfolgreicher, wenn sie in Narkose durchgeführt werden.

Verbrennungen und Verbrühungen

Krankheitszeichen: Erstes Anzeichen einer Verbrennung ist eine Rötung der Haut mit anschließender Blasenbildung. Da die Haut bei Hunden meistens stark behaart ist, werden diese Zeichen übersehen.
Relativ schnell zeigen die Hunde Schmerzen, werden apathisch und deutlich sichtbar krank. Eine Verbrennung bereitet Probleme, weil durch Giftstoffe, die durch die Verbrennung in der Haut entstehen, starke allergische Krisen ausgelöst werden und durch Eiweißverluste ein Volumenmangelschock entsteht.
Ursache und Vorkommen: Typische Ursachen im täglichen Haushalt (Küche, Badewanne).
Vorbeugung: Wie bei Kleinkindern – heiße Flüssigkeiten niemals unbeaufsichtigt stehen lassen.

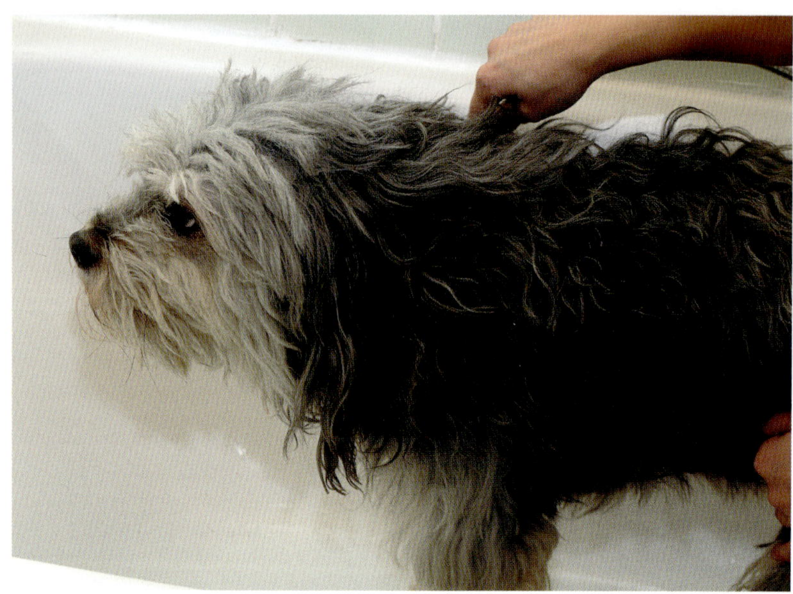

Hat sich ein Hund verbrannt oder verbrüht, sollte er unverzüglich mit kaltem Wasser abgebraust werden.

Untersuchung und Behandlung: Wegen der behaarten Haut fällt die typische Hautrötung, die mit Verbrennungen oder Verbrühungen einhergeht, oft nicht auf. Deshalb sollte im Verdachtsfall (Schmerzäußerungen, Angst vor Berührung) ein Tierarzt aufgesucht werden.

Sind Sie selbst Zeuge einer Verbrennung oder Verbrühung geworden, sollten Sie die betroffene Körperstelle sofort mit kaltem Wasser spülen. Am besten stellt man den Hund hierzu in die Badewanne und braust die Bereiche fünf bis zehn Minuten mit kaltem Wasser ab. Anschließend sollte der Hund dennoch einem Tierarzt vorgestellt werden. Während des Transports empfiehlt es sich, die betroffenen Hautstellen mit feuchten Tüchern abzudecken.

Verbrennungen und Verbrühungen werden hinsichtlich ihrer gesundheitlichen Konsequenzen häufig unterschätzt. Patienten können Tage nach dem eigentlichen Unfall an den Folgen eines Schocks sterben. Durch das sofortige Abduschen mit kaltem Wasser wird die Bildung derjenigen Substanzen, die den Schock auslösen, zumeist verhindert.

Erkrankungen durch Viren, Bakterien und Pilze

Virusinfektionen

Staupe (Carré'sche Krankheit, Canine Distemper)

Krankheitszeichen: Wechselnde Fieberschübe, verschiedene Verlaufsformen, die entsprechend der Organbesiedlung des Erregers nacheinander oder gleichzeitig auftreten können.

- **Magen-Darm-Form**
  Erbrechen, Durchfall, Austrocknung, Abmagerung, beim Junghund während der Zahnschmelzbildung bleibende Schmelzdefekte (Staupegebiss)
- **Atemwegsform**
  Anfangs wässriger, später eitriger Nasenausfluss, Nasenschleimhautentzündung, Lungenentzündung
- **Augenveränderungen**
  Lichtscheue, Hornhautgeschwüre, eitrige Bindehautentzündung, Erblindung
- **Hautform**
  Pustelbildung, Hautrötung, vor allem an Schenkelinnenflächen und Unterbauch, Fell matt und struppig
- **Nervöse Form**
  Gesamte Palette der Nervenerkrankungen von Muskelzucken (Staupe-Tick), Kaukrämpfen, Anfällen, Manegebewegungen, Demenz, Gangstörungen, Schwäche oder Lähmung bis zu Empfindungsstörungen, die zur Selbstverstümmelung von Gliedmaßen führen können
- **Hartballenform (Hard pad disease)**
  Übermäßige Verhornung von Nasenspiegel und Ballen (klappernde Geräusche beim Laufen)

Ursache: Virusinfektion, Ansteckung über Ausscheidungen von kranken Tieren oder klinisch gesund erscheinenden Virusträgern, Infektion im Mutterleib.
Vorkommen: Durch nahezu flächendeckende Impfung stark rückläufig. Sporadische, regional gehäufte Erkrankungsfälle durch grenzüberschreitenden Tierhandel mit ungeimpften oder unzureichend geimpften Hunden unter anderem aus Osteuropa. Besonders Junghunde empfänglich. Regional zunehmende Fallzahlen im Wildreservoir bei Fuchs, Dachs und Marder.
Vorbeugung: Planmäßige Erstimpfung im Welpenalter und regelmäßige Wiederholungsimpfungen. Vermeidung des Kontaktes mit erkrankten Tieren. Eine überstandene Staupeerkrankung bietet lebenslangen natürlichen Schutz.

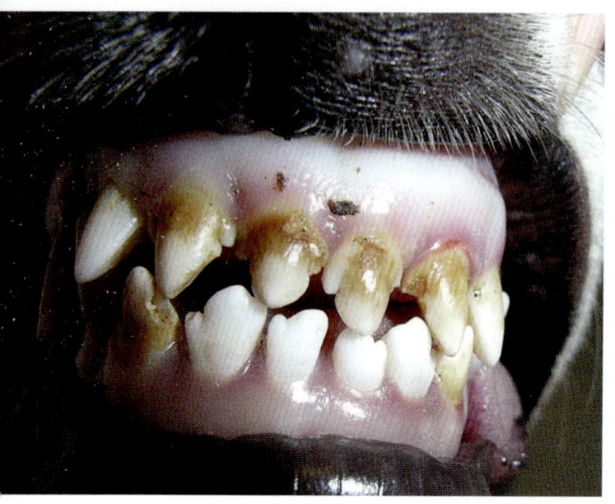

Staupegebiss: Deutlich erkennbar sind die bräunlichen Schmelzdefekte an den Schneidezähnen.

Untersuchung und Behandlung: Untersuchung von Blut und Hirnwasser (Liquor) einschließlich Antikörpernachweis, direkter Erregernachweis in Bindehaut-, Mandel- oder auch Genitalschleimhautabstrich. Intensivmedizinische und langwierige Behandlung durch den Tierarzt entsprechend der Krankheitsanzeichen, unter anderem Antibiotikagabe, Antiserum, Flüssigkeitsauffüllung, eventuell Zwangsfütterung. Durch den Tierhalter regelmäßige Entfernung der eitrigen Beläge an Nasenöffnungen und Augenwinkeln, gegebenenfalls Fütterung von Hand.

Ansteckende Leberentzündung (*Hepatitis contagiosa canis*, HCC, Rubarth'sche Krankheit)

Krankheitszeichen: Können in Schweregrad und Verlauf stark variieren. Bei jungen ungeimpften Hunden dramatische Verlaufsformen mit plötzlichen Todesfällen möglich, deshalb häufig Vergiftungsverdacht. Fieber, Abgeschlagenheit, Fressunlust, Bauchschmerzen, Mandelentzündung, Gelbverfärbung der Körperschleimhäute (Ikterus), Schleimhauteinblutungen, gelegentlich blutiges Erbrechen und Durchfall, Blutgerinnungsstörungen, vorübergehende Hornhauttrübung (blue eye) bei leichteren Fällen.

Ursache: Virusinfektion, Ansteckung über Ausscheidungen erkrankter Tiere oder klinisch gesund erscheinender Virusträger.

Vorkommen: Äußerst selten geworden, vorwiegend Junghunde betroffen, manchmal gemeinsam mit Staupe.

Vorbeugung: Planmäßige Erstimpfung im Welpenalter und regelmäßige Wiederholungsimpfungen, Vermeidung des Kontaktes mit erkrankten Hunden.

Untersuchung und Behandlung: Bluntersuchung einschließlich Antikörpernachweis, direkter Erregernachweis aus Nasensekret, Blut oder Urin.
Intensivmedizinische Behandlung durch den Tierarzt.

Parvovirose
(Hundeparvovirose, „Hundeseuche“, Panleukopenie der Hunde)

Krankheitszeichen: Wässrig-stinkender, zum Teil blutiger Durchfall, Erbrechen, Futterverweigerung, Abgeschlagenheit, zum Teil massive Austrocknung, Todesfälle vor allem bei sehr jungen Hunden möglich, früher häufiger tödlich verlaufende Herzmuskelentzündung.

Ursachen: Virus, das vor allem Darm-, Herzmuskel- und Blutbildungszellen befällt. Wandlung des Erregers seit seiner Erstentdeckung. Ansteckung durch direkten Kontakt mit Kot erkrankter Tiere, aber auch indirekt durch kotbeschmutztes Futter oder Gegenstände wie Kleidung, Futterschüssel, Bürste.

Vorkommen: Erstmals 1978 fast gleichzeitig weltweit auftretend. Mit dem Erreger der Katzenseuche (felines Parvovirus) verwandt und aus diesem entstanden. Eine der häufigsten Infektionskrankheiten vor allem bei Welpen und Junghunden, nach Erregereinschleppung oft rasante Erkrankungsausbreitung bei engem Tierkontakt und hoher Tierkonzentration (Tierheime, Hundezwinger), Erkrankung durch regelmäßige Impfung in Deutschland derzeit gut kontrolliert, Erkrankungseinschleppung durch Importe ungeimpfter oder unzureichend geimpfter Hunde oder Reisen in Länder mit hoher Erkrankungshäufigkeit.

Vorbeugung: Planmäßige Erstimpfung im Welpenalter, regelmäßige Wiederholungsimpfung. Vermeidung von Kontakt mit erkrankten Tieren.

Untersuchung und Behandlung: Blutuntersuchung, Erregernachweis im Kot. Intensivmedizinische Behandlung durch den Tierarzt (Infusionen, Antiserum, Immunstimulation, Breitspektrum-Antibiotika, Durchfallbehandlung, Mineralstoffauffüllung), Diätfütterung.

Tollwut (Lyssa, Rabies)

Krankheitszeichen: Klassischer Krankheitsverlauf in drei Phasen:

1. Wesensveränderungen, insbesondere Scheu, Verkriechen, Ungehorsam, nervöses Benehmen, Fliegenschnappen
2. Aggressivität, Drangwandern („rasende Wut“), Unruhe, Zerbeißen von Gegenständen, Angriffslust, Schluckbeschwerden, Speicheln, Raserei, untypisches Fressverhalten, perverser Appetit (Stroh, Textilien, Holz, Kot)
3. Erschöpfung, Lähmung der Gesichts-, Rumpf- und Gliedmaßenmuskulatur, Tod

Es gibt aber auch „stille Wut“ mit Teilnahmslosigkeit, ausdruckslosem und starrem Blick, Unterkieferlähmung, heiserem Bellen.

Ursache: Virusinfektion, Erregerübertragung überwiegend durch Biss (virushaltiger Speichel), seltener durch Eindringen über Schleimhäute oder oberflächliche Wunden. Ansteckung durch Erregereinatmung oder Aufnahme von Fleisch tollwütiger Füchse beschrieben, aber sehr selten. Der Erreger wandert von der Eintrittsstelle über das Nervengewebe zum Zielorgan, dem Gehirn.

Vorkommen: Hunde neben Katzen die am häufigsten erkrankten Haustiere und somit Infektionsquelle für den Menschen. Durch nahezu flächendeckende Impfung und Erregerbekämpfung beim Fuchs (durch Impfköder), in Deutschland in den letzten Jahren keine Erkrankungsfälle mehr. Eine Gefahr stellen jedoch illegal eingeführte tollwutkranke Hunde aus dem Ausland dar.

Besonders Jagdhunde im Einsatz laufen Gefahr, mit tollwuterkrankten Wildtieren in Kontakt zu kommen.

Vorbeugung: Planmäßige Erstimpfung im Welpenalter und regelmäßige Wiederholungsimpfungen. Als Orientierung hierfür gelten die vom Impfstoffhersteller im Beipackzettel angegebenen Intervalle. In Abhängigkeit der individuellen Situation (geplante Reiseaktivität, regionale Tollwutsituation, jagdlich geführter Hund) kann der Tierarzt aber auch kürzere Intervalle empfehlen. Kontrolle des Antikörpertiters im Blut nach einer Impfung möglich. Titer ≥ 0,5 IU/ml gelten als ausreichend. Vermeidung des Kontaktes mit krankheitsverdächtigen Wildtieren (Fuchs, Dachs, Marder).

Untersuchung und Behandlung: Vorbericht und Krankheitsverlauf geben Hinweis auf Erkrankung. Tierseuchenrechtliche Vorschriften regeln weiteres Vorgehen (z.B. Quarantäne und Beobachtung geimpfter Hunde, Tötung ungeimpfter krankheitsverdächtiger Tiere). Tollwutnachweis im Gehirn toter Tiere. Therapieversuche sind beim Tier verboten! Nach Ausbruch der Erkrankung keine Behandlung möglich.

Pseudowut (Aujeszky'sche Krankheit, Juckpest)

Krankheitszeichen: Ruhelosigkeit, Abgeschlagenheit, Mattigkeit, Futterverweigerung, mitunter hohes Fieber (über 41°C), Lichtscheue, hochfrequente Atmung, starkes Speicheln infolge Schluckbeschwerden, Bewegungsstörungen, ausgeprägter Juckreiz, Selbstverstümmelung durch Kratzen und Beißen, innerhalb von 24 bis 48 Stunden Krämpfe, Lähmung und Tod.

Ursache: Fressen von virushaltigem, nicht erhitztem Schweinefleisch. In deutschen Schweinebeständen Erreger nahezu getilgt. Gefahr durch Importe aus dem Ausland.

Vorkommen: Selten.

Vorbeugung: Keine Verfütterung von rohem Schweinefleisch oder rohen Wurstwaren (Salami, roher Schinken und Ähnliches). Direkte Ansteckung von Hund zu Hund nicht möglich.

Untersuchung und Behandlung: Typische Krankheitszeichen und Verlauf geben ausreichenden Hinweis, immer tödlich.
Keine Behandlung.

Frühsommermeningoenzephalitis (FSME, Ansteckende Hirnhautentzündung, Zentraleuropäische Zeckenenzephalitis)

Krankheitszeichen: Bewusstseinsbeeinträchtigung (von Abgeschlagenheit bis Übererregbarkeit und Aggressivität), Zuckungen, unkoordinierter Gang, Kopftiefhaltung, Kopfschiefhaltung, Krampfanfälle, Schwäche und Lähmung der Vorder- und Hinterbeine, häufig hohes Fieber mit 41 °C.
Ursache: Virus, Übertragung durch Zeckenstich (Gemeiner Holzbock).
Vorkommen: Sehr selten, regional gehäuft im süddeutschen Raum (Baden-Württemberg, Bayern), den angrenzenden Schweizer Kantonen und Österreich.
Vorbeugung: Vorbeugung von Zeckenstichen (Präparate mit zeckenabwehrender und zeckentötender Wirkung), regelmäßige Zeckenkontrolle im Fell (nach jedem Spaziergang), Impfung mit Humanimpfstoff möglich, Notwendigkeit aufgrund der geringen Erkrankungshäufigkeit aber zweifelhaft.
Untersuchung und Behandlung: Untersuchung von Blut und Hirnwasser (Liquor) mit Antikörpernachweis. Intensivmedizinische Versorgung durch den Tierarzt, Genesung in milden Fällen möglich, jedoch Todesfälle häufig.

Zwingerhusten-Komplex (Canine Infektiöse Tracheobronchitis, Händlerhusten, Kennel Cough)

Krankheitszeichen: Rauer, trockener, kehliger, zunächst nicht produktiver Husten, wässriger Nasenausfluss, Mandelentzündung, geröteter und verschleimter Rachen, selten fieberhaft. Bei kompliziertem Verlauf Störungen des Allgemeinbefindens, Futterverweigerung, schmerzhafter, produktiver Husten, Lungenentzündung.

Wenn Welpen und Junghunde auf dem Hundeplatz oder bei Ausstellungen viel Kontakt mit Artgenossen haben sollen, müssen sie vorher rechtzeitig gegen Zwingerhusten geimpft werden.

Ursache: Anfänglich Viren, später komplizierend Bakterien. Krankheitsbegünstigend wirken Stress (Besitzerwechsel, körperliche Belastung, Transport), schlechte Haltungsbedingungen und eine schlechte Abwehrlage des Organismus. Saisonal gehäuftes Auftreten, Ansteckung durch Tröpfcheninfektion.
Vorkommen: Häufig, hohe Ansteckungsgefahr insbesondere bei hoher Tierdichte (Ausstellung, Hundeübungsplatz, Welpenspielgruppe) oder wechselndem Tierbesatz (Tierheim).
Vorbeugung: Impfung gefährdeter Tiere und regelmäßige Wiederholungsimpfungen, insbesondere rechtzeitig vor Besuch einer Welpenschule, von Welpenspielgruppen, Wettkämpfen oder Ausstellungen. Vermeidung von Stressfaktoren.
Untersuchung und Behandlung: Blutuntersuchung und direkter Erregernachweis aus Schleimhautabstrichen oder Lungenspülproben nur bei kompliziertem Verlauf notwendig. Antikörpernachweis in der Regel wenig aussagekräftig.
Stimulierung des Abwehrsystems, Gabe von Antibiotika und Schleimlösung.

Infektiöses Welpensterben (Canine Herpesvirusinfektion)

Krankheitszeichen: Abhängig vom Zeitpunkt der Infektion, bei erwachsenen Hunden ohne klinische Anzeichen, bei trächtigen Hündinnen Absterben der Früchte, Verwerfen, Geburt lebensschwacher oder toter Welpen, auch Unfruchtbarkeit möglich.
Bei Infektion von Welpen über zwei Wochen und älter milde Verläufe mit Atemwegssymptomatik. Bei Neugeborenen Desinteresse am Muttertier, Verweigerung der Milchaufnahme, Bauchschmerzen und lautes Schreien, weicher gelbgrauer Durchfallkot, Erbrechen, Speicheln, Atemprobleme, blutiger Nasenausfluss, Schleimhauteinblutungen. Tod innerhalb von 24 bis 48 Stunden.
Ursache: Virusinfektion – Übertragung durch Tröpfcheninfektion oder soziale Kontakte, im Mutterleib Erregerübertritt auf Früchte, beim Deckakt, während der Geburt bei der Passage des Geburtskanals oder durch Nasenausfluss des infizierten Muttertiers. Infizierte Tiere bleiben lebenslang Virusträger, Reaktivierung des Erregers durch Stress (Trächtigkeit, abwehrschwächende Medikamente, Neuzugänge in Zwingern, andere gleichzeitig bestehende Krankheiten).
Vorkommen: Weltweit, betroffen vor allem Zuchtzwinger; manche Zwinger sind zu 100 Prozent virusdurchseucht mit entsprechenden Problemen bei der Welpenaufzucht und hoher Welpensterblichkeit. Gefährdet sind vor allem trächtige Hündinnen, die neu in diese Zwinger kommen und keine Antikörper besitzen.
Vorbeugung: Muttertierschutzimpfung zweimal während der Trächtigkeit, denn die Welpen nehmen schützende Antikörper über die Muttermilch auf.
Untersuchung und Behandlung: Klinisches Krankheitsbild hinweisend, Sektion verstorbener Welpen mit Virusanzucht aus Organen, direkter Virusnachweis aus Abstrichen, Antikörpernachweis (zwei bis drei Monate nach Infektion).
Aufgrund der hohen Sterblichkeitsrate von über 80 Prozent Behandlung in der Regel erfolglos, überlebende Tiere leiden oft an Blindheit oder Gehirnschäden, warme Umgebung über 37 °C reduziert Virusvermehrung.

Bakterielle Infektionen

Leptospirose (Stuttgarter Hundeseuche, Weil'sche Krankheit)

Krankheitszeichen: Fieber, Allgemeinstörungen, Schwäche, Nierenentzündung, Nierenversagen, Blutgerinnungsstörungen, Schleimhautblutungen. Gelbverfärbung der Körperschleimhäute (Ikterus) durch Leberschädigung und Zerstörung roter Blutkörperchen, unstillbares Erbrechen, Durchfall, Austrocknung. Sowohl leichte als auch tödlich endende Verlaufsformen sind bekannt.

Ursache: Bakterien – Erregerverbreitung über den Harn infizierter Tiere, direkte Übertragung von Hund zu Hund durch Abschlecken und Beschnuppern, beim Deckakt, über Bisse und Hautwunden, aber auch Ansteckung durch Nagerbisse, Aufnahme infizierter Beutetiere (Ratten, Mäuse) oder von erregerhaltigem Fleisch. Indirekte Ansteckungsquellen sind Trinkwasser, nasser Boden, stehende Gewässer, Liegeplätze, die mit Urin infizierter Tiere (z. B. Wild-/Schadnager) verunreinigt sind. Gewisses saisonal vermehrtes Auftreten im Sommer/Herbst.

Vorkommen: Selten, jedoch ständige Gefahr durch Reservoir in lebenden Tieren (Ratten, Mäuse, Schwein, Rind), in Gewässern und feuchtem Boden. Ansteckung des Menschen durch den Hund möglich (Urinkontakt, Belecken)!

Vorbeugung: Planmäßige Erstimpfung im Welpenalter und regelmäßige mindestens jährliche Wiederholungsimpfungen mit einem 4-Komponenten-Impfstoff. Meiden von krankheitsverdächtigen Hunden und Krankheitsüberträgern (Maus, Ratte), Schadnagerbekämpfung in Hundezwingern. Vermeidung der Wasseraufnahme aus Tümpeln und Pfützen.

Untersuchung und Behandlung: Blut- und Harnuntersuchung, Antikörpernachweis. Antibiotika, Begleitbehandlung entsprechend der auftretenden Krankheitszeichen (unter anderem Flüssigkeits- und Mineralstoffersatz, gegebenenfalls Schockbehandlung, Bluttransfusion) durch den Tierarzt.

Salmonellose

Krankheitszeichen: Wässriger, zum Teil blutiger Durchfall, Erbrechen, Abmagerung, Austrocknung, schwere Verlaufsformen mit plötzlich auftretenden, massiven Allgemeinstörungen infolge bakterieller Gifte. Blutvergiftung, Tod im Schock, seltener Abszesse, Gelenkentzündungen, Lungenentzündung, Störungen des Zentralnervensystems, Früh- und Fehlgeburten, Lebensschwäche bei Welpen.

Ursache: Bakterien – Verfütterung roher Futtermittel (Fleisch, Eier), verschmutzte Abwässer, Kotfressen (Kot von anderen Hunden, dem Menschen oder anderen Tierarten). Ausbildung einer Salmonellose durch Begleitfaktoren (Fütterungsfehler, Stress, Narkosen, andere Infektionserkrankungen, geschwächte Abwehrsituation) begünstigt.

Vorkommen: Weltweit zahlreiche verschiedene Erregertypen vorkommend, beim Menschen und fast allen Tierarten nachgewiesen, ständige Gefahr vor allem für Junghunde und geschwächte Tiere. Hund besitzt als Ansteckungsquelle für den Menschen untergeordnete Bedeutung, besonders gefährdet jedoch Kinder und abwehrgeschwächte Personen. Hauptansteckungsquelle des Menschen sind Lebensmittelinfektionen.

Vorbeugung: Hygiene, Verfütterung von ausreichend erhitztem Futter, Verhindern von Kotfressen.
Untersuchung und Behandlung: Erregernachweis in Kot oder Organen, Blutuntersuchung.
Antibiotikaeinsatz bei Blutvergiftung unumgänglich. Da Antibiotika auch zur Resistenzbildung und einer erheblichen Verlängerung der Salmonellen-Ausscheidungsdauer führen können, muss der Tierarzt im Einzelfall über Einsatz entscheiden. Durchfallbehandlung, Flüssigkeitsauffüllung (Infusion), Einsatz abführender Medikamente wie Laktulose, intensivmedizinische Behandlung bei schweren Verlaufsformen.

Tetanus (Wundstarrkrampf)

Krankheitszeichen: Muskelkrämpfe einzelner Muskelgruppen oder des gesamten Körpers, Stirnfältelung, Engerstellung der Ohren, Speicheln, Verziehen der Mundwinkel, Kaumuskellähmung, versteifter Hals, Sägebockstellung, Fieber.
Ursachen: Giftstoffe, die von Bakterien produziert werden. Dauerformen der Bakterien können jahrelang im Boden überleben. Verunreinigung von Wunden (Pfotenverletzungen, Bisse, abgebrochene Zähne, Zahnfleischwunde usw.).
Vorkommen: Sehr selten, aber regional gehäuftes Auftreten.
Vorbeugung: Impfung möglich, wegen Seltenheit der Erkrankung jedoch nicht routinemäßig durchgeführt. Auch kleine Wunden ernst nehmen, vor allem wenn sie tief und abgeschlossen sind.
Untersuchung und Behandlung: Klinisches Bild typisch. Zeitaufwendige intensive Behandlung, Antibiotikagabe und Antiserum, medikamentöse Ruhigstellung und Krampflösung, Wundbehandlung der Erregereintrittspforte durch den Tierarzt. Hund weich lagern, Verdunkelung der Umgebung, Ausschaltung äußerer Reize, eventuell Zwangsfütterung, Kontrolle von Kot- und Harnabsatz, Ruhe! Bei schweren Fällen ungewisser Verlauf.

Borreliose (Lyme-Borreliose)

Krankheitszeichen: Oft erst Wochen bis Monate nach Zeckenstich auftretend. Besitzer hat Zecken bei seinem Hund festgestellt und eventuell eine lokale Hautreizung (geröteter Hof um Einstichstelle = Zeckenerythem) beobachtet. Nach anfänglich grippeähnlichen Anzeichen folgen später gestörtes Allgemeinbefinden, Fieber, plötzlich auftretende, wechselnde Lahmheiten, Gelenkschwellung, Schmerzhaftigkeit eines oder mehrerer Gelenke, der Muskeln und der Wirbelsäule. Seltener auch Herzmuskelentzündung, Herzrhythmusstörung, Hirnhautentzündung, Augenentzündungen, Nierenfunktionsstörungen.
Ursache: Bakterien – Übertragung durch Stich infizierter Zecken (Gemeiner Holzbock).
Vorkommen: Eine der häufigsten durch Zecken übertragenen Infektionskrankheiten in Europa.
Vorbeugung: Zeckenvorbeugung (Tabletten, Zeckenhalsband, Aufträufel- oder Sprühbehandlung) mit Zeckenmitteln, die zeckenabwehrende und/oder zeckentötende Wirkung besitzen, regelmäßige Zeckenkontrolle im Fell nach jedem Spa-

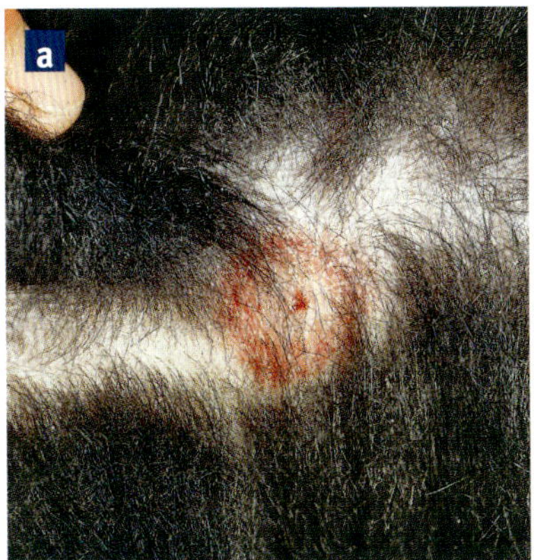

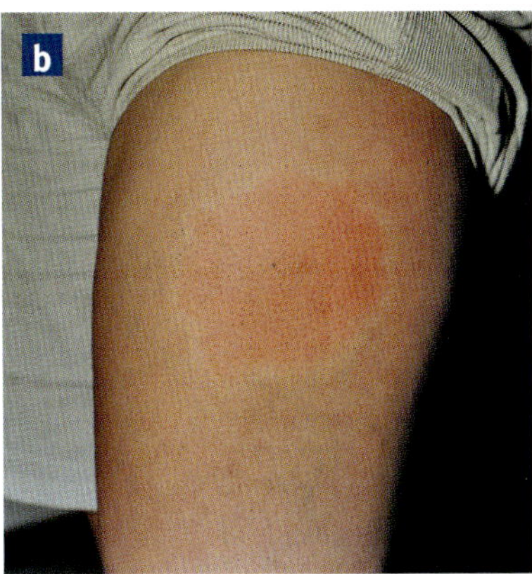

Als Zeckenerythem wird die kreisförmige Rötung um eine zentrale Einstichstelle bezeichnet. a) Beim Hund. b) Beim Menschen.

zierengehen, frühzeitiges Entfernen der Zecken reduziert Gefahr der Erregerübertragung erheblich. (Die Zecke wird hierzu mit einer Zeckenzange kurz oberhalb der Haut erfasst und herausgedreht.) Vorherige Benetzung mit Öl, Klebstoff oder Ähnlichem vermeiden, da erhöhte Gefahr der Erregerübertragung. Kontrolle, dass Zecke komplett entfernt wurde. Planmäßige Erst- und regelmäßige Wiederholungsimpfung nicht infizierter Tiere.

Untersuchung und Behandlung: Blutuntersuchung mit Antikörpernachweis und gegebenenfalls Western Blot, direkter Erregernachweis aus dem Gewebe (Haut um die Einstichstelle, Gelenkkapsel), Hirnwasser (Liquor) oder Gelenkflüssigkeit. Konsequente Antibiotikabehandlung und Schmerzbekämpfung durch den Tierarzt.

Ehrlichiose

Krankheitszeichen: Anfänglich hohes Fieber, Abgeschlagenheit, Fressunlust, Schweratmigkeit, eitriger Nasen- und Augenausfluss, Lymphknotenschwellung, Milzvergrößerung, Gelenkentzündungen, Durchfall, Erbrechen. Später blasse Schleimhäute infolge Blutarmut (Anämie), Gewichtsverlust, Spontanblutungen (Nasenbluten, blutiger Kot- und Harnabsatz, Schleimhautblutungen) durch Blutplättchenmangel, nervöse Störungen mit Anzeichen einer Hirnhautentzündung, Krämpfe, Zuckungen, Lähmungen.

Ursache: Bakterien, die sich in bestimmten weißen Blutzellen einnisten. Übertragung durch Stich infizierter Zecken (Braune Hundezecke).

Vorkommen: Weit verbreitet in Ländern mit tropischem und subtropischem Klima unter anderem in den Mittelmeeranrainerstaaten, Einschleppung durch Hundetourismus. Braune Hundezecke findet in Deutschland aufgrund niedriger Temperaturen im Winter keine dauerhaft stabilen Lebensbedingungen vor. Bei Einschleppung in Häuser oder Zwinger jedoch Massenvermehrung möglich. In Deutschland bereits regional vereinzelte Erkrankungsfälle bei Hunden ohne Auslandsaufenthalt.

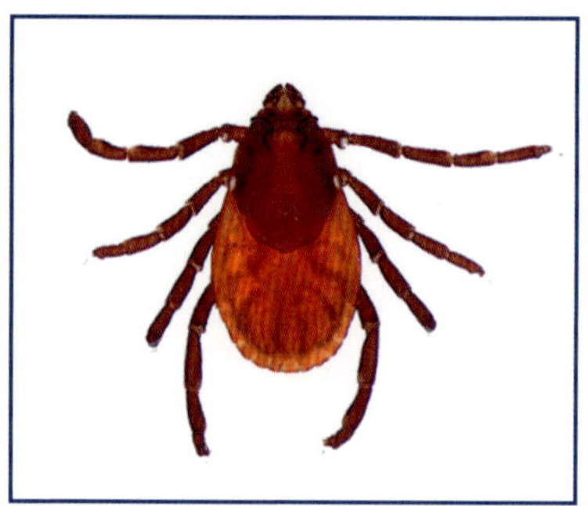

Die Braune Hundezecke (Rhipicephalus sanguineus) wurde aus tropischen Gebieten in unsere Breiten eingeschleppt. Ein Überleben und eine Vermehrung während der kalten Jahreszeit gelingt ihr vor allem in Wohnräumen und Gebäuden.

Vorbeugung: Zeckenvorbeugung (Tabletten, Zeckenhalsband, Aufträufel- oder Sprühbehandlung) mit Zeckenmitteln, die zeckenabwehrende und/oder zeckentötende Wirkung besitzen, insbesondere bei Reisen ins Mittelmeergebiet. Sicherer ist es, Hunde nicht mit in Risikogebiete zu nehmen. Regelmäßige Zeckenkontrolle im Fell, frühzeitiges Entfernen der Zecken reduziert Gefahr der Erregerübertragung erheblich.

Untersuchung und Behandlung: Blutuntersuchung (Blutarmut, Blutplättchenmangel), direkter Erregernachweis im Blut oder mikroskopischer Nachweis im gefärbten Blutausstrich, Antikörpertiterbestimmung.

Konsequente Antibiotikagabe, in schweren Fällen zusätzlich Erreger tötende Medikamente und intensivmedizinische Versorgung wie Bluttransfusion durch den Tierarzt.

Anaplasmose

Krankheitszeichen: Plötzliches hohes Fieber, Abgeschlagenheit, Mattigkeit, Futterverweigerung, blasse Schleimhäute, angespannter Bauch infolge Milzvergrößerung, Muskelschmerzen.

Ursache: Bakterien, die sich in bestimmten weißen Blutzellen einnisten, Übertragung durch Stich infizierter Zecken (Gemeiner Holzbock) oder Bluttransfusion.

Vorkommen: Eine der häufigsten durch Zecken übertragenen Infektionskrankheiten in ganz Europa. Anfang der 1990er-Jahre erster Fall in Europa beschrieben. Mit Zunahme der Überträgerzecken seither auf dem Vormarsch.

Vorbeugung: Zeckenvorbeugung (Tabletten, Zeckenhalsband, Aufträufel- oder Sprühbehandlung) mit Zeckenmitteln, die zeckenabwehrende und/oder zeckentötende Wirkung besitzen, regelmäßige Zeckenkontrolle im Fell, frühzeitiges Entfernen der Zecken reduziert Gefahr der Erregerübertragung erheblich. Blutuntersuchung von Spendertieren.

Untersuchung und Behandlung: Blutuntersuchung (Blutarmut, Blutplättchenmangel), direkter Erregernachweis im Blut oder Nachweis im gefärbten Blutausstrich, Antikörpertiterbestimmung.

Konsequente Antibiotikagabe.

Pilzinfektionen

Candidose (Darmpilz, Candidiasis)

Krankheitszeichen: Durchfall und Erbrechen infolge Darmschleimhautentzündung, Entzündung der Mundhöhlenschleimhaut und Speiseröhre, vor allem bei Saugwelpen (Soor) mit weißen, schlecht zu entfernenden Schleimhautbelägen, langwierige, nicht heilende, nässende Haut-, Pfoten- oder Nagelbettinfektionen, selten Lungenerkrankungen.

Ursache: Hefepilze – natürliche Bewohner von Haut, Schleimhaut und Darmflora. Krankheitsauslösend wirken bestimmte Begleitumstände (schwere Grunderkrankung, längere Antibiotika- oder Kortisonbehandlung).

Vorkommen: Sehr selten.

Untersuchung und Behandlung: Erregernachweis im Kot, Haut- oder Schleimhautabstrich.

Futterumstellung zur Verhinderung des Pilzwachstums. Medikamentöse Pilzbekämpfung.

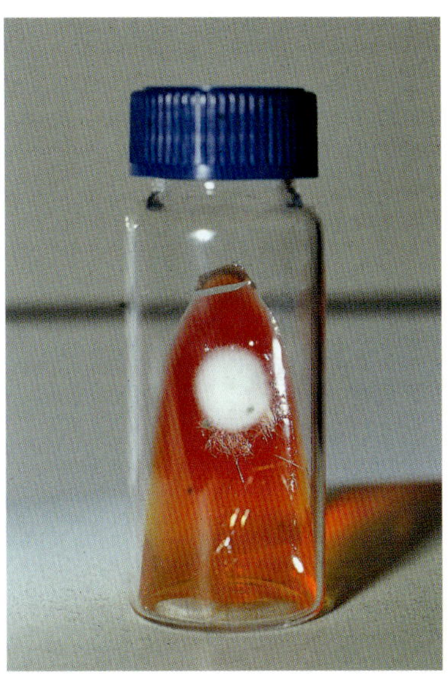

Positiver Pilztest: Das Wachstum eines weißen, flauschigen Pilzrasens und der Farbumschlag des ansonsten orange-gelben Nährbodens geben deutliche Hinweise.

Mikrosporie/Trichophytie (Hautpilz)

Krankheitszeichen: Lokaler Haarverlust, Haarbruch, oft runder, rasch wachsender, scharf begrenzter Hautfleck mit randständiger Rötung und Schuppenbildung sowie zentraler Heilungstendenz, da kreisförmige Ausbreitung der Infektion, mäßiger Juckreiz.

Ursache: Hautpilze; bilden Dauerstadien (Sporen), die lange Zeit in der Umgebung lebensfähig bleiben – vor allem Jungtiere betroffen. Begünstigend wirken feucht-warmes Klima, schlechte Ernährung, geschwächte Abwehrlage. Ansteckung durch direkten Kontakt mit erkrankten Hunden (z.B. Muttertier) oder indirekt über Gegenstände (Bürste, Leine, Liegeplätze) oder Flöhe.

Vorbeugung: Vermeidung des Kontaktes mit erkrankten Tieren. Behandlung erkrankter Hündinnen vor dem nächsten Decken. Impfung kann eine Infektion mit Pilzen nicht verhindern, verringert jedoch das Risiko einer klinischen Erkrankung und beschleunigt den Abheilungsprozess bei bereits bestehenden Hautveränderungen. Ansteckungsgefahr für den Menschen!

Untersuchung und Behandlung: Betrachtung der Hautstellen im UV-Licht der Wood'schen Lampe (gelbgrün fluoreszierende Bereiche), Pilzkultur, mikroskopische Untersuchung von Haaren, Hautgeschabsel oder Hautstanze.

Großflächiges Scheren, örtliche Sprüh-, Bade- oder Waschbehandlungen, medikamentöse Erregerbekämpfung, Umgebungshygiene.

Malassezia (Hautpilz, Pityrosporie)

Krankheitszeichen: Hautveränderungen (Krusten, Schuppen, Haarverlust, Kratzverletzungen, tief gefurchte „Elefantenhaut" mit Schwarzverfärbung, teils fettig-schmierige Sekretabsonderungen), dumpf-muffiger Hautgeruch, ständig wiederkehrende Gehörgangsentzündungen. Juckreiz an Pfoten, vereinzelten Hautbereichen oder am ganzen Körper.
Ursache: Hefepilz – normaler Bewohner von Haut, Schleimhaut und Gehörgang gesunder Hunde, oft auch in Analdrüse. Krankheitsbegünstigend wirken häufiges Baden, Hängeohren, ständig wiederkehrende Gehörgangsentzündungen, Hautschädigungen durch Kratzen. Schnelle Keimvermehrung in feuchtwarmer Umgebung (Hautfalten, Gehörgang), im Krankheitsfall 100- bis 10000-fach höhere Besiedlungsdichte. Oft begleitend bei allergischen Hauterkrankungen und fettiger Seborrhoe.
Vorkommen: Häufiger bei Basset, Dackel, Cocker Spaniel, West Highland White Terrier, Zwergpudel.
Vorbeugung: Nicht zu oft baden, regelmäßige Kontrolle der Ohren.
Untersuchung und Behandlung: Mikroskopischer Erregernachweis in Hautgeschabseln, Hautabklatschpräparaten, Hautstanzen oder Tupferproben (z.B. aus Gehörgang).
Abstellen begünstigender Ursachen, langwierige Behandlung mit desinfizierenden und pilzwirksamen Medikamenten als Shampoo oder Creme oder innerlich mit Tabletten oder Saft.

Erkrankungen durch Parasiten

Äußere Parasiten

Flöhe

Krankheitszeichen: Juckreiz, allergische Reaktionen gegen Flohspeichel – schwerwiegende Hautentzündungen mit Rötungen, Krusten, Haarausfall, Blutarmut bei massivem Befall. Achtung: Flöhe sind Überträger von Bandwürmern!

Ursache: Insekten mit drei Beinpaaren (sprunggewaltig) und stechend-saugenden Mundwerkzeugen zur Nahrungsaufnahme (Blut). Erwachsene Flöhe leben im Fell des Hundes und saugen Blut, das sie zur Eiablage benötigen. Eier fallen aus dem Fell in die Umgebung des Hundes (Körbchen, Matratze, Teppichboden, Sofa), wo sie sich über Larven- und Puppenstadien zu erwachsenen Flöhen weiterentwickeln.

Vorkommen: Häufigster äußerlicher Parasit beim Hund, saisonaler Höhepunkt im Spätsommer. Durch dicke Teppichböden und gut beheizte Wohnungen zunehmend „ganzjähriges Problem". Zahlreiche verschiedene Floharten bekannt. Katzenfloh stellt häufigste Flohart des Hundes dar, aber auch Hunde-, Igel- und Menschenfloh besitzen Bedeutung und können alle den Hund befallen.

Vorbeugung: Flohvorbeugung siehe Behandlung. Neben den erwachsenen Flöhen, die lediglich 1 bis 5 Prozent einer „Flohfamilie" ausmachen, auch die Entwicklungsstadien (Ei, Larve, Puppe) bekämpfen.

Untersuchung und Behandlung: Nachweis erwachsener Flöhe im Fell, Nachweis von Flohkot im Fell. Hierzu wird der Hund auf eine helle Unterlage gestellt, mit einem Flohkamm gekämmt, kräftig gebürstet oder gegen den Haarstrich durchgeschuppt. Herausfallende 1 bis 2 mm lange rotbräunliche, kommaförmige Gebilde stellen Flohkot (unverdautes Blut) dar, der mit Wasser angefeuchtetes Vliespapier rötlich verfärbt.

Bekämpfung der erwachsenen Flöhe und der Entwicklungsstadien mit Flohmitteln (Sprüh- oder Aufträufelbehandlung, Halsband, Tabletten, Bade- und Waschlösungen, Puder), gründliche Umgebungsbehandlung – insbesondere Lagerstätten (Staubsaugen, Waschen, Spray).

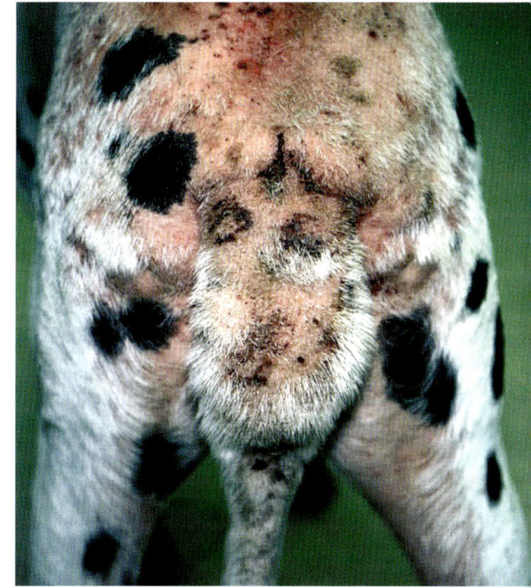

Dieser Hund zeigt eine allergisch bedingte Hautreaktion aufgrund eines Flohbefalls.

Vorbeugung: Zubehör von Hunden wie Schlafkissen, Liegedecken, Bürsten, Halsbänder und Geschirre sollten regelmäßig gewaschen oder gereinigt werden.
Untersuchung und Behandlung: Mikroskopische Untersuchung der Parasiten und deren Eier.
Aufträufel-, Puder- oder Badebehandlung mit parasitentötenden Präparaten.

Milben

Demodikose

Krankheitszeichen: Örtliche (**lokalisierte**) Demodikose – haarlose, gerötete Stellen an Kopf (Oberlippe, Augenlider, Nasenrücken, Stirn, Ohren), Vorderbeinen oder Pfoten (Zwischenzehenhäute) mit Schuppung und lediglich geringgradigem Juckreiz. Ausdehnung dieser Bereiche bei **generalisierter** Demodikose auf Hals, Brust, Bauch und Schenkelinnenflächen. Entzündung von Haarbälgen und Talgdrüsen, tief gehende bakterielle Hautentzündungen, Verhornung und Verdickung der Haut.
Ursache: Demodexmilben (Haarbalgmilben) zählen in begrenzter Anzahl zu den natürlichen Bewohnern von Haarbälgen und Talgdrüsen. Erst massive zahlenmäßige Zunahme führt zu Krankheitserscheinungen. Explosionsartige Vermehrung bei manchen Hunden einem erblichen Defekt des Abwehrsystems zugeschrieben. Bei der Erkrankung ausgewachsener Hunde (ab drei Jahre und älter) sind oft gleichzeitig andere Erkrankungen (Schilddrüsenunterfunktion, Nebennierenrindenüberfunktion, Allergien, Tumoren, hormonelle Störungen) feststellbar oder diese Tiere wurden längere Zeit mit abwehrschwächenden Medikamenten behandelt.
Vorkommen: Besonders Junghunde und Tiere mit geschwächtem Abwehrsystem erkranken. Übertragung bereits in den ersten Lebenstagen von der Mutter auf die Welpen beim Liegen und Saugen am mütterlichen Gesäuge (hauptsächliche Veränderungen im Schnauzenbereich und an den Pfötchen). Ältere Hunde, die erkranken, waren vermutlich bereits als Jungtier infiziert.
Vorbeugung: Zuchtausschluss von allen Hunden mit generalisierter Demodikose, auch wenn die Behandlung anscheinend erfolgreich war.
Untersuchung und Behandlung: Mikroskopischer Erregernachweis in tiefen Hautgeschabseln, Hautfaltenquetschpräparaten oder Hautstanzen.
Spontanheilung bei lokalisierter Demodikose innerhalb von ein bis zwei Monaten möglich. Behandlung bei generalisierter Demodikose häufig langwierig, schwierig und mitunter erfolglos. Erregerbekämpfung mit parasitenabtötender örtlicher Tupfbehandlung bei lokalisierter Form und/oder Verabreichung von Parasitenmedikamenten (Injektion, Tabletten, Saft oder Aufträufelbehandlung), Stimulierung des Abwehrsystems, begleitende Antibiotikagaben bei Patienten mit generalisierter Demodikose.

Raubmilben (*Cheyletiella*)

Krankheitszeichen: Starker Juckreiz, feine, kleieähnliche Schuppung, übermäßige Talgsekretproduktion der Haut. Achtung: Vorübergehender Befall des Menschen möglich!

Ursache: Äußerliche Fellparasiten, sehen häufig wie „sich bewegende Schuppen" aus, ernähren sich von Hautschuppen, auch Ansteckung durch auf Katzen und Kaninchen vorkommenden Milbenarten möglich. Eier (Nissen) locker an Haaren angeklebt.
Vorkommen: Hauptsächlich betroffen sind Ohrmuscheln, Beine, Rücken. Bevorzugt bei langhaarigen Hunderassen bzw. an dicht behaarten Körperregionen.
Untersuchung und Behandlung: Mikroskopischer Parasitennachweis durch den Tierarzt mittels Tesafilmabklatschpräparat, Hautgeschabsel oder Auskämmen mit ganz engen Flohkämmen. Tabletten, Aufträufel-, Puder- oder Badebehandlung mit parasitentötenden Präparaten.

Körperräude (Skabies, Sarkoptes-Räude)

Krankheitszeichen: Hautknötchen und Pusteln mit gerötetem Hof und vermehrter Schuppung, intensiver Juckreiz, Hautentzündung und -verdickung, Krustenbildung. Beginn der Veränderungen am Kopf (Augenbogen, Nasenrücken, Ohrränder), weitere Ausbreitung auf Beine (Ellenbogenbereich!), Unterbauch, Schenkelinnenflächen. Mensch häufig Fehlwirt für Milben!
Ursache: Grabmilben dringen über Haarbälge in die Haut ein und graben Bohrgänge in tieferen Hautschichten. Ernährung von Hautmaterial. Hochansteckend, Übertragung durch direkten Kontakt mit erkrankten Hunden oder indirekt über Bürsten sowie Liegeplätze, die mit erregerhaltigen Hautschuppen angereichert sind.
Vorbeugung: Meiden von erkrankten Hunden.
Untersuchung und Behandlung: Nachweis der Milben bzw. deren Eier und Kot in tiefen Hautgeschabseln oder Hautstanzen, Antikörperbestimmung im Blut. Baden mit schuppenlösenden Shampoos und parasitenabtötenden Präparaten, Juckreizstillung, Injektion von speziellen Medikamenten durch den Tierarzt, Tabletten oder Aufträufelbehandlung milbenwirksamer Parasitenmedikamente, Umgebungsbehandlung.

Herbstgrasmilben

Krankheitszeichen: Juckreiz, Hautrötung, Krustenbildung, Pusteln und Quaddeln, rötlich orange Flecken, bestehend aus Vielzahl von Milbenlarven, bevorzugt an weichhäutigen Körperstellen (Zwischenzehenbereich, Augen- und Lippengegend, Nasenrücken, Ohrrand und Ohrmuschel, Unterbauch, Innenschenkel).
Ursache: Parasitisch lebende Larven der Herbstgrasmilben; ernähren sich vorwiegend von Hautbestandteilen (keine primären Blutsauger), erwachsene Milben sind harmlose Erdbewohner.
Vorkommen: Explosionsartige Vermehrung im Spätsommer/Herbst. Larven krie-

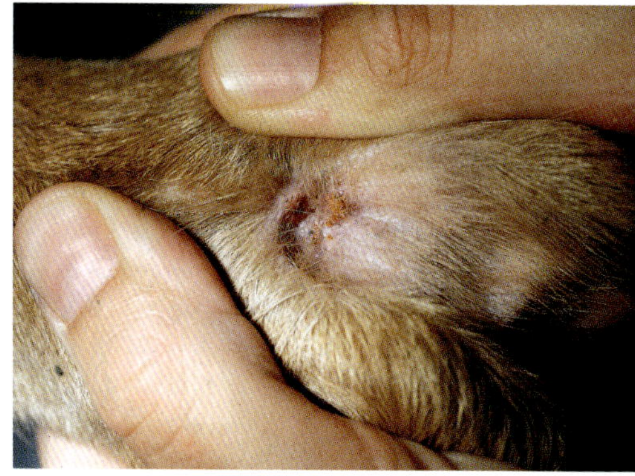

Herbstgrasmilben fallen durch ihre orangerote Färbung auf.

chen bis auf Kniehöhe an Pflanzen hoch und lassen sich auf ihre vorbeistreifenden Opfer fallen.
Vorbeugung: Keine Spaziergänge in kniehohen Wiesen.
Untersuchung und Behandlung: Mikroskopischer Erregernachweis und typisches Erscheinungsbild der orangeroten Flecken. Bade-, Sprüh- oder lokale Tupfbehandlung mit parasitentötenden Präparaten.

Ohrmilben (Ohrräude, Otodectes-Räude)

Krankheitszeichen: Massiver Juck- und Kratzreiz, Kopfschütteln, Reiben der Ohrmuschel auf dem Boden, verstärkte Ohrenschmalzbildung, Gehörgangsentzündungen mit schwarzbräunlichem sandigen oder bröckeligen Sekret, in schweren Fällen Durchbruch des Trommelfells, Mittelohrentzündung und Taubheit.
Ursache: Milben des äußeres Gehörgangs und der inneren Ohrmuschel, Übertragung durch Kontakt von Tier zu Tier, auch Ansteckung durch Katzen möglich.
Vorkommen: Häufigste Räudemilbe der Fleischfresser, beim Hund jedoch sehr viel seltener als bei der Katze.
Vorbeugung: Regelmäßige Ohrenkontrolle.
Untersuchung und Behandlung: Ohr- und Gehörgangsuntersuchung mit Ohrspiegel (Otoskop) und aufgesetzter Lupe, mikroskopischer Erregernachweis im Ohrsekret.
Aufträufel- oder örtliche Milbenbehandlung mit parasitenabtötenden Präparaten, Bekämpfung des Juckreizes.

Innere Parasiten

Bandwürmer

Echinokokkose (Kleiner Fuchsbandwurm, Kleiner Hundebandwurm)

Krankheitszeichen: Selten Gesundheitsstörungen, Reizung und Entzündung der Dünndarmschleimhaut durch Anheftung der Bandwürmer. Achtung: Infektionsgefahr für den Menschen durch die mit dem Kot ausgeschiedenen Eier. Auslösung gravierender Erkrankungen beim Menschen, zum Teil tödlich. Entstehung von tumorartig wachsenden Zysten hauptsächlich in Leber und Lunge!
Ursache: Dünndarmparasiten, Ansteckung über Zwischenwirte, die infektionsfähige Entwicklungsstadien (Finnen) beherbergen. Als Zwischenwirte fungieren: Schaf, Ziege, Pferd, Schwein, Kleinnager (Mäuse, Ratten).
Vorkommen: Kleiner Hundebandwurm (*Echinococcus granulosus*, Hauptendwirt Hund): weltweit, in Deutschland selten. Besonders gefährdet sind jedoch Importhunde aus südlichen Ländern, wo der Hundebandwurm weit verbreitet ist.
Kleiner Fuchsbandwurm (*Echinococcus multilocularis*, Hauptendwirt Fuchs, aber auch Hund und Katze): nur Nordhalbkugel, in Deutschland vor allem in Süddeutschland mit Baden-Württemberg, Bayern, Rheinland-Pfalz, Ausläufer bis nach Hessen, Thüringen, Niedersachsen, Nordrhein-Westfalen, auch in Österreich und Schweiz. Beim Hund selten.

Vorbeugung: Keine Verfütterung von rohen Schlachtabfällen und Innereien, Finnen hauptsächlich in Leber, Lunge, Milz, Niere, Herz, Gehirn. In verstärkt betroffenen Regionen bzw. bei verstärkt gefährdeten Hunden (Jagdhunde, Hütehunde, häufige Waldspaziergänge) sicherheitshalber vorbeugende Entwurmung alle vier Wochen.
Untersuchung und Behandlung: Kotuntersuchung mit Einachweis.
Bandwurmpräparate durch den Tierarzt.

Taeniose
Krankheitszeichen: Selten Gesundheitsstörungen, überwiegend örtliche Reizung und Entzündung der Dünndarmschleimhaut durch Anheftung der Bandwürmer, gelegentlich Durchfall, Austrocknung, Abmagerung, Futterverweigerung, Bauchschmerzen, Darmverschluss bei Massenbefall, „Schlittern" auf dem Hinterteil infolge Juckreiz durch die auswandernden Bandwurmglieder.
Ursache: Verschiedene Bandwurmarten der Gattung *Taenia*, Dünndarmparasiten. Ansteckung über Zwischenwirte, die infektionsfähige Entwicklungsstadien (Finnen) beherbergen. Als Zwischenwirte fungieren: Schaf, Ziege, Reh, Kleinnager (Ratten, Mäuse), Hase, Kaninchen.
Vorkommen: Weltweite Verbreitung. Aufgrund der Vielzahl möglicher Zwischenwirte hohes Infektionsrisiko.
Vorbeugung: Keine Verfütterung von unabgekochtem Fleisch und Innereien.
Untersuchung und Behandlung: Kotuntersuchung mit Einachweis.
Bandwurmpräparate durch den Tierarzt.

Kürbiskernbandwurm (Gurkenkernbandwurm, *Dipylideum caninum*)
Krankheitszeichen: Selten Gesundheitsstörungen, gelegentlich entzündliche Darmreizung durch Anheftung des Bandwurmes an der Darmschleimhaut. Wechselnder Appetit, Durchfall, Darmkoliken, Ausscheidung von Bandwurmgliedern mit dem Kot oder aktives Auswandern aus dem After („Schlittern" auf dem Hinterteil wegen des damit verbundenen Juckreizes). Raupenartig bewegende Bandwurmglieder in Aftergegend oder frisch abgesetzten Kotballen sichtbar oder eingetrocknete Bandwurmglieder als reiskornähnliche Gebilde im Fell an Hinterbeinen und Schwanz sowie im Lager auffindbar. Achtung: Selten Infektion des Menschen durch Zwischenträger (Flöhe) oder Übertragung infektionsfähiger Stadien durch Ablecken des Besitzers möglich!
Ursache: Dünndarmparasit, Übertragung durch Flöhe und Haarlinge, die infektionsfähige Entwicklungsstadien beherbergen.
Vorkommen: Häufigste Bandwurmart des Hundes, weltweite Verbreitung.
Vorbeugung: Konsequente Haarlings- und Flohbekämpfung.

Bandwürmer bestehen aus zahlreichen Einzelgliedern und sind abgeflacht.

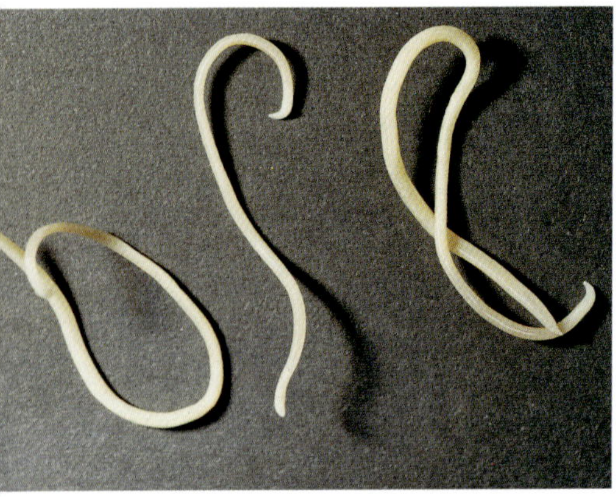

Spulwürmer besitzen einen runden Körperquerschnitt.

Untersuchung und Behandlung: Kotuntersuchung mit Nachweis der typischen Eipakete, bewegliche Bandwurmglieder oder „Reiskörnchen" auf Kot, Lager und am Fell, insbesondere in der Aftergegend.
Bandwurmpräparate durch den Tierarzt.

Spulwürmer

Krankheitszeichen: Bei Saugwelpen Lungenschäden und Lungenentzündung durch Larvenwanderung durch den ganzen Körper, Husten, Nasenausfluss, zentralnervöse Reizerscheinungen, Erbrechen, geblähter und druckempfindlicher Bauch („Wurmbauch"), ungeformter und schleimiger Kot, Abmagerung, Fressunlust, Blutarmut, Darmverschluss durch Wurmknäuel. Bei erwachsenen Hunden nur selten Krankheitserscheinungen. Achtung: Spulwurmeier stellen Infektionsgefahr vor allem für Kinder dar!

Ursache: Dünndarmparasit, Ansteckung mit infektionsfähigen Larven im Mutterleib der Hündin oder beim Säugen sowie über Auflecken von Wurmeiern aus Kot oder von kotbeschmutzten Gegenständen.

Vorkommen: Weltweit, sehr häufig auftretend. Welpen müssen als befallen angesehen werden!

Vorbeugung: Planmäßige Entwurmung der Mutterhündin sowie von Welpen (ab der 2. Lebenswoche) und Junghunden. Regelmäßige Kotuntersuchungen und gezielte Behandlung beim erwachsenen Hund, Kotbeseitigung und gründliche Hygiene in Hundezuchten.

Untersuchung und Behandlung: Mikroskopische Kotuntersuchung mit Einachweis. Nur selten sind erwachsene Spulwürmer im Kot oder Erbrochenen mit bloßem Auge sichtbar.
Spulwurmwirksame Parasitenpräparate in Saft-, Pasten- oder Tablettenform.

Hakenwürmer

Krankheitszeichen: Welpen erkranken am schwersten – Abmagerung, rasche Ermüdbarkeit, Durchfall (häufig blutig), Austrocknung, Blutarmut. Bei erwachsenen Hunden nur selten Krankheitserscheinungen, vorwiegend entzündliche Veränderungen der Darmschleimhaut durch die blutsaugenden Parasiten. Achtung: In die Haut des Menschen eingedrungene Larven führen zu örtlichen Hautreizungen (*Larva migrans cutanea*)!
Ursache: Blutsaugende Dünndarmparasiten, Ansteckung mit infektionsfähigen Larven über die Muttermilch sowie durch Auflecken von Larven oder Larveneinwanderung nach Durchbohren der Haut.
Vorkommen: Sehr häufig, Welpen müssen als befallen gelten!
Vorbeugung: Planmäßige Entwurmung der Mutterhündin sowie von Welpen (ab der 2. Lebenswoche) und Junghunden. Regelmäßige Kotuntersuchungen und gezielte Behandlung beim erwachsenen Hund, Kotbeseitigung und gründliche Hygiene in Hundezuchten.
Untersuchung und Behandlung: Mikroskopische Kotuntersuchung mit Einachweis. Gelegentlich mit dem Kot ausgeschiedene nur wenige Millimeter große Hakenwürmer mit bloßem Auge nur schlecht sichtbar.
Hakenwurmwirksame Parasitenpräparate in Saft-, Pasten- und Tablettenform.

Peitschenwürmer

Krankheitszeichen: Darmschleimhautentzündung durch Eindringen der Peitschenwürmer in die Schleimhautoberfläche, Durchfall zum Teil blutig, Blutverlust, Blutarmut, Entwicklungsstörungen beim Junghund, Kräfteverfall.
Schwerwiegende Verläufe vor allem bei massivem Wurmbefall sowie bei Welpen und Junghunden. Bei erwachsenen Tieren in der Regel klinisch unauffällig.
Ursache: Blutsaugende Dickdarmparasiten, Infektion durch ansteckungsfähige Eier aus Fuchs- und Hundekot.
Vorkommen: Weltweit, bei Hunden aller Altersstufen, gehäuft jedoch bei Junghunden.
Vorbeugung: Häufige und gründliche Entfernung des Kotes in Zwingern und Hundezuchten. Regelmäßige Kotuntersuchungen und gezielte Behandlung zum Aufspüren von „stummen" Parasitenträgern.
Untersuchung und Behandlung: Wiederholte mikroskopische Kotuntersuchungen im Verdachtsfall mit Einachweis.
Peitschenwurmwirksame Parasitenpräparate in Saft-, Pasten- oder Tablettenform.

Lungenwurm (Französischer Herzwurm)

Krankheitszeichen: Fieber, verminderter Appetit, Gewichtsverlust, schnelle Ermüdung, zunehmender Konditionsmangel, Atemwegsprobleme: feuchter, zum Teil blutiger Husten, Atemnot, Nasenausfluss, seltener Blutgerinnungsstörung, Unterhautblutungen, Blutarmut.

Ursache: Im rechten Herzen und den Lungenarterien parasitisch lebende Wurmart (*Angiostrongulus vasorum*), Parasit von Fuchs, Dachs, Wolf und Hund, Fuchs stellt dabei größtes Parasitenreservoir dar. Die Ansteckung erfolgt über larvenhaltige Zwischenwirte (Land- und Wasserschnecken).
Vorkommen: Ursprünglich in Südwest-Frankreich, Irland, Südwest-England und Dänemark (Insel Seeland) beheimatet, inzwischen in zahlreichen Ländern Europas inklusive Schweiz und Österreich, auch in Deutschland weiter verbreitet als bisher angenommen, vor allem im Südwesten und Westen mit vereinzelten Herden in Bayern, Sachsen und Brandenburg; somit keine reine Importparasitose.
Vorbeugung: Regelmäßige Kotuntersuchungen (vor allem bei Reisen in betroffene Länder und Regionen) und vorbeugende Behandlung, wenn Wohnort in betroffener Region Deutschlands.
Untersuchung und Behandlung: Larvennachweis im Kot infizierter Hunde (Sammelkotprobe von mehreren (drei) Tagen aufgrund unregelmäßiger Ausscheidung), Larvennachweis im Bronchialsekret nach Bronchialspülung, Röntgen.
Lungenwurmwirksame Parasitenpräparate zur Aufträufelbehandlung oder in Tablettenform.

Einzeller

Giardiose (Giardiasis, Lambliasis)

Krankheitszeichen: Hartnäckiger, wechselnder Durchfall, schleimiger, faulig riechender Kot mit Blutbeimengungen, gelegentlich Erbrechen, Abmagerung, Kümmern, mangelhafte Nahrungsverwertung bei erhaltenem Appetit, schwerwiegende Verläufe vor allem bei Welpen und geschwächten Hunden.
Achtung! Erkrankung des Menschen möglich. Besonders bei Kindern äußert sich Giardiose mit Durchfall, Mangelernährung und Wachstumsverzögerung. Verschleppung von infektiösen Stadien durch Fliegen auf menschliche Nahrung möglich.
Ursache: Einzelliger Dünndarmparasit. Ansteckung über mit dem Kot ausgeschiedene hochinfektiöse Entwicklungsstadien (Zysten) aus der Umgebung oder über verschmutztes Trinkwasser. Krankheitsbegünstigend wirken bestimmte Begleitfaktoren (Veränderung der Darmflora, Abwehrschwäche).
Vorkommen: Weltweit verbreitet, häufiger vorkommend als bisher angenommen, auch bei Hunden unter guten Haltungsbedingungen; in Zuchten oder Tierheimen oft Befallsrate von 100 Prozent.
Vorbeugung: Kotbeseitigung und gründliche Hygiene in Tierheimen und Zwingeranlagen, Reinigung der Boxen und Zwinger mit Dampfstrahlgeräten, Befestigung von Ausläufen, Trockenlegen feuchter Areale.
Untersuchung und Behandlung: Mikroskopischer Direktnachweis des Erregers im Kot. Wegen unregelmäßiger Zystenausscheidung meist mehrmalige Probenuntersuchung notwendig. Erregerantigennachweis im Kot.
Parasitenwirksame Präparate in Saft-, Pasten- oder Tablettenform.

Toxoplasmose

Krankheitszeichen: Die meisten Infektionen verlaufen klinisch unauffällig, schwere Allgemeinstörungen bei Junghunden mit Fieber, Brechdurchfall, eitrigem Nasenausfluss, Mandelentzündung, Herzinsuffizienz, Herzrhythmusstörungen, Husten, Erkrankungen des Zentralnervensystems mit Gehirn- und Rückenmarkentzündung, Krämpfen, Koordinationsstörungen, Muskelzittern sowie Muskelsteifheit, Gelenkschmerz, Schwäche und Lähmung. Tot- und Fehlgeburten bei trächtigen Hündinnen.

Ursache: Einzelliger Parasit, Ansteckung durch Füttern von rohem, erregerhaltigem Fleisch (vor allem Schweinefleisch, seltener Schaf- oder Ziegenfleisch), durch Katzenkot oder Erbeuten von Vögeln und Nagetieren (Mäuse). Aktivierung stummer Infektion durch Abwehrschwächung (längere Kortisonbehandlung, andere Infektionserkrankungen).

Vorkommen: Klinische Erkrankungen selten, fast nur bei Junghunden (unter 1 Jahr), alten oder abwehrgeschwächten Hunden. Keine Ausscheidung infektionsfähiger Erreger durch den Hund, deshalb Hund keine Ansteckungsgefahr für den Menschen!

Leben Hund und Katze zusammen, kann sich der Hund durch den Katzenkot mit Toxoplasmose infizieren.

Vorbeugung: Kein rohes Fleisch verfüttern, Kochen (über 68 °C) oder Tiefkühlung (-18 °C) tötet Erreger ab, Vermeidung von Kontakt mit Katzenkot.
Untersuchung und Behandlung: Direkter Erregernachweis in Blut, Hirnwasser (Liquor), Augenkammerwasser und Gewebe, wiederholte Antikörperbestimmung im Blut.
Langzeitbehandlung mit Antibiotika durch den Tierarzt.

Kokzidiose

Krankheitszeichen: Schwere Krankheitserscheinungen, vor allem nach massiver Erregeraufnahme und bei abwehrgeschwächten Welpen und Junghunden mit blutig-wässrigem Durchfall, Fieber, Futterverweigerung, Abgeschlagenheit, Abmagerung. Bei älteren Tieren häufig symptomlos oder dünnbreiiger Kot.
Ursache: Verschiedene Arten einzelliger Darmparasiten, Einnistung und Vermehrung in der Schleimhaut von Dünn- und Dickdarm. Vorwiegend direkte Ansteckung mit infektionsfähigen Entwicklungsstadien aus der Umgebung, aber auch über Beutetiere (Maus, Ratte, Hamster) oder Nahrungstiere (Ziege, Rind, Schaf, Kaninchen).
Vorkommen: Selten, vor allem Welpen und Junghunde betroffen, mitunter explosionsartige Ausbreitung in großen Hundehaltungen.
Vorbeugung: Gründliche Hygiene und rasche Entfernung des Kotes in großen Hundehaltungen. Keine Verfütterung von rohem Fleisch oder Innereien.
Untersuchung und Behandlung: Kotuntersuchung in Verbindung mit Erregernachweis.
Erregerbekämpfung mit kokzidienwirksamen Medikamenten bzw. spezifischen Antibiotika.

Durch Blutparasiten hervorgerufene Reisekrankheiten

Während derartige Infektionserkrankungen noch vor gut einem Jahrzehnt als exotisch galten, gehören sie mittlerweile zum Alltag in deutschen Tierarztpraxen. Neben der ständig steigenden Zahl an Hunden, die ihre Besitzer in die Urlaubsgebiete begleiten, ist auch die zunehmende Zahl von Tierimporten aus den Risikogebieten durch Tierschutzorganisationen oder den grenzüberschreitenden Hundehandel verantwortlich. Importtiere zeigen oft nur milde Krankheitsanzeichen, während für mitreisende Hunde auch bei nur kurzem Aufenthalt in den Urlaubsgebieten ein hohes Erkrankungsrisiko besteht, da sie für die entsprechenden Erreger voll empfänglich sind.
Durch die Überführung dieser nicht heimischen Erregerarten nach Deutschland besteht zumindest regional die Gefahr der Etablierung von neuen Infektionsherden, falls gleichzeitig für die Überträgertiere (Insekten, Zecken) geeignete klinische Bedingungen vorliegen. Hieraus ist auch das zunehmend häufigere Auftreten von Erkrankungsfällen bei Tieren erklärbar, die niemals zuvor im Ausland waren. Nicht zu unterschätzen ist die Gefährdung der menschlichen Gesundheit, da erkrankte Tiere ein Erregerreservoir für Infektionen des Menschen (Zoonosen) darstellen.

Bei der Urlaubsplanung sollte man sich daher umfassend über Möglichkeiten der Erkrankungsvorbeugung erkundigen. Der beste Schutz besteht jedoch darin, den Hund bei Reisen in Risikogebiete zu Hause zu lassen. Tiere, die aus gefährdeten Regionen stammen, sollten einer gründlichen Untersuchung auf potenzielle Infektionserreger durch den Tierarzt unterzogen werden, auch wenn sie klinisch völlig unauffällig erscheinen. Zu den Reisekrankheiten zählen neben den in diesem Kapitel beschriebenen Erkrankungen durch Blutparasiten auch die Ehrlichiose (siehe S. 157f.) oder Lungenwurmerkrankungen (siehe S. 169f.).

Babesiose (Piroplasmose, Hundemalaria)

Krankheitszeichen: Mattigkeit, Appetitlosigkeit, Schwäche, hohes Fieber (bis 42 °C), blasse Schleimhäute infolge Blutarmut, gelbe Schleimhäute und grünbrauner Urin durch Zerstörung roter Blutzellen, Haut- und Schleimhauteinblutungen, Abmagerung, angestrengte Atmung, Nierenfunktionsstörungen. Nicht selten tödlicher Ausgang durch Multiorganversagen.

Ursache: Einzelliger Blutparasit, Übertragung durch Zeckenstich.

Vorkommen: Verbreitet in Südeuropa sowie Ungarn, Süd- und Westschweiz, Frankreich, Norditalien, Belgien, Niederlande, Südösterreich, Slowenien, Südpolen, Rumänien, Ukraine.

Mit der Ausbreitung der Überträgerzecke (Auwaldzecke) in ganz Deutschland zunehmend auch Fälle ohne vorherigen Auslandsaufenthalt, Einschleppung von Erreger und Überträgerzecke durch Hundetourismus.

Vorbeugung: Zeckenvorbeugung (Tabletten, Zeckenhalsband, Aufträufel- oder Sprühbehandlung) mit Zeckenmitteln, die zeckenabwehrende und/oder zeckentötende Wirkung besitzen, regelmäßige Zeckenkontrolle im Fell nach jedem Spaziergang, frühzeitiges Entfernen der Zecken reduziert Gefahr der Erregerübertragung erheblich. Hunde nicht mit in Risikogebiete mitnehmen, da unsere Hunde hochemp-

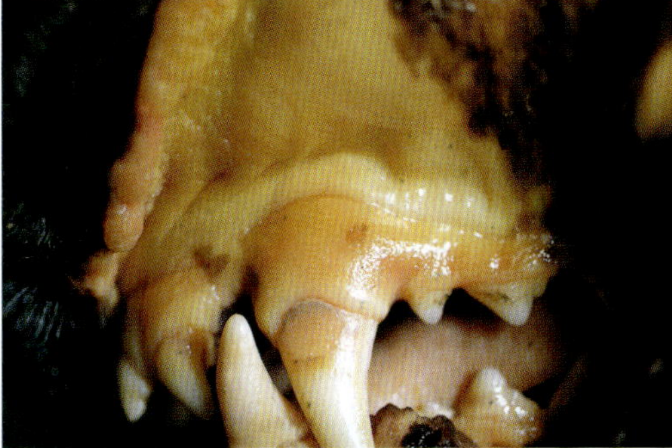

Diese hochgradige Gelbverfärbung der Maulschleimhaut (Ikterus) entstand aufgrund massiver Zerstörung roter Blutzellen bei einem Hund mit Babesiose.

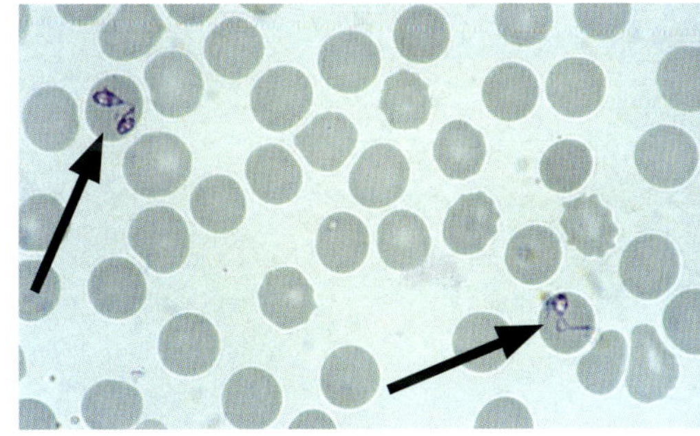

In diesem Blutausstrich erkennt man die paarigen, birnenförmigen Erreger der Babesiose (Babesia canis), die zur Zerstörung der befallenen roten Blutkörperchen führen (Pfeile).

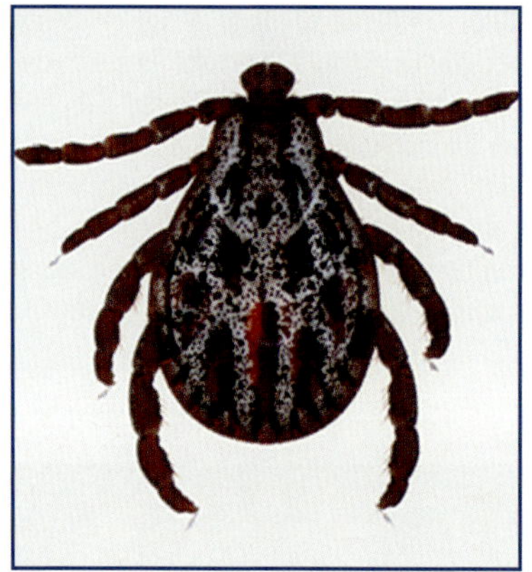

Die Bunt- oder Auwaldzecke (Dermacentor reticulatus) gehört nicht zu den heimischen Zeckenarten, sondern wurde nach Deutschland durch den Tiertourismus eingeschleppt und gilt als Überträger der Babesiose.

fänglich sind. Impfung möglich, Impfstoff in Deutschland derzeit jedoch nicht zugelassen.

Untersuchung und Behandlung: Blutuntersuchung einschließlich Antikörpertiterbestimmung, direkter Erregernachweis im Blut oder mikroskopischer Nachweis im gefärbten Blutausstrich.

Medikamentöse Erregerbekämpfung durch den Tierarzt, Begleitbehandlung entsprechend der Krankheitszeichen (unter anderem Bluttransfusion bei ausgeprägter Zerstörung roter Blutkörperchen), zum Teil intensivmedizinische Versorgung durch den Tierarzt.

Leishmaniose

Krankheitszeichen: Haut- und Haarkleidveränderungen einschließlich Haarlosigkeit, asbestartige Schuppen, geschwürige Hautentzündungen, abnormes

Die massiv schrundige Veränderung des Nasenspiegels bei einer Deutschen Dogge ist hervorgerufen durch Leishmaniose.

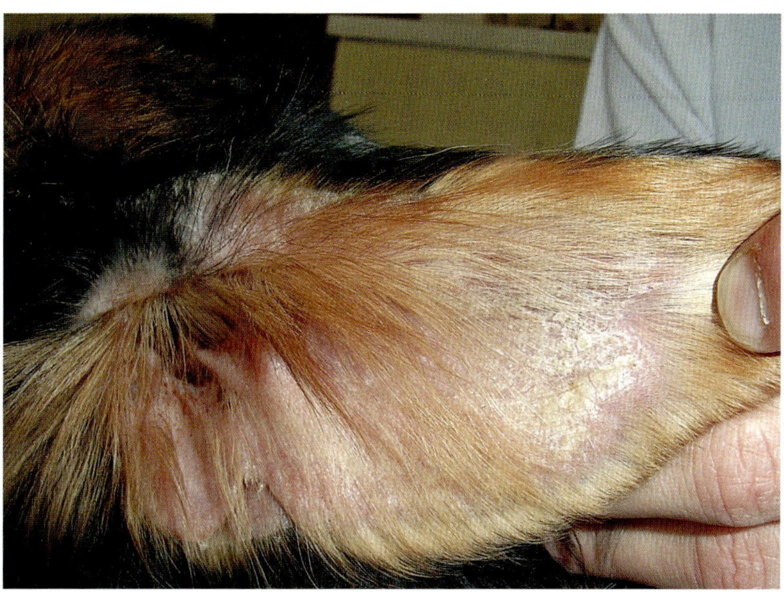

Borkig asbestartige Schuppen der äußeren Haut, vor allem an den Ohren, können ein Hinweis auf Leishmaniose sein.

Krallenwachstum, spröde und brüchige Krallen, übermäßige Verhornung des Ballenhorns, Lymphknotenschwellung, wechselnde Fieberschübe, Gewichtsverlust, wechselnder Appetit, Leistungsminderung, Nasenbluten, Blutarmut, Augenentzündungen, Nierenfunktionsstörungen, Lahmheiten, Schmerzen beim Betasten des Bauches infolge Leber- und Milzvergrößerung. Todesfälle möglich.

Ursache: Einzelliger Blutparasit, Übertragung infektionsfähiger Entwicklungsstadien durch blutsaugende Schmetterlingsmücken. Krankheitsausbruch häufig erst Monate oder Jahre nach Insektenstich.

Vorkommen: Bedeutendste parasitäre Reiseinfektion in unseren Breiten, Risikogebiet Mittelmeerraum und Portugal sowie Teile der Schweiz. Einschleppung über Hundetourismus.

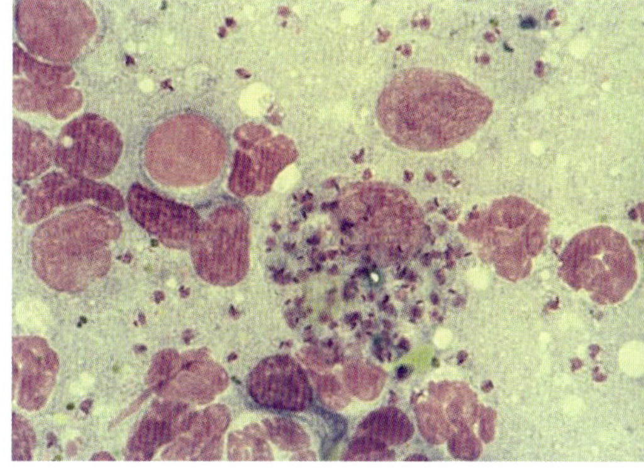

Gewebeprobe (Feinnadelaspiration = FNA) aus einem vergrößerten Lymphknoten: Die zentral gelegene Abwehrzelle (Makrophage) ist vollgepackt mit kleinen blauvioletten Leishmanienerregern.

Vorbeugung: Mitteleuropäische Hunde sehr empfänglich, während Mückensaison von April bis November möglichst nicht in Risikogebiete mitnehmen. Unterbringung der Hunde in mückensicheren Räumen oder unter Moskitonetzen (< 0,4 mm Maschenweite) während der Abend- und Nachtstunden (Flugzeiten der Schmetterlingsmücken von Sonnenuntergang bis Sonnenaufgang!), Benutzung von Deckenventilatoren und Klimaanlagen, Meidung von Brutplätzen der Schmetterlingsmücken (Keller, verfallene Gebäude, Müllplätze, Ställe) mit ausreichend feuchten Nischen, Insektenabwehrmittel vor Reiseantritt. Mittlerweile wird bei uns auch eine Impfung gegen Leishmaniose angeboten. Fragen Sie Ihren Tierarzt.
Untersuchung und Behandlung: Blutuntersuchung mit Antikörpernachweis, mikroskopischer Erregernachweis in Hautabklatschpräparaten bzw. in Gewebeproben von erkrankten Hautarealen, vergrößerten Lymphknoten, Knochenmark oder Gelenkflüssigkeit. Erregerdirektnachweis aus Bindehautabstrichen, Organ- und Gewebeproben.
Langwierig, kostenintensiv, teilweise erfolglos, Medikamente mit zahlreichen Nebenwirkungen, Zurückdrängung und Abtötung der Erreger, keine vollständige Heilung möglich.

Filariosen

Herzwurmkrankheit (Kardiopulmonale Dirofilariose)

Krankheitszeichen: Chronischer Husten, zum Teil mit Blutbeimengungen im Speichel, Lungenentzündung, Leistungsschwäche, Gewichtsverlust, Blutarmut, Atemnot, Bauchwassersucht, Herzrasen, Ohnmachtsanfälle nach Anstrengung, Lebervergrößerung, Nierenfunktionsstörungen.
Ursache: Im rechten Herzen und den Lungenarterien parasitisch lebende Wurmart (*Dirofilaria immitis*), Ansteckung über erregerhaltige Stechmücken.
Vorkommen: Vorwiegend feuchtwarme Gegenden in Südeuropa, Amerika, Afrika, Südasien, Australien, gesamter Mittelmeerraum (Spanien, Italien bis zu den Alpen), Südschweiz (Kanton Tessin) und Frankreich bis nördlich von Paris. Risikoregionen stellen vor allem Norditalien (Poebene und Toskana) oder die Kanarischen Inseln La Palma oder Teneriffa dar. Einschleppung nach Deutschland über Hundetourismus.
Vorbeugung: Hunde während Mückensaison (April bis Oktober) nicht in Risikogebiete mitnehmen bzw. nach Einfuhr oder Urlaubsrückkehr beim Tierarzt zur Untersuchung vorstellen. Medikamentöse Vorbeugung zur Verhinderung der Larvenansiedlung und Stechmückenabwehr vor Reiseantritt.
Untersuchung und Behandlung: Direktnachweis von Larvenstadien (Filarien) im Blut (Knott-Test), Blutuntersuchung einschließlich Antigennachweis, Röntgen von Herz und Brustkorb, EKG, Herzultraschall.
Medikamentöse Bekämpfung der erwachsenen Würmer (risikoreich) und der im Blut kreisenden Larvenstadien, in hochgradigen Fällen chirurgische Entfernung größerer Wurmknäuel aus Blutgefäßen.

Kutane Dirofilariose

Krankheitszeichen: Schmerzlose Knoten in der Unterhaut, seltener juckende Hautreaktionen.

Ursache: Im Unterhautbindegewebe und der Muskulatur parasitisch lebende Wurmart (*Dirofilaria repens*), Ansteckung über erregerhaltige Stechmücken (auch die meisten heimischen Mückenarten sind als Überträger geeignet).

Rechtes Herz und Lungenarterie sind massiv mit Herzwürmern besiedelt.

Vorkommen: Im gesamten Mittelmeerraum, Portugal, auf den Kanaren, Tschechien, Slowakei, Ungarn, Weißrussland, Ukraine. Einschleppung nach Deutschland über Hundetourismus. Zunehmend auch in Österreich und Deutschland (unter anderem Raum Speyer/Karlsruhe) inländische Infektionen ohne Auslandsaufenthalt. Hund, Katze und wild lebende Fleischfresser stellen Erregerreservoir für Erkrankungen des Menschen (Zoonose) dar. Beim Menschen treten tumorähnliche Knoten in der Haut oder an den Augenlidern auf.

Vorbeugung: Medikamentöse Vorbeugung zur Verhinderung der Larvenansiedlung und Stechmückenabwehr vor Reiseantritt.

Untersuchung und Behandlung: Direktnachweis von Larvenstadien (Filarien) im Blut (Knott-Test).

Chirurgische Entfernung der erregerhaltigen Hautknoten.

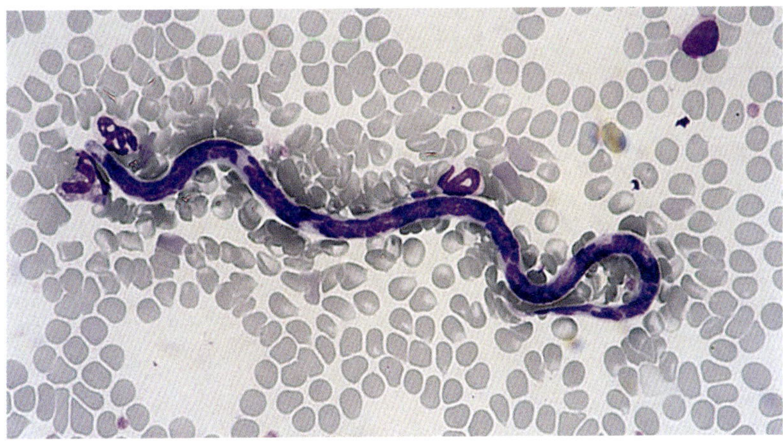

Hier erkennt man eine Filarie (Larvenstadium der Dirofilarien) inmitten zahlreicher roter und vereinzelter weißer Blutzellen sowie einzelner Blutplättchen.

Abstellen bzw. Behandlung der auslösenden Ursachen, Juckreizlinderung, Badebehandlung mit Spezialshampoos zur Talg- und Hautschuppenlösung, ausreichende Vitamingaben (A und E), Zusatz von ungesättigten, essenziellen Fettsäuren (Distelöl, Walnussöl, Hanföl, fettsäurehaltige Kapselpräparate), Antibiotika bei zusätzlicher bakterieller Hautinfektion.

Allergische Hauterkrankungen

Krankheitszeichen: Meist stark ausgeprägter Juckreiz als Kennzeichen aller Erkrankungsformen. Durch intensives Kratzen, Benagen und Lecken entstehen eine Reihe verschiedenartiger Hautveränderungen mit Rötung, eitrig-nässenden Hautschäden, Verkrustung, Pusteln, Bläschen, Haarausfall, bakterieller Hautentzündung. Plötzlich auftretende kleine oder größere Quaddeln im Kopf- und Rumpfbereich nicht selten verbunden mit teigiger Verschwellung des Kopfes (Nilpferdkopf) beim Nesselfieber. Bei Futterunverträglichkeit oder -allergie oft gleichzeitig Magen-Darm-Probleme mit Durchfall, Erbrechen, häufigem Kotabsatz.
Ursache: Allergie (Überempfindlichkeit), „überschießende" Reaktion des Abwehrsystems.
Grundsätzlich kann jeder natürliche (Gräser, Tierhaare usw.) oder künstliche (Arzneimittel, Futtermittel usw.) Stoff eine Allergie auslösen. Häufige Fremdstoffe (Allergene = Stoffe, die Allergien auslösen) und die von ihnen verursachten allergischen Hauterkrankungen sind in der Tabelle aufgeführt.
Vorkommen: Zunehmend häufiger beim Hund diagnostiziert. Rassebedingte Häufung vor allem der Atopie (Überempfindlichkeitszustand der Allergie vom Soforttyp, der auf IgE = Immunglobulinen beruht und deren Auftreten erblich ist) bei Terriern, vor allem West Highland White Terrier, Foxterrier, Labrador und Golden Retriever, Shar Pei, Lhasa Apso, Deutscher Schäferhund, English und Irish Setter sowie Dalmatiner, Boxer. Futtermittelallergie seltener als oft vermutet. Saisonale Häufung bei atopischer Dermatitis.
Untersuchung und Behandlung: Exakter Vorbericht (wann und wo sind die ersten Krankheitszeichen sichtbar gewesen), gründliche Allgemeinuntersuchung mit Beurteilung des Verteilungsmusters der Veränderungen (bei Atopie z. B. Ohrmuschel, Gesicht, Zwischenzehenbereich, Achsel, Genitalregion), Allergietests (Hauttest, Bluttest), Ausschlussdiät bei Verdacht auf Futterallergie. Aufdecken und Ausschalten der auslösenden Ursache (Allergene) nur selten möglich. Anregung des Organismus zur Ausbildung von Gegenregulationen (Desensibilisierung), neue hochmoderne Medikamente zur Verhinderung der Entstehung und Weiterleitung des Juckreizes, Langzeitgabe von entzündungshemmenden und juckreizlindernden Medikamenten, Futterumstellung (Diät), möglichst allergenfreie Umgebung, Frubiase-Kalzium-Trinkampullen zur Gefäßabdichtung bei Nesselfieber, Behandlung der Folgen des intensiven Juckreizes (örtliche oder vollständige Bade- und Waschbehandlung zur Schuppenlösung, Antibiotika), Flohbekämpfung. Allergische Hauterkrankungen können auch in einen lebensbedrohlichen Schock übergehen, der unverzüglich und intensiv durch den Tierarzt als Notfall behandelt werden muss.

Erkrankungsform	verursacht durch
Nesselfieber (Urtikaria)	stechende Insekten, Impfstoffe, Hitze, intensive Sonneneinstrahlung, Hormone, Futter, Medikamente
Umweltallergie = Atopie	Pollen (Gräserpollen, Blütenpollen), Schimmelpilze, Hausstaubmilben, Schuppen und Haare anderer Tiere, Bakterien, Nahrungsmittel, Rauch
Futterallergie	Soja, Fisch, Fleisch (Rind, Lamm), Milch, Ei, Getreide (Gluten), Ursache: Futterproteine
Allergische Kontaktdermatitis	Kontakte von spärlich behaarten oder haarlosen Körperstellen mit Farbstoffen, Haushaltsreinigern, Textilien (Teppichböden), Plastikweichmachern (Fressgeschirr), Flohhalsbändern, Hundehalsbändern und Brustgeschirren, Desinfektions- und Waschmitteln, Holzkonservierungsmitteln, Tierfellen
Arzneimittel-exanthem	verschiedenartige Medikamente, z.B. Antibiotika, Impfstoffe, Parasitenmedikamente
Flohstichallergie	Flohspeichel (ein Floh reicht oft schon aus, um das Krankheitsbild auszulösen)

Infektiöse Hauterkrankungen

Hautparasiten

Siehe Kapitel „Erkrankungen durch Parasiten“.

Hautpilze

Siehe Kapitel „Erkrankungen durch Viren, Bakterien und Pilze“.

Bakterielle, eitrige Hautinfektionen (Pyodermie)

Krankheitszeichen: Hautrötung, Eiterpusteln, entzündete Haarbälge (Follikulitis), Hautabszesse, oberflächlich feucht-schmierige, zum Teil eitrige Hautveränderungen, sekretverklebte Haare, Krusten- und Schuppenbildung, geschwürig veränderte Hautbereiche. Juckreiz, entweder auf bestimmte Körperregionen beschränkt (Nasenrückenpyodermie, Gesichts- oder Schwanzfaltenpyodermie) oder nahezu den gesamten Körper betreffend (Schäferhundpyodermie).
Ursache: Eiterbakterien, Krankheitsauslösung ohne Vorschädigung der Haut sehr selten, meist massive Bakterienvermehrung nach vorheriger Hautschädigung durch andere Ursachen (allergisch, Hautpilze, Parasiten, Verletzung, Seborrhoe, hormonelle Erkrankungen). Die gesunde Haut des Hundes ist von einer Vielzahl von Mikroorganismen besiedelt, die jedoch erst nach massiver Vermehrung oder Überwindung der natürlichen Schutzmechanismen der Haut Krankheitszeichen auslösen. Begünstigt wird die Entstehung bakterieller Hautinfektionen durch mangelnde Hygiene und Fellpflege sowie durch ein feuchtwarmes Milieu an ver-

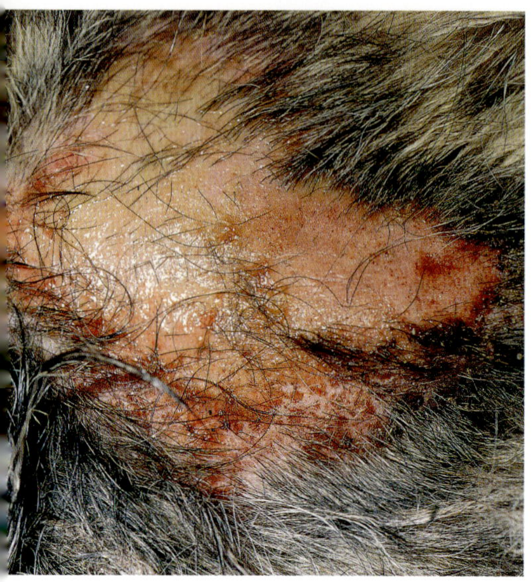

Die feucht-schmierige Hautoberfläche weist auf eine eitrige Hautinfektion hin.

schiedenen Hautstellen (Gesichtsfalten, Schamfalten, Schwanzfalten, Lippenfalten). Von entscheidender Bedeutung für Diagnose, Behandlung und Heilungsverlauf ist es, ob vorwiegend oberflächliche oder auch tiefere Hautschichten von der Infektion betroffen sind.

Vorkommen: Rassebedingt gehäuftes Auftreten der Hautfaltenentzündung (Dermatitis).

- Gesichtsfaltendermatitis: kurzköpfige Hunderassen wie Pekingese, Mops, Bulldogge
- Lippenfaltendermatitis: Cocker Spaniel, Setter, Bernhardiner
- Schamfaltendermatitis: fettleibige Hündinnen vieler Rassen
- Schwanzfaltendermatitis: Boston Terrier, Bulldogge, Mops
- Körperfaltendermatitis: Shar Pei, Dackel, Cocker Spaniel

Altersbedingte Häufung, z. B. Akne des Junghundes (vor der Pubertät).

Vorbeugung: Regelmäßige Fellpflege und Kontrolle von Haut- und Haarkleid. Vor allem während des Fellwechsels müssen abgestoßene, tote Haare schnell aus dem Fell entfernt werden, besondere Beachtung gilt bevorzugt betroffenen Hautregionen (Gesichtsfalten, Schwanzfalte).

Untersuchung und Behandlung: Gründliche Allgemeinuntersuchung, Anzüchtung von Bakterien oder Pilzen aus Hauttupferproben (Bakterienkultur), mikroskopische Beurteilung von Gewebeproben aus Hautstanzen oder Hautpunktaten, Aufdecken und Abstellen der auslösenden Ursachen (Parasiten, Hautpilze, Seborrhoe). Nur so kann die eingeleitete Hautbehandlung letztlich erfolgreich sein.

Vorsichtiges aber großzügiges Scheren der betroffenen Hautstellen (eventuell des ganzen Hundes) häufig notwendig. Badebehandlung mit desinfizierenden schuppen- und krustenlösenden Spezialshampoos, Juckreizlinderung, Antibiotika bei oberflächlichen Veränderungen für zwei bis vier Wochen, bei tiefen Pyodermien mitunter sechs bis acht Wochen und länger, Vitamin-A-Gaben. Für bestimmte Bakterienarten Impfstoffe einsetzbar (Staphylokokkenvakzinen), die durch eine unspezifische Anregung des Abwehrsystems helfen sollen, Rückfälle zu reduzieren und Antibiotika zu sparen.

Hauttumoren

Krankheitszeichen: Knotenförmige, knopfartige, gut abgegrenzte und verschiebliche, aber auch schlecht abgesetzte großflächigere Veränderungen. Durch Kratzen oder Belecken häufig oberflächlich geschwürig verändert und bakteriell besiedelt. Anhand von Aussehen, Größe und Wachstumsgeschwindigkeit ist eine Beurteilung der Art bzw. des Verhaltens (gut- oder bösartig) allein nicht möglich. Klarheit über die Beschaffenheit eines Tumors gibt nur eine Gewebeuntersuchung im Labor.

Ursache: Überschießende, unregulierte Wucherung verschiedener Hautzellen (Entartung).

Häufigste Tumorarten:

- Talgdrüsenneubildungen (Talgdrüsenadenom) – gutartig
- Entartung von Hautdrüsen und Haarfollikeln (Basaliom) – gutartig
- Histiozytom – gutartig
- Mastzelltumor – bösartig
- Fettgewebsgeschwulst (Lipom) – gutartig
- Warzen (Papillome) – gutartig
- Bindegewebstumoren (Fibrosarkom) – bösartig
- Melanome – überwiegend gutartig
  (im Gegensatz zu Melanomen der Schleimhaut)
- Plattenepithelkarzinom – bösartig

Unterscheidung von den ähnlich aussehenden **Zysten**, die im eigentlichen Sinne aber keine Neubildungen darstellen. Typischer Vertreter ist der Grützbeutel (Atherom), der durch Verstopfung der Ausführungsgänge von Talgdrüsen entsteht (Anschoppung von Talgsekret).

Vorkommen: Haut beim Hund sehr häufig mit Tumoren befallen, vor allem bei älteren Tieren. Gehäuftes Auftreten von Mastzelltumoren bei Boxer, Boston Terrier, Französische Bulldogge, English Setter und Deutsch Drahthaar.

Histiozytome vorwiegend bei jüngeren Tieren (unter zwei Jahre), gehäuft bei Boxer, Dackel, West Highland White Terrier.

Plattenepithelkarzinom an den Pfoten gehäuft bei Schnauzern (Riesen-, Mittelschnauzer, Schnauzermischlinge).

Untersuchung und Behandlung: Gründliche Allgemeinuntersuchung mit Abtasten der oberflächlichen Lymphknoten. Entnahme einer Hautstanze oder Punktion der Hautzubildung mit Entnahme einer Gewebeprobe (Feinnadelaspiration = FNA) zur Abgrenzung entzündlicher Prozesse und der Unterscheidung von gut- oder bösartigen Neubildungen.

Gutartige Tumoren können belassen werden, wenn sie aufgrund ihrer Lage und Größe keine Behinderung für das Tier darstellen und vom Tier toleriert werden. Bösartige Tumoren oder entzündlich veränderte gutartige Neubildungen sollten mit einer Schnittführung weit im gesunden Gewebe chirurgisch entfernt werden.

Liegeschwielen (Hygrome)

Krankheitszeichen: Faltige, schrundig-schwartige Hautverdickung über Knochenvorsprüngen, Haarlosigkeit, mehr oder weniger starke schleimige Flüssigkeitsfüllung („falsche Schleimbeutel“), Gefahr der Entstehung einer eitrigen Entzündung durch Eindringen von bakteriellen Erregern.
Ursache: Starke mechanische Beanspruchung der Haut über Knochenvorsprüngen beim Abliegen oder Anschlagen, vorwiegend seitlich an Ellenbogen, Hand- oder Fußwurzelgelenk, Sitzbeinhöcker sowie Brustbein.
Vorkommen: Vor allem große, schwere Hunderassen sind betroffen wie Irish Wolfhound, Deutscher Schäferhund, Neufundländer.
Vorbeugung: Weiche Polsterung der Liegeplätze, „Erziehung“ von großwüchsigen Hunden zum langsamen Abliegen, Vermeidung von Liegen auf hartem, rauem Boden.
Untersuchung und Behandlung: Intensive Hautpflege, um die Haut geschmeidig zu halten und zur Bekämpfung oberflächlicher Entzündungen (Melkfett, Babyöl, entzündungshemmende Salben, Cremes oder Emulsionen); weiche Polsterverbände z.B. Ellenbogenschoner. Operative Spaltung stark entzündeter und massiv geschwollener Veränderungen mit offener Wundbehandlung bzw. komplette operative Entfernung. Keine Entfernung aus „kosmetischen“ Gründen. Absaugen von Flüssigkeit bringt häufig nur vorübergehenden Erfolg und erhöht das Infektionsrisiko.

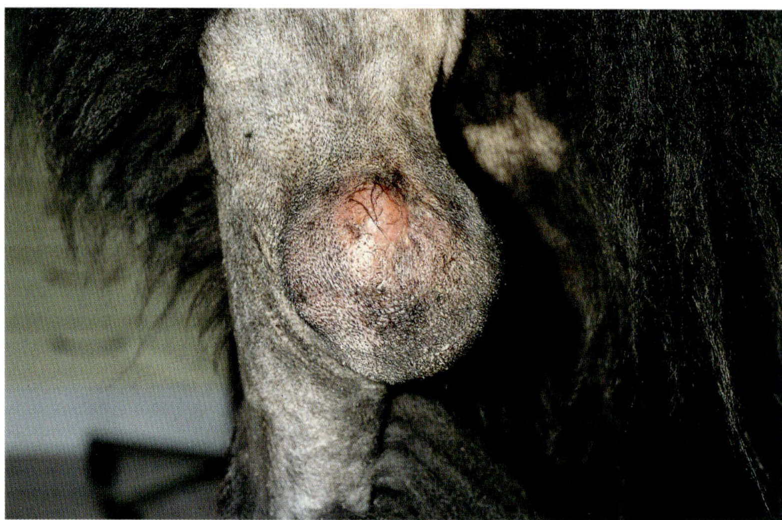

Faustgroße Schwellung einer Liegeschwiele bei einem Neufundländer nach bakterieller Infektion.

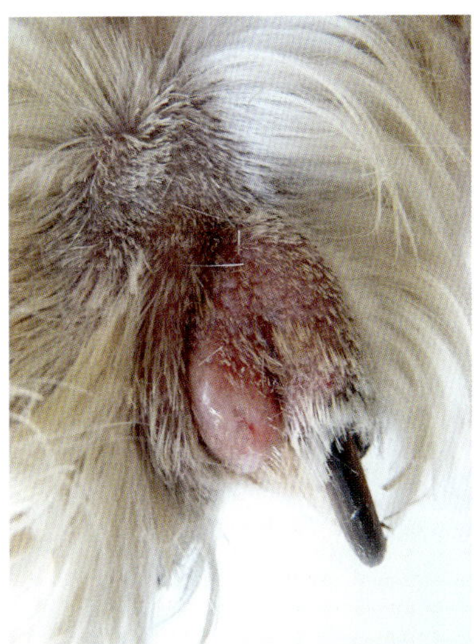

Abszesse im Zwischenzehenbereich werden häufig durch Dornen oder Grannen hervorgerufen und führen zu Lahmheit und intensivem Pfotenschlecken.

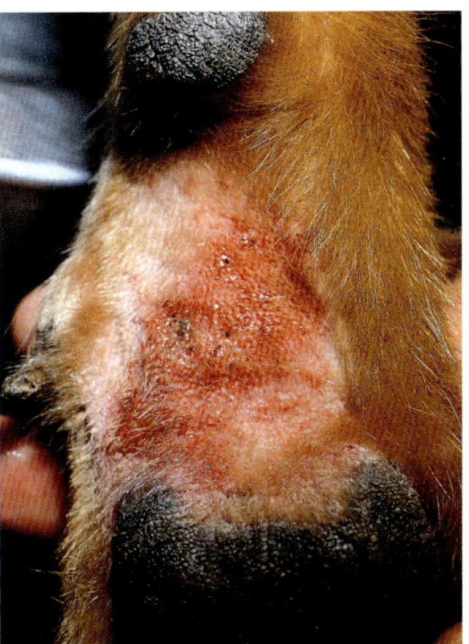

Eine feucht-schmierige Oberfläche und starke Rötung werden beim Pfotenekzem meistens durch lang anhaltendes Lecken verursacht.

Zwischenzehenekzem

Krankheitszeichen: Rötung und Juckreiz im Zwischenzehenbereich mit feucht-schmieriger Hautoberfläche, Neigung zu Eiterabszessen oder Fisteln, Entlastung der betroffenen Pfoten, häufiges, lang anhaltendes Lecken und Knabbern an den Pfoten, Lahmheit.
Ursache: Mechanische Reizung (Rennen über Stoppelfelder oder scharfkantigen Kies, begünstigt durch Aufweichen der Haut nach langer Wasserarbeit), chemische Reizung (Streusalz im Winter, Zement, gelöschter Kalk), Herbstgras- oder Demodexmilben, Allergien.
Meist mehrere Pfoten betroffen. Wenn Veränderungen nur an einer Pfote auftreten, muss an eingedrungene Fremdkörper (Metall- und Glassplitter, Dornen, Grannen) gedacht werden.
Vorkommen: Häufig, oft saisonale Häufung.
Vorbeugung: Regelmäßige Kontrolle der Zwischenzehenhaut und Entfernung von Fremdmaterial (eingetrocknete Erdklumpen, Kaugummi), Abwaschen der Pfoten nach einem Winterspaziergang.
Behandlung: Bei geringgradigen oberflächlichen Hautreizungen genügen tägliche desinfizierende oder oberflächlich verschorfende Pfotenbäder (bzw. parasitenwirksame Medikamente bei Milbenbefall). Verbände, Tennissocken oder

Hundeschuhe verhindern eine erneute Verschmutzung sowie das Belecken durch den Hund. Bei Eiterabszessen oder Fisteln ist eine gründliche Wundtoilette mit Eröffnung und Ausräumen bzw. kompletter operativer Entfernung durch den Tierarzt notwendig. Lang anhaltende Antibiotikagabe, Juckreizlinderung.

Nässendes Ekzem (*Eccema madidans*, „Hot Spots")

Krankheitszeichen: Plötzlich auftretende, meist runde, oberflächlich feucht-schmierige, schmerzhafte, hochrote Hautentzündung, extremer Juckreiz, massive Verklebung der Haare durch Sekretabsonderung, Eiterung, Krustenbildung, rasche Ausbreitungstendenz.
Ursache: Ständiges Belecken oder Kratzen an Hautstellen infolge Juckreiz oder örtlicher Reizung, Parasiten, Flohstichallergie, Verletzungen, allergische Hauterkrankungen, mangelnde Pflege, zu häufiges oder langes Baden, Entzündungen des äußeren Gehörgangs, Analbeutelentzündung; häufig Ursache jedoch unbekannt.
Vorkommen: Häufiger betroffen sind langhaarige oder dicht behaarte Hunderassen wie Neufundländer, Berner Sennenhund, Deutscher Schäferhund, Bernhardiner. Begünstigend wirkt feuchtwarmes Klima (saisonal gehäuftes Auftreten). Bevorzugte Hautbereiche: Kruppe, Lendenbereich, seitliche Oberschenkelflächen, Ohrgrund.
Vorbeugung: Regelmäßige gründliche Fellpflege vor allem bei langhaarigen Hunderassen einschließlich Kontrolle der Ohren, Analbeutelkontrolle, Vermeidung von zu häufigem Baden.
Untersuchung und Behandlung: Großzügiges, schonendes Kürzen der verklebten Haare mit einer Schere bis in gesunde Bereiche (Scheren mit einer Schermaschine verursacht zusätzliche Reizungen), örtliche Waschung oder Tupfbehandlung mit mild desinfizierenden, entzündungshemmenden, antibakteriellen Lösungen, Cremes oder Emulsionen, Juckreizlinderung, Antibiotika, Halskragen zur Verhinderung des weiteren Beleckens.

Psychisch bedingte Leckdermatitis (Akrale Leckdermatitis)

Krankheitszeichen: Haarlose begrenzte Hautstellen mit zunehmender Hautverdickung und langsamer Vergrößerung, später entzündlich geschwürig verändert und nässend, vorwiegend an Pfoten im Handwurzel- oder Mittelhandbereich und seltener im Fußwurzel- und Mittelfußbereich.
Ursache: Ständiges Belecken einzelner Hautareale über das normale Maß der Körperpflege hinaus, Verhaltensstörungen, Leckdrang aus Langeweile, zwanghafte Ersatzhandlung, vergleichbar mit Zwangsstörungen des Menschen (Waschzwang), eingeschränkte Beschäftigungsmöglichkeiten, mangelnde Zuwendung z.B. wenn ein Kleinkind in die Familie kommt, mangelnde Ruhe in der Umgebung der Tiere, „Liebesentzug".

Vorkommen: Bevorzugt große Rasse betroffen (Dogge, Deutscher Schäferhund, Labrador Retriever, Dobermann, Dalmatiner). Typisch bei überaktiven, ängstlichen und unsicheren Hunden, die viel allein sind.

Untersuchung und Behandlung: Ausschluss möglicher Ursachen für Juckreiz (Hautparasiten, Hautpilzerkrankungen, bakterielle Hautinfektionen, Verletzungen, Fremdkörper, Schilddrüsenunterfunktion, Nervenschädigungen, Hauttumoren).

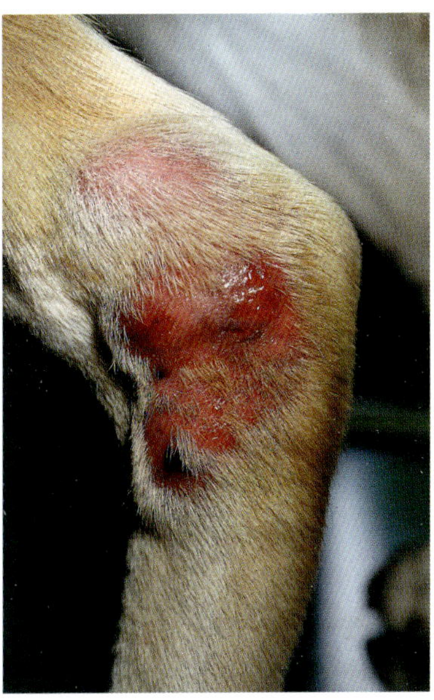

Dieser entzündlich geschwürig veränderte Hautbereich am Sprunggelenk eines Labrador Retrievers entstand durch eine psychisch bedingte Leckdermatitis.

Spontane Abheilung, wenn Lecken verhindert wird (Verband, Halskragen), meist jedoch erneuter Beginn von Lecken und Benagen nach Abnahme von Kragen oder Verband; bei ausgeprägteren Hautveränderungen auch operative Entfernung der entzündeten Hautbereiche möglich oder örtliche Behandlung mit entzündungshemmenden antibakteriellen Medikamenten bis zur Abheilung. Bestreichen mit übel riechenden oder schmeckenden Stoffen nur selten erfolgreich. Langfristiger Erfolg, wenn Verhaltensstörung behoben werden kann, vor allem durch Veränderung der Umgebung und Verbesserung der Haltung (Anschaffung eines zweiten Hundes, Ablenkungsversuche durch ausgedehnte Spaziergänge oder Spielzeug, Spielen mit anderen Hunden, längere Beschäftigung mit dem Hund, Besuch einer Hundeschule und Erziehung zu einem selbstbewussten Hund, Unterordnungsübungen, Agility-Training, Umgebungswechsel); psychisch dämpfende Medikamente bzw. Antidepressiva.

Ohrenerkrankungen

Ohrrandgeschwür/Ohrrandnekrose

Krankheitszeichen: Schuppen- und Krustenbildung, Haarlosigkeit, entzündliche und geschwürige Veränderungen im Bereich des Ohrrandes und der Ohrspitze, verstärkte Blutungsneigung, Absterben und Gewebezerfall ganzer Hautbereiche. Durch verstärktes Schütteln kommen die Geschwüre nie zur Ruhe.
Ursache: Beißerei, Parasitenbefall (Milben, Leishmaniose), Erfrierung der Ohrspitzen, Allergien, bakterielle Hautinfektion im Ohrrandbereich als Folge einer Gehörgangsentzündung.
Vorkommen: Selten.
Untersuchung und Behandlung: Ursachenabklärung und Behandlung der Grunderkrankung, Wundspülung und -versorgung, Antibiotika, (Ohr-)Kopfverband, operative Entfernung abgestorbener Hautbereiche, Halskragen, bei Erfrierung rasches Auftauen mit warmen Umschlägen, sanfte Massage und abdeckende Salben (Vaseline).

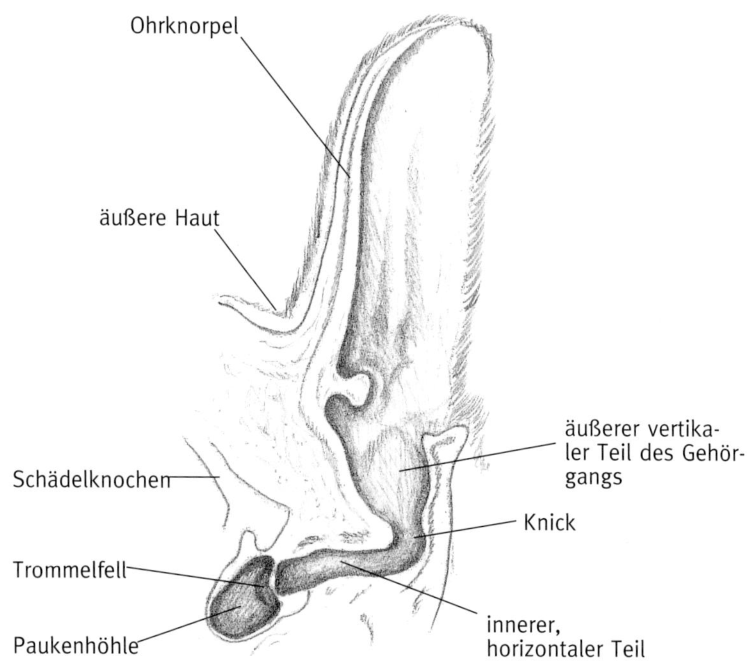

Längsschnitt durch das Ohr des Hundes

Blutohr (Othämatom)

Krankheitszeichen: Teigig-eindrückbare, bewegliche, schwabbelnde Anschwellung hauptsächlich auf der Innenseite der Ohrmuschel durch Blutansammlung zwischen Ohrknorpel und Haut.
Ursache: Platzen feiner Blutgefäße durch Gewalteinwirkung (Biss, Schlag, Anschlagen der Ohrmuschel) oder heftiges Schütteln z. B. als Folge einer Gehörgangsentzündung oder eines Fremdkörpers im Gehörgang.
Vorkommen: Gehäuft bei Rassen mit Hängeohren.
Vorbeugung: Regelmäßige Kontrolle der Ohren zur Vermeidung von Gehörgangsentzündungen.
Untersuchung und Behandlung: Ursachenabklärung und Behandlung der Grunderkrankung, spontane Rückbildung nach Tagen bis Wochen möglich, jedoch meist Ohrmuschelverkrümmung durch Narbenzug.
Druckverband oder Punktion zum Ablassen von Blutflüssigkeit im Allgemeinen nur von kurzer Wirkung. Eine Operation beseitigt Problem und Schmerzen schneller und nachhaltig. Halskragen.

Entzündung des äußeren Gehörgangs (*Otitis externa*)

Krankheitszeichen: Kopfschütteln, Jucken und Kratzen mit der Pfote, Reiben auf dem Boden, Schwellung und Rötung der Ohrmuschel, vermehrte Wärme, Sekretausfluss aus dem Gehörgang, bräunlich schwarze, bröckelige oder schmierige Ohrpfröpfe, unangenehmer Geruch, Verdickung der Ohrmuschelfalten und warzenartige Zubildungen, völliger Verschluss/Zuschwellen des Gehörgangs (Ohrenzwang).
Ursache: Fremdkörper (Grasgrannen/Ähren, ein-, selten beidseitig), Ohrmilben, Schleimhautwucherungen, Allergien/Futtermittelunverträglichkeit, Verletzungen (Biss, unsachgemäße Ohrpflege), Tumoren. Vermehrung bestimmter Bakterienarten oder Pilze (*Malassezia pachydermatis*), wenn der Gleichgewichtszustand von Haut und Erreger gestört ist. Begünstigend wirken die schlechten Belüftungsverhältnisse bei Hängeohren durch Winkelung und starke Behaarung des Gehörgangs, eine Behinderung der natürlichen Selbstreinigung des Gehörgangs, eine vermehrte Ohrenschmalzproduktion sowie Eindringen von Wasser (Baden, Schwimmen).
Vorkommen: Sehr häufig, rassebedingte Häufung bei langhaarigen Hunden mit schweren Hängeohren, vor allem Cocker Spaniel, aber auch bei Terriern und Deutschem Schäferhund. Langhaarige Hunde und Hunde mit feinen Haaren haben mehr Talgdrüsen und Ohrschmalzdrüsen als kurzhaarige Rassen.
Vorbeugung: Regelmäßige Ohrkontrolle, Entfernung von losen Haaren, Auszupfen von Haaren nur, wenn sie die Selbstreinigung des Gehörgangs behindern. Eine Reinigung des Gehörgangs mit Wattestäbchen durch den Besitzer wirkt krankheitsfördernd!

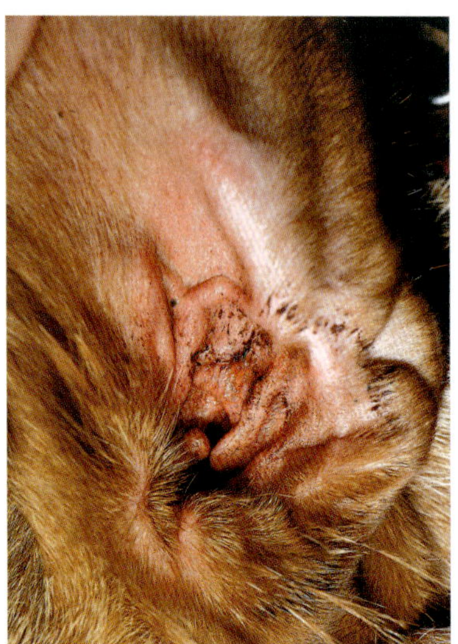

Bei gesteigerter Ohrenschmalzproduktion sollte das überschüssige Ohrenschmalz mit einem Papiertaschentuch von der Ohrmuschel entfernt werden, bevor eine Entzündung entsteht.

Vorbeugung: Zuchtausschluss bei erblichen Veränderungen, regelmäßige Kontrolle.

Untersuchung und Behandlung: Subjektiver Hörtest durch Rufen des nicht sichtbaren Besitzers in unterschiedlicher Lautstärke aus verschiedenen Richtungen, aufwendige Messung elektroakustischer Potenziale (Audiometrie). Behandlung der Grunderkrankung, hochdosierte Vitamingaben, Verbesserung der Gehirndurchblutung bei älteren Hunden durch Medikamente, Entfernung von Ohrenschmalz oder Gehörgangsfremdkörpern.

Augenerkrankungen

Erkrankungen der Augenlider

Ektropium

Krankheitszeichen: Auswärtsdrehen des unteren Lidrandes, teilweise sackförmig herabhängendes Unterlid, unvollständiger Lidschluss führt zu Tränenfluss, Bindehautentzündung und Hornhautproblemen.
Ursache: Angeboren, auch als Folge von Entzündungsvorgängen, Narbenzug, Lidrandtumoren oder Nervenlähmungen.
Vorkommen: Rassetypisch bei einzelnen Hunderassen (Bloodhound, Bernhardiner, Leonberger, Neufundländer).
Behandlung: Chirurgische Korrektur, um das Auge funktionsfähig zu erhalten.

Entropium (Roll-Lid)

Krankheitszeichen: Einwärtsrollen des Lidrandes (meist Unterlid). Reizzustände durch hornhautwärts gerichtete Wimpern mit Lichtscheue, krampfartigem Lidschluss, verstärktem Tränenfluss, Bindehaut- und Hornhautentzündung.

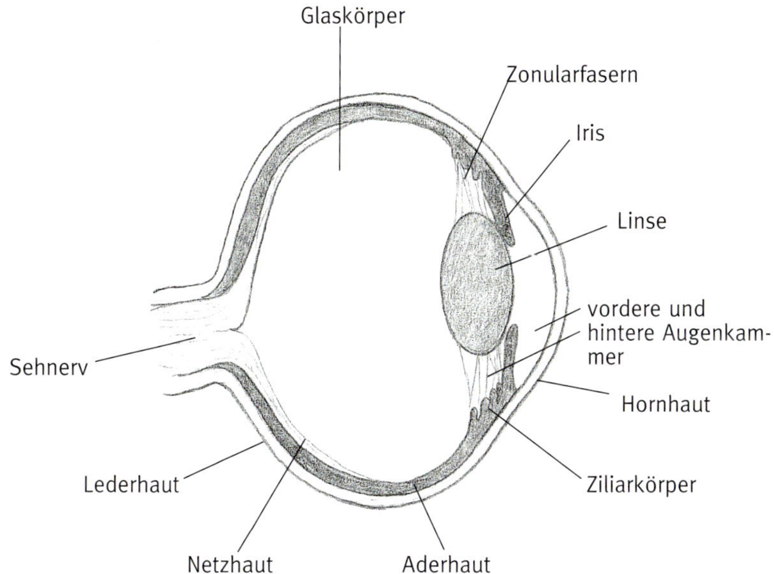

Aufbau des Auges

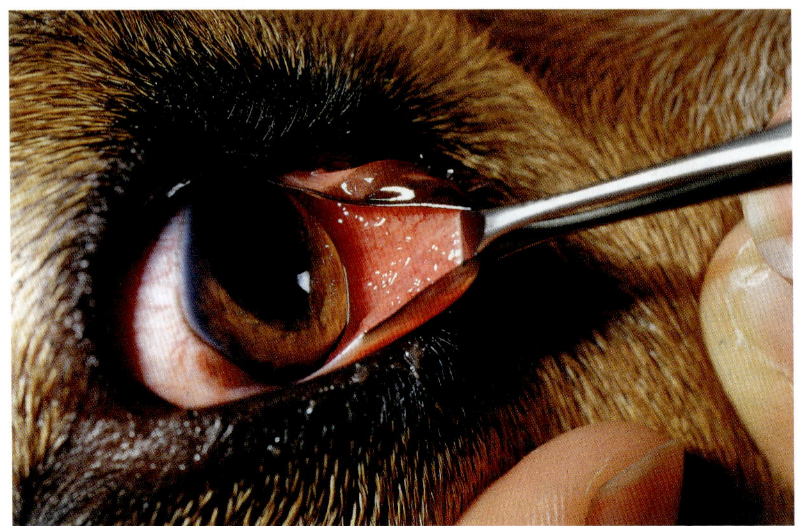

Konjunktivitis follikularis: Bei Betrachtung der Innenseite des dritten Augenlids fallen neben einer Rötung zahlreiche derbe Knötchen (Lymphfollikel) auf.

Untersuchung und Behandlung: Gründliche Augenuntersuchung zur Ursachenaufdeckung, mikroskopische Untersuchung eines Augenabstrichs, Anzüchtung von Bakterien und Pilzen aus einem Bindehauttupferabstrich.
Ursachenabstellung (z. B. Fremdkörperentfernung, Beseitigung von Lidfehlstellungen), Augensalben.

Konjunktivitis follikularis (Follikelkatarrh)

Krankheitszeichen: Gerötete Bindehaut, wässriger bis eitriger Augenausfluss, einzelne, verstreut liegende, bis stecknadelkopfgroße, glasige Knötchen in der Bindehaut und der Außenfläche des dritten Augenlides, himbeerartiges Aussehen der Innenfläche des dritten Augenlides infolge oberflächlich hervorstehender glasiger, derber Knötchen in großer Zahl (durch Tierarzt nachzuweisen).
Ursache: Reizreaktion des lokalen Abwehrgewebes auf infektiöse oder allergisierende Ursachen (Staub, Pollen, Zugluft).
Vorkommen: Sehr häufig bei Junghunden bis zu einem Alter von 18 Monaten.
Untersuchung und Behandlung: Vorziehen des dritten Augenlides und Begutachtung der Rückseite nach örtlicher Betäubung.
Augensalben, bei ausgeprägtem und hartnäckigem Auftreten Ausschabung der Follikel unter örtlicher Betäubung.

Nickhautvorfall

Krankheitszeichen: Ein- oder beidseitiger Vorfall des dritten Augenlides, das wie ein Schleier die Hornhaut teilweise oder vollständig bedeckt.

Ursache: Augapfelverkleinerung, Verlust des Fettgewebspolsters hinter dem Augapfel, Flüssigkeitsverlust, Schmerzzustände, Tetanus, Nervenstörung, Mittel- oder Innenohrentzündung, Entzündungen, Tumoren.
Untersuchung und Behandlung: Richtet sich nach der auslösenden Ursache.

Hyperplasie der Nickhautdrüse (Cherry Eye)

Krankheitszeichen: Plötzlicher Vorfall eines feucht glänzenden, kirschroten, kugeligen Gebildes (vergrößerte Nickhautdrüse) zwischen dem Nickhautrand und der Hornhaut, ein- oder beidseitig, wässrig-schleimiger Augenausfluss. Kann vorübergehend wieder verschwinden, um nach einigen Tagen erneut aufzutreten.
Ursache: Schwellung und Vergrößerung einer ungenügend bindegewebig befestigten Nickhautdrüse durch angeborene Gewebeschwäche.
Vorkommen: Vorwiegend bei jungen Hunden (vier Wochen bis zwei Jahre) mit übermäßigen Hautfalten und kurzer Nase (starkem „Stopp“), gehäuft bei Boston Terrier, Beagle, Pekingese, American Cocker Spaniel, Cavalier King Charles Spaniel, Shar Pei.
Untersuchung und Behandlung: Typisches klinisches Bild.
Operative Rückverlagerung und Befestigung bzw. chirurgische Entfernung der Nickhautdrüse bei erneutem Vorfall, antibiotikahaltige Augensalbe.

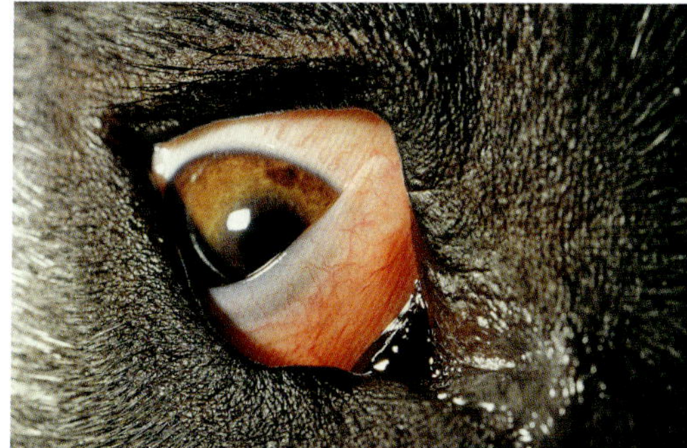

Hier handelt es sich um einen Vorfall des dritten Augenlids.

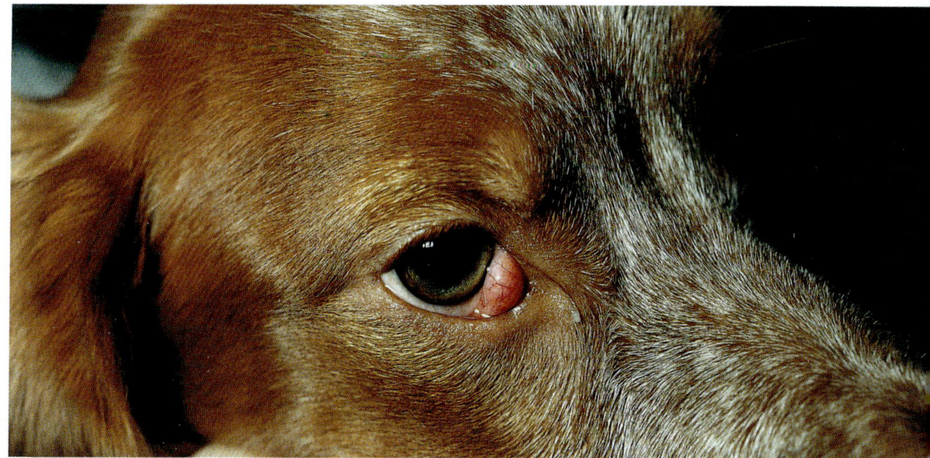

Der Vorfall der kirschrot glänzenden Nickhautdrüse im inneren Augenwinkel wird auch Cherry Eye genannt.

Erkrankungen des Tränenapparates

Trockenes Auge (*Keratokonjunktivis sicca*, KCS)

Krankheitszeichen: Pappige, schleimig-eitrige Auflagerungen auf Hornhaut, Blutgefäßeinsprossung in Hornhaut, Hornhauttrübung, Hornhautgeschwüre, unebene Hornhautoberfläche, Blinzeln, krampfhafter Lidschluss, Bindehautrötung und -schwellung, krustige Verklebungen in der Augenumgebung.

Ursache: Mangelhafte oder fehlende Tränenproduktion, angeboren, häufig vererbt, Störung des Immunsystems (Autoimmunerkrankung), erworben durch Verletzungen, Entzündungen im Mittelohr, Nervenstörung, Medikamentennebenwirkungen, Infektionen, Vitamin-A-Mangel.

Vorkommen: Rassebedingte Häufung bei Terriern, vor allem West Highland White Terrier, Zwergschnauzer, Cavalier King Charles Spaniel, Pekingese, Cocker Spaniel, Dackel.

Untersuchung und Behandlung: Gründliche Augenuntersuchung, Messen der Tränenproduktion mit Vliespapierstreifen (Schirmer-Tränentest).

Stimulation der Tränenproduktion, Tränenersatzflüssigkeit, Dauerbehandlung mit speziellen Salbenpräparaten bei immunogen bedingten Erkrankungen, antibiotikahaltige Augenpräparate, operative Verlegung des Ausführungsgangs der Ohrspeicheldrüse in die Bindehaut.

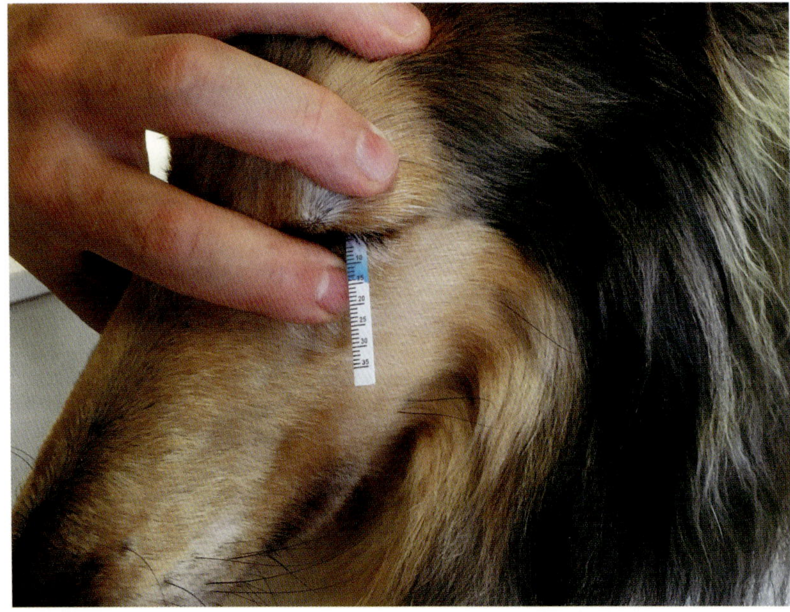

Das Messen der Tränenproduktion erfolgt mit einem Vliespapierstreifen (Schirmer-Tränentest).

Verlegung/Nichtanlage des Tränennasengangs/der Tränenpunkte

Krankheitszeichen: Zwischen dem inneren Augenwinkel und dem gleichseitigen Nasenloch befindet sich ein Verbindungskanal. Die beiden Öffnungen des Tränennasengangs im inneren Augenwinkel heißen Tränenpunkte.
Über diesen Tränennasenkanal fließt die Tränenflüssigkeit zur Nase ab, nachdem sie Hornhaut und Bindehäute gespült hat.
Störung des Tränenabflusses, Tränenausfluss aus innerem Augenwinkel entlang der Nasenaugenfalte, bräunlich verfärbte Tränenstraßen vor allem bei Tieren mit hellem Fell deutlich erkennbar.
Ursache: Fremdkörper oder Entzündungsprodukte im Tränennasenkanal, äußerliche Verlegung durch entzündliche oder tumoröse Gewebezubildungen, Nichtanlage des Tränennasenkanals bzw. eines oder (selten) beider Tränenpunkte eines Auges.
Untersuchung und Behandlung: Aufsuchen der Tränenpunkte und Probespülung. Nachträgliche Öffnung verschlossener Tränenpunkte oder eine Weitung zu kleiner Tränenpunkte, Freispülen des Tränennasenkanals von den Tränenpunkten aus (in Narkose), bei Nichtanlage operative Einpflanzung eines PVC-Röhrchens vom mittleren Augenwinkel in die Nasenhöhle.

Erkrankungen des Augapfels

Vorwölbung des Augapfels (Exophthalmus)

Krankheitszeichen: Vermehrte, langsam zunehmende Vorwölbung des Augapfels (plötzlicher vollständiger Vorfall des Augapfels = *Luxatio bulbi* siehe „Notfälle"), Schmerzen, Schielen, reduzierte Beweglichkeit des Augapfels, Blindheit, Nickhautvorfall, Schwellung der Lider und der Bindehaut.
Ursache: Raumfordernde Prozesse in oder unterhalb der Augenhöhle (Tumoren der Augen-, Mund- oder Nasenhöhle, Blutungen, Eiteransammlungen), Fremdkörper in Augenhöhle, Zahnwurzelabszesse, Muskelentzündung der Augen- oder Kaumuskulatur, zu flache knöcherne Augenhöhle.
Vorkommen: Rassebedingtes Auftreten einer flachen knöchernen Augenhöhle unter anderem bei Pekingese, Mops, Cavalier King Charles Spaniel, Malteser.
Untersuchung und Behandlung: Vergleichende Betrachtung beider Augen, Druck auf den Augapfel zur Prüfung der Verlagerbarkeit, gründliche Allgemeinuntersuchung, Ursachenabklärung (Vorbericht, Röntgen, Computertomografie, Ultraschall, Punktion, operative Eröffnung der Augenhöhle).
Behandlung entsprechend ermittelter Ursache.

Grüner Star (Erhöhter Augeninnendruck, Glaukom)

Krankheitszeichen: Meist einseitige Erkrankung. Rotes Auge (massive Blutgefäßstauung am gesamten Auge), weite Pupille, Vergrößerung des Augapfels infolge Steigerung des Augeninnendrucks, rauchig bis milchige Hornhauttrübung, in fortgeschrittenen Fällen Schmerzen, Abgeschlagenheit, Futterverweigerung, Lichtscheue, Sehstörungen bis zur Erblindung.

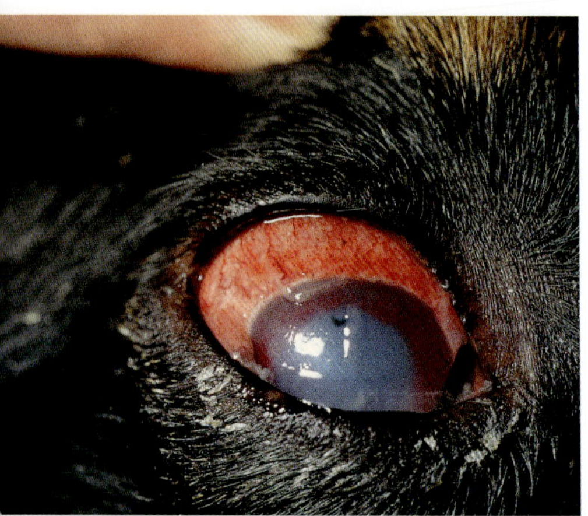

Grüner Star (Glaukom): Typische Anzeichen sind stark gerötetes Auge, stark gestaute und in die Hornhaut einsprossende Blutgefäße und milchige Hornhauttrübung.

Ursache: Erhöhung des Augeninnendrucks durch Fehlentwicklung innerer Augenstrukturen bzw. als Folge vorangegangener oder zusätzlich bestehender Augenerkrankungen (Gefäßhautentzündung, Linsenverlagerung, Verklebung von Augenstrukturen, Blutungen, Tumoren).

Vorbeugung: Regelmäßige Kontrollen des Augeninnendrucks bei gefährdeten Patienten glaukombelasteter Rassen oder Linien.

Untersuchung und Behandlung: Gründliche Augenuntersuchung mit Speziallinsen, Messung des Augeninnendrucks. Medikamentöse Senkung des Augeninnendrucks, Drosselung der Kammerwasserproduktion, gegebenenfalls operative Drucksenkung.

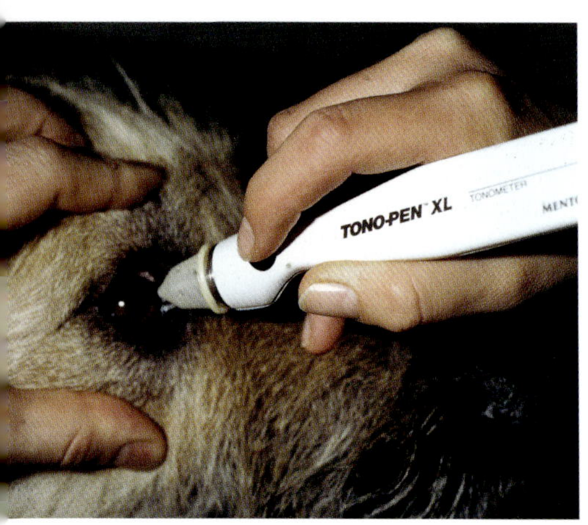

Die Prüfung des Augeninnendrucks ist eine wichtige Vorsorgeuntersuchung zum Ausschluss des Grünen Stars (Glaukom).

Erkrankungen der Hornhaut

Hornhautentzündung (Keratitis)

Krankheitszeichen: Hornhauttrübung, Tränenstraßen, Augenausfluss, krampfartiger Lidschluss, Lichtscheue, eingeschränktes Sehvermögen, Einsprossung von Blutgefäßen in die ansonsten gefäßlose Hornhaut.

Ursache: Fremdkörper (Spelzen oder Grannen im Bindehautsack), reizende, vorgewölbte Nasenfalte, Distichiasis, intensive Sonneneinstrahlung, mangelnde Tränenproduktion (KCS), Bakterien, Viren, Abwehrschwäche, allergisch bedingt, Erkrankungen anderer Augenabschnitte (Entzündung der Gefäß- und Bindehaut, Linsenverlagerung, Grüner Star).

Untersuchung und Behandlung: Gründliche Allgemein- und Augenuntersuchung. Bekämpfung der entzündungsauslösenden bzw. unterhaltenden Ursache, Förderung der Hornhautheilung, Wiederherstellung der Durchsichtigkeit der Hornhaut.

Schäferhundkeratitis (*Keratitis superficialis chronica* n. Überreiter)

Krankheitszeichen: Fortschreitende Pigmentierung von Binde- und Hornhaut, Entstehung eines unterschiedlich großen, fleckig-braunschwarz marmorierten, undurchsichtigen, oberflächlich unebenen Hornhautflecks, Bindehautrötung, schleimiger Augenausfluss, vollständiger Sehverlust, wenn gesamte Hornhaut betroffen. Häufig beidseitig.

Ursache: Störung des Immunsystems (Autoimmunerkrankung), erblich bedingt. Aktivierung durch UV-Strahlen der Sonne.

Schäferhundkeratitis: Unregelmäßige braunschwarze Pigmenteinlagerungen haben bereits 50 Prozent der Hornhaut betroffen.

Vorkommen: Überwiegend Deutscher Schäferhund und Schäferhundmischlinge betroffen, aber auch andere Rassen wie Collie, Bernhardiner, Belgischer Schäferhund, Langhaardackel („Dackelkeratitis").

Untersuchung und Behandlung: Gründliche Augenuntersuchung.
Verhinderung einer Erblindung nur bei frühzeitigem Krankheitsnachweis und Behandlungsbeginn, lebenslang Augensalben zur Beeinflussung der Immunabwehr, in fortgeschrittenen Fällen operative Entfernung oberflächlicher Hornhautschichten.
Verwendung von Sonnenbrillen für Hunde bei intensiver Sonneneinstrahlung (sonnenreiche Sommer, im Gebirge, an der See, Reflexion der UV-Strahlung durch Schnee im Winter).

Hornhautverletzungen

Krankheitszeichen: Oberflächliche Abschürfungen mit unregelmäßiger Begrenzung, wulstförmige Wundränder bei Hornhautwunden größeren Ausmaßes, steckende oder die Hornhaut durchstechende Fremdkörper nur teilweise sichtbar, Vorfall der Regenbogenhaut in Hornhautwunde, Schmerzen, krampfartiger Lidschluss, vermehrter Tränenfluss. Fast immer einseitig.

Ursache: Mechanische Einwirkungen wie Quetschung, Riss, Stich, Schnitt, Schlag, Fremdkörper, permanente Reizung durch Haare oder Nasenfalte, Kampfwunden und chemische Einwirkungen (Säuren).

Untersuchung und Behandlung: Gründliche Augenuntersuchung, Anfärbung der Hornhaut mit einem fluoreszierenden Farbstoff. Auffinden und Abstellen der Ursache (z. B. Fremdkörper, Nasenfalte), Förderung der Hornhautheilung, antibiotikahaltige Augensalben, Schmerzlinderung, regelmäßige Kontrolluntersuchungen. Durchgebrochene Hornhautwunden müssen operativ versorgt werden, um das Auge zu erhalten.

Erkrankungen der Netzhaut

Entzündung des Augenhintergrundes (Chorioretinitis)

Krankheitszeichen: Die Netzhaut ist der Teil des inneren Auges, der für die eigentliche Wahrnehmung der Lichtreize zuständig ist. Sehbehinderung, Lichtscheue, reaktionsträge Pupille, Erblindung.
Ursache: Infektionskrankheiten (Staupe, Toxoplasmose), immunologische Prozesse, Parasiten (Spulwurmlarven), Gifte, fortgeleitete Entzündungen des Gehirns oder der vorderen Augenabschnitte.
Untersuchung und Behandlung: Gründliche Allgemein- und Augenuntersuchung, insbesondere des Augenhintergrundes bei weit gestellter Pupille. Messung der Reaktion des Augenhintergrundes auf Lichtstimulation (Elektroretinogramm/ ERG), Ursachenabklärung und -bekämpfung.
Rasche und intensive Behandlung durch den Tierarzt (Entzündungshemmung, Breitbandantibiotika) notwendig, um Erblindung zu verhindern.

Fortschreitender Netzhautschwund (Progressive Retinaatrophie, PRA)

Krankheitszeichen: Anfangs scheues Verhalten, Unsicherheit in fremder Umgebung, verschlechtertes Dämmerungssehen, Nachtblindheit. Später Pupillenweitstellung, Verschlechterung des Tagessehens, Erblindung, häufig zusätzlich Grauer Star.
Ursache: Beidseitig fortschreitende Rückbildung der Netzhaut (Augenhintergrund), angeboren und erblich.
Vorkommen: Rassebedingte Häufung bei Zwergpinscher, Zwerg- und Toypudel, Gordon- und Irish Setter, Labrador Retriever, Norwegischem Elchhund, Collie, Rauhaardackel.
Untersuchung und Behandlung: Gründliche Augenuntersuchung insbesondere des Augenhintergrundes bei weit gestellter Pupille, Elektroretinogramm (ERG). Für bestimmte Rassen Gentests (DNA-Bluttests) zur Ermittlung von betroffenen Tieren und Merkmalsträgern.
Keine Behandlung möglich, blinde Hunde finden sich in ihrer gewohnten Umgebung erstaunlich gut zurecht. Betroffene Tiere sollten aus der Zucht genommen werden.

Collie-Augen-Anomalie (Collie eye anomaly, CEA)

Krankheitszeichen: Abhängig vom Ausprägungsgrad der Erkrankung – nur selten schwerwiegende Probleme wie Sehfeldausfälle, Blindheit des betroffenen Auges durch Blutungen in den Augapfel oder Netzhautablösungen.
Ursache: Entwicklungsstörungen/Defekte des Augenhintergrundes meist beider Augen, angeboren und erblich.
Vorkommen: Hauptsächlich bei Collie und Sheltie, aber auch bei Australien Shepherd, Bearded Collie oder Border Collie.
Vorbeugung: Zuchtausschluss aller Merkmalsträger, Untersuchung der Welpen während der 6. bis 7. Lebenswoche.

Untersuchung und Behandlung: Gründliche Augenuntersuchung insbesondere des Augenhintergrundes bei weit gestellter Pupille, Gentest (DNA-Bluttest) für zahlreiche Rassen.
Keine Behandlung möglich.

Netzhautablösung

Krankheitszeichen: Sehbehinderung, Erblindung.
Ursache: Trauma, Blutungen, Bluthochdruck, Infektionskrankheiten, Parasiten, PRA, CEA, Linsenverlagerung, Tumoren.
Untersuchung und Behandlung: Gründliche Allgemein- und Augenuntersuchung insbesondere des Augenhintergrundes bei weit gestellter Pupille, Ursachenabklärung und -bekämpfung.
Frühzeitiges Erkennen und intensive Entzündungshemmung und Gewebeentwässerung zur Verhinderung der vollständigen Erblindung. Drucksenkende Mittel bei Bluthochdruck. Anheftung der abgehobenen Netzhaut mithilfe von Laserstrahlen in spezialisierten Einrichtungen.

Auch beim Border Collie kann die Collie eye anomaly vorkommen.

Atemwegserkrankungen

Nasenbluten (Epistaxis)

Siehe Kapitel „Die häufigsten Notfälle beim Hund".

Nasenschleimhautentzündung (Rhinitis)

Krankheitszeichen: Niesen, Nasereiben, Atmungsbehinderung, Maulatmung, anfangs wässriger, später schleimig-eitriger Nasenausfluss, Verkrustung der Nasenlöcher. Einseitiger Nasenausfluss meist bei Fremdkörpern oder Tumoren im Nasengang.
Ursache: Infektionen (Erkältung, Staupe, Zwingerhustenkomplex), Fremdkörper, Tumoren im Nasengang, Allergie gegen Pollen, Hausstaub, Pilzsporen, seltener auch Parasiten oder Pilze. Begleitend bei Gaumenspalten, Nasennebenhöhlenvereiterung, Zahnwurzelvereiterungen.
Untersuchung und Behandlung: Betrachtung des Nasenspiegels, der Nasenlöcher und der Nasengänge (gegebenenfalls mit einem Endoskop in Narkose), Röntgen, CT/MRT, Bakterien- oder Pilzanzüchtung aus einer Nasentupferprobe. Die meisten Fälle sind selbstlimitierend und werden vom Besitzer daher gar nicht dem Tierarzt vorgestellt. Die Nase funktioniert wie ein Filter und wird durch die eingesogene Luft ständig mit Erregern, Stäuben, Schmutzpartikeln konfrontiert.
Beseitigung der Ursache (z.B. Fremdkörper), Behandlung des Grundleidens (pilzwirksame Medikamente bei Pilzinfektionen), Inhalation bzw. Unterbringen in mäßig feuchter Umgebung, Schleimlösung.
Verkrustungen der Nasenlöcher sollten zur Verbesserung der Atmung regelmäßig durch den Besitzer entfernt werden. Vorsichtiges Aufweichen mit lauwarmem Wasser oder Babyöl erleichtert die Entfernung.

Fremdkörper im Nasengang

Krankheitszeichen: Meist einseitige plötzlich auftretende Nasenschleimhautentzündung mit heftigem Niesen und Nasereiben, zuerst blutig-wässriger, später blutig-eitriger Nasenausfluss, bei Tumoren langsame, schleichende Entwicklung.
Ursache: Grannen, Grashalme, Getreideähren, Holzsplitter, Futterteile und Ähnliches, die durch die Nase eingeatmet werden oder beim Erbrechen bzw. Hochwürgen von Nahrung aus dem Magen in den Nasenrachenraum gelangen, Hautwucherungen (Polypen) oder Tumoren.
Vorkommen: Jagdhunde durch intensives Stöbern eher betroffen, gehäuftes Auftreten in Sommer- und Herbstmonaten, Tumoren selten.

Untersuchung und Behandlung: Betrachtung der Nasengänge mit einem Ohrspiegel oder Endoskop, Röntgen, CT/MRT.
Entfernung von Fremdkörpern oder Tumoren in Narkose.

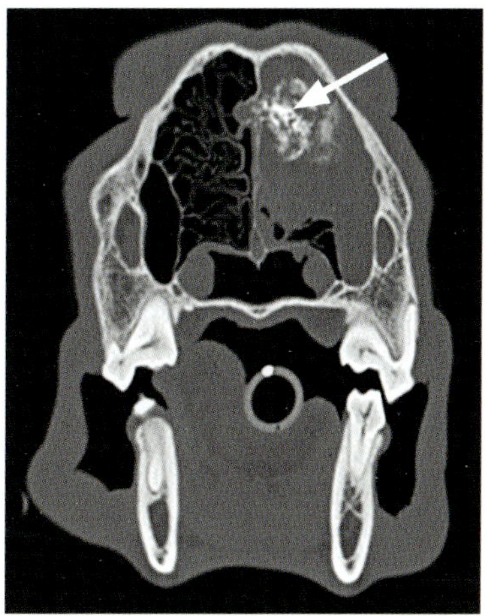

Computertomografie: Vollständige Ausfüllung der linken Nasenhöhle durch einen Tumor mit Durchbruch durch die Nasenscheidewand in die rechte Nasenhöhle (Pfeil).

Nasennebenhöhlen-entzündung (Sinusitis)

Krankheitszeichen: Zähflüssiger, schleimig-eitriger Nasenausfluss, schleudernde Kopfbewegungen, eventuell Vorwölbung der Kiefer- oder Stirnhöhlengegend, Druckschmerz bei Berührung der Nasennebenhöhlenregion.
Ursache: Viruserkrankungen (Staupe), bakterielle Infektionen, Pilze, Tumoren, Zahnwurzelerkrankungen.
Untersuchung und Behandlung: Röntgen, CT/MRT.
Beseitigung der Ursache bzw. Behandlung des Grundleidens, Inhalation (z. B. Kamillendampf), Unterbringung in mäßig feuchter Umgebung, Förderung der Schleimlösung, Wärme (feuchtwarme Umschläge, Rotlicht), Antibiotika.
In hartnäckigen Fällen operative Eröffnung oder endoskopischer Zugang und Ausräumung der Nasennebenhöhlen sowie tägliche Spülungen.

Kehlkopfödem (Glottisödem)

ACHTUNG!

Ein Kehlkopfödem ist ein Notfall! Sofortige Vorstellung beim Tierarzt erforderlich.

Krankheitszeichen: Hochgradige Atemnot, Erstickungsanfälle und blaue Zunge durch Verschwellung der Kehlkopfschleimhaut.
Ursache: Allergie, starke Rachenentzündung, Insektenstiche, heiße, trockene Luft, dauerndes Bellen, reizende Gase oder Rauch, Verletzung durch Fremdkörper.
Vorkommen: Gefährdet sind kurzköpfige Hunderassen.
Vorbeugung: Vermeidung von „Fliegenschnappen" und Insektenfangen.
Untersuchung und Behandlung: Der Tierarzt betrachtet durch Herunterdrücken von Zunge und Kehldeckel den Kehlkopfbereich mit geeigneter Lichtquelle.
Abschwellende, gefäßabdichtende und antiallergische Medikamente, Sauerstoff.
In fortgeschrittenen Fällen Luftröhrenschnitt zur Lebensrettung notwendig.

Entzündung der Luftröhre und der großen Bronchien (Tracheobronchitis)

Krankheitszeichen: Kurzer, trockener, anfallsweiser Husten, der durch Druck auf die Luftröhre leicht auslösbar ist.
Ursache: Infektionen, trockene Luft, reizende Stäube und Gase, Passivrauchen, Parasiten (Spul-, Hakenwurmlarven, Lungenwürmer), in Verbindung mit Rachenentzündung oder Bronchitis, infektiöse Tracheobronchitis (Zwingerhusten-Komplex).
Vorkommen: Häufig, vor allem Junghunde mit oft wechselndem Kontakt zu anderen Hunden (Tierheim, Hundeschule), abwehrschwache und stark verwurmte Tiere (Spul- und Hakenwürmer).
Vorbeugung: Vorbeugende Impfung bei infektiöser Tracheobronchitis möglich, planmäßige Entwurmung.
Untersuchung und Behandlung: Gründliche Allgemeinuntersuchung inklusive Abhören der Lunge, Hustenauslösung durch Druck auf die Luftröhre.
Anregung der körpereigenen Abwehr, Antibiotika, Schleimlösung.

Luftröhrenverengung (Trachealkollaps)

Krankheitszeichen: Anfallsweiser, trockener Reizhusten ausgelöst durch Freude, Bellen, Aufregung, Anstrengung, Ziehen an der Leine. In schweren Fällen Atemnot, blaue Schleimhäute, Erstickungsanfälle, Kollaps.
Ursache: Abflachung und dadurch zu kleiner Durchmesser der Luftröhre. Knorpelerweichung der Luftröhrenringe. Angeboren oder schleichende Entwicklung. Mit zunehmendem Alter Verstärkung der Krankheitszeichen, begünstigt durch Luftröhrenentzündung, Herzklappenerkrankungen, Fettleibigkeit.
Vorkommen: Ab dem 7. bis 8. Lebensjahr häufiger, vorwiegend bei kleinen Rassen (Yorkshire Terrier, Pudel, Pekingese, Zwergspitz).
Vorbeugung: Verwendung von Brustgeschirr statt Halsband, Vermeidung von Aufregung und Fettleibigkeit.
Untersuchung und Behandlung: Röntgenaufnahme in seitlicher Lagerung, Endoskopie der Luftröhre in Narkose, Betastung der Luftröhre im Halsbereich, Reizhustenauslösung bei leichtem Druck möglich.
Hustenreizlinderung, Inhalation (z. B. Kamillendampf), Schleimlösung, medikamentöse Erweiterung der Bronchien zur Verbesserung der Atmung. Bei schweren, ständig wiederkehrenden, lebensbedrohlichen Hustenanfällen Operation zur Stabilisierung der labilen Luftröhrenabschnitte (Stent-Implantation).

Fremdkörper in der Luftröhre

Krankheitszeichen: Plötzlich einsetzender Husten, Atemnot mit unterschiedlich starken Atemgeräuschen, blaue Schleimhäute, Erstickungsanfälle, Kollaps bei vollständigem Luftröhrenverschluss. Bei Tumoren langsame, schleichende Entwicklung.
Ursache: Fehlgeschluckte Futterteile, z. B. nach Erbrechen oder beim Spielen versehentlich in die Luftröhre gelangte Fremdkörper, Tumoren.
Untersuchung und Behandlung: Röntgen, Endoskopie.
Entfernen der Fremdkörper mit speziellen Instrumenten (z. B. Endoskop, Fremdkörperfasszange) in Narkose. Medikamentöse Versorgung einer Luftröhrenentzündung.

Bronchitis

Krankheitszeichen: Kräftiger, anfallsweiser, trockener oder feucht-lockerer Husten mit Schleimauswurf, der meist sofort abgeschluckt wird. Besonders starker Hustenreiz morgens und nach Einatmen frischer Luft, verschärfte Atem- und Rasselgeräusche. In fortgeschrittenen Fällen Fieber, gestörtes Allgemeinbefinden, Atembeschwerden (Atemnot, erschwerte doppelschlägige Ausatmung, Bauchatmung). Plötzlich aufgetretene schwere Erkrankungen können nach einigen Tagen abklingen und in eine mildere schleichende Form übergehen, die oft wochenlang bestehen bleiben kann.
Ursache: Infektionen, trockene Luft, reizende Stäube und Gase (z. B. passives Rauchen), Parasiten (Spul-, Hakenwurmlarven, Lungenwürmer). Begünstigt durch nasskalte Haltungsbedingungen (Zwinger), Abwehrschwäche, Unterkühlung (Baden im Winter). Fast immer mit einer Luftröhrenentzündung verbunden, Weiterentwicklung zur Lungenentzündung möglich.
Vorbeugung: Planmäßige Entwurmung, gute Haltungsbedingungen, Vermeidung von Unterkühlung.
Untersuchung und Behandlung: Gründliche Allgemeinuntersuchung einschließlich Abhören der Lunge, Röntgen bei länger anhaltenden Erkrankungen, Blutuntersuchung bei Verdacht auf allergische oder parasitäre Ursachen. In hartnäckigen Fällen Endoskopie, Luftröhrenspülung.
Körperliche Schonung, Raumluftbefeuchtung, Inhalation (z. B. Kamillendampf), Schleimlösung, medikamentöse Erweiterung der Bronchien, Hustenreizlinderung, Antibiotika.

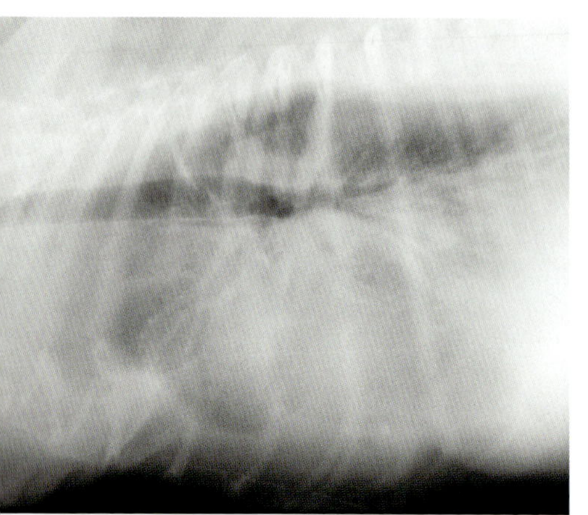

Lungenödem und Brusthöhlenerguss. Die Herzgrenzen sind nicht mehr erkennbar. Nur noch die schwärzer gezeichneten Lungenzipfel sind beatmet.

Asthma

Krankheitszeichen: Anfallsweise auftretende Atemnot mit anschließendem feuchten Husten und zähschleimigem Auswurf, vielfach saisonal gehäuft.
Ursache: Allergisch bedingte Überempfindlichkeit auf Umweltallergene, anfallsartig auftretende Krämpfe der Bronchialmuskulatur, Verschwellung der Bronchialschleimhaut, Verlegung der Bronchien mit zähflüssigem und klebrigem Sekret. Häufig in Zusammenhang mit Herzerkrankungen, Bronchitis oder Lungenentzündung.
Vorkommen: Selten.
Untersuchung und Behandlung: Abhören der Lunge, Röntgenaufnahme, gegebenenfalls Blutuntersuchung und EKG zur Aufdeckung von Begleiterkrankungen. Ermittlung und Vermeidung der auslösenden Allergene schwierig und teilweise unmöglich.
Antiallergische Medikamente als Tabletten oder per Inhalatiion, medikamentöse Weitstellung der Bronchien, Schleimlösung, Behandlung der Begleiterkrankung.

Lungenemphysem

Krankheitszeichen: Atemnot, Einsatz der Bauchmuskulatur beim Ausatmen, kraftloser, stoßweiser, quälender Husten.
Ursache: Überdehnung und Zerstörung der Lungenbläschen durch erschwertes/behindertes Ausatmen gegen einen Verschluss der oberen Atemwege oder vermehrte Schleimproduktion in den unteren Luftwegen, Krämpfe der Bronchialmuskulatur, Entzündungen (langwierige Bronchitis), Atemhindernisse (Fremdkörper, Tumoren).
Vorkommen: Das Lungenemphysem ist eine seltene Komplikation verschiedener Lungenerkrankungen.
Untersuchung und Behandlung: Gründliche Allgemeinuntersuchung einschließlich Abhören der Lunge, Röntgen.
Ursachenabklärung und -beseitigung, Ruhigstellung des Hundes, Sauerstoff, Herz- und Kreislaufbehandlung, zum Teil jedoch schwer beeinflussbar. Der einmal eingetretene Zustand ist häufig nicht wieder zu beseitigen.

Lungenödem

> **ACHTUNG!**
>
> *Das Lungenödem ist stets ein lebensbedrohlicher Zustand, der unverzüglich tierärztlich versorgt werden muss!*

Krankheitszeichen: Kurzatmigkeit, verminderte Leistungsfähigkeit, Angst davor sich hinzulegen, nächtliche Ruhelosigkeit, Bevorzugung kühler Liegeplätze. Bei fortgeschrittenem Verlauf feuchter Husten, Erbrechen von schaumigem Schleim, knisternde oder krankhafte Atemgeräusche (Giemen). Bei schwerwiegenden Verläufen Atemnot, Erstickungsanfälle, kraftloser röchelnder Husten, blaue Schleimhäute, ängstlicher Blick, Backenblasen, feinblasiger rosa Schaumaustritt auf Mund und Nase.
Ursache: Flüssigkeitsansammlung im Lungengewebe und den Lungenbläschen als Folge von Herzerkrankungen, Eiweißmangelsituationen, Vergiftungen (Gase, Rauch), Allergien, Hitzschlag, Lungenentzündung, Schock, Überanstrengung. Eine Lungenstauung ist die Vorstufe der meisten Lungenödeme.
Vorkommen: Gehäuft bei älteren Hunden mit schwerwiegenden Herzproblemen (Herzklappen- oder Herzmuskelerkrankungen, Herzrhythmusstörungen).
Untersuchung und Behandlung: Gründliche Allgemeinuntersuchung einschließlich Abhören der Lunge, Röntgen, je nach vermuteter Ursache weitergehende Untersuchungen (Blutuntersuchung, EKG, Herzultraschalluntersuchung).
Sauerstoffgabe, Bewegungseinschränkung, Unterbringung an einem ruhigen kühlen Ort, medikamentöse Entwässerung und Erweiterung der Bronchien, Behandlung der Grunderkrankung (z. B. Herzerkrankung, Vergiftung).

Blasig schaumiger Flüssigkeitsaustritt aus der Nase bei einem Hund mit hochgradigem Lungenödem.

Lungenentzündung

Krankheitszeichen: Fieber, erhöhte Atemfrequenz, Atemnot nach Anstrengung oder in Ruhe, Abgeschlagenheit, feuchter, kraftloser Husten, Nasenausfluss möglich.
Ursache: Überwiegend infektiös bedingt (Viren, Bakterien, seltener Pilze), Parasiten (z.B. Lungenwürmer), Inhalation reizender Stäube, Nierenerkrankungen (Urämie), fehlgeschlucktes Futter oder Fremdkörper (Verschluck- oder Aspirationspneumonie), Lungentumoren.
Vorkommen: Häufig bei Junghunden mit geschwächter Körperabwehr, begünstigt durch Stress (schlechte Haltung, Besitzerwechsel, Transport, Verwurmung). Bei älteren Hunden meistens als Komplikation einer sich zunehmend verschlechternden Bronchitis.
Untersuchung und Behandlung: Gründliche Allgemeinuntersuchung einschließlich Abhören der Lungen, Röntgen, Blutuntersuchung.
Ursachenaufdeckung und -abstellung, unterstützende Behandlung (Flüssigkeitsersatz, Stärkung der Körperabwehr), Antibiotika, körperliche Schonung, Schleimlösung, Luftbefeuchtung, medikamentöse Erweiterung der Bronchien.
Ein gut wirksames Hausmittel ist der Brustwickel, den der Besitzer seinem Hund selbst anlegen kann (siehe Abbildungen unten).

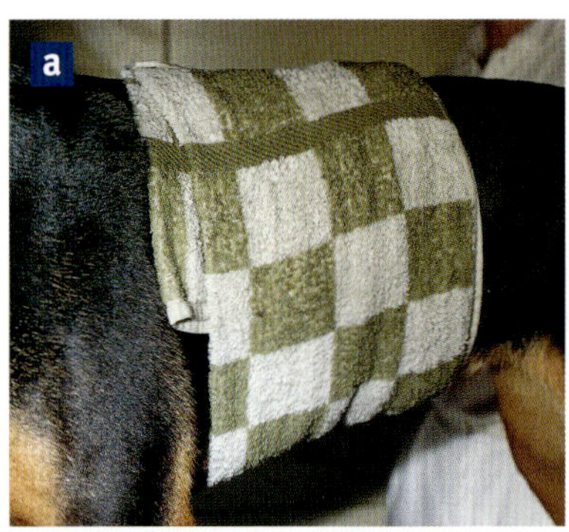

Feucht-warmer Brustwickel
a) Ein in kaltes Wasser getauchtes und mäßig ausgewrungenes Handtuch wird fest um den Brustkorb gewickelt.
b) Das Handtuch wird von einem Müllbeutel abgedeckt.
c) Zum Abschluss wird ein trockenes Handtuch um den Brustkorb gelegt. Prießnitz-Umschläge können ein- bis dreimal am Tag für jeweils eine Stunde angelegt werden.

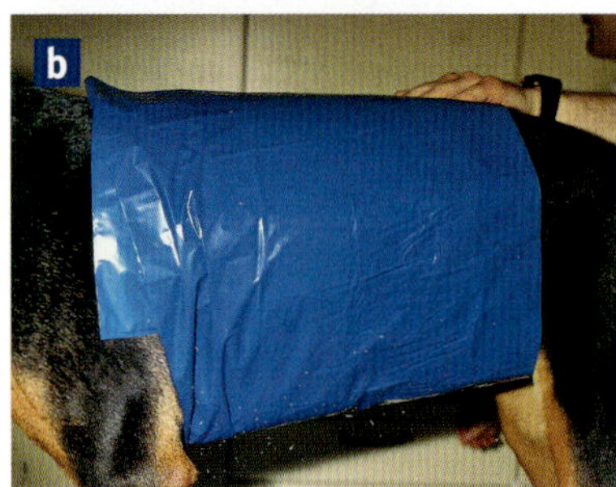

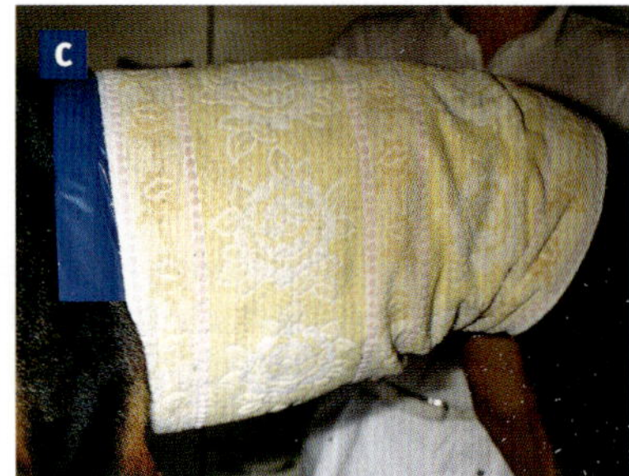

Pneumothorax/Hämothorax

Siehe Kapitel „Die häufigsten Notfälle beim Hund".

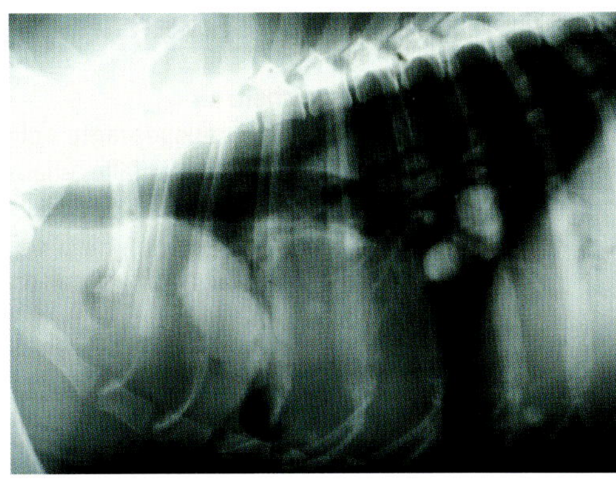

Lungentumoren: Auf diesem Röntgenbild ist eine vor dem Herzen liegende sehr große Neubildung erkennbar. Mehrere kleine Tumoren befinden sich auf Höhe der Herzbasis.

Lungentumoren

Krankheitszeichen: Krankheitszeichen meist erst in fortgeschrittenem Erkrankungsstadium wahrnehmbar: Husten, der schon länger besteht und nicht auf eine Behandlung anspricht, blutiger Auswurf, Atemnot, Schmerzen, Abgeschlagenheit, Abmagerung, Schwäche, Futterverweigerung.
Bei Tochtergeschwülsten stehen meist die Krankheitszeichen des ursächlich betroffenen Organs im Vordergrund wie z. B. Lahmheiten bei Knochentumoren.
Ursache: Überschießende, unregulierte Vermehrung entarteter Zellen im Lungengewebe, bei Tochtergeschwülsten Verbreitung von Geschwulstzellen über Blut- oder Lymphbahn in die Lunge.
Vorkommen: Reine Lungentumoren sind selten, vorwiegend bei älteren Hunden, überwiegender Teil der Lungentumoren sind bösartig, häufiger Tochtergeschwülste von Tumoren anderer Organe (Schilddrüse, Gesäuge, Prostata, Nieren, Knochen).
Untersuchung und Behandlung: Röntgen, CT, eventuell Zellbeurteilung nach Probepunktion.
In ausgewählten Fällen können Einzelherde operativ entfernt werden, Begleitbehandlung ermöglicht mitunter verzögerten Verlauf und Lebensverlängerung bei verbessertem Allgemeinbefinden. Chemotherapie abhängig von der Tumorart, meist eher unbefriedigend.
Tochtergeschwülste in der Lunge und ausgedehnte Lungentumoren sind das Endstadium einer Tumorerkrankung mit schlechten Überlebenschancen.

Untersuchung und Behandlung: Gründliche Allgemeinuntersuchung einschließlich Abhören des Herzens (teilweise typische Herzgeräusche), Röntgen mit und ohne Kontrastmittel, Herzultraschall, EKG.
Behandlung je nach zugrunde liegendem Herzfehler sehr unterschiedlich; in leichten Fällen medikamentöse Behandlung, aber auch minimalinvasive Weitung von Gefäßverengungen bzw. Gefäß- oder Defektverschlüsse sowie Herzoperation in spezialisierten Einrichtungen.

Herzklappenerkrankungen (Klappeninsuffizienz, mangelhaft schließende Herzklappen)

Krankheitszeichen: Schleichende Entwicklung über langen Zeitraum, anfangs symptomlos.
Herzklappenerkrankung der **linken** Herzhälfte: trockener Husten, Atemnot vor allem nach Belastung, Freude und Aufregung, nächtliche Unruhe, Leistungsabfall, leichte Ermüdbarkeit, Lungenstauung/Lungenödem. Das Lungenödem stellt meist das Endstadium einer Herzklappenerkrankung dar und ist dann oft lebenslimitierend.
Herzklappenerkrankung der **rechten** Herzhälfte: Zunahme des Bauchumfangs (Flüssigkeitsansammlung in Bauchhöhle).
Ursache: Verdickte und knotig veränderte Herzklappen, hierdurch unvollständiger Klappenschluss, Veränderung des Blutstroms im Herzen, Vorhoferweiterung, überwiegend nicht entzündlicher Natur, nur selten bakteriell bedingt.
Vorkommen: Weitaus häufigste Herzerkrankung des mittelalten bis alten Hundes, vorwiegend die Mitralklappe zwischen linkem Vorhof und linker Herzkammer betroffen (Mitralklappeninsuffizienz), Erkrankungsbeginn schon mit fünf bis sechs Jahren möglich, bei kleinen und mittelgroßen Hunderassen bevorzugt anzutreffen (Dackel, Schnauzer, Terrier, Pudel, Cavalier King Charles Spaniel).
Vorbeugung: Altersvorsorgeuntersuchungen.
Untersuchung und Behandlung: Gründliche Allgemeinuntersuchung einschließlich Abhören des Herzens (deutliches Herzgeräusch), Röntgen, EKG, Herzultraschall, Blutuntersuchung auf spezielle Marker-Eiweiße.
Medikamentöse Herzbehandlung umfasst Verbesserung der Herzleistung, Entlastung des Herzens, Entwässerung, Herzdiät (eingeschränkte Kalorien- und Kochsalzaufnahme). Herzklappenerkrankungen können durch eine medikamentöse Herzbehandlung nicht rückgängig gemacht werden. Behandlungsziel ist vielmehr eine Linderung und Verlangsamung des Erkrankungsverlaufes. Eine lebenslange Behandlung ist notwendig.

Herzmuskelerkrankungen (Kardiomyopathien)

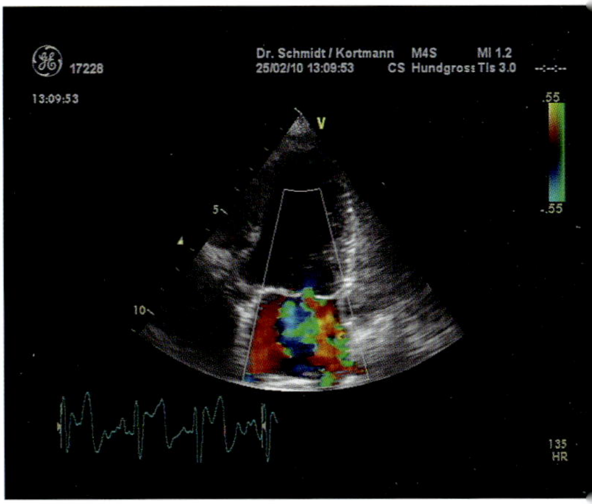

Herzinsuffizienz ist die Folge einer Herzvergrößerung. Wird die Herzvergrößerung durch eine Erweiterung der Herzkammern mit nachlassender Herzmuskelkraft hervorgerufen, spricht man von einer **dilatativen Kardiomyopathie**. Bei Zunahme der Herzmuskelmasse liegt eine beim Hund seltenere **hypertrophe Kardiomyopathie** vor.

Krankheitszeichen: Leichte Ermüdbarkeit, vermindertes Leistungsvermögen, Unruhe und Umherwandern in der Nacht, Atemnot, Zunahme des Bauchumfangs, Ohnmachtsanfälle mit kurzzeitiger Bewusstlosigkeit, Futterverweigerung, zum Teil rapider Gewichtsverlust, Herzrhythmusstörungen, plötzliche Todesfälle möglich, bei infektiöser Ursache Fieber.

Trotz geschlossener Mitralklappe zwischen linkem Vorhof und linker Herzkammer kommt es zum Blutrückfluss in den linken Vorhof. Die Farbdopplerechokardiografie zeigt dies durch ein buntes Mosaikmuster im linken Vorhofbereich.

Ursache: Entzündung (Myokarditis, z.B. infektiös bei Parvovirose, Borreliose), Vergiftung, Medikamentennebenwirkung (Chemotherapeutika), Herzinfarkt, Folge von Allgemeinerkrankungen (Gebärmuttervereiterung, Nierenfunktionsstörung).

Bei einer Vielzahl von Herzmuskelerkrankungen ist die eigentliche Ursache unbekannt (idiopathische Kardiomyopathie).

Vorkommen: Die dilatative Kardiomyopathie ist die häufigste Form der Herzmuskelerkrankung und tritt vorwiegend bei Hunden großwüchsiger Rassen auf (Irish Wolfhound, Dobermann, Deutsche Dogge, Neufundländer, Bernhardiner). Welpen und Junghunde erkranken häufiger an virusbedingter Myokarditis (z.B. bei Staupe-/Parvovirusinfektionen). Herzinfarkte sind beim Hund sehr selten.

Vorbeugung: Regelmäßige Routineuntersuchungen bei bevorzugt betroffenen Hunderassen. Planmäßige Impfung von Zuchthündinnen und Hundewelpen gegen Parvovirose. Staupe- und Borrelioseimpfung.

Untersuchung und Behandlung: Gründliche Allgemeinuntersuchung einschließlich Pulsfühlen und Abhören des Herzens, Röntgen, EKG, Herzultraschall, Blutuntersuchung auf spezielle Marker-Eiweiße.

Behandlung entsprechend der zugrunde liegenden Ursache, körperliche Schonung. Medikamentöse Herzbehandlung umfasst Verbesserung der Herzleistung, Entlastung des Herzens, Entwässerung, medikamentöse Erweiterung der Bronchien, gegebenenfalls Sauerstoffversorgung bei schwerwiegenden Fällen, Beeinflussung von Herzrhythmusstörungen, Herzdiät (leicht verdauliches Futter, mehrere

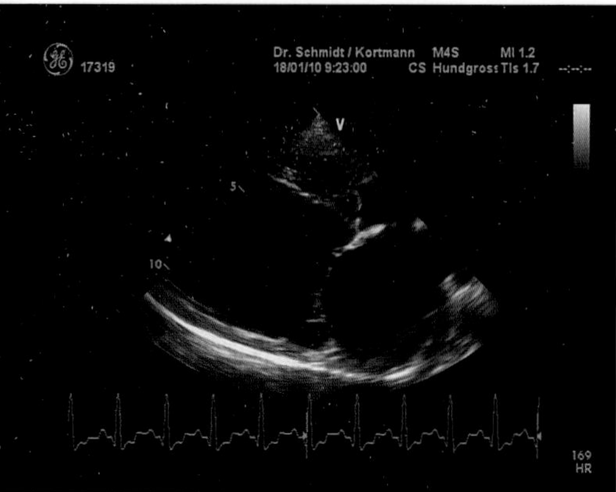

Echokardiografie: Deutlich erweiterter linker Vorhof und linke Herzkammer bei einem Gordon Setter mit dilatativer Kardiomyopathie.

kleine Mahlzeiten, eingeschränkte Kochsalzaufnahme). Behebung von Mangelzuständen (L-Carnitin, Taurin, Magnesiumzufütterung).

Herzrhythmusstörungen

Krankheitszeichen: Häufig ohne klinische Bedeutung, aber auch schwerwiegende Ausfallserscheinungen und plötzliche Todesfälle möglich. Durch Auswirkungen der Rhythmusstörungen auf Herzleistung und Blutumwälzung erleidet der Organismus einen Sauerstoffmangel. Abgeschlagenheit, Leistungsabfall und Kollaps, aber auch Husten und Lungenödem sind die Folgen.

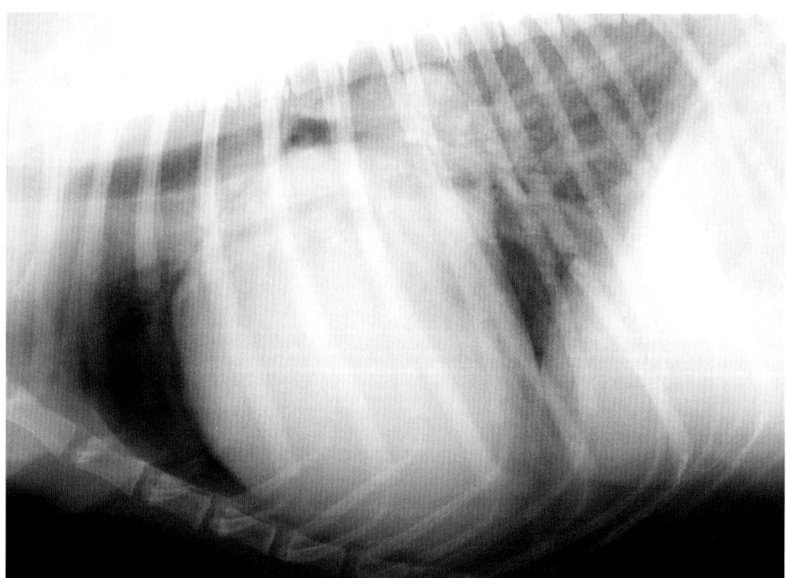

Dieses Bild zeigt eine starke Herzvergrößerung mit beginnendem Lungenödem als Folge einer Herzmuskelerkrankung (dilatative Kardiomyopathie).

Ursache: Unregelmäßige Herztätigkeit durch Störung der Herzschlagfrequenz oder des Herzrhythmus. Angeboren oder als Folge von Herzmuskel-, Herzbeutel- oder Herzklappenerkrankungen (z. B. Vorhofflimmern bei dilatativer Kardiomyopathie großwüchsiger Hunderassen). Nicht herzbedingte Ursachen können sein Vergiftungen, Stoffwechselstörungen, Medikamentennebenwirkungen, Organerkrankung (Magendrehung, Schilddrüsenfunktion, Gebärmuttervereiterung, Nierenerkrankung).

Vorkommen: Relativ häufig nachweisbar, mitunter auch bei herzgesunden Hunden.

Untersuchung und Behandlung: Gründliche Allgemeinuntersuchung einschließlich Abhören des Herzens und Pulsfühlen, EKG, Röntgen.

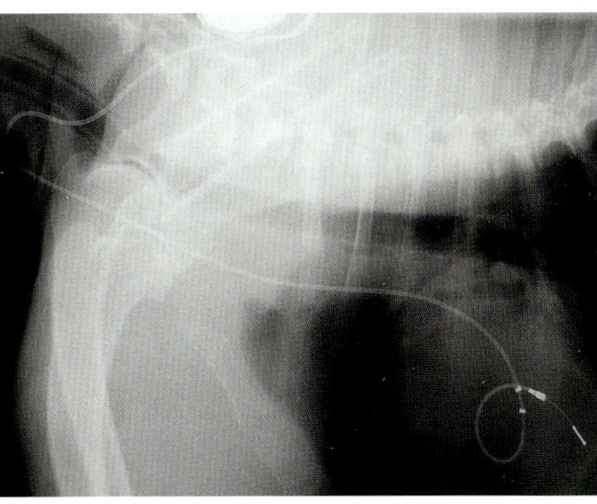

Hier ist der Herzschrittmacher bei einem Boxer mit ausgeprägten Herzrhythmusstörungen deutlich zu erkennen.

Nicht jede Herzrhythmusstörung muss spezifisch behandelt werden. Zuerst Aufdecken und Behandlung der auslösenden Ursache, danach medikamentöse Behandlung der Rhythmusstörung (Antiarrhythmika). In schweren Fällen oder bei erfolgloser Medikamentengabe Einsetzen eines Herzschrittmachers unumgänglich und sehr wirkungsvoll.

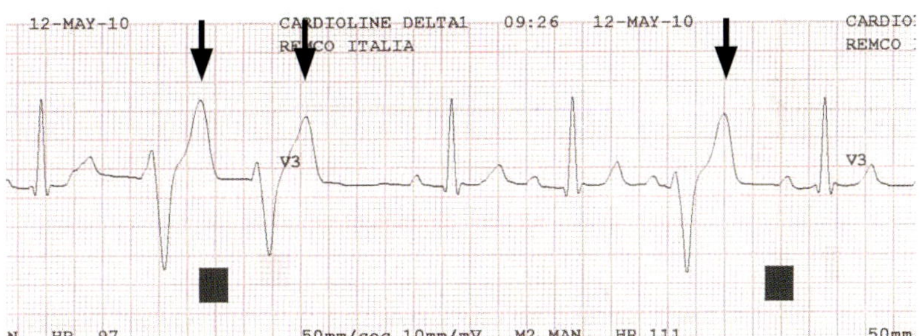

Ausgeprägte Herzrhythmusstörung im EKG eines Hundes: Extraschläge (ventrikuläre Extrasystolen siehe Pfeile) treten sogar als Pärchen auf.

Schock

Siehe Kapitel „Der Schock als zentrales Notfallproblem“.

Erkrankungen des Blutes und der Milz

Blutarmut (Anämie)

Krankheitszeichen: Blasse Haut und Schleimhäute, Herzrasen, pochender oder kaum fühlbarer Puls, schnelle Atmung, die durch Anstrengung noch verstärkt wird. Rasche Ermüdbarkeit, kalte Gliedmaßen, Ohren und Schnauze. Schwäche, Erschöpfung, Müdigkeit, Wesensveränderungen, Teilnahmslosigkeit, Kollaps. Äußere Blutungen oder Schleimhautblutungen sind leicht erkennbar, während innere Blutungen in Bauch- oder Brusthöhle lange verborgen bleiben. Häufig sind die Krankheitszeichen der Blutarmut mit denen der Grunderkrankung vermischt. Durch die Verminderung der roten Blutkörperchen und des roten Blutfarbstoffes wird weniger Sauerstoff durch den Körper transportiert.

Ursache:

- Blutverlust nach Unfällen, Traumen, Blutgerinnungsstörungen, schleichende Blutverluste durch blutsaugende Parasiten, Magen- und Darmgeschwüre, Zahnfleisch- und Rachenblutungen, Harnwegsentzündungen
- Zerstörung, vermehrter Abbau oder verkürzte Lebensdauer der roten Blutkörperchen (z. B. Blutparasitosen wie Babesiose)
- Ungenügende Produktion von roten Blutkörperchen im Knochenmark

Untersuchung und Behandlung: Gründliche Allgemeinuntersuchung, Blutuntersuchung (unter anderem Blutgerinnungstests, Blutparasiten), Röntgen, Ultraschall, Knochenmarkpunktion mit anschließender Laboruntersuchung des entnommenen Knochenmarks.

Bekämpfung der Grunderkrankung, Beseitigung der auslösenden Ursache, Blutstillung, Förderung der Neubildung roter Blutkörperchen. Bei ausgeprägter Blutarmut Bluttransfusionen, Sauerstoffgabe und ruhige, stressfreie Unterbringung als Notfallbehandlung.

Blutgerinnungsstörungen/Bluterkrankheit

Krankheitszeichen: Verzögerte oder überhaupt nicht vorhandene Blutgerinnung, Blutungen schon nach geringgradigen Einwirkungen, Nachblutungen nach Blutentnahme, aus Operationswunden, beim Zahnwechsel oder nach Zähneziehen. Punkt- oder flächenförmige Haut- oder Schleimhautblutungen, blutiges Erbrechen und Durchfall, blutiger Harnabsatz, Blutergüsse, Nasenbluten, Gelenkblutungen. Innere Blutungen meist erst in fortgeschrittenem Verlauf an der auftretenden Blutarmut äußerlich erkennbar. Atemnot bei Blutungen in die Lunge.

Ursache: Mangel, erhöhter Verbrauch oder Blockierung der Blutgerinnungsfaktoren, z.B. bei Vergiftungen (Rattengift), Schock, bösartigen Tumoren, Harnvergiftung (Urämie), Traumen, Infektionen, vererbten Blutgerinnungsstörungen (Hämophilie A und B = Bluterkrankheit), Blutplättchenmangel.

Vorkommen: Vergiftungen mit Rattengift häufiger, Krankheitszeichen oft erst zwei oder drei Tage nach Giftaufnahme. Vererbte Blutgerinnungsstörungen selten.

Hämophilie A gehäuft bei Bloodhound, Irish Setter, Labrador Retriever, Deutscher Schäferhund, Collie, Siberian Husky, Zwergschnauzer, Pudel, Greyhound.

Hämophilie B gehäuft bei Beagle, Cairn Terrier, Französische Bulldogge, Bernhardiner, Cocker Spaniel.

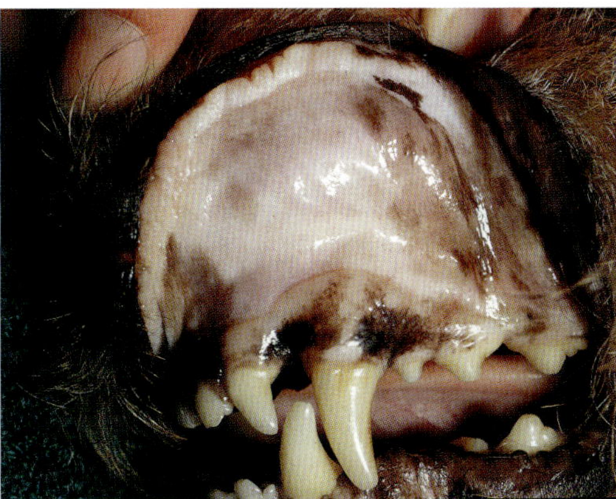

Blasse und porzellanfarbene Mundschleimhaut sind ein Zeichen für Blutarmut.

Vorbeugung: Rattenbekämpfungsmaßnahmen bei der Stadt- oder Gemeindeverwaltung erfragen. Bei vererbten Erkrankungen züchterische Maßnahmen (Zuchtausschluss).

Untersuchung und Behandlung: Gründliche Allgemeinuntersuchung, Blutuntersuchung einschließlich Blutgerinnungstests, Röntgen.

Behandlung der auslösenden Ursache (Beschleunigung der Giftausscheidung, operative Entfernung von Tumoren), Vitamin-K-Gabe. Bei kleineren äußeren Wunden Druckverbände. Bei starkem Blutverlust Bluttransfusion, Schockbehandlung, Vitamin-K-Gabe.

Tumorerkrankungen der Blutzellen

Krankheitszeichen: Sehr unterschiedlich, abhängig von den betroffenen Organen. Häufige Anzeichen sind Abgeschlagenheit, schnelle Ermüdbarkeit, Leistungsschwäche, Futterverweigerung, plötzlicher rapider Gewichtsverlust. Weitere Krankheitszeichen davon abhängig, welche Organe befallen sind: Vergrößerung aller äußerlich tastbarer Lymphknoten, vermehrter Bauchumfang durch Leber- und Milzvergrößerung, Blutarmut, Gelbverfärbung von Haut und Schleimhäuten, Blutungen, Erbrechen, Durchfall, Darmverschluss, erschwerte Atmung, Fieberschübe.

Ursache: Ungehemmte Vermehrung von entarteten Zellen des blutbildenden Systems, führen unbehandelt durch unaufhaltsame Zellvermehrung zum Tode. Das maligne Lymphom (oder Lymphosarkom) ist eine Tumorerkrankung von weißen Blutzellen des Lymphsystems und betrifft vorwiegend die Körperlymph-

knoten, Milz und/oder Leber. Die lymphatische Leukose ist eine Knochenmarkerkrankung mit Einschleusen von Tumorzellen (entartete weiße Blutzellen) in die Blutbahn.
Vorkommen: Das maligne Lymphom und die lymphatische Leukose sind beim Hund die häufigsten tumorösen Erkrankungen von Blutzellen und betreffen vor allem Tiere mittleren Alters. Die „Maligne Histiozytose“ tritt vorwiegend beim Berner Sennenhund auf. Andere Formen der Leukose (Blutkrebs) sind selten.
Untersuchung und Behandlung: Gründliche Allgemeinuntersuchung mit Tasten aller oberflächlichen Lymphknoten (vor allem Hals, Achselhöhle, Kniekehle) und Abtasten des Bauches, Röntgen, Ultraschall, Blutuntersuchung, Entnahme von Gewebeproben aus Lymphknoten, Organen und Knochenmark.
Eine vollständige Heilung ist in der Regel nicht möglich, durch Chemotherapie lässt sich lediglich eine Lebensverlängerung erreichen. Chemotherapie ist langwierig, aufwendig, teuer und kann mit verschiedenartigen Nebenwirkungen verbunden sein. Lymphosarkome haben meist jedoch recht gute Aussichten auf Behandlungserfolg.

Milzvergrößerung/Milztumor

Krankheitszeichen: Bauchumfangsvermehrung nur bei fortgeschrittener Vergrößerung der Milz äußerlich sichtbar. Eine Milzvergrößerung bzw. ein Milztumor kann bei mageren Tieren jedoch gut ertastet werden. Vielfach ist die vergrößerte Milz auch schmerzhaft. Bei massiver Größenzunahme Verdrängung anderer Bauchorgane mit Appetitverlust, Erbrechen, Atembeschwerden und Bewegungsunlust.
Ursache: Infektionserkrankungen (Bakterien, Blutparasitosen), Erkrankungen des Immunsystems, Blutrückstau bei Herzerkrankungen, maligne Lymphome, Narkosen, Blutergüsse unter der Milzkapsel, Milzinfarkte, Altersknoten, Tumoren überwiegend bösartig mit hoher Rate zur Bildung von Tochtergeschwülsten (vor allem Lunge, Leber, Herz, Niere).
Vorkommen: Häufiger bei älteren Hunden.
Untersuchung und Behandlung: Gründliche Allgemeinuntersuchung mit Abtasten des Bauches, Röntgen, Ultraschall, weitergehende Untersuchungen zur Aufdeckung der Grunderkrankung (Blutuntersuchung bei Infektionsverdacht, EKG, Herzultraschall bei Herzerkrankungen oder Verdacht auf Tumormetastasen).
Behandlung richtet sich nach der Grunderkrankung. Nach überstandener Infektion oder optimal versorgtem Herzproblem oft spontane Normalisierung ohne gezielte Milzbehandlung. In vielen Fällen ist jedoch die operative Entfernung der Milz notwendig, vor allem bei Milztumoren oder wenn Gefahr auf Milzriss besteht. Die Milz ist für den Organismus entbehrlich.

Milzdrehung

Krankheitszeichen: Plötzliches Auftreten schwerer Krankheitszeichen mit Schock oder Kollaps, aber auch schleichender Verlauf mit Futterverweigerung, Erbrechen und Abgeschlagenheit. Blasse Schleimhäute, verspannter Bauch, Umfangsvermehrung und Schmerzen beim Betasten, steifer Gang.
Ursache: Lageveränderungen der Milz durch relativ lockere Befestigung an langen Bändern beim Hund leicht möglich. Isolierte Milzdrehung mit Abdrehung der Milzgefäße vorwiegend bei großen Hunderassen, häufiger im Zusammenhang mit einer Magendrehung, Lageveränderungen bei Milzvergrößerung oder Milztumor in der Regel bedeutungslos.
Untersuchung und Behandlung: Gründliche Allgemeinuntersuchung mit Abtasten des Bauches, Blut- und Harnuntersuchung, Ultraschall, Röntgen, diagnostische Eröffnung der Bauchhöhle.
Milzdrehungen, die durch Magendrehungen entstehen, werden gemeinsam mit der Magendrehung operiert. Bei isolierten Milzdrehungen operative Entfernung der Milz. Die Milz ist für den Organismus entbehrlich.

Milzriss

Krankheitszeichen: Langsam einsetzende Schwäche oder plötzlich auftretender Schock, je nach Menge und Geschwindigkeit des Blutverlustes, verspannter schmerzhafter Bauch, blasse Schleimhäute, schlechter Kreislaufzustand.

ACHTUNG!

Patienten mit Milzriss werden meistens als Notfall vorgestellt.

Ursache: Traumen (z.B. nach Verkehrsunfall, Tritt, Sturz), offene Bauchverletzung unter Beteiligung der Milz, malignes Lymphom, Milztumoren, ausgedehnte Blutergüsse unter der Milzkapsel.
Untersuchung und Behandlung: Gründliche Allgemeinuntersuchung mit vorsichtigem Betasten des Bauches, Röntgen, Ultraschall, Blutuntersuchung, Bauchhöhlenpunktion mit Gewinnung und Untersuchung von Bauchhöhlenspülflüssigkeit. Stabilisierung des Allgemeinzustandes; bei größerem Blutverlust sind Bluttransfusionen erforderlich. Kleinere traumatische Milzrisse heilen häufig bei strikter Ruhigstellung spontan. Bei größeren sowie tumorbedingten Milzrissen ist die Entfernung der Milz unumgänglich. Ungünstige Aussichten, wenn während der Operation bereits Tochtergeschwülste erkennbar sind.

Erkrankungen der Mundhöhle und Zähne

Mundschleimhautentzündung (Stomatitis)

Krankheitszeichen: Rötung und Schwellung der Mundschleimhaut mit Blutungsneigung, Bläschen- und Geschwürbildung, Mundgeruch, verstärktes Speicheln, Schmerzen besonders bei der Futteraufnahme.
Ursache: Fremdkörper in der Mundhöhle, Zahnstein, Zahnverletzungen, Vitaminmangel, Nierenversagen (Urämie), Allergien, Abwehrschwäche/ Infektionserkrankungen (Bakterien, Viren, Pilze), spezifische Störungen der Immunabwehr (Autoimmunerkrankung), Verbrennungen, Verätzungen.
Untersuchung und Behandlung: Gründliche Allgemeinuntersuchung und Betrachtung der Mundhöhle.
Aufdecken und Bekämpfung der auslösenden Ursache (Zahnsteinentfernung, Fremdkörperentfernung, Zahnbehandlung, Behandlung der Allgemeinerkrankung, Antibiotika- und Vitamingaben, Immunstimulierung), Spülung der Mundhöhle.

Zungenentzündung (Glossitis)

Krankheitszeichen: Anschwellen der Zunge, Kau- und Schluckbeschwerden, Futterverweigerung, Schmerzen, Speicheln, Absterben von Zungenrandbereichen, gegebenenfalls Erstickungsanfälle.
Ursache: Verletzungen (scharfe Zahnkanten, Bissverletzungen), Nierenversagen (Urämie), Infektionserkrankungen (Bakterien, Pilze), Verbrennungen, Verätzungen, Vitaminmangel. Häufigste Ursachen sind Fremdkörper, die beim Fressen oder Spielen aufgenommen werden, wie strangulierende Knorpelspangen, Fadenschlingen, Gummibänder oder stechende Fremdkörper (Nadeln).
Untersuchung und Behandlung: Gründliche Betrachtung der Mundhöhle (notfalls in Narkose) und Allgemeinuntersuchung. Aufdecken und bekämpfen der auslösenden Ursache (Fremdkörperentfernung, Zahnbehandlung, Behandlung der Allgemeinerkrankung, Antibiotika- und Vitamingaben), Schmerzlinderung, Spülung der Mundhöhle, weichbreiige bis suppige Nahrung, gegebenenfalls Zwangsfütterung.

Rachenentzündung (Pharyngitis)

Krankheitszeichen: Appetit meist erhalten, aber häufig Futterverweigerung, Schluckstörungen, Schmerz, geröteter Rachen, Würgen, Speicheln, langes Kauen, weißer, zäher Schleim, selten Fieber. Oft gleichzeitig Entzündung des Kehlkopfes und der Mandeln.

Ursache: Meist Virusinfektion, ursächlich oder komplizierend Bakterien, fortgeleitete Infektionen der Umgebung (Mandeln, Mundhöhle, Speiseröhre), länger anhaltendes Erbrechen, begleitend bei vielen Allgemeininfektionen, begünstigend wirkt Minderung der körpereigenen Abwehr.
Vorkommen: Besonders häufig bei Junghunden und abwehrschwachen Tieren.
Untersuchung und Behandlung: Gründliche Allgemeinuntersuchung einschließlich Betrachtung von Mundhöhle und Rachen.
Behandlung der Grunderkrankung, Verhinderung einer bakteriellen Überwucherung, Stimulierung des Abwehrsystems, weichbreiige bis suppige Nahrung.

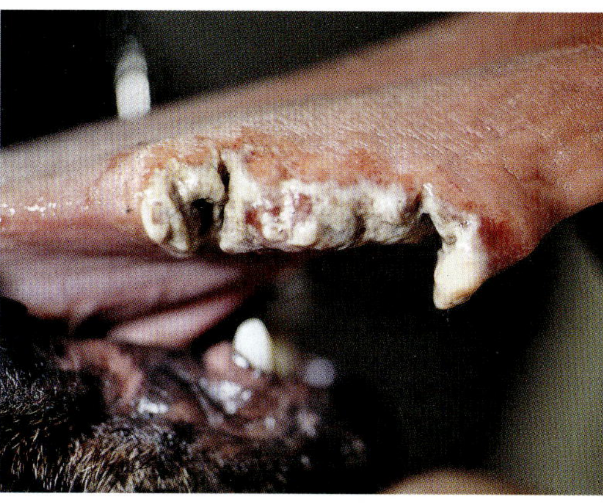

Tiefe Zungenrandverletzung mit Gewebezerfall.

Mandelentzündung (Tonsillitis)

Krankheitszeichen: Rötung (himbeerfarben) und Schwellung der Mandeln, Hervortreten aus den Schleimhauttaschen, Würgereiz, Speicheln, Schleimbildung, Husten, schmerzhafte Schluckbeschwerden, vereinzelt hohes Fieber, Müdigkeit und Lustlosigkeit, Mundgeruch, verminderte Futteraufnahme. Auch als „Angina" bezeichnet, da durch oft gleichzeitig bestehende Rachen- und Kehlkopfentzündung eine Einengung des Rachenbereichs besteht.
Ursache: Bakterien, Viren. Begünstigt durch Schneefressen, starkes Hecheln, begleitend zu zahlreichen Allgemeininfektionen (Staupe, ansteckende Leberentzündung), Fremdkörper (Spelzen, Ähren).
Vorkommen: Meist bei Junghunden, Rückfälle häufig.
Untersuchung und Behandlung: Gründliche Allgemeinuntersuchung mit Betrachtung des Rachenraumes.
Behandlung der Grunderkrankung, Stimulierung der Körperabwehr, Antibiotika, weichbreiige bis suppige Nahrung. Bei häufigen Rückfällen und eitrigen oder langwierigen Erkrankungen operative Entfernung der Mandeln. Dauerhaft entzündete Mandeln können ihre Aufgabe nicht mehr erfüllen und sind als Eiterherd ein ständiges Gesundheitsrisiko.

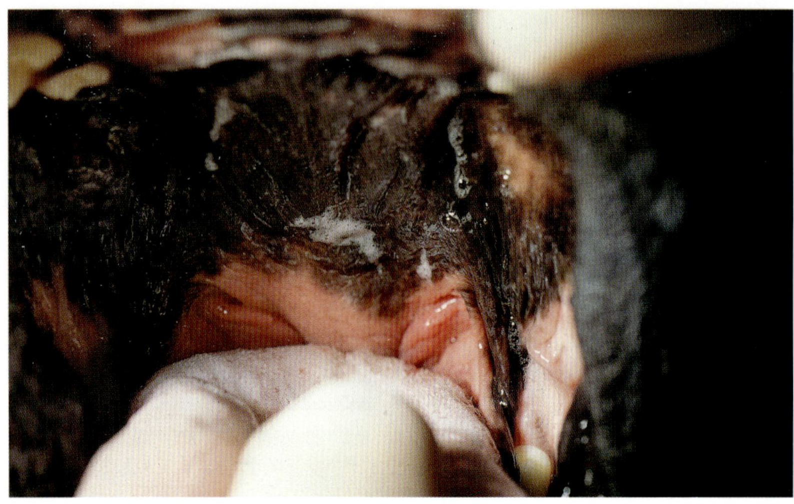

Mandelentzündung: Die geröteten und aus den Schleimhauttaschen vorgefallenen Mandeln sind links und rechts oberhalb des Zungengrundes zu erkennen.

Fremdkörper in Mundhöhle und Rachen

Siehe Kapitel „Die häufigsten Notfälle beim Hund“.

Erkrankungen des Gaumens

Gaumenspalten

Krankheitszeichen: Unvermögen, Futter normal abzuschlucken. Bei Aufnahme flüssiger Nahrung häufig Futteraustritt aus der Nase. Speichelfluss, Würgen. Welpen mit angeborener Gaumenspalte können keinen ausreichenden Unterdruck beim Saugen erzeugen. Schmatzen, Niesen, Fehlschlucken der Milch, Milch tritt häufig aus der Nase aus, Zurückbleiben in der Entwicklung, Gefahr einer Lungenentzündung durch Fehlschlucken (Verschluckpneumonie).
Ursache: Angeboren oder erworben (Unfall, Sturz, Beißerei).
Vorkommen: Angeborene Gaumenspalten selten, meist nur bei kurzköpfigen Rassen. Erworbene Spaltbildung des harten Gaumens kommt häufiger vor.
Untersuchung und Behandlung: Gründliche Betrachtung des Gaumens, vor allem bei Neugeborenen und nach Unfällen.
Operativer Verschluss der erworbenen Gaumenspalten. Welpen mit angeborener Gaumenspalte sind meist nicht lebensfähig und sollten eingeschläfert werden.

Zu langes oder schlaffes Gaumensegel

Krankheitszeichen: Schnarchende, schniefende, röhrende oder pfeifende Atemgeräusche in Ruhe, vor allem beim Schlafen, verstärkt bei Aufregung und Hecheln. Erschwerte Einatmung, gelegentlich starke Atemnot, Maulatmung, Erstickungsanfälle, blaurote Schleimhäute, Kollaps, Zunahme der Symptome mit dem Alter, Schluckstörungen, Würgen, Erbrechen, Speicheln.

Ursache: Zu langes oder schlaffes Gaumensegel, das beim Einatmen den Kehlkopf teilweise oder ganz verschließt. Oft kombiniert mit einer ganzen Reihe weiterer Fehlbildungen im Nasen-Rachenraum, die zum Teil eine erhebliche Atembehinderung darstellen.

Vorkommen: Vorwiegend bei kurzköpfigen (brachycephalen) Hunderassen wie Mops, Englische und Französische Bulldogge, Boxer, Pekingese, Shi Tzu, Boston Terrier.

Untersuchung und Behandlung: Gründliches Betrachten des Rachens und Kehlkopfes (notfalls in Narkose), gegebenenfalls Röntgen.
Operative Kürzung des Gaumensegels bei schweren Atemproblemen möglich.

Erkrankungen der Speicheldrüsen

Entzündung der Ohrspeicheldrüse (Parotitis)

Krankheitszeichen: Schwellung und Rötung am Ohrgrund, Schmerzen auf Druck oder beim Öffnen des Fangs. Durchbruch und Eiterentleerung möglich.

Ursache: Bakterien, Übergreifen von Entzündungsprozessen aus der Umgebung auf die Ohrspeicheldrüse (eitrige Ohrentzündung, Zahnwurzelvereiterungen im Reißzahnbereich), Bissverletzungen, eingedrungene Grasgrannen, auch bei Allgemeininfektionen (Staupe).

Vorkommen: Selten.

Behandlung: Behandlung der auslösenden Erkrankungen. Antibiotika, örtliche Wärme, Schmerzlinderung, gegebenenfalls operative Spaltung von Eiteransammlungen.

Speichelgangszysten

Als Zysten werden flüssigkeitsgefüllte Kammern in Geweben und Organen bezeichnet.

Krankheitszeichen:

- **Unterzungenzyste** (Froschgeschwulst, Ranula)
  Innen im Mund, seitlich der Zunge: dünnhäutiges, flüssigkeitsgefülltes, wurstförmiges Gebilde, Futterverweigerung, seitliche Abdrängung der Zunge, gelegentlich Atemnot
- **Halszyste** (Meliceres)
  Außen am Hals: flüssigkeitsgefüllte oder derbe, nicht schmerzhafte Zubildung im Bereich des Kehlgangs, enthält zähflüssiges, honigartiges Sekret (Honigzyste)

Ursache: Defekte/Verletzungen der Drüsenausführungsgänge oder Verschluss durch Fremdkörper, Speichelsteine oder Entzündungsprodukte. Äußere Verlegung durch entzündliche Verschwellung oder Blutergüsse nach Gewalteinwirkung.
Vorkommen: Selten.
Untersuchung und Behandlung: Gründliche Untersuchung der Mundhöhle zum Auffinden eventueller Fremdkörper; da Tiere meist sehr stark verunsichert, gegebenenfalls in Narkose.
Operative Entfernung der betroffenen Drüsen; Eröffnung bei Unterzungenzyste in der Regel ausreichend.

Zahnfleischentzündungen (Gingivitis)

Krankheitszeichen: Rötung und Schwellung des Zahnfleisches, Blutungen bei geringer mechanischer Reizung, Speicheln, Mundgeruch, vorsichtige zögerliche Futteraufnahme.
Ursache: Zahnbelag (Plaque) und Zahnstein, Futterreste oder Fremdkörper in den Zahnfleischtaschen, Verletzungen, allgemeine oder örtliche Infektion, Ernährungsmangel, Verbrühungen, Verbrennungen, Verätzungen.

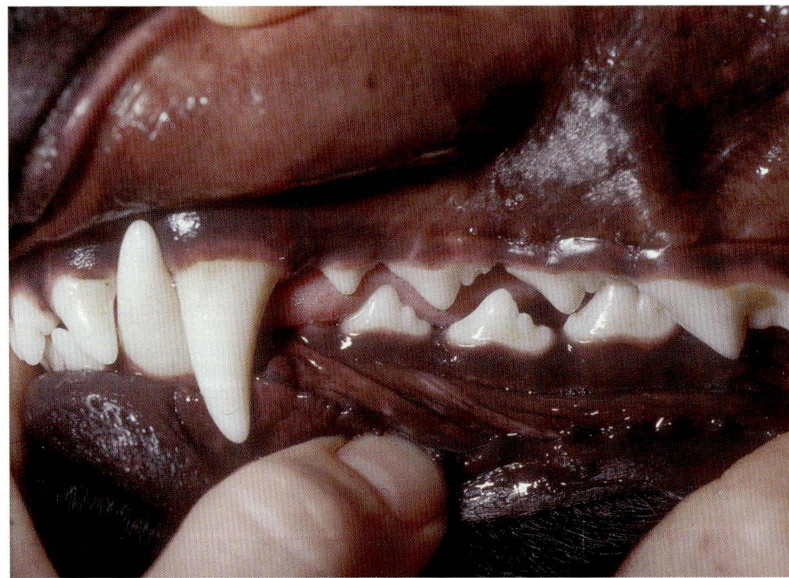

Eine reißverschlussartige Anordnung der Zähne stellt die Normverzahnung im Seitenzahnbereich dar. Die Mundschleimhaut ist unauffällig.

Vorkommen: Häufig.
Vorbeugung: Regelmäßige gründliche Zahnpflege und Zahnkontrolle.
Behandlung: Entfernung der Reizursache (Zahnstein, chirurgische Abtragung zu tiefer Zahnfleischtaschen), Entzündungshemmung, Schmerzlinderung, Vitamingaben, Antibiotika bei infektiöser Ursache.

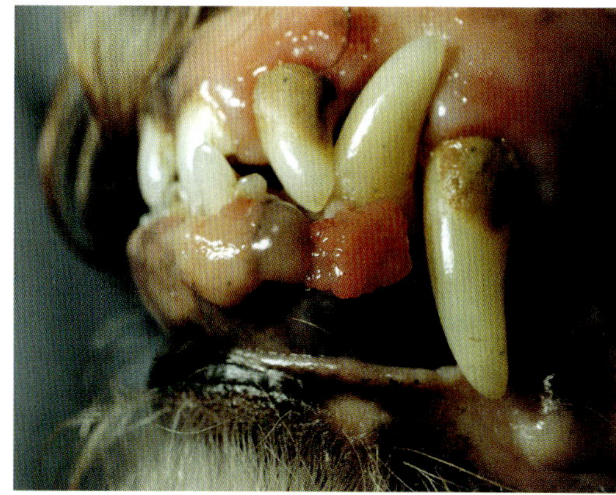

Diese Zahnfleischwucherungen (Epulis) sind gutartig.

Zahnfleischwucherung (Zahnfleischpolyp, Epulis)

Krankheitszeichen: Derbe, gutartige Zubildung mit glatter oder höckriger Oberfläche, einzeln oder gehäuft auftretend, gestielt oder fest aufsitzend, teilweise Hervortreten größerer Wucherungen zwischen den Lefzen bei geschlossenem Fang.
Ursache: Unbekannt.
Vorkommen: Besonders betroffen sind kurzköpfige Rassen, vor allem Boxer.
Untersuchung und Behandlung: Nach Entfernung Gewebeuntersuchung im Labor zum Ausschluss bösartiger Zahnfleischwucherungen.
Operative Abtragung in Narkose, Rückfälle häufig.

Veränderungen des Kiefergelenks (Arthrose/Arthritis)

Krankheitszeichen: Vorsichtiges Kauen, Fallenlassen von Futterstücken, Kaumuskelschwund, Fieber bei Kiefergelenkinfektionen, mitunter tritt eine zunehmende Einschränkung der Gelenkbeweglichkeit bis zur Kiefersperre auf.
Ursache: Eingestochene, spitze Fremdkörper, schwere Rachenentzündungen, Traumen, Gelenkfehlentwicklungen, Gelenkverschleiß.
Untersuchung und Behandlung: Röntgendarstellung des Kiefergelenks, Punktion und Untersuchung der Gelenkflüssigkeit, Blutuntersuchung.
Schmerzlindernde und entzündungshemmende Medikamente, Antibiotika bei infektiösen Prozessen, knorpelaufbauende Arzneimittel, kein hartes Futter (Knochen).

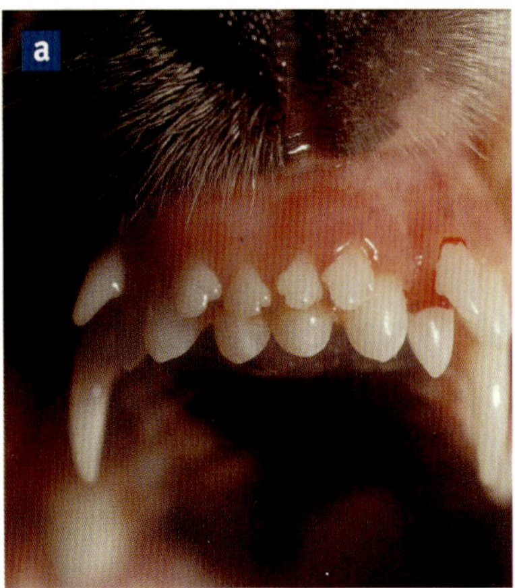

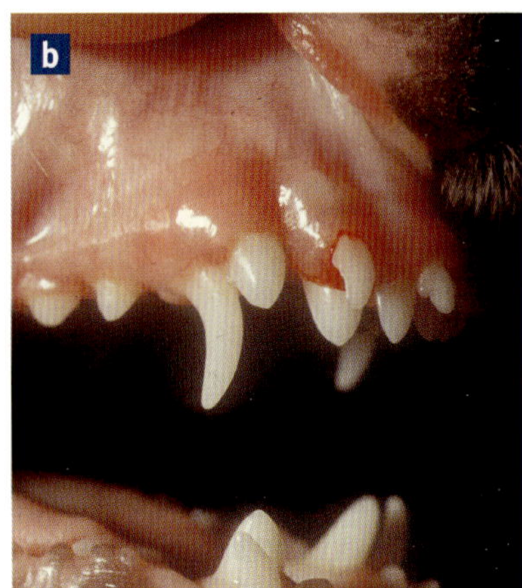

a) Persistierende Milchzähne. Milchschneidezähne und bleibendes Gebiss bestehen nebeneinander.

b) Ein verzögerter oder unterbliebener Wechsel der Milchfangzähne kann später zu schweren Gebissfehlstellungen führen. Der verbliebene Milchfangzahn im Oberkiefer steht immer hinter dem bleibenden Zahn. Im Unterkiefer befindet er sich daneben.

gen werden, um die Ansammlung von Haaren und Futterresten zwischen Milchzahn und bleibendem Zahn (Zahnfleischentzündung, Zahnsteinansatz) und eine Störung der weiteren Gebissentwicklung (zu eng stehende Unterkieferfangzähne) zu verhindern.

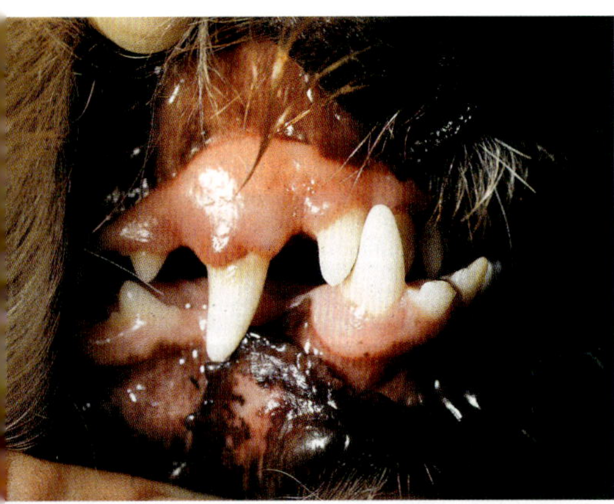

Hechtbiss. Der Unterkiefer ist so stark verlängert, dass der Unterkieferfangzahn vor dem äußeren Schneidezahn des Oberkiefers steht.

Hechtbiss (Vorbeißer, Mesialbiss, *Brachygnathia superior*)

Krankheitszeichen: Unterkiefer ist gegenüber dem Oberkiefer zu lang, zum Teil massive Verschiebung der Zahnreihen mit Verletzung des Zahnfleisches im Unterkiefer durch die Oberkieferschneidezähne.

Ursache: Durch Überentwicklung des Unterkiefers oder Unterentwicklung des Oberkiefers bzw. eine Kombination von beidem, Knochenentwicklungsstörungen nach Traumen oder Brüchen, häufig züchterisch bedingt.

Vorkommen: Rassemerkmal bei kurzköpfigen Rassen.

Behandlung: Durch Einschleifen, Ziehen einzelner Zähne oder kieferorthopädische Regulierungen lässt sich häufig ein ungehinderter, störungsfreier Biss erzielen. Bei schwerer Behinderung chirurgische Unterkieferverkürzung mit fraglichem Erfolg.

Karpfenbiss (Unterkieferverkürzung, Hinterbeißer, Distalbiss, *Brachygnathia inferior*)

Krankheitszeichen: Unterkiefer ist gegenüber dem Oberkiefer zu kurz, zum Teil massive Verschiebung der Zahnreihen mit Einbiss der Unterkieferschneidezähne oder -fangzähne in den Gaumen.
Ursache: Durch Unterentwicklung des Unterkiefers, Knochenentwicklungsstörungen nach Traumen oder Brüchen.
Vorkommen: Häufiger bei Hunderassen mit langen spitzen Schnauzen (Zwergdackel, Collie, Whippet).
Behandlung: Bei milder Ausprägung und rechtzeitiger Erkennung (bis zum 5. Lebensmonat) Versuch einer kieferorthopädischen Regulierung mit dem Ziel, die natürlichen Wachstumskräfte des Unterkieferknochens zu aktivieren. Ziehen der Unterkieferschneidezähne bei starkem Einbiss in den Gaumen.

Engstand der Fangzähne (Caninusengstand, *Mandibula angusta*)

Krankheitszeichen: Fangzähne des Unterkiefers stehen zu steil und beißen in den harten Gaumen des Oberkiefers ein. Entstehung von Druckstellen in der Schleimhaut, örtlicher Zerstörung von Schleimhautgewebe und des Kieferknochens, im Extremfall Verbindungskanal zwischen Mund und Nase (Mundnasenfistel).

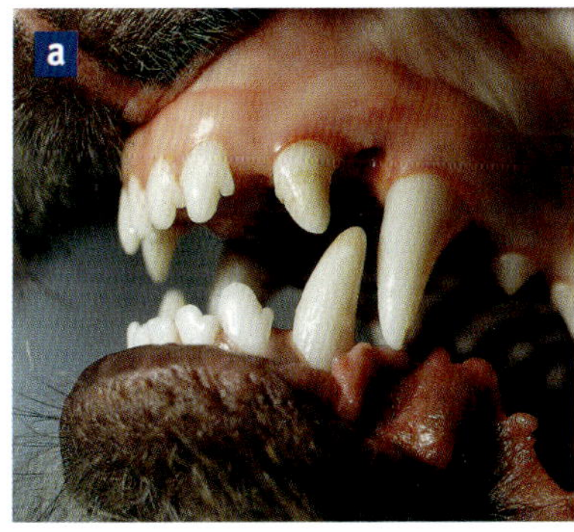

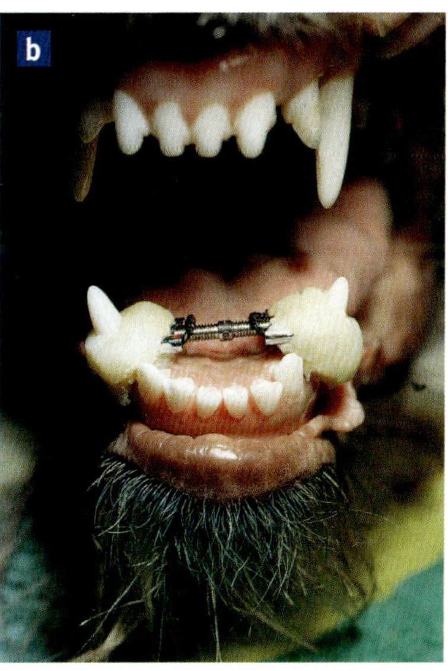

a) Engstand der Unterkieferfangzähne. Der Unterkieferfangzahn beißt tief in die Schleimhaut des Oberkiefers ein.
b) Engstand der Unterkieferzähne. Korrektur mit einer Dehnschraube.

Ursache: Erblich bedingt, zu schmal entwickelter Unterkiefer, zu steile Keimanlage der bleibenden Fangzähne. Häufig in Verbindung mit verzögertem Milchzahnwechsel (persistierende Milchcanini).
Vorkommen: Zunehmend zu beobachten, gehäuft beim Deutschen Schäferhund, Airedale Terrier.
Untersuchung und Behandlung: In geringgradigen Fällen Förderung der Zahnwanderung durch täglich mehrmaliges sanftes Dehnen von Hand (Besitzer) oder Nutzung des Spieltriebes mithilfe eines Gummiballs geeigneter Größe.
Kieferorthopädische Regulierung (Aufbiss-Schiene, Dehnschraube), vereinzelt ist Kürzung der Fangzähne mit Wurzelkanalbehandlung notwendig.

Farbveränderungen des Zahnschmelzes

Krankheitszeichen: Farbabweichungen von der normalen Zahnfarbe.
Ursache:

- gelbe Färbung: Tetrazyklingaben (Antibiotikum) während der Zahnentwicklung an Welpen oder tragende Hündinnen
- rosa bis blaurote Färbung, später schmutziggrau: Blutungen im Zahninneren
- gelbbraune bis schwarze Färbung: Pflanzenfarbstoffe (Karotten, Obst)
- bräunliche Zahnschmelzauflagerungen: Zahnstein

Vorbeugung: Vermeidung bestimmter Medikamente bzw. Futterinhaltsstoffe während der Zahnentwicklung.
Untersuchung und Behandlung: Zahnmedizinische Versorgung schmutziggrau verfärbter Zähne, da Entzündung des Zahnmarks (Pulpitis).

Zahnschmelzdefekte

Krankheitszeichen: Schmelzdefekte einzelner oder mehrerer Zähne, mottenfraßähnliche Löcher in der Zahnoberfläche.
Ursache: Schädigung der Zahnschmelzbildung des noch nicht durchgebrochenen Zahnkeimes durch Bakterien (Zahnwurzelentzündung der Milchzähne), Viren (Staupegebiss), mechanische Einwirkungen z. B. nach Traumen, Mangelernährung oder massiver Verwurmung. Erworben: bei Untugenden (Käfigbeißer).
Vorbeugung: Frühzeitige zahnmedizinische Versorgung abgebrochener oder entzündeter Milchzähne.
Behandlung: Regelmäßiges Auftragen von Fluorlack zum Schutz des Zahnbeins (Dentin), zahnmedizinische Versorgung der Schmelzdefekte durch Überkronung oder Füllungen, vor allem wenn, nur einzelne Zähne betroffen sind.

Zahnstein/Erkrankungen des Zahnhalteapparates (Parodontitis)

Krankheitszeichen: Gelb- bis dunkelbraune Zahnauflagerungen, raue, unebene Zahnoberfläche, geschwürige Veränderungen der Wangenschleimhaut. Zahnfleischreizung, -entzündung, -rückgang, blutende Zahnfleischsäume, Mundgeruch, Lockerung der Zähne, Zahnverlust, Schmerzen, mangelhafte Futteraufnahme.

Ursache: Mineralisation der schmierig-klebrigen Zahnbeläge (Plaque), Bakterienansammlung auf Zahnoberfläche und in Zahnfleischtaschen, entzündlich bedingter Zahnfleischrückgang und Abbau des knöchernen Zahnfachs. Begünstigend wirken mangelnde Mundhygiene, zu weiche klebrige Nahrung, Zahnstellungsfehler (Engstände).

Vorkommen: Sehr häufig, vor allem bei Klein- und Zwergrassen. Zunahme mit steigendem Lebensalter.

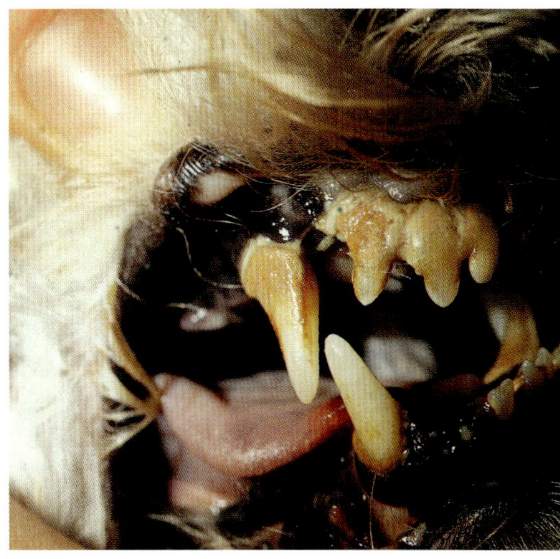

Zahnstein und schmierig-klebriger Zahnbelag (Plaque).

Vorbeugung: Regelmäßige Zahnpflege (mindestens zwei- bis dreimal wöchentlich). Mit Zahnbürste (Finger-, Zweikopf- oder Doppelkopfzahnbürste), Mikrofaserfingerling oder notfalls dem mit einer Mullbinde umwickelten Zeigefinger werden die Zahnoberflächen gereinigt. Verwendung von Hundezahncreme oder Schlemmkreide. Fütterung von grobem oder hartem Futter zur mechanischen Zahnbelagsentfernung, Büffelhautknochen oder Zahnhygiene-Kauknochen, spezielle Zahnreinigungsfuttermittel zur Verhinderung der Belagsbildung.

Untersuchung und Behandlung: Gründliche Gebissuntersuchung durch den Tierarzt.

Zahnsteinentfernung mit Ultraschall-Zahnsteinentfernungsgerät in Narkose und anschließender Politur der Zahnobertläche. Abtragen zu tiefer Zahnfleischtaschen, Reinigung und Glättung freiliegender Wurzelhälse, Zahnfleischbehandlung, Ziehen gelockerter Zähne.

Karies

Krankheitszeichen: Anfänglich weißer, kreidiger oder brauner, rauer Fleck auf der Zahnoberfläche, später bräunlich schwarze Höhlenbildung im Zahn.

Ursache: Spezielle säureproduzierende Bakterien des Zahnbelags führen zur Entmineralisierung des Zahnschmelzes und zur Zerstörung der Zahnhartsubs-

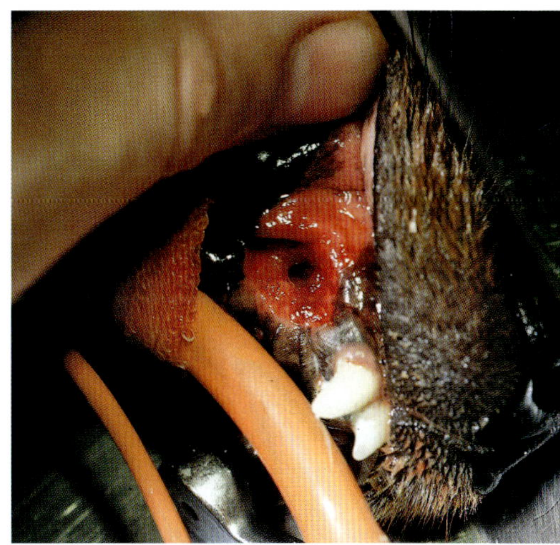

Durchbruch in die Nasenhöhle (Mundnasenfistel). Der schwer parodontal geschädigte Oberkieferfangzahn musste gezogen werden.

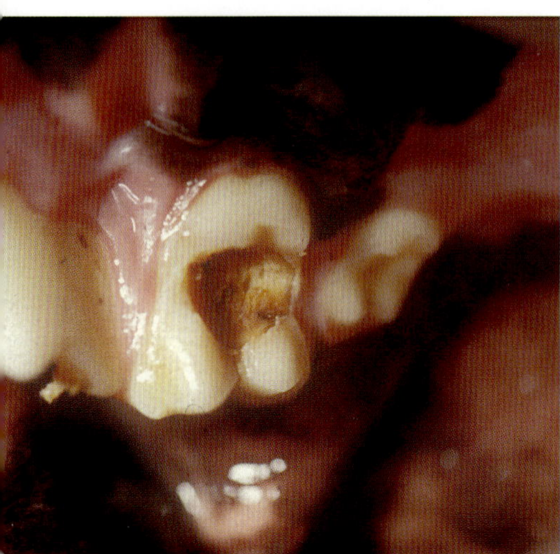

Karies an der Kaufläche des ersten hinteren Backenzahns (M1) im Oberkiefer.

tanz von Krone, Zahnhals oder Wurzel. Förderung durch schlechte Mundhygiene und unausgewogene Ernährung (viele Kohlenhydrate, Zucker, Schokolade).

Vorkommen: Sehr selten, beim Hund vor allem Fissuren- bzw. Grübchenkaries, kaum Karies an Glattflächen des Seitenzahnbereichs oder Zahnwurzel, überwiegend an Kaufläche des ersten hinteren Backenzahnes (M1) im Oberkiefer auftretend, langschädelige Rassen häufiger betroffen.

Vorbeugung: Regelmäßige Zahnpflege, Entfernung der dicken, klebrigen Zahnbeläge (Plaque).

Untersuchung und Behandlung: Gründliche Zahnuntersuchung mit zahnärztlicher Sonde durch den Tierarzt, Zahnröntgen.

Zahnmedizinische Versorgung (Füllung, gegebenenfalls Wurzelkanalbehandlung oder Ziehen nicht erhaltungswürdiger Zähne).

Zahnhartsubstanzzerstörung (Canine odontoklastische resorptive Läsion/CORL)

Krankheitszeichen: Aushöhlungen und Defekte im Bereich der Zahnkrone, beginnend am Zahnhals, Auffüllung der Defektzone mit leicht blutendem wuchernden Zahnfleisch oder Zahnstein, dezente Begleitentzündung der Maulschleimhaut, Zahnschmerzen, in fortgeschrittenen Fällen kann Zahnkrone abbrechen.

Ursache: Im Gegensatz zur Karies kein bakteriell-chemischer Prozess, sondern durch aktivierte körpereigene „Fress"-Zellen (Odontoklasten) verursacht, entzündliche Zerstörung der Zahnhartsubstanz (Schmelz, Zahnbein, Wurzelzement).

Vorkommen: Beim Hund selteneres Auftreten dieser bei der Katze häufigsten Zahnerkrankung, oft Zufallsbefund bei der Mundraumsanierung/Zahnsteinentfernung.

Untersuchung und Behandlung: Gründliche Zahnuntersuchung mit zahnärztlicher Sonde durch den Tierarzt, Zahnröntgen.

In Frühstadien Versuch einer Zahnfüllung. Prozess schreitet in der Regel trotzdem unaufhaltsam voran, sodass Ziehen betroffener Zähne ratsam erscheint, um Schmerzen und ein späteres Abbrechen der Zahnkrone zu vermeiden.

Wurzelspitzenvereiterung/ Zahnfisteln

Durch eine Fistel erfolgt eine Entleerung von Flüssigkeit (unter anderem Eiter) aus dem Körperinneren nach außen.

Krankheitszeichen: Zahnschmerzen, Kaustörungen, Speicheln, Eiterbildung im Zahnwurzelbereich. Eiter entleert sich entweder auf Druck aus dem Zahnfach oder zersetzt den umgebenden Knochen und es entsteht eine Zahnfistel (z.B. Augenfistel = Durchbruch durch äußere Haut unter dem Auge mit vorhergehender Schwellung, Rötung, Druckschmerz; Mundnasenfistel = Durchbruch in die Nase mit einseitigem Nasenbluten oder eitrigem Nasenausfluss).

Ursache: Bakterielle Entzündung der Zahnwurzelspitze, unter anderem durch weitergeleitete Entzündung im Zahnfach (Parodontitis) oder Zahnfrakturen mit Eröffnung des Zahnmarks.

Vorkommen: Wurzelspitzenvereiterungen relativ häufig, meist Zufallsbefund beim Zahnröntgen oder nach Zahnziehen, Zahnfisteln seltener.

Untersuchung und Behandlung: Röntgenuntersuchung mit Nachweis der Knocheneinschmelzung an der Wurzelspitze. Ausschluss eines Knochentumors.

Ziehen der betroffenen Zähne, Antibiotikagabe, in Einzelfällen Wurzelkanalfüllung und/oder Wurzelspitzenbehandlung (Wurzelspitzenresektion), operative Versorgung der Fisteln nach Zahnentfernung.

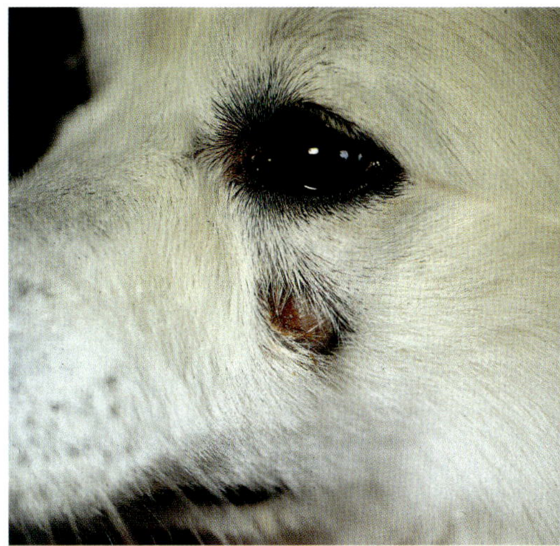

Augenfistel: Bei einer Schwellung und Rötung unter dem Auge muss immer an eine vereiterte Zahnwurzel des Oberkieferreißzahnes gedacht werden.

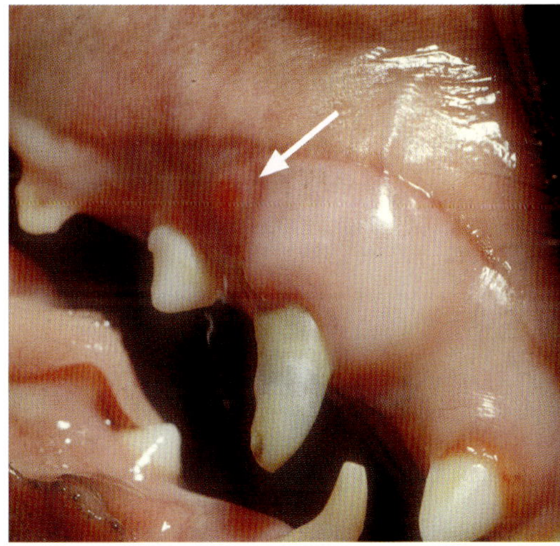

Wurzelspitzenvereiterung mit Fistelbildung bei einem abgebrochenen Milchfangzahn im Oberkiefer. Fistelöffnung siehe Pfeil.

Zahnfraktur

Krankheitszeichen: Absplitterung von Zahnschmelz und Zahnbein mit oder ohne Eröffnung des Zahnmarks, Blutung des Zahnmarks, Schmerzen, Futterverweigerung, Speicheln. Verletzungen der Mundhöhlenschleimhaut oder Zunge durch scharfe Schmelzkanten.

Ursache: Beißen auf harte Gegenstände (z.B. hartes Holz) beim Apportieren oder „Steinefangen“, bei der Ausbildungsarbeit (Beißübungen), Unfälle.

Vorkommen: Bei Junghunden Bruchgefahr größer. Der Hundezahn ist erst mit 24 Monaten „ausgewachsen“ und sollte auch erst danach entsprechend belastet werden!

Am häufigsten Fangzähne, aber auch Schneidezähne und Oberkieferreißzahn = P4, letzter Vorderbackenzahn des Oberkiefers betroffen.

Vorbeugung: Strikte Vermeidung des „Steinefangens“, Berücksichtigung des Zahnalters beim Apportieren und während der Ausbildung (vor allem bei Dienst- und Gebrauchshunden).

Untersuchung und Behandlung: Prüfung mit zahnärztlicher Sonde, ob Zahnmark eröffnet ist. Zahnröntgen.

Glättung scharfer Bruchkanten. Bei Eröffnung des Zahnmarks Wurzelkanalbehandlung, Zahnfüllung. Eine innerhalb der ersten 24 Stunden entdeckte noch frisch blutende Zahnfraktur und eine zügige Vorstellung beim Tierarzt ermöglichen es, den Zahn lebend zu erhalten. In Einzelfällen auch Überkronung funktionell wichtiger Zähne (vor allem Fangzähne) möglich. Bei Wurzelfrakturen Ziehen der Zähne.

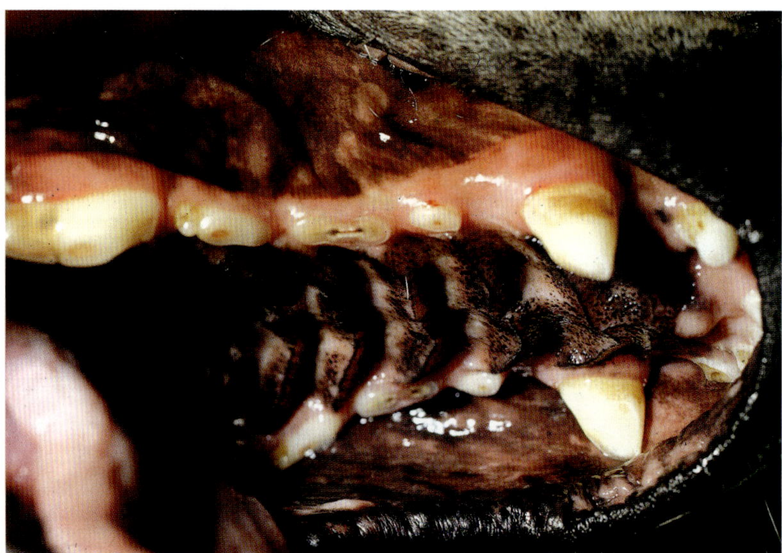

Bei diesem Steinbeißergebiss wurden nahezu alle Zahnkronen horizontal abgenutzt.

Steinbeißergebiss

Krankheitszeichen: Horizontale Abnutzung der Zahnkronen.
Ursache: Langjährige Folge von Untugenden des Hundes (ständiges Spielen mit Steinen, Tennisbällen, Zähneknirschen oder Benagen des eigenen Fells).
Behandlung: Meist nicht notwendig. Da die Zahnkrone über einen längeren Zeitraum abgenutzt wird, nur selten Eröffnung des Zahnmarks. Wurzelkanalbehandlung bei eröffneter Zahnhöhle medizinisch notwendig, um eitrige Entzündungen und Knocheneinschmelzungen zu verhindern. In Einzelfällen Überkronung funktionell wichtiger Zähne.

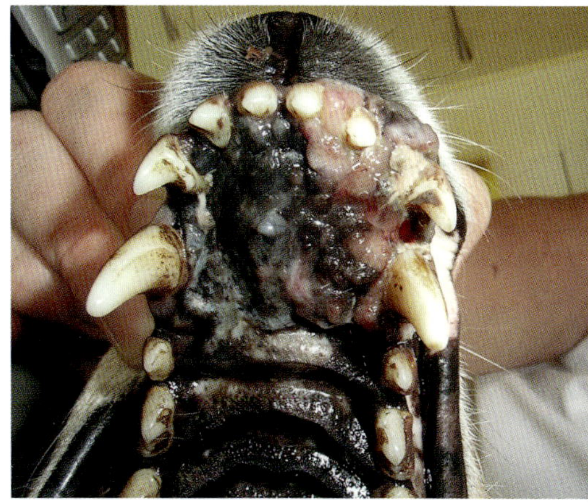

Mundhöhlentumor im Bereich des Gaumendachs mit Verdrängung der Zähne bei einem alten Mischlingshund (Fibrosarkom).

Tumoren der Mundhöhle

Krankheitszeichen: Unterschiedlich große und vielgestaltige Zubildungen im Bereich von Zahnfleisch, Mund- und Rachenschleimhaut, Zunge und Mandeln. Zerstörung des darunter liegenden Kieferknochens, Verlagerung und Verlust von Zähnen, Speicheln (zum Teil mit Blutbeimengung), gestörtes Fressverhalten, Mundgeruch, gelegentlich verstärkte Blutungsneigung.
Ursache: Gutartige (z. B. Zahnfleischwucherung = *Epulis*) oder bösartige Neubildungen. Bösartige Tumoren können zu Tochtergeschwülsten in anderen Organen (Lymphknoten, Lunge) führen.
Vorkommen: Gehäuft bei älteren Hunden.
Untersuchung und Behandlung: Gründliche Allgemeinuntersuchung mit Tasten der örtlichen Lymphknoten, Blutuntersuchung, Röntgen, CT zur Beurteilung der genauen Tumorausdehnung und Operationsplanung, Entnahme einer Gewebeprobe zur Abgrenzung von Entzündungen und Tumoren (gutartig oder bösartig?). Gegebenenfalls operative Entfernung der Neubildungen teilweise unter Einbeziehung von Teilen des Unter- oder Oberkieferknochens, kombiniert mit Chemo- und Bestrahlungstherapie; bei einzelnen Tumorarten erfolgversprechend.

Erkrankungen der Verdauungsorgane

Fremdkörper in der Speiseröhre

Siehe Kapitel „Die häufigsten Notfälle beim Hund“.

Erweiterung der Speiseröhre (Megaösophagus)

Krankheitszeichen: Hochwürgen von unverdautem, „frischem“ Futter, Abmagerung trotz normalen Appetits oder mitunter sogar Heißhungers, wurstartig geformter Futterbrei zum Teil ohne Anstrengung ausgewürgt, beschwerdefreie Intervalle möglich, Allgemeinstörungen nach Speiseröhrenentzündung oder nach Fehlschlucken von Futter mit Husten und Lungenentzündung (Verschluckpneumonie).
Ursache: Fehlfunktion der Speiseröhrenmuskulatur mit Speiseröhrenerweiterung, Lähmung und mangelhafter rhythmischer Transportbewegung (Peristaltik), angeboren oder erworben. Oft bleibt die Ursache jedoch unbekannt. Häufige erworbene Ursachen sind Vergiftungen (Thallium, Blei), Erkrankungen des Nervensystems (Gehirnerkrankung, Staupefolgen, Tetanus, Nervenentzündungen), hormonelle Erkrankungen (Schilddrüsenunterfunktion, Nebennierenrindenunterfunktion), Tetanus, Autoimmunerkrankungen, Speiseröhreneinengung durch ringförmige Umschließung missgebildeter Blutgefäße.
Vorkommen: Selten. Familiäre Häufung bei Deutschem Schäferhund, Deutscher Dogge, Irish Setter, Foxterrier und Zwergschnauzer.
Untersuchung und Behandlung: Gründliche Allgemeinuntersuchung mit Tasten der Speiseröhre im Halsbereich (zum Teil schwabbelnde Aussackung am Brusteingang), Röntgen ohne oder mit Kontrastmittel, Schieben einer Magensonde.
Sofern die Grunderkrankung erkennbar ist, sollte diese zuerst behandelt werden. Gelegentlich Selbstheilung bei Welpen, Vitaminisierung (Vitamin E und B-Komplex), Fütterung in kleinen Portionen aus erhöhter Position bei einem vorn hochgestellten Hund (z. B. auf Treppenabsatz), Mitunter wird breiiges Futter besser aufgenommen. In einzelnen Fällen kann eine Operation mit Durchtrennung missgebildeter Gefäße und Bandstrukturen Abhilfe schaffen.

Entzündung der Speiseröhre (Ösophagitis)

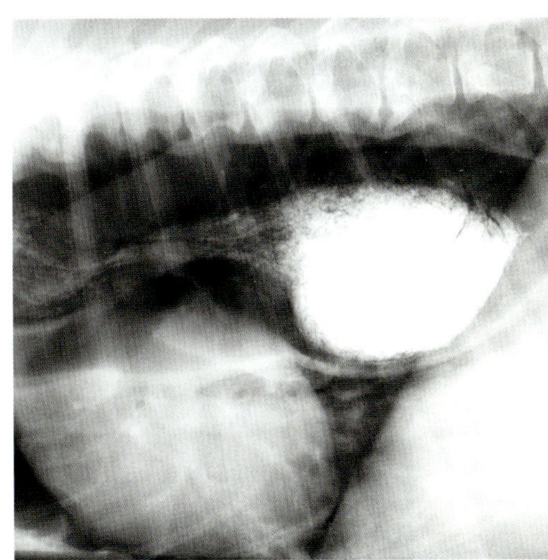
Stark erweiterte Speiseröhre: Eine Ansammlung von Röntgenkontrastmittel ist in der Aussackung nach dem Herzen zu erkennen.

Krankheitszeichen: Futterverweigerung, Schluckstörungen, Würgebewegungen, Brechreiz, Leerschlucken, Abgeschlagenheit, Blutbeimengungen in erbrochenem Futter.
Ursache: Schädigung der Speiseröhrenschleimhaut durch Fremdkörper, zu heißes Futter, Verätzungen, Rückfluss von saurem Mageninhalt bei unzulänglichem Verschluss des unteren Speiseröhrenpförtners (Refluxösophagitis).
Untersuchung und Behandlung: Eine gründliche Allgemeinuntersuchung, Betasten der Speiseröhre im Halsbereich (Schmerzäußerungen), Röntgen, Endoskopie, Entnahme einer Gewebeprobe. Ursachenbeseitigung, wenn möglich (Rückfluss von Mageninhalt, Fremdkörper), Verminderung der Magensäureproduktion und Säure neutralisierende Medikamente, Schmerzlinderung, Füttern von breiigem, gut temperiertem und reizlosem Futter.

Magenschleimhautentzündung/Magengeschwür (Gastritis/*Ulcus ventriculi*)

Krankheitszeichen: Erbrechen (plötzlich einsetzend und anhaltend oder gelegentlich, im Zusammenhang mit Futter- und Wasseraufnahme, bei vollem oder leerem Magen), Futterverweigerung, Bauchschmerzen, Abgeschlagenheit, Grasfressen, Austrocknung und Mineralverlust des Körpers bei lang anhaltendem Erbrechen. Blutbeimengung im Erbrochenen („Kaffeesatzerbrechen“ = geronnenes oder frisches Blut) bei Schleimhautschädigung oder bei Magengeschwüren.
Ursache: Fütterungsfehler (Milch, Süßigkeiten, Futter aus dem Kühlschrank, zu heißes Futter, verdorbenes Futter), Fremdkörper (Steine, Knochen), Parasiten, Vergiftung (Reinigungs- und Desinfektionsmittel, Insektenbekämpfungs- oder Pflanzenschutzmittel, Düngemittel). Allergisch bedingt (Futterunverträglichkeit), Medikamente (lang anhaltende Gabe, Überdosierung, Gabe auf nüchternen Magen), Schneefressen, Infektionskrankheiten (Viren, Bakterien – auch beim Hund *Helicobacter pylori* nachweisbar, Pilze), Harnvergiftung (Urämie), Stress („nervöser Magen“).
Magengeschwüre entstehen durch Einwirkung des Magensaftes (Salzsäure, Pepsin) auf eine vorgeschädigte und somit ungeschützte Schleimhaut.

Darmverschluss (Ileus)

Krankheitszeichen: Futterverweigerung, Erbrechen (das Erbrochene sieht häufig kotartig aus), fehlender Kotabsatz, Abgeschlagenheit, Unruhe, kolikartige Schmerzen, Umschauen nach dem Leib, Stöhnen, verspannter Bauch, gegebenenfalls Gebetsstellung (vorn abgelegt, hinten Beine aufgestellt). Unbehandelt tritt der Tod des Tieres durch Kreislaufversagen ein.
Ursache: Verschluss des Darms durch Fremdkörper (Ball, Korken, Stoffteile, Pfirsichkerne, Walnüsse, Knochen und Ähnlichem), massiven Wurmbefall, Druck von außen (Tumoren in der Bauchhöhle), Ineinanderschieben von Darmteilen (Invagination), Darmverdrehung (Torsion, Volvolus), Einklemmen von Darmteilen in einen Bruch (Inkarzeration). Aber auch Darmlähmungen nach Bauchfellentzündung, massiver Bauchspeicheldrüsenentzündung oder Bauchtraumen sowie Darmkrämpfe nach infektiösen Magendarmentzündungen (Parvovirose) können auftreten. Der Darmverschluss kann vollständig oder unvollständig sein.
Vorkommen: Massiver Wurmbefall mit Darmverschluss gelegentlich bei Welpen. Auch ein Ineinanderschieben von Darmteilen (Invagination) und ein Verschluss durch abgeschluckte Fremdkörper tritt häufiger bei Welpen und Junghunden auf.
Vorbeugung: Verhinderung der Fremdkörperaufnahme, vor allem beim Spielen (Junghunde), Kinderzimmer verschlossen halten. Regelmäßige Entwurmung bereits im Welpenalter. Planmäßige Welpenimpfung gegen Parvovirose.
Untersuchung und Behandlung: Gründliche Allgemeinuntersuchung mit Tasten des Bauches und Abhören der Darmgeräusche, Ultraschall des Bauches, Röntgen (zahlreiche Fremdkörper wie z.B. Textilien oder Plastikteile sind auf der

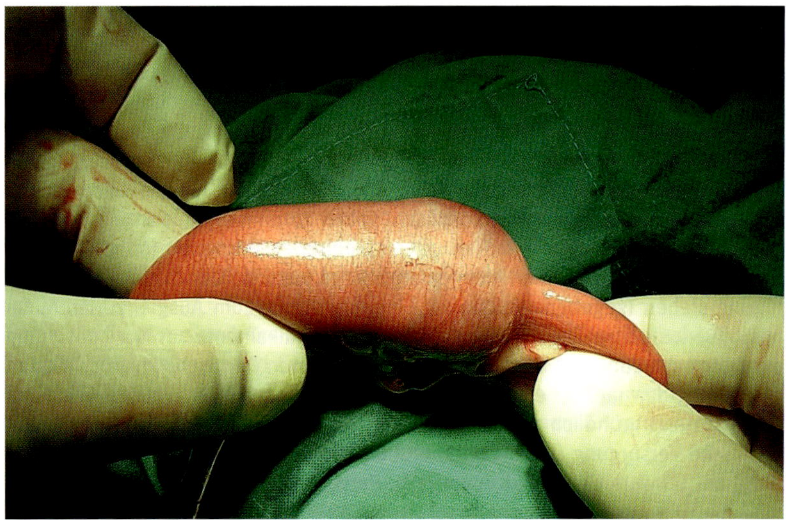

Darmverschluss durch eine abgeschluckte Kastanie: Vor der Verschlussstelle ist der Darm stark aufgeweitet.

Röntgenaufnahme zwar nicht sichtbar, stark aufgegaste Darmschlingen geben jedoch Hinweise). Röntgen nach Kontrastmitteleingabe zur Kontrolle der Durchgängigkeit des Darms und zur besseren Darstellung von Fremdkörpern. Blutuntersuchung.
Möglichst frühzeitige operative Versorgung. Oft müssen bereits schwer geschädigte Darmabschnitte entfernt werden. Kreislaufstabilisierung, Antibiotika, künstliche Ernährung für die ersten Tage nach der Operation.
Bei Darmkrampf oder Darmlähmung Behandlung der auslösenden Ursache.

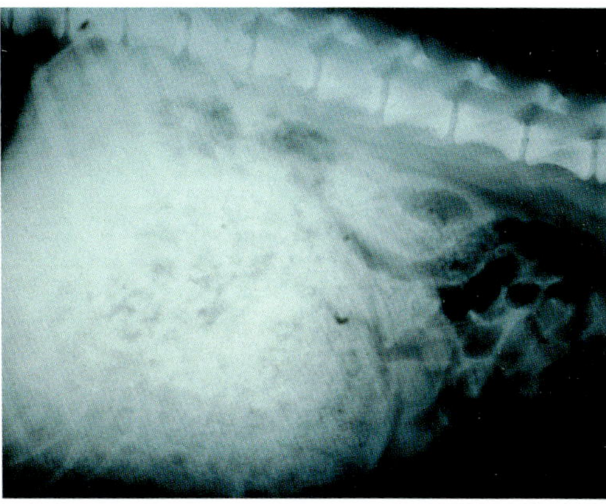

Magenüberladung: stark futtergefüllter und überdehnter Magen bei einem Riesenschnauzer.

Verstopfung (Obstipation, Koprostase)

Krankheitszeichen: Fehlender oder verminderter, meist schmerzhafter Kotabsatz (Stöhnen des Hundes), Drängen auf den Kot, verspannter Bauch, aufgekrümmter Rücken, steinharte Kotballen, Futterverweigerung, gelegentliches Erbrechen.
Ursache: Knochenfressen, rohfaserarmes Futter, Bewegungsmangel, vergrößerte Prostata, raumfordernde Prozesse im Enddarm (Tumoren), Beckenbruch, Enddarmaussackung, Dammbruch, gestörte Nervenversorgung nach Rückenmarkerkrankung.
Vorbeugung: Kein Verfüttern von Knochen besonders bei älteren Hunden. Zufüttern von Weizenkleie oder Milchzucker bei gefährdeten Patienten oder regelmäßigen Rückfällen.
Untersuchung und Behandlung: Tasten des Bauches, Untersuchung des Enddarms mit eingeführtem Finger (rektale Untersuchung), Röntgen.
Einläufe mit lauwarmem Wasser, Paraffinöl oder Gleitgel zum Aufweichen des Kotes, Nahrungsentzug, ausreichende Flüssigkeitsversorgung (notfalls per Infusion), Ausmassieren und Ausräumen der steinharten Kotballen. Bei Erfolglosigkeit Allgemeinnarkose und operative Entfernung nach Eröffnung des Darms. Ursachenaufdeckung und -abstellung ist für die Vermeidung von Rückfällen notwendig. Nachbehandlung durch den Besitzer mit rohfaserreicher Diät bzw. Zufütterung von Weizenkleie, Flohsamen oder Milchzucker, mehrmalige kleine Futterrationen am Tag, ausreichende Bewegung.

Enddarmvorfall (Mastdarmvorfall, Rektumprolaps)

Krankheitszeichen: Vorfall eines zylindrischen Gebildes von mehreren Zentimetern Länge über den After hinaus. Blaurote Enddarmschleimhaut, die stark verschwollen, gespannt und oberflächlich matt glänzend ist. Durch Selbstverstümmelung (Lecken, Beißen) häufig blutig oder geschwürig verändert, oberflächlich oft verschmutzt, Kotabsatzprobleme.

ACHTUNG!

Ein Enddarmvorfall ist ein Notfall! Der Besitzer sollte seinen Hund vom Lecken abhalten, die vorgefallene Enddarmschleimhaut mit feuchten Tüchern abdecken und sofort einen Tierarzt aufsuchen.

Ursache: Massive Darmentzündungen mit Durchfall, längere Zeit bestehende Verstopfungen, Schwergeburten, aber auch ein übersteigerter Kot- oder Harndrang (Tenesmus) bei Prostatavergrößerung, Blasenentzündung, Blasensteinen, Tumoren, Abszessen oder Fisteln in der Umgebung des Afters.

Vorkommen: Selten.

Untersuchung und Behandlung: Klinisches Bild eindeutig.

Rückverlagerung bei leichteren Vorfällen und wenig geschädigter Enddarmschleimhaut möglich, anschließend vorübergehender Verschluss des Afters durch eine Naht. Die Rückverlagerung geht umso besser, je früher der Enddarmvorfall bemerkt und beim Tierarzt vorgestellt wurde. Bei Rückfällen oder massiv geschädigter Schleimhaut ist eine operative Versorgung unumgänglich.

Enddarmaussackung (Rektumdivertikel)

Krankheitszeichen: Aussackung der Enddarmschleimhaut als sackartige Hervorwölbung der Haut seitlich des Afters äußerlich sichtbar. Kotabsatzstörungen, Drängen auf den Kot, häufigerer und „kleckerweiser“ Kotabsatz, Schmerzen.

Ursache: Riss in der Enddarmmuskulatur, nach Verletzungen oder länger bestehenden Kotabsatzschwierigkeiten (Verstopfung, Knochenkot, Prostatavergrößerung, Tumoren im Enddarmbereich, Bewegungsmangel, schmerzhafte Erkrankungen der Afterregion).

Vorkommen: Fast nur bei älteren Rüden, häufig im Zusammenhang mit einem Dammbruch (Perinealhernie).

Vorbeugung: Kein Verfüttern von Knochen besonders bei älteren Hunden.

Untersuchung und Behandlung: Tasten der Aussackung nach Eingehen mit dem Finger in den Enddarm (rektale Untersuchung), Röntgen nach Kontrastmitteleinlauf.

Bei alten oder nicht operationsfähigen Hunden befriedigender Zustand durch Diätfütterung, die den Kot weich und pastös hält (Weizenkleie, Flohsamen), zu erreichen. Periodischer Einsatz von Darmeinläufen (Klistiere). Operatives Vorgehen mit Verschluss der Muskelzerreißung bei sehr großen Divertikeln.

Analbeutelentzündung/Analbeutelabszess

Krankheitszeichen: Kotdrang, „Schlittenfahren“ (Rutschen auf dem Hinterteil), Lecken und Beißen in der Afterregion, nicht selten Entstehung von schmierig-eitrigen Hautentzündungen vor allem am Schwanzansatz oder Oberschenkel, Rötung, Haarverlust, Schwellung und Druckschmerz der Hautbereiche über den Analbeuteln mit späterem spontanen Durchbruch und Entleerung von pastös-grieseligem bis blutig-eitrigem Sekret bei Analbeutelabszess.

Ursache: Die Analbeutel sind links und rechts unterhalb des Afters angelegt und dienen als Duft- und Markierungsdrüse. Die Ausführungsgänge münden wenige Millimeter beidseits des Afters im Bereich der Analrosette. Normalerweise werden bei jedem Kotabsatz kleine Sekretmengen aus den Analbeuteln herausgepresst. Bei Verlegung der Ausführungsgänge durch eingetrocknetes Sekret, Entzündungsprodukte oder Kot kommt es jedoch zur Analbeutelverstopfung, begünstigt durch einen zu weichen Kot. Durch eine bakterielle Besiedlung der verstopften Drüsen entsteht eine Entzündung und später eine Vereiterung der Analbeutel (Analbeutelabszess).

Vorkommen: Sehr häufig.

Vorbeugung: Regelmäßige manuelle Entleerung bei gefährdeten Patienten.

Untersuchung und Behandlung: Eingehen mit dem Finger in den Enddarm (rektale Untersuchung) oder zangenartiges Umgreifen des Afters und Tasten der prall gefüllten Analbeutel.

Manuelle Entleerung größerer Mengen eines entzündlich veränderten übel riechenden Analbeutelsekrets. Bei Entzündungen Spülung der Analbeutel und Einbringen von Juckreiz lindernden und entzündungshemmenden Medikamenten oder Antibiotika direkt in die Analbeutel. Je nach Schwere der Erkrankung ein- bis mehrmalige Wiederholung. Nur bei häufigen Rückfällen, auf herkömmliche Art nicht zu

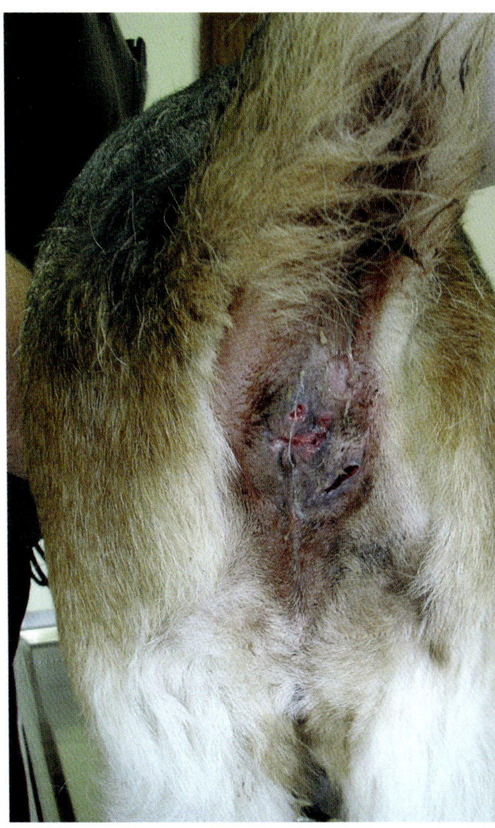

Durchgebrochener Analbeutelabszess und massive perianale Fistelung bei einem Deutschen Schäferhund. Vor allem ältere Schäferhunde neigen zu einer chronischen Entzündung der Haut in der Aftergegend mit geschwüriger Fistelbildung (Perianalfisteln).

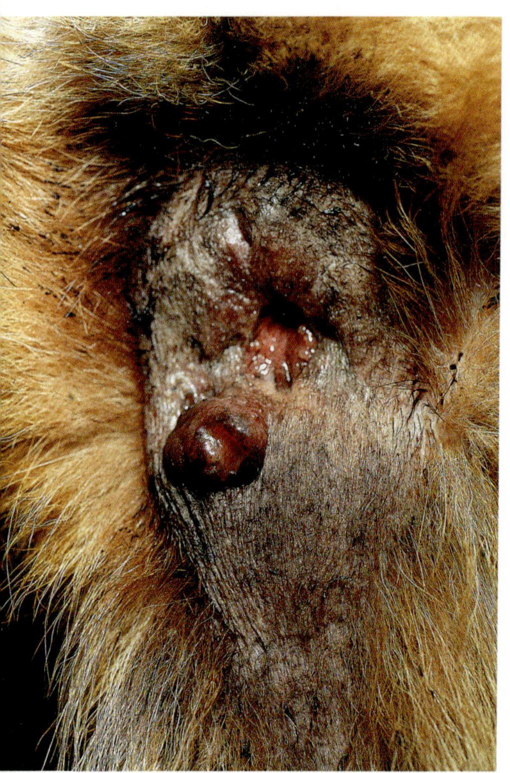

Geschwürig veränderter erbsengroßer Tumor der Zirkumanaldrüsen.

beeinflussenden Fisteln und Analdrüsentumoren ist eine operative Entfernung der Analbeutel zu empfehlen. Ein durchgebrochener Analbeutelabszess muss regelmäßig mit einer desinfizierenden und gegebenenfalls antibiotikahaltigen Flüssigkeit gespült werden, gegebenenfalls Drainage zur Förderung des Wundsekretabflusses. Antibiose, Verhinderung des Schleckens (Halskragen).

Tumoren der Zirkumanaldrüsen

Krankheitszeichen: Stecknadelkopf- bis erbsengroße Zubildungen im Bereich der Afterrosette, nur selten mit Kotabsatzproblemen verbunden, häufig oberflächlich geschwürige Veränderungen mit verstärkter Blutungstendenz, Juckreiz.

Ursache: Überschießendes, unreguliertes Wachstum der Drüsenzellen, hormonell gesteuert (Geschlechtshormone); vorwiegend gut-, seltener bösartige Zubildungen.

Vorkommen: Häufig bei älteren Hunden, vornehmlich Rüden.

Untersuchung und Behandlung: Nur die Laboruntersuchung von Gewebeproben oder der operativ entfernten Tumoren ermöglicht eine Unterscheidung von gutartigen und den selteneren bösartigen Zubildungen.

Operative Entfernung unter Schonung des Schließmuskels, Kryotherapie (Vereisung). Bei gleichzeitiger Kastration kann das Auftreten weiterer Zubildungen verhindert werden. Bei Tumoren, die nicht mehr zu operieren sind (Gefahr der Schließmuskelschädigung bei zu großen Zubildungen) stoppt eine Hormonbehandlung eine weitere Größenzunahme. Örtliche Tupfbehandlung mit desinfizierenden und oberflächlich verschorfenden Präparaten bei geschwüriger Veränderung.

Eingeweidebrüche (Hernien)

Dammbruch (*Hernia perinealis*)

Krankheitszeichen: Sicht- und tastbare Vorwölbung der Haut neben bzw. unterhalb des Afters. Nach Lockerung des Beckenbodens oder Muskel- und Sehnenzerreißung befinden sich in dieser Vorwölbung Organe der Bauch- und Beckenhöhle (meist Darm oder Harnblase). Einseitig, aber auch beidseitig möglich. Gestörter Harnabsatz bei eingeklemmter Harnblase.

Ursache: Muskelschwäche oder Muskelschwund, Störungen des Sexualhormonhaushalts, länger bestehende Verstopfungen mit ständigem Kotabsatzdrang, Enddarmaussackungen, Prostatavergrößerungen.

Vorkommen: Häufig bei älteren Rüden, Hündinnen fast nie betroffen.

Untersuchung und Behandlung: Gründliche Allgemeinuntersuchung, vorsichtige Rückverlagerung des Bruchinhaltes durch die Bauchpforte möglich, Betasten des Enddarms (rektale Untersuchung), gegebenenfalls Röntgen ohne oder mit Kontrastmittel.

Operation mit gleichzeitiger Kastration des Rüden.

Nabelbruch (*Hernia umbilicalis*)

Krankheitszeichen: Nicht schmerzhafte, kirsch- bis walnussgroße, kugelförmige Umfangsvermehrung im Bereich des Bauchnabels. Auf Druck durch den Finger lässt sich der Bruchsack häufig wieder in die Bauchhöhle zurückverlagern.

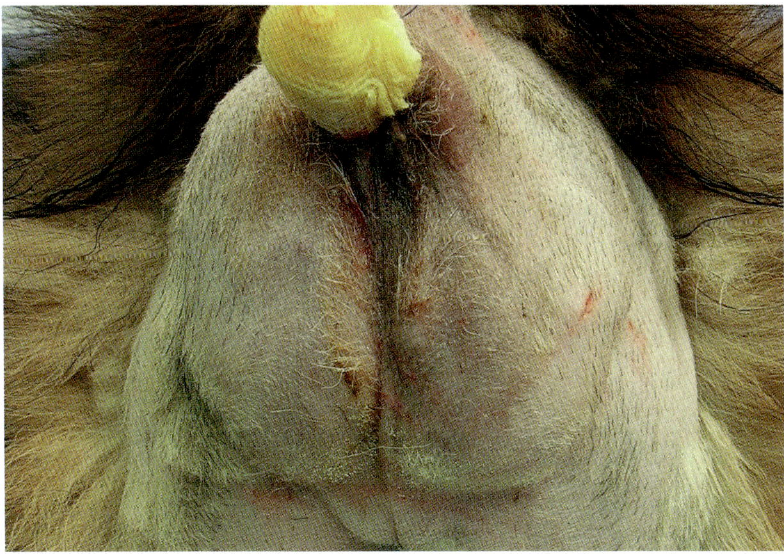

Beidseitiger Dammbruch (Perinealhernie) mit sackartiger Vorwölbung der Haut unter dem After. Zur Vorbereitung der Operation wurden der Hautbereich bereits geschoren und der After mit einer Mullbinde verschlossen.

ACHTUNG!

Bei einem Nabelbruch stellt das Einklemmen von Darmschlingen in der Bruchpforte eine Komplikation dar und ist ein Notfall.

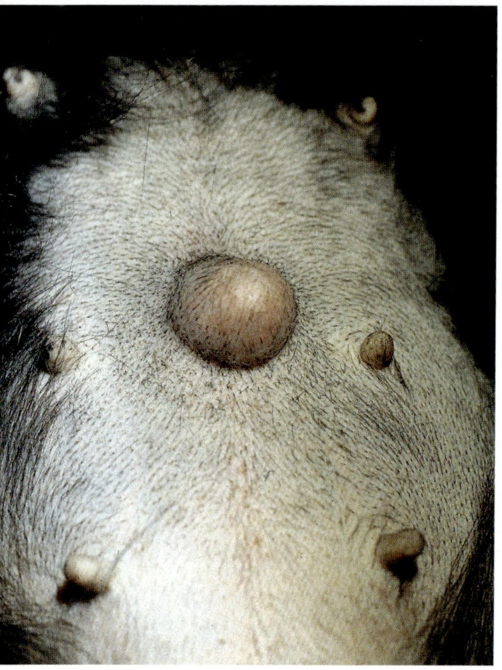

Nabelbrüche sind bereits beim Junghund tastbar, können jedoch auch mit Tumoren verwechselt werden.

Ursache: Bindegewebsschwäche, unvollständiger Verschluss der Nabelpforte, Drucksteigerung im Bauchraum z.B. bei Trächtigkeit, Vorfall von Fett oder Netzteilen.

Vorkommen: Häufigste Bruchform beim Hund, bereits im Welpenalter zu beobachten.

Untersuchung und Behandlung: Gründliches Betasten der Umfangsvermehrung und Versuch der Rückverlagerung. Kleine Nabelbrüche besitzen eine enge Bruchpforte und stellen lediglich ein kosmetisches Problem dar. Spontanheilung im Welpenalter möglich. Bei größeren Nabelbrüchen besteht die Gefahr des Einklemmens von Darmschlingen. Sie sollten deshalb operativ versorgt werden, vor allem vor einer eventuell geplanten Trächtigkeit.

Leistenbruch (*Hernia inguinalis*)

Krankheitszeichen: Weich-elastische, nicht schmerzhafte Umfangsvermehrung in der Leistengegend. Seltener tritt ein Vorfall von Bruchinhalt bis in den Hodensack beim Rüden auf (Hodensackbruch), der an einer einseitigen Vergrößerung des Hodensacks erkennbar ist. Beschwerdefrei, solange die vorgefallenen Organe nicht eingeklemmt sind.

Ursache: Weiter Leistenspalt (angeboren, bei Hündinnen), Drucksteigerung im Bauchraum, während der Hitze oder bei Trächtigkeit der Hündin. Bruchinhalt kann aus Fettgewebe, Darm, Gebärmutter oder Harnblase bestehen.

Vorkommen: Häufiger Hündinnen betroffen.

Untersuchung und Behandlung: Gründliches Betasten der Umfangsvermehrung und Versuch der Rückverlagerung, Röntgen, Ultraschall.

Operative Versorgung, da Gefahr des Einklemmens und damit Entstehung von Notfallsituation.

Bauchbruch (*Hernia abdominalis*)

Krankheitszeichen: Weich-elastische Umfangsvermehrung am Bauch, Eingeweide direkt unter der Haut tastbar bei völlig intakter äußerer Haut oder in der Umgebung von Operationswunden, zum Teil nur geringe Größe, wenn lediglich Fettgewebe oder Netzteile vorgefallen sind (z. B. bei Narbenbrüchen).
Ursache und Vorkommen: Zerreißung der Bauchmuskulatur nach Traumen (Tritt, Sturz, Beißerei, Autounfall), nach einer Operation durch Wundheilungsstörungen oder vorzeitiger Auflösung des Nahtmaterials sowie durch Dehnung des Narbengewebes (Narbenbruch).
Untersuchung und Behandlung: Gründliches Betasten der Umfangsvermehrung, Röntgen ohne oder mit Kontrastmittel, Ultraschall. Bei Verdacht auf traumatische Entstehung gründliche Allgemeinuntersuchung und Ausschluss weiterer unter Umständen lebensbedrohlicher Traumafolgen (innere Blutungen, Pneumothorax, Harnblasenzerreißung, Knochenbrüche).
Sofortige operative Versorgung (Bauchbrüche in der Nachoperationsphase) oder nach Stabilisierung des Patienten (Unfallfolge).

Bauchfellentzündung (Peritonitis)

Krankheitszeichen: Abhängig von Art, Menge und Ausbreitung der wirkenden Keime. Plötzlich auftretende schwerwiegende Allgemeinstörungen mit Fieber, Schockgefahr, Erbrechen, Durchfall, verspannter Bauchdecke, aufgeschürztem Bauch und Abgeschlagenheit. Seltener schleichende Entwicklung mit umschriebenem Druckschmerz, Abmagerung, Futterverweigerung, gestörter Verdauungsfunktion.
Ursache: Bakterielle Infektion über das Blut (Blutvergiftung). Häufiger jedoch als Folge von erkrankten oder zerstörten Bauchhöhlenorganen (Magen- oder Darmdurchbruch, geplatzte Gebärmuttervereiterung, Blasenriss, Bauchspeicheldrüsenentzündung). Aber auch Wundheilungsstörungen nach Operationen oder Bauchhöhlenpunktionen, eingeklemmte Bauchbrüche, Darmverschluss, Tumoren, stumpfe Bauchtraumen, spitze Fremdkörper von außen.
Untersuchung und Behandlung: Gründliche Allgemeinuntersuchung, Röntgen, Ultraschall, Blutuntersuchung, Bauchhöhlenspülung mit anschließender Laboruntersuchung der Spülflüssigkeit.
Aufdecken und Abstellen der auslösenden Ursache (z. B. geplatzte Gebärmuttervereiterung), hochdosierte Antibiotikagabe, Schockbehandlung. Operative Versorgung, Bauchhöhlenspülung und -drainage bei schwerwiegendem Verlauf. Um die Entzündungsflüssigkeit vollständig aus der Bauchhöhle zu entfernen, wird die Operationswunde oft nicht vollständig verschlossen. Die Nachbehandlung bei chirurgischer Versorgung einer Bauchhöhlenentzündung ist deshalb häufig sehr intensiv und aufwendig.

Bauchwassersucht (Aszites)

Krankheitszeichen: Ansammlung größerer Flüssigkeitsmengen im Bauchraum mit Bauchumfangsvermehrung, Erschlaffung der Bauchmuskulatur, Hängebauch, eingefallene Flanken, Abmagerung (birnenförmiger Bauchquerschnitt beim stehenden Hund). Beim Auflegen der flachen Hände auf die Bauchdecke sind Wellenbewegungen auslösbar. Atmungsbehinderung durch Druck auf das Zwerchfell.
Ursache: Immer Folge einer übergeordneten Grunderkrankung (Herzinsuffizienz, Herzbeutelerguss, Leberzirrhose, Stauungsleber, Lebertumoren, Nierenfunktionsstörungen), Eiweißmangel im Blut durch Verlust über Harn oder Darm bzw. durch Mangel- oder Fehlernährung. Aber auch bei starker Verwurmung, Bauchhöhlentumoren, malignem Lymphom unter Beteiligung der Leber.
Untersuchung und Behandlung: Gründliche Allgemeinuntersuchung, Blutuntersuchung (Bluteiweißbestimmung), Röntgen, (Herz-)Ultraschall, Punktion der Bauchhöhle und Laboruntersuchung der gewonnenen Flüssigkeitsprobe.
Aufdecken und Behandlung der auslösenden Grunderkrankung (Herzunterstützung, Wurmbehandlung usw.), Herzbeutelpunktion und Ablassen der Ergussflüssigkeit, Behebung eines Eiweißmangels durch Diätfütterung (eiweißreiche, leicht verdauliche, kochsalzarme Kost wie Eigelb, Magerquark und Hüttenkäse, mehrmalige kleine Futterportionen), medikamentöse Entwässerung. Ein Ablassen der Bauchhöhlenflüssigkeit erfolgt nur in Ausnahmefällen bei Atmungsbehinderung und wegen der damit verbundenen Schockgefahr nur langsam und schrittweise.

Leberentzündung (Hepatitis)

Krankheitszeichen: Plötzlich auftretendes Fieber, Futterverweigerung, Schwäche, Abgeschlagenheit, Erbrechen, Durchfall, Schmerzhaftigkeit beim Tasten des Bauches im Leberbereich. Bei schwerem Verlauf Schock, Spontanblutungen, zentralnervöse Aufregungszustände, später auch Gelbsucht. Eine Gelbsucht ist beim Hund nur an den nicht oder dünn behaarten Körperstellen (Augapfel, Lidbindehaut, Ohrmuschel) zu erkennen.
Ursache: Infektionserkrankungen durch Bakterien (Leptospirose, Salmonellose), Viren (ansteckende Leberentzündung), Pilze oder Parasiten (Babesiose, Leishmaniose, Toxoplasmose), bakterielle Gifte von Entzündungen oder Infektionen anderer Organe (Maulhöhle, Analdrüse, Prostata, Magen-Darm-Trakt, Gebärmutter, Bauchfell), Vergiftungen (Narkotika, Umweltgifte, Schwermetalle, Medikamente). Die Leber besitzt als stark durchblutetes Organ eine Schlüsselrolle für Filter- und Stoffwechselprozesse, insbesondere für den Abbau bzw. die Ausscheidung körpereigener oder aufgenommener Gifte und Stoffwechselprodukte.
Vorkommen/Vorbeugung: Die ansteckende Leberentzündung (HCC) ist vorwiegend eine Junghundeerkrankung und durch flächendeckende Impfungen derzeit sehr selten geworden. Planmäßige Erst- und Wiederholungsimpfungen schützen den Hund wirkungsvoll. Babesiose und Leishmaniose sind zunehmend häufiger werdende Parasiteninfektionen der Blutzellen. Einschleppung durch internatio-

nalen Reiseverkehr oder Mitbringen von Hunden aus den Hauptkrankungsgebieten (Mittelmeerraum/Südosteuropa). Gerade für die Babesiose existieren mit Heimischwerden der Überträgerzecke (Auwaldzecke) seit einigen Jahren auch in Deutschland einheimische Herde. Verfüttern von rohem Fleisch oder rohen Wurstwaren (Salmonellose) vermeiden.
Untersuchung und Behandlung: Gründliche Allgemeinuntersuchung einschließlich Tasten der Leber, Blutuntersuchung (Leberwerte, Gallensäuren, Antikörperbestimmung von Infektionserregern), Röntgen, Ultraschall und gegebenenfalls Entnahme einer Gewebeprobe (Biopsie), Leberfunktionstests.
Körperliche Schonung, Wärmebehandlung (warme Bauchwickel), Schonung der Leber durch sinnvolle Diät (kohlenhydratreiche, leicht verdauliche Kost, hochwertige Eiweißquellen wie Milchprodukte, Quark, Hüttenkäse und Ei-Eiweiß), Flüssigkeits- und Glukoseinfusionen, ausreichende Vitaminisierung (Vitamin B, C und K), Leberschutzbehandlung, Antibiotika.

Leberzirrhose

Krankheitszeichen: Da die Leber auch starken Gewebsuntergang ausgleichen kann, treten Krankheitszeichen erst nach massiver Leberzellzerstörung auf. Anfänglich Lebervergrößerung, später starke Verkleinerung, Gelbsucht, Bauchwassersucht, lehmfarbener, blasser Kot, Mattigkeit, Abmagerung, Blutarmut, Blutungsneigung, Schwäche, Bewegungsstörungen, Bewusstseinsbeeinträchtigung, Anfälle.
Ursache: Die Leberzirrhose stellt das Endstadium zahlreicher entzündlicher oder nicht entzündlicher Lebererkrankungen dar. Infektionen, Autoimmunerkrankungen, Speicherkrankheiten (Kupfer-Speicherkrankheit des Bedlington Terriers), Vergiftungen, Medikamentennebenwirkungen.
Untersuchung und Behandlung: Gründliche Allgemeinuntersuchung, Blutuntersuchung (Leberwerte), Leberfunktionstests, Ultraschall, Röntgen, Entnahme einer Gewebeprobe mit anschließender Laboruntersuchung.
Keine Heilung möglich, nur Verbesserung des Allgemeinbefindens durch Behandlung der Komplikationen (Bauchwassersucht, Blutungsneigung), leberschonende Diät.

Stauungsleber

Krankheitszeichen: Lebervergrößerung über den Rippenbogen hinaus (bei mageren Hunden gut äußerlich tastbar), Verdauungsstörungen infolge Bauchwassersucht, seltener geringgradige Gelbsucht (Ikterus) oder teigige Verschwellung der Hinterbeine.
Ursache: Häufigste Ursache sind Erkrankungen der rechten Herzhälfte (Rechtsherzinsuffizienz oder ein Herzbeutelerguss), in deren Folge es zum Blutrückstau in die Leber kommt. Seltener Neubildungen der Leber.

Vorkommen: Ältere Hunde mit Herzinsuffizienz häufiger betroffen. Herzbeutelergüsse vorwiegend bei großen Hunderassen.
Vorbeugung: Regelmäßige Altersvorsorgeuntersuchung.
Untersuchung und Behandlung: Gründliche Allgemeinuntersuchung mit Tasten der Lebergrenzen, Röntgen, Ultraschall, Blutuntersuchung einschließlich Leberwerte, Überprüfung der Herzfunktion (EKG, Herzultraschall).
Leberschutzbehandlung. Eine erfolgreiche Herzbehandlung führt – sofern noch keine ausgeprägte Leberschädigung vorliegt – häufig zur vollständigen Normalisierung. Bei Lebertumoren oder Tochtergeschwülsten von Tumoren anderer Organe deutlich schlechtere Heilungschancen.

Gelbsucht (Ikterus)

Krankheitszeichen: Gelbverfärbung der Körperschleimhäute, vor allem Bindehäute, Zahnfleisch und Mundschleimhaut, Scheidenschleimhaut, bei hellhäutigen Hunden oft auch Gelbverfärbung der Ohrmuscheln. Eine Gelbsucht ist ein Anzeichen für zahlreiche unterschiedliche Erkrankungen. Neben der typischen Gelbverfärbung stehen die Krankheitszeichen der Grunderkrankung meist im Vordergrund.

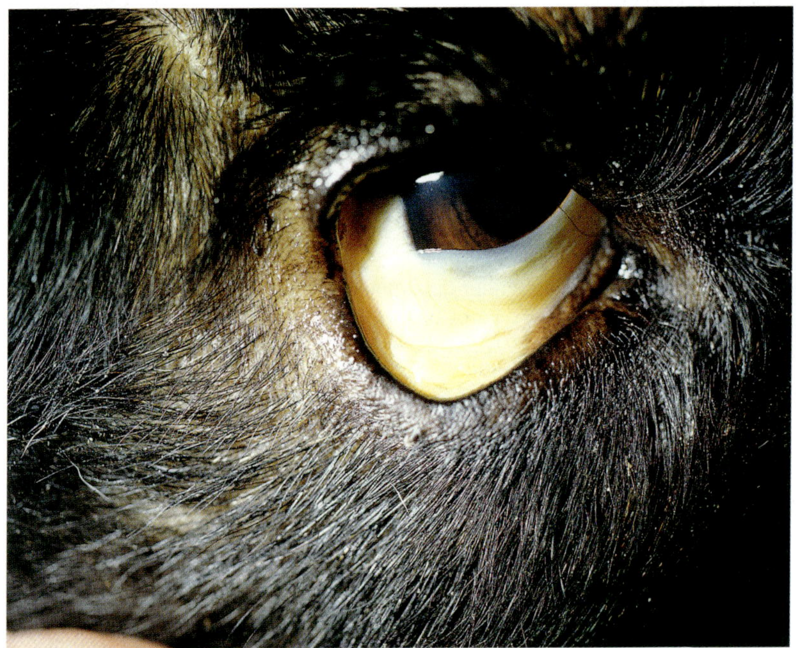

Gelbverfärbung der Lidbindehaut und des dritten Augenlids bei einem Hund mit Ikterus.

Ursache:

- Gesteigerter Abbau oder Zerstörung roter Blutkörperchen bei Infektionserkrankungen (Babesiose, Leptospirose), Vergiftungen, Immunprozessen (immunhämolytische Anämie), Bluttransfusionen mit unverträglichem Blut
- Direkte Schädigung der Leberzellen bei Infektionserkrankung (Leptospirose), Tumoren, Leberzirrhose, malignem Lymphom, Stauungsleber, Vergiftungen, Leberentzündungen, durch Medikamente
- Abflussbehinderung im Gallengangssystem bei Gallensteinen, Gallengangstumoren, Entzündungen der Gallenwege

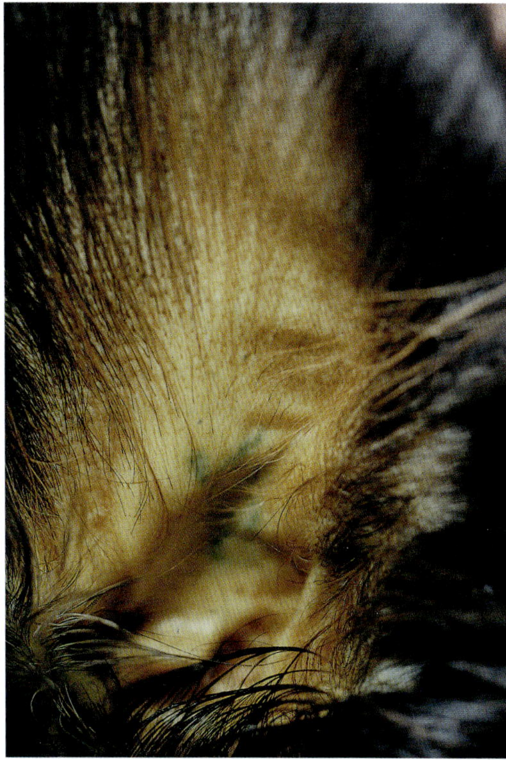

Bei hellhäutigen Hunden lässt sich eine Gelbverfärbung (Ikterus) auch in den Ohrmuscheln gut erkennen.

Vorkommen: Die häufigste Form ist die direkte Leberzellschädigung (intrahepatischer Ikterus). Babesiose ist eine zunehmend häufiger festzustellende Blutparasitose in Deutschland und wird hauptsächlich durch Hundetourismus oder die Einfuhr von Hunden aus den Haupterkrankungsgebieten (Mittelmeerraum/Südosteuropa) eingeschleppt. Durch Heimischwerden der Überträgerzecke (Auwaldzecke) existieren auch inländische Infektionsherde.

Untersuchung und Behandlung: Gründliche Allgemeinuntersuchung, Blutuntersuchung (vor allem Serumbilirubinbestimmung), Urinuntersuchung, Röntgen, Ultraschall, Entnahme einer Gewebeprobe mit anschließender mikroskopischer Untersuchung.

Aufdecken und Behandlung der auslösenden Ursachen. Bei leberbedingter Gelbsucht begleitende Leberschutzbehandlung, operative Behebung von Gallenabflussstörungen.

Lebertumoren

Krankheitszeichen: Lange Zeit unbemerkte Entwicklung. Im fortgeschrittenen Erkrankungsstadium Abgeschlagenheit, Futterverweigerung, Verdauungsstörungen, Gewichtsverlust, Bauchwassersucht, Gelbsucht, Lebervergrößerung über den Rippenbogen hinaus, teilweise mit äußerlich sichtbarer Bauchumfangsvermehrung.
Ursache: Überschießende, unregulierte Vermehrung entarteter Zellen des Lebergewebes.
Bei Tochtergeschwülsten Verbreitung von Geschwulstzellen über Blut- oder Lymphbahn.
Vorkommen: Meist ältere Hunde betroffen. Tochtergeschwülste von Tumoren anderer Organe (Milz, Bauchspeicheldrüse, Nebenniere, Lunge, Gesäuge, Knochen) treten wesentlich häufiger auf als reine Lebertumoren. Sowohl gut- als auch bösartige Tumoren vorkommend.
Untersuchung und Behandlung: Gründliche Allgemeinuntersuchung mit Tasten der Lebergrenzen, Blutuntersuchung einschließlich Leberwerte, Röntgen, Ultraschall, Entnahme einer Gewebeprobe und anschließender Laboruntersuchung.
Operation und gegebenenfalls eine zusätzliche Chemotherapie sind mögliche Behandlungsmethoden, häufig jedoch aufgrund des zum Zeitpunkt der Feststellung weit fortgeschrittenen Krankheitsgeschehens mit fraglichen Erfolgsaussichten. Ausgedehnte Lebertumoren oder Tochtergeschwülste in der Leber stellen das Endstadium einer Tumorerkrankung mit schlechten Überlebenschancen dar. Gute Erfolge einer Chemotherapie beim malignen Lymphom (Lymphosarkom).

Bauchspeicheldrüsenentzündung (Pankreatitis)

Krankheitszeichen: Leichte Erkrankung mit wiederholten Schüben möglich, aber auch schwere, lebensbedrohliche Veränderungen mit dramatischem klinischen Verlauf: plötzliche Abgeschlagenheit, Futterverweigerung, häufiges zum Teil unstillbares Erbrechen, schmerzhafter Bauch mit angespannter Bauchdecke und aufgekrümmtem Rücken (Gebetsstellung), Durchfall, Fieber, beschleunigte Atmung, Austrocknung, allgemeine Schwäche, verwaschene Schleimhäute, Benommenheit, Kreislaufschwäche, Schock.
Ursache: Oft ungeklärt. Als Risikofaktoren gelten Fettleibigkeit, fettreiche Überernährung, Bewegungsmangel, Traumen (Sturz, Verkehrsunfälle, während einer Operation), Durchblutungsstörungen (Narkose, Schock), Medikamentennebenwirkungen, schwerwiegende Infektionen des Magen-Darm-Traktes. Durch eine gesteigerten Produktion von Verdauungsenzymen kommt es zu einer Selbstverdauung der Bauchspeicheldrüse.
Vorkommen: Häufiger auftretende, potenziell tödliche Erkrankung, vor allem fettleibige Hunde mittleren Alters betroffen. Bewegungsmangel fördert das Auftreten.
Vorbeugung: Ausgewogene Ernährung, Vermeidung von Fettleibigkeit, ausreichende Bewegung.

Untersuchung und Behandlung: Gründliche Allgemeinuntersuchung, Blutuntersuchung spezieller Laborparameter (Enzymtests), Röntgen, Ultraschall, Bauchhöhlenpunktion mit Gewinnung und Untersuchung von Bauchhöhlenflüssigkeit. Schockbehandlung, Flüssigkeits- und Elektrolytinfusionen, Schmerzlinderung, Unterbindung des Erbrechens, Antibiotika, gegebenenfalls künstliche Ernährung. Futter- und Wasserentzug bei starkem Erbrechen während 24 bis 48 Stunden. Bei wiederkehrendem Appetit Anfüttern mit kleinen Mengen kohlenhydratreicher, fett- und proteinarmer Diät, z. B. weich gekochter Reis, Kartoffeln oder Nudeln mit Magerquark, alternativ kommerzielle Diäten, mehrmals täglich kleine Mengen Wasser und/oder Elektrolytlösungen.

Enzymbildungsstörungen der Bauchspeicheldrüse (Exokrine Pankreasinsuffizienz)

Krankheitszeichen: Abmagerung trotz Heißhungers, heißhungerbedingtes Kotfressen oder Aufnahme verdorbener bzw. als Nahrung ungeeigneter Stoffe, veränderte Kotbeschaffenheit (ungeformter, feucht glänzender, schaumiger, ocker- bis lehmfarbener Kot) mit säuerlichem Geruch (Fettstuhl), unverdaute Futterbestandteile enthaltend, Gesamtkotmenge stark vermehrt (Massenstühle), vielfach auch äußerlich hörbare Darmgeräusche, Abgang von stark riechenden Darmwinden, stumpfes, schuppiges und trockenes Fell.
Ursache: Überwiegend Bauchspeicheldrüsenrückbildung (Pankreasatrophie = Autoimmunerkrankung) meist im Alter von ein bis vier Jahren, aber auch Endstadium einer sich schleichend entwickelnden (chronischen) Bauchspeicheldrüsenentzündung. Seltener Bauchspeicheldrüsentumoren oder Traumen.
Vorkommen: Rassebedingte Häufung vor allem beim Deutschen Schäferhund (hier Erbgang nachgewiesen), seltener bei Collie.
Untersuchung und Behandlung: Gründliche Allgemeinuntersuchung mit Tasten und Abhören des Bauches, Blutuntersuchung, labordiagnostische Enzymbestimmung im Kot oder Blutserum.
Heilung des Leidens nicht möglich, durch lebenslange Behandlung jedoch Normalisierung der Krankheitszeichen, Zufütterung von Verdauungsenzymen (als Tabletten, Dragees oder am wirkungsvollsten als Pulver). Eine zweckmäßige Diät sollte kohlenhydrat- und eiweißreich, aber fettarm sein und hoch verdauliche Nährstoffe enthalten (Reis, trockene Backwaren, Traubenzucker, Magerquark, mageres Muskelfleisch, Hühnerei).

Erkrankungen der Nieren und Harnwege

Niereninsuffizienz (Nierenschwäche)

Krankheitszeichen: Plötzliches Auftreten mit schwerwiegenden Krankheitserscheinungen möglich, viel häufiger jedoch schleichender und anfangs oft unbemerkter Verlauf über Monate bis Jahre. Klinische Erscheinungen erst, wenn Dreiviertel des Nierengewebes seine Funktion verloren hat.
Vermehrter Durst, gesteigerter Urinabsatz, Erbrechen, wechselnder oder verminderter Appetit, Müdigkeit, glanzloses Fell, Abmagerung trotz guten Appetits, gelegentlicher Durchfall, Mundgeruch, Zahnfleischentzündung, Austrocknung, Blutarmut (Anämie).
Ursache: Die Niere reguliert die Zusammensetzung des Harns und des Blutes. Bei gestörter Nierenfunktion Anreicherung von Stoffwechselendprodukten und Körpergiften bis zur Harnvergiftung (Urämie), aber auch erheblicher Eiweißverlust über die Niere möglich. Die Ursachen bestehen in von der Niere ausgehenden Erkrankungen (Nierenentzündung) oder in Rückwirkungen von Erkrankungen anderer Organe (Minderdurchblutung bei Schock und Herzinsuffizienz oder Harnrückstau bei Verschluss der Harnwege z. B. durch Steine), Tumoren, vererbten oder angeborenen Nierendefekten.
Vorkommen: Eine der häufigsten Todesursachen des Hundes. Besonders ab dem 8. Lebensjahr gehäuftes Auftreten.
Vorbeugung: Altersvorsorgeuntersuchungen (Labor), bei Hinweisen auf beginnende Niereninsuffizienz Diätfütterung.
Untersuchung und Behandlung: Gründliche klinische Allgemeinuntersuchung, Blutuntersuchung mit Bestimmung wichtiger Nierenparameter (Harnstoff, Kreatinin, Phosphor), SDMA (neuer spezifischer Laborparameter, der bereits im Frühstadiium eine gestörte Nierenfunktion aufdecken kann), Urinuntersuchung (unter anderem Harnkonzentrationsfähigkeit = spezielles Gewicht, Eiweißausscheidung), Nierenfunktionstests, Ultraschall und Röntgen.
Vermeidung von körperlicher Belastung, ausreichende Flüssigkeitsversorgung (ständig freier Zugang zu frischem Wasser, gegebenenfalls Flüssigkeitsinfusionen durch den Tierarzt). Behandlung der Grunderkrankung (Schock, Herzerkrankung, Harnstau), Regulierung der Nierendurchblutung und des Blutdrucks in den Nierengefäßen, Vermeidung nierenbelastender Medikamente, nierenschonende Diät (ausgewogene Kost, eiweißreduziert, jedoch hochwertige leicht verdauliche Eiweiße, Phosphorreduzierung).

Nierenversagen

Krankheitszeichen: Plötzlich einsetzende Krankheitserscheinungen (akute Niereninsuffizienz), verminderte Harnausscheidung, fehlender Harnabsatz, Schmerzen

beim Tasten des Bauches, aufgekrümmter Rücken, Anzeichen einer Harnvergiftung (Urämie) mit Futterverweigerung, Mundgeruch, Erbrechen, Gleichgewichtsstörungen, vertiefte Atmung.
Ursache: Plötzlicher Funktionsausfall der Niere durch Vergiftungen (Quecksilber, Blei, Ethylenglykol = Kühlerflüssigkeit im Auto), Blutverlust, Flüssigkeitsverlust bei Durchfall, Erbrechen oder Verbrennungen, Kreislaufstörungen, Narkosen, Schock. Aber auch durch schwere Nierenentzündung oder Harnstau durch Harnwegsverschluss verursacht.
Untersuchung und Behandlung: Gründliche klinische Allgemeinuntersuchung, Blutuntersuchung, Urinuntersuchung, gegebenenfalls Röntgen oder Ultraschall zur weiteren Ursachenabklärung.
Aufdecken und Behandlung der auslösenden Ursachen (Vergiftungen, Erbrechen, Durchfall), Flüssigkeits- und Mineralstoffzufuhr zur Anregung der Nierenfunktion (Infusionsbehandlung durch den Tierarzt). Medikamentöses „Starten" der Nierenfunktion.

Nierenentzündung (Nephritis)

Krankheitszeichen: Häufig langsame, schleichende Entwicklung und lange Zeit klinisch unauffällig (chronische Niereninsuffizienz). Schlechter Allgemeinzustand, Futterverweigerung, Erbrechen und Durchfall, Bewegungsunlust, rasche Ermüdbarkeit, Apathie, zunehmende Blutarmut, blasse Schleimhäute, verspannter Bauch, aufgekrümmter Rücken, klammer Gang, Druckschmerz im Lendenbereich. Im Endstadium Anzeichen einer Harnvergiftung (Urämie).
Ursache: Bakterien oder Viren, bakterielle Gifte bei Entzündungen anderer Organe (Gebärmutter-, Prostata- oder Analbeutelentzündung, hochgradiger Zahnsteinbefall und Zahnwurzelvereiterung), Allergien, Gifte (Schwermetalle, Arzneimittel, Narkotika), Prellungen und Quetschungen z. B. nach Unfall.
Vorkommen: Sehr häufig, besonders Hunde ab dem 8. Lebensjahr vermehrt betroffen.
Vorbeugung: Altersvorsorgeuntersuchungen, bei Hinweis auf Erkrankung nierenschonende Diät.
Untersuchung und Behandlung: Gründliche klinische Allgemeinuntersuchung, Blutuntersuchung, Urinuntersuchung, Ultraschall, gegebenenfalls Nierenpunktion und Entnahme einer Gewebeprobe.
Körperliche Schonung, Vermeidung von Stress und Unterkühlung, Aufdecken und Behandlung der auslösenden Ursache (z. B. Gebärmutterentzündung), Regulierung der Nierendurchblutung und des Blutdrucks in den Nierengefäßen, Vermeidung nierenbelastender Medikamente, nierenschonende Diät, Phosphorreduktion in der Nahrung, Zufütterung von Phosphatbindern, zusätzliche Vitaminversorgung, ständig ausreichende Flüssigkeitszufuhr (frisches Trinkwasser, breiige Kost).

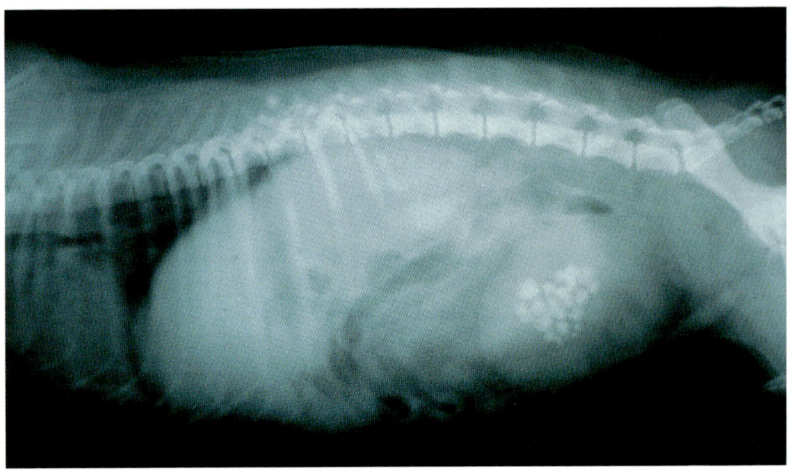

Röntgenaufnahme einer massiv mit Blasensteinen gefüllten Harnblase.

Vorkommen: Harnblasensteine am häufigsten vorkommend.
Nach ihrer chemischen Zusammensetzung unterscheidet man verschiedene Steintypen, die auch rasse- und geschlechtsabhängig gehäuft auftreten können.

- **Zystinsteine**: Dackel, Basset, Labrador Retriever, Neufundländer – vorwiegend Rüden
- **Uratsteine**: Dalmatiner, Englische Bulldogge
- **Struvitsteine**: Schnauzer, Shi Tzu, Bichon frisé

Vorbeugung: Harnsteindiät nach überstandener Erkrankung bzw. bei gefährdeten Rassen. Ansäuerung des Urins bei einzelnen Steinarten zur Verhinderung der Neubildung notwendig. Gründliche Behandlung von Harnblasenentzündungen.
Untersuchung und Behandlung: Urinuntersuchung, Röntgen, Ultraschall, Harnröhrenkatheter, chemische Steinanalyse.
Bei einzelnen Steinarten Diätmaßnahmen zur Steinauflösung erfolgreich oder operative Entfernung der Steine (vor allem bei Nierenbecken- und großen Blasensteinen).
Ein Harnröhrenverschluss stellt einen absoluten **Notfall** dar, da nach 24 bis 48 Stunden bleibende Nierenschäden auftreten können. Vorübergehend kann die Blase durch das Einführen eines Harnkatheters am Stein vorbei entlastet werden. Gelingt dies nicht und bleibt auch eine vorsichtige wiederholte Druckspülung zur Rückverlagerung der Steine in die Harnblase erfolglos, muss die Harnröhre operativ eröffnet und eine sogenannte „Harnröhrenfistel" angelegt werden, um das Leben des Hundes zu retten.
Begleitbehandlung (Harnblasenentzündung, Harnröhrenentzündung), Harnförderung.

Erkrankungen der männlichen Geschlechtsorgane

Übersteigerter Geschlechtstrieb (Hypersexualität)

Krankheitszeichen: Unerwünschte Verhaltensweisen wie Aggressivität, Bespringen anderer Hunde, Deckversuche an Personen und Gegenständen (Aufreiten), Streunen, übertriebenes Harnmarkieren.
Ursache: Meist hormonell bedingt. Bei jungen Rüden ist gesteigerter Geschlechtstrieb häufig normal.
Behandlung: Die Kastration ist die sicherste Methode. Hormoninjektionen führen zwar zur vorübergehenden Eindämmung, müssen aber in regelmäßigen Abständen wiederholt werden, auch wenn Präparate mit sechs- bis zwölfmonatiger Wirkdauer (Hormonchip) zur Verfügung stehen. Die Hormonbehandlung eignet sich jedoch zur vorübergehenden Sexualhormonausschaltung („chemische" Kastration) junger Zuchtrüden oder zur Prüfung erhoffter Kastrationseffekte. Kastrationsnebenwirkungen werden häufig überbewertet. Kein negativer Einfluss auf Lern- oder Arbeitsfähigkeit. Gewichtszunahme möglich, durch reduziertes Futterangebot jedoch zu regulieren. Gelegentliches Auftreten von feinem, glanzlosen Fell (Welpenfell) bei langhaarigen Hunderassen (Cocker Spaniel, Irish Setter).

ACHTUNG!

Angstbeißen ist durch Kastration nicht zu beseitigen! Hier empfiehlt sich eine Verhaltenstherapie in einer Hundeschule.

Hodenhochstand (Kryptorchismus)

Krankheitszeichen: Ab der 9. Lebenswoche sollten sich beide Hoden im Hodensack tasten lassen. Ein Zurückbleiben der Hoden in der Bauchhöhle oder im Leistenkanal wird als Kryptorchismus bezeichnet und kann einen oder beide Hoden betreffen. Bis zum Alter von sechs Monaten ist jedoch ein vorübergehendes spontanes Zurückgleiten der Hoden in den Leistenspalt möglich, danach sind die Leistenkanäle weitestgehend verengt.
Ursache: Meistens vererbt. Zu enger Leistenkanal, zu große Hoden, Verklebungen, zu kurze, starre Bänder, hormonelle Einflüsse.
Vorkommen: Rassebedingte Häufung unter anderem bei Klein- und Zwergpudel, Boxer, Deutschem Schäferhund, Malteser, Greyhound, Whippet.
Vorbeugung: Betroffene Rüden sollten von der Zucht ausgeschlossen werden.
Untersuchung und Behandlung: Tasten der Hoden, Ultraschall. Intervallartiger Hormoneinsatz (Tierarzt) und tägliche Massage des in der Leistengegend fühlbaren

Besonders wenn Rüden in die Jahre kommen, sind sie für Erkrankungen der Prostata oder der Hoden anfälliger.

zurückgebliebenen Hodens in Richtung Hodensack (Besitzer). Bleibt ein medikamentöser Behandlungsversuch erfolglos, sollten der oder die zurückgebliebenen Hoden möglichst frühzeitig operativ entfernt werden, da sie mit zunehmendem Alter tumorös entarten können. Hierbei ist das Risiko bei in der Bauchhöhle verbliebenen Hoden am höchsten. Die betroffenen Rüden sind sexuell aktiver als die Wurfgeschwister und neigen im Alter zu Aggressivität und Bösartigkeit. Außerdem führen Bauchhoden häufiger zu lebensbedrohlichen Verdrehungen, vielfach unter Einbeziehung einzelner Darmschlingen.

Hoden- und Nebenhodenentzündung

Krankheitszeichen: Geschwollene, druckschmerzhafte und vermehrt warme Hoden, prall gespannter Hodensack, zum Teil hochgradig gestörtes Allgemeinbefinden mit hohem Fieber. Vorsichtiger, breitbeiniger Gang. Betroffene Rüden liegen meist und stehen nur ungern auf. Unfruchtbarkeit, Hodenverhärtung und -verkleinerung sind häufige Folgen einer ausgeheilten Hodenentzündung.
Ursache: Überwiegend bakterielle Infektionen, Verletzungen (Trauma, Quetschungen).
Vorkommen: Hoden- und Nebenhodenentzündung häufig gemeinsam auftretend.
Untersuchung und Behandlung: Gründliche Allgemeinuntersuchung und Tasten der Hoden, Blutuntersuchung mit Antikörperbestimmung möglicher Krankheitserreger.
Antibiotika, entzündungshemmende und schmerzlindernde Medikamente, kühlende Umschläge. Bei ausgeprägten Veränderungen oder erfolgloser medikamentöser Behandlung operative Entfernung des betroffenen Hodens notwendig.

Hodentumoren

Krankheitszeichen: Abhängig von der vorliegenden Tumorart. Ein- oder beidseitige Hodenvergrößerung. Derbe, knotige Beschaffenheit der veränderten Hoden, mitunter druckschmerzhaft. Besonders in der Bauchhöhle zurückgebliebene Hoden (Kryptorchismus) neigen zur Entartung.
Verweiblichung: Erkrankte Hunde werden für andere Rüden attraktiv, Vergrößerung der Milchdrüsen und Zitzen, gegebenenfalls Milchbildung, verminderter Geschlechtstrieb. Zunehmende Hautpigmentierung, symmetrischer Haarausfall, Vorhautschwellung, Penisverkleinerung. Prostatavergrößerung oder -entzündung.
Ursache: Überschießende, unregulierte Vermehrung verschiedener Zellgruppen des Hodengewebes, überwiegend gutartige Tumoren, bösartige Formen neigen zur Bildung von Tochtergeschwülsten in benachbarten Lymphknoten.
Vorkommen: Relativ häufig auftretend, bevorzugt ältere Rüden betroffen.
Untersuchung und Behandlung: Tasten der Hoden, Untersuchung auf Tochtergeschwülste (Metastasen). Eine Bestimmung der Tumorart bzw. eine Unterscheidung von gut- oder bösartigen Tumoren ist nur durch eine mikroskopische Laboruntersuchung möglich.
Frühzeitige Kastration.

Prostatavergrößerung/Prostatazysten

Krankheitszeichen: Zunehmende Kotabsatzbeschwerden: Drängen auf den Kot, Verstopfung, Absatz dünner Kotstränge. Entwicklung von Dammbruch oder Enddarmaussackung nach lang anhaltenden Kotabsatzstörungen, seltener auch Harnabsatzstörungen.
Ursache: Hormonell bedingt (unter anderem nach Kontakt mit läufigen Hündinnen oder bei verschiedenen Hodentumoren). Durch Sekretstau oder zusätzliche Entzündungen kommt es zur Bildung von flüssigkeitsgefüllten Hohlräumen (Zysten). Prostatazysten können sowohl mitten im Prostatagewebe (intraprostatisch) als auch randständig auftreten oder weit über die Prostataoberfläche hinausragen (peri- oder paraprostatische Zysten).
Vorkommen: Ab einem Alter von vier Jahren setzt beim Rüden zunehmend eine gutartige Prostatavergrößerung (benigne Prostatahypertrophie) ein. Zysten häufiger bei mittelalten und alten Rüden.
Untersuchung und Behandlung: Tasten der Prostata nach Eingehen mit dem Finger in den Enddarm (rektale Untersuchung) zur Beurteilung von Größe, Form, Beschaffenheit und Schmerzempfinden. Ultraschall, Röntgen.
Kastration am wirkungsvollsten und mit dauerhaftem Effekt. Hormongaben erzielen nur einen kurzfristigen Effekt (Depotwirkung eines Hormonchips für sechs oder zwölf Monate) und müssen daher regelmäßig wiederholt werden. Für sehr alte Hunde und Narkoserisikopatienten sind derartige Depotpräparate jedoch gut geeignet. Kleine Zysten bilden sich nach Kastration spontan zurück. Eine Ge-

fahr stellen vor allem sehr große und randständige Zysten dar, die nach bakterieller Entzündung und späterem Platzen lebensbedrohliche Situationen auslösen können. Antibiotika und gegebenenfalls operative Zystenverödung zur Vorbeugung von Notfallsituationen.

Prostataentzündung/Prostataabszess

Krankheitszeichen: „Träufeln" unabhängig vom Urinabsatz, trübes, blutig- oder gelblich-wässriges Sekret, schmerzhafter und erschwerter Kot- und Harnabsatz, gestörtes Allgemeinbefinden mit Fieber, Futterverweigerung, Abgeschlagenheit. Schmerzen beim Laufen, Bewegungsunlust.
Ursache: Vorwiegend aus den Harnwegen aufsteigende bakterielle Infektionen. Neben einer gleichmäßigen Entzündung des Prostatagewebes können sich auch vereinzelte eitergefüllte Hohlräume (Abszesse) bilden.
Untersuchung und Behandlung: Tasten der Prostata nach Eingehen mit dem Finger in den Enddarm (vergrößerte schmerzhafte Prostata), Ultraschall, Röntgen, Blut- und Urinuntersuchung.
Antibiotika, entzündungshemmende, schmerzlindernde Medikamente. Bei Abszessen operative Versorgung mit Abszessentleerung und Schaffung von Abflussmöglichkeiten durch die seitliche Bauchwand und gleichzeitige Kastration. Ein spontan geplatzter Prostataabszess stellt eine lebensbedrohliche Situation für den Hund dar. Er muss intensiv versorgt werden und benötigt eine langwierige und aufwendige Nachbehandlung.

Prostatatumoren

Krankheitszeichen: Gewichtsverlust, Lahmheit oder Schwäche der Hinterhand, Störungen von Kot- und Harnabsatz, Drängen auf den Kot, Schmerzen in Lendenbereich, blutiger Harnabsatz, vermehrter Durst/gesteigerter Harnabsatz.
Ursache: Überschießendes, unreguliertes Wachstum entarteter Zellen des Prostatagewebes, überwiegend bösartige Tumoren mit Bildung von Tochtergeschwülsten (Metastasen) in umliegenden Lymphknoten, in der Lendenwirbelsäule oder im Beckenknochen.
Vorkommen: Selten, vorwiegend ältere Rüden betroffen.
Vorbeugung: Kastration, da fast nie bei kastrierten Rüden auftretend.
Untersuchung und Behandlung: Tasten der Prostata nach Eingehen mit dem Finger in den Enddarm (unregelmäßige Vergrößerung, geringgradiger Druckschmerz), mikroskopische Untersuchung gewonnener Zell- und Gewebeproben, Ultraschall, Röntgen.
Keine Behandlung möglich. Kastration und Hormonbehandlung bringen nur vorübergehenden Erfolg. Eine operative Entfernung der Prostata ist wegen der auftretenden Komplikationen unüblich. Einschläfern des Hundes bei ausgeprägten Störungen und Metastasenbildung.

Vorhautentzündung (Präputialkatarrh, Balanoposthitis, „Hundetripper“)

Krankheitszeichen: Tropfender, zähflüssiger, gelblich grüner, eitriger oder blutig-eitriger Ausfluss unabhängig vom Harnabsatz, verklebte Haare an der Penisspitze.
Ursache: Bakterielle Entzündung von Vorhaut und Penisspitze, begünstigt durch Zurückhaltung von Harn und Vorhautbutter (Smegma) im Vorhautsack, gefördert durch ständiges Lecken am Penis (Selbstbefriedigung, Langeweile).
Vorkommen: Häufig, vor allem junge sexuell aktive Rüden betroffen.
Untersuchung und Behandlung: Sorgfältige Untersuchung von Penis und Vorhaut zum Ausschluss von Verletzungen oder Fremdkörpern (Grannen, Haare). Desinfizierende Vorhautspülungen. Da begünstigende Faktoren nicht ausgeschaltet werden können, sind trotz Behandlung immer wieder Rückfälle möglich.

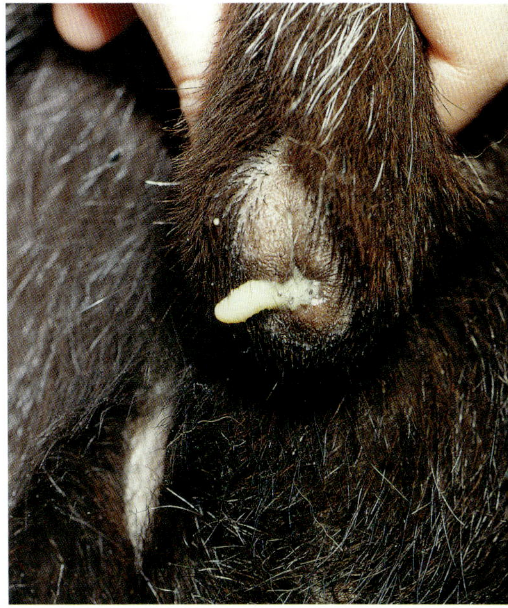

Der rahmige Eiteraustritt ist typisch für eine Vorhautentzündung.

Vorhautverengung (Phimose)

Krankheitszeichen: Verengung der Vorhautöffnung, die eine Vorverlagerung des Penis verhindert. Durch Harnrückhaltung entsteht häufig eine schwere Vorhautentzündung. Deckunfähigkeit.
Eine Notfallsituation stellt eine Paraphimose dar, bei der sich der erigierte Penis aufgrund einer ringförmigen Abschnürung durch eine zu enge Vorhautöffnung nicht mehr zurückverlagern lässt. Die Penisspitze ist prall geschwollen und blaurot verfärbt. Wird die Stauung nicht unverzüglich behoben, stirbt der Penis ab.
Ursache: Angeboren oder erworben (Verletzungen mit Narbenbildung, Entzündungen).
Untersuchung und Behandlung: Klinisches Bild eindeutig. Operative Weitung der Vorhautöffnung bei der Phimose. Bei Paraphimose: kühlende Kompressen, Eisbeutel. Gelingt danach eine Rückverlagerung durch kontinuierliche Massage nicht, muss auch hier operiert werden.

Erkrankungen der weiblichen Geschlechtsorgane

Läufigkeitsstörungen

Krankheitszeichen:

- Ausbleiben der Läufigkeit bei einer gesunden und voll entwickelten Hündin
- Läufigkeit ohne äußerlich sichtbare Anzeichen (stille Hitze)
- Verlängerte Läufigkeit (Dauerhitze) – Blutungsphase von mehr als 21 Tagen oder Deckbereitschaft länger als zwölf bis 14 Tage

Ursache: Hormonelle Störungen, seltener Missbildungen an den Geschlechtsorganen, Haltungs- und Fütterungsmängel, Stress, Allgemeinerkrankungen.
Vorkommen: Selten.
Vorbeugung: Junghunde mit ausbleibender Läufigkeit sollten von der Zucht ausgeschlossen werden.
Untersuchung und Behandlung: Gründliche Allgemeinuntersuchung, endoskopische Untersuchung der Scheidenschleimhaut, Scheidentupferentnahme und Bestimmung des Zyklusstandes durch mikroskopische Zellbeurteilung (Vaginalzytologie), Hormonspiegelbestimmung im Blut.
Hormonbehandlung, jedoch Gefahr der Entstehung von Gebärmutterentzündungen bzw. -vereiterungen bei gestörter Eierstockfunktion, hormonelle Behandlung daher unter Antibiotikaschutz, um einer Infektion vorzubeugen. Bei ausbleibender Läufigkeit erübrigt sich eine Behandlung, wenn der Hund nicht zur Zucht vorgesehen ist. Wegen der Gefahr von Gebärmuttererkrankungen bei verlängerter Läufigkeit sollten Hündinnen, mit denen nicht gezüchtet werden soll, kastriert werden.

Gebärmuttervereiterung/Gebärmutterentzündung (Pyometra/Endometritis)

Krankheitszeichen: Bei Gebärmuttervereiterung vermehrter Durst und Harnabsatz, gering- bis hochgradig gestörtes Allgemeinbefinden, typischerweise vier bis acht Wochen nach einer normalen Läufigkeit oder gewisse Zeit nach einer Hormonbehandlung, gelegentlich Bauchumfangsvermehrung, verspannter Bauch, Schwäche der Nachhand.
Bei einer Gebärmuttervereiterung kann der Muttermund verschlossen oder geöffnet sein. Nur bei der offenen Form (**offene Pyometra**) lässt sich ein plötzlich auftretender, schleimig-eitriger, graugelber bis grüner, teilweise kakaoähnlicher Scheidenausfluss feststellen. Ein kurz nach einer vorangegangenen Läufigkeit entstandener, abnormer Scheidenausfluss ist auch das typische Zeichen einer Gebärmutterentzündung.

Eine **geschlossene Pyometra** wird häufig erst recht spät bemerkt. Es besteht die Gefahr des Platzens der eitergefüllten Gebärmutter mit nachfolgender Bauchfellentzündung, da durch den geschlossenen Muttermund kein Eiterabfluss möglich ist. Die erkrankten Hündinnen sind häufig für Rüden attraktiv, lassen sich jedoch nicht decken. Zyklusunregelmäßigkeiten bei früheren Läufigkeiten. Vergrößerte, verschwollene Schamlippen.
Ursache: Bakterien, die zu Beginn der Nachhitze durch den geöffneten Muttermund einwandern, sich stark vermehren und häufig zu massiver Eiterbildung führen (Pyometra). Begünstigt durch hormonelle Störungen (z.B. durch Eierstockzysten oder -tumoren) oder Nebenwirkung von Hormonbehandlungen.
Vorkommen: Gebärmuttervereiterungen treten häufiger bei älteren Hündinnen ab dem 8. Lebensjahr auf.
Vorbeugung: Frühzeitige Kastration von Hündinnen, mit denen nicht gezüchtet werden soll.
Untersuchung und Behandlung: Gründliche Allgemeinuntersuchung, Blutuntersuchung, Röntgen, Ultraschall, endoskopische Scheidenuntersuchung.
Kastration. Wegen der Gefahr des Platzens der prall mit Eiter gefüllten Gebärmutter bei einer Gebärmuttervereiterung sollte möglichst frühzeitig operiert werden. Nur bei wertvollen Zuchthündinnen oder bei alten Hündinnen mit bestehendem Narkoserisiko kann nach genauer Abwägung eine konservative Behandlung unter enger tierärztlicher Kontrolle (inklusive Ultraschallnachkontrollen) versucht werden. Mit Rückfällen ist zu rechnen.

Scheidenentzündung (Vaginitis)

Krankheitszeichen: Schleimig-eitriger Scheidenausfluss, Belecken und Benagen der Genitalregion infolge Juckreiz, Schwellung der Scham, verklebte Schambehaarung, selten fieberhafte Allgemeinstörungen.
Ursache: Bakterien. Für die Entwicklung einer bakteriellen Infektion sind begünstigende Faktoren notwendig (mangelnde Hygiene, unausgewogene Fütterung, Stress, reduzierte Körperabwehr durch andere Infektionserkrankungen), da im Erkrankungsfall die gleichen Erreger gefunden werden, die auch zur natürlichen Schleimhautflora gehören. Scheidentumoren, Deckverletzungen, unsachgemäße Scheidenspülungen durch Laien.
Vorkommen: Häufig junge Hündinnen vor der ersten Läufigkeit betroffen (Junghundvaginitis), seltener auch bei Mutterhündinnen nach der Geburt.
Untersuchung und Behandlung: Gründliche Allgemeinuntersuchung, endoskopische Scheidenuntersuchung, Entnahme einer Tupferprobe und Bakterienanzüchtung im Labor.
Beseitigung der krankheitsbegünstigenden Faktoren, Spontanheilung mit Eintreten der ersten Läufigkeit bei jungen Hündinnen, regelmäßige desinfizierende Scheidenspülungen, Stimulierung der Körperabwehr. Nur in ausgeprägten Fällen Antibiotika oder juckreizlindernde Medikamente notwendig.

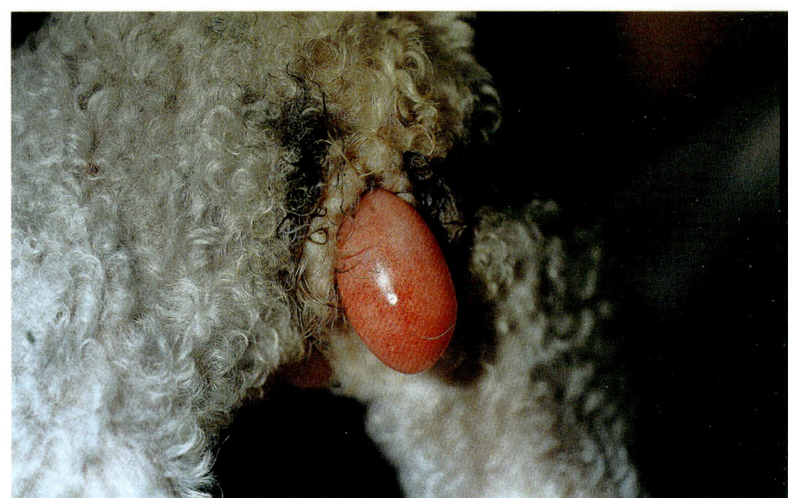

Ein Scheidentumor ist häufig durch einen Vorfall eines rötlichen, glatten Gebildes aus der Schamspalte erkennbar.

Scheidenvorfall

Siehe Kapitel „Die häufigsten Notfälle beim Hund".

Tumoren der weiblichen Geschlechtsorgane

Krankheitszeichen: Tumoren können an den Eierstöcken, der Gebärmutter oder in der Scheide vorkommen. Die Häufigkeit ihres Auftretens und ihre Bedeutung werden beim Hund jedoch oft überschätzt.

- **Eierstocktumoren**: Hormonelle Störungen, die unter anderem zur Entstehung einer Gebärmutterentzündung, Haarkleidveränderungen oder vorzeitigen läufigkeitsähnlichen Erscheinungen führen.
- **Gebärmuttertumoren**: Bauchumfangsvermehrung bei größeren Tumoren, blutig-schleimiger Scheidenausfluss außerhalb der Läufigkeit.
- **Scheidentumoren**: Kot- und Harnabsatzstörungen im fortgeschrittenen Stadium, plötzlicher Vorfall eines kugeligen Gebildes aus der Schamspalte, blutiger oder eitriger Scheidenausfluss.

Ursache: Überschießendes, unreguliertes Wachstum entarteter Zellen, gut- oder bösartige Tumoren, Bildung von Tochtergeschwülsten bei bösartigen Tumoren möglich.
Vorkommen: Selten. Scheidentumoren vor allem bei älteren nicht kastrierten Hündinnen.
Vorbeugung: Kastration von Hündinnen, mit denen nicht gezüchtet werden soll.

Untersuchung und Behandlung: Ultraschall, Röntgen, Untersuchung auf Tochtergeschwülste (Metastasen), mikroskopische Laboruntersuchung des entnommenen Tumors zur Feststellung, ob gutartig oder bösartig.
Kastration (Totaloperation) bei Eierstock- oder Gebärmutterneubildungen, operative Entfernung von Scheidentumoren.

Gesäugeentzündung (Mastitis)

Krankheitszeichen: Schmerzhafte Schwellung, Rötung und vermehrte Wärme des betroffenen Gesäugekomplexes, zum Teil Verhärtung, meist nur ein oder wenige Gesäugekomplexe betroffen. Bei eitriger Gewebseinschmelzung (Abszess) spontane Eröffnung und Eiteraustritt, hierbei meist gestörtes Allgemeinbefinden mit Fieber, Futterverweigerung, Abgeschlagenheit.
Ursache: Bakterien, die durch Mikroverletzungen an den Zitzen in das Milchdrüsengewebe eindringen können. Begünstigt durch Milchstau bei unregelmäßiger Gesäugeentleerung (geringe Welpenzahl).
Vorkommen: Bei säugenden Hündinnen, seltener bei Scheinschwangerschaft.
Untersuchung und Behandlung: Gründliche Allgemeinuntersuchung, Entnahme einer Milchprobe und Bakterienanzüchtung im Labor.
Antibiotika, entzündungshemmende, schmerzlindernde Medikamente, essigsaure Tonerde, kühlende Kompressen oder Salben bei Milchstau, durchblutungsfördernde Salben (Kampfer) bei ausgeprägten entzündlichen Veränderungen oder Tendenz zum Abszess. Verhinderung der Milchaufnahme durch die Welpen aus den erkrankten Gesäugekomplexen, da die Gefahr einer tödlich verlaufenden Blutvergiftung durch Bakterien oder die von ihnen gebildeten Giftstoffe besteht. Spaltung und regelmäßige Spülung von Gesäugeabszessen.

Gesäugetumoren (Mammatumoren)

Krankheitszeichen: Einzelne oder mehrere, derbknotige, nicht schmerzhafte Zubildungen von variierender Größe (hirsekorn- bis doppeltfaustgroß) im Bereich des Gesäuges. Die darüber liegende Haut ist meist unverändert. Es treten jedoch auch geschwürige Hautveränderungen über dem Tumor auf.
Ursache: Überschießendes, unreguliertes Wachstum von Milchdrüsengewebe, hormonelle Abhängigkeit der Tumorentstehung beim Hund.
Es treten gutartige oder bösartige, sehr häufig jedoch Mischtumoren auf, deren eindeutige Zuordnung nicht gelingt. Bösartige Tumoren neigen zur Bildung von Tochtergeschwülsten (Metastasen), vor allem in örtlichen Lymphknoten, Lunge, Leber, Nieren und Herz.
Vorkommen: Nahezu die Hälfte aller Neubildungen bei der Hündin geht von der Milchdrüse aus. Mit zunehmendem Alter häufiger auftretend (typisches Altersleiden). Eine frühzeitige Kastration nach der ersten Läufigkeit reduziert das Tumorrisiko. Eine Hormonbehandlung zur Läufigkeitsunterdrückung erhöht das Risiko.

Vorbeugung: Frühzeitige Kastration bei Hündinnen, mit denen nicht gezüchtet werden soll. Regelmäßiges Abtasten des Gesäuges durch den Besitzer und Vorstellung selbst kleinerer Veränderungen beim Tierarzt, da die Tumorgröße einen entscheidenden Einfluss auf die Erfolgsaussichten einer Behandlung hat.
Untersuchung und Behandlung: Gründliche Allgemeinuntersuchung mit Tasten des gesamten Gesäuges und der örtlichen Lymphknoten, Röntgenaufnahme zum Ausschluss von Tochtergeschwülsten (Metastasen). Das entnommene Gewebe sollte zur Unterscheidung von gut- oder bösartigen Geschwülsten zu einer mikroskopischen Laboruntersuchung eingeschickt werden.
Operative Entfernung, insbesondere großer und schnell wachsender Neubildungen. Bei einem einzelnen Knoten wird der dazugehörende Gesäugekomplex, bei mehreren Tumoren die gesamte Milchleiste einschließlich der örtlichen Lymphknoten entfernt.

Störungen der Trächtigkeit und Geburt

Verwerfen (Abort, Fehlgeburt)

Krankheitszeichen: Abnormer Scheidenausfluss kündigt eine Fehlgeburt an. Unruhe, Nestsuche, wehenartiges Pressen. Eitriger Ausfluss ist in der Regel mit gestörtem Allgemeinbefinden verbunden. Neben toten Früchten werden vor allem gegen Ende der Trächtigkeit mitunter auch noch lebende, unvollständig entwickelte Welpen zur Welt gebracht.
Ursache: Bakterien oder Viren, auch im Zusammenhang mit hoch fieberhaften Allgemeinerkrankungen, Vergiftungen, Schutzimpfungen während der Schwangerschaft und Unfällen.
Vorkommen/Vorbeugung: Selten und noch seltener bemerkt, da die Mutter die abortierten Welpen oft auffrisst. In Zuchtzwingern mit gehäuften Problemen muss an eine Canine Herpesvirusinfektion (Infektiöses Welpensterben) gedacht werden. Muttertierschutzimpfung während der Trächtigkeit.
Untersuchung und Behandlung: Gründliche Allgemeinuntersuchung, Ultraschall zur Überprüfung von Lebenszeichen der noch verbliebenen Welpen, Sektion verworfener Früchte oder verstorbener Welpen inklusive Virusnachweis bei Verdacht einer Herpesvirusinfektion.
Hormonbehandlung bei ungestörtem Allgemeinbefinden und bei geringgradigem schleimigem oder schleimig-eitrigem Ausfluss zur Förderung eines kontrollierten Abgangs aller Früchte. Nur in ausgewählten Einzelfällen ist der Versuch sinnvoll, die Trächtigkeit hormonell aufrechtzuerhalten. Bei massiv eitrigem, stinkendem Ausfluss, schweren Allgemeinstörungen bzw. wenn bei fortgeschrittener Schwangerschaft keine Lebenszeichen der Welpen mehr nachweisbar sind, Kastration (Totaloperation), um das Leben der Mutter zu retten.

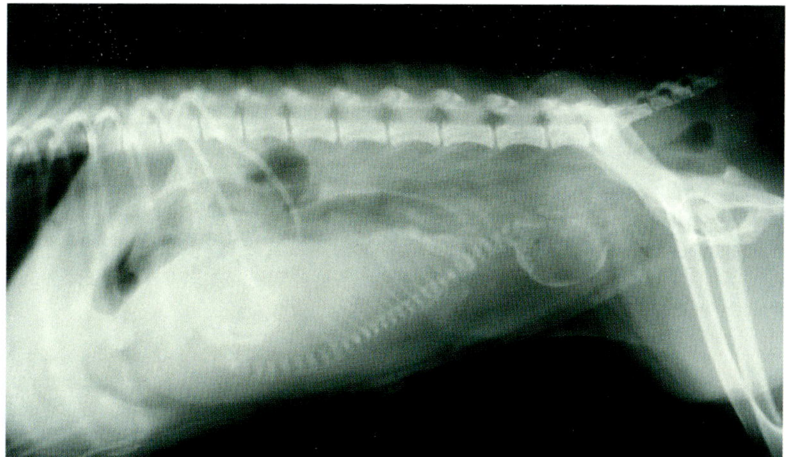

Einfrüchtigkeit bei einer Pudelhündin: Geburtsstörungen sind wegen der Größe des Welpen vorprogrammiert.

Übertragen

Krankheitszeichen: Überschreitung der normalen Trächtigkeitsdauer, die individuell stark variieren kann (58 bis 72 Tage). Die meisten Hündinnen gebären etwa nach 63 (± 5) Tagen, gerechnet ab dem ersten Deckakt.
Ursache: Nichtträchtigkeit (nicht aufgenommen, embryonaler Fruchttod), biologische Schwankung der Trächtigkeitsdauer, Unkenntnis des genauen Decktermins, wiederholtes Decken, Einfrüchtigkeit.
Vorkommen: Echtes Übertragen meist nur bei Einfrüchtigkeit.
Untersuchung und Behandlung: Körpertemperaturkontrolle, Abfall der Temperatur weist auf bevorstehende Geburt hin. Bei Erhöhung auf über 38,5 °C gründliche Allgemein- und geburtshilfliche Untersuchung, Röntgen und/oder Ultraschall. Vor dem 69. Tag besteht bei ungestörtem Allgemeinbefinden keine Notwendigkeit zu übereilten Schritten. Kaiserschnitt bei erhöhter Körpertemperatur und gestörtem Allgemeinbefinden sowie bei Einfrüchtigkeit (häufig zu große Frucht), wenn keine Geburtsanzeichen am 69. Tag feststellbar sind.

Störungen vor Geburt des ersten Welpen

Krankheitszeichen: Verzögerter Geburtsablauf, obwohl Fruchtblase schon lange geplatzt ist. Körpertemperaturanstieg auf über 38,5 °C, Blutungen aus den Geburtswegen, grünschwarzer, übel riechender Scheidenausfluss. Bauchpresse, ohne dass eine Frucht ausgetrieben wird. Abgeschlagenheit, Schmerzen beim Betasten des Bauches. Bei einer erstgebärenden Hündin können vom Eintritt der Presswehen bis zur Geburt des ersten Welpen ohne Weiteres bis zu 45 Minuten vergehen. Bei erfahrenen Hündinnen sollte dieser Zeitraum maximal 30 Minuten betragen.

Ursache:

Vom Muttertier ausgehend:

- primäre Wehenschwäche (Allgemeinerkrankung, Infektion der Früchte oder der Geburtswege, Fettleibigkeit, Mangelernährung, Stoffwechselstörungen, Überalterung, Stress durch Transport oder ungewohnte Umgebung, Verunsicherung bei Erstgebärenden)
- Gebärmutterriss oder -verdrehung
- Geburtshindernisse des knöchernen und weichen Geburtswegs (schlecht verheilte Beckenbrüche, Narbenbildung)

Vom Welpen ausgehend:

- absolut zu große Frucht (Ein- oder Zweifrüchtigkeit)
- Querlagen, Hüftgelenk- oder Schulterbeugehaltung
- Missbildungen (Wasserkopf, Gaumenspalten)
- tote und aufgegaste Welpen

ACHTUNG!

Oxytocin darf nur nach tierärztlicher Untersuchung verabreicht werden, da es bei unsachgemäßem Einsatz das Leben von Welpen und Mutterhündin gefährden kann.

Vorkommen: Häufiger. Kleinere Hunderassen und Erstgebärende sind für Geburtsstörungen anfälliger.

Untersuchung und Behandlung: Gründliche Allgemein- und geburtshilfliche Untersuchung, Röntgen und/oder Ultraschall.

Befindet sich der erste Welpe bereits im Geburtskanal und ist eventuell mit dem Kopf oder dem Hinterteil aus der Schamspalte hervorgetreten, kann der Tierarzt nach gründlicher Einschleimung der Geburtswege unter vorsichtigem Zug versuchen, den Welpen zu entwickeln. Infusionen von Traubenzucker und Kalzium durch den Tierarzt. Gabe von Oxytocin (Wehenhormon), falls kein Geburtshindernis besteht.

Einschleimung der Geburtswege mit Fruchtschleim. Bleibt die medikamentöse Behandlung erfolglos, sind Geburtshindernisse nachweisbar oder ist das Allgemeinbefinden gestört, frühzeitige Entscheidung zum Kaiserschnitt, um das Leben der Mutter zu retten und die Welpen nicht zu gefährden.

Geburtsstockung nach Geburt des ersten Welpen

Krankheitszeichen: Stockung der Austreibung von Welpen, obwohl noch Früchte vermutet werden (Bauchumfang, vorherige Röntgenaufnahme). „Scheinbare" Geburtsstockungen werden besonders bei Hündinnen großer Rassen (z.B. Irish Wolfhound) beobachtet. Nach der komplikationslosen Geburt von fünf bis sechs Welpen wird eine Pause (die drei bis vier Stunden nicht überschreiten sollte) eingelegt, die mitunter zum Essen, Trinken und „Gassigehen" genutzt wird. Danach wird die Geburt problemlos und spontan fortgesetzt.

Ursache:

Vom Muttertier ausgehend:

- sekundäre Wehenschwäche infolge Erschöpfung (z. B. bei großer Welpenzahl) oder durch Überlastung der Gebärmutter

Vom Welpen ausgehend:

- fehlerhafte Lage (Querlage), Stellung oder Haltung
- Missbildung (Wasserkopf, Gaumenspalten)
- zu große Frucht (absolut zu groß, toter aufgegaster Welpe)

Untersuchung und Behandlung: Gründliche Allgemein- und geburtshilfliche Untersuchung, Röntgen (Anzahl, Lage und Größe der verbliebenen Welpen). Behandlung siehe „Störungen vor Geburt des ersten Welpen" (S. 275f.).

Störungen der Nachgeburtsphase

Krankheitszeichen: Grünlich schwarzer, übel riechender Scheidenausfluss, gestörtes Allgemeinbefinden mit Fieber, Futterverweigerung, Abgeschlagenheit. Verspannte Bauchdecke, schmerzhafter Bauch, Gefahr der Entstehung einer Bauchfellentzündung oder einer Blutvergiftung, Nachlassen des Milchflusses, Vergiftung der Welpen über die Muttermilch.

Ursache: Unterbleiben oder Verzögerung von Rückbildung und Reinigung der Gebärmutter.

- Ausbleiben der Nachwehen und Stau von Flüssigkeit in der Gebärmutter (Lochialstau)
- Zurückbleiben von Nachgeburtsteilen oder gar toten Früchten (*Retentio secundinarum*)
- bakterielle Infektion der Gebärmutter
- Gebärmuttergeschwüre
- Geburtsverletzungen der Gebärmutter, Gebärmutterblutungen

Untersuchung und Behandlung: Gründliche Allgemeinuntersuchung, Röntgen, Ultraschall, Blutuntersuchung. Die Behandlung richtet sich nach der auslösenden Ursache.

Medikamentöse Förderung einer Gebärmutterentleerung (Lochialfluss), operative Entfernung zurückgebliebener, meist aufgegaster Früchte per Kaiserschnitt, Antibiotika. Bei kompliziertem Verlauf infolge einer Selbstvergiftung des Muttertieres durch bakterielle Giftstoffe oder starker Schädigung der Gebärmutter ist eine frühzeitige Kastration (Totaloperation) einer medikamentösen Behandlung vorzuziehen, um das Leben der Mutter zu retten.

Zitterkrampf der Hündin (Eklampsie)

Siehe Kapitel „Die häufigsten Notfälle beim Hund".

Milchmangel

Krankheitszeichen: Unruhe und Schreien der Welpen vor Hunger, mangelhafte Körpermassezunahme, kein Milchsekret aus den Zitzen der Mutterhündin auszumassieren.
Ursache: Nachgeburtsstörungen, Gesäugeentzündungen, gestörtes Welpenpflegeverhalten, Milchbildungsstörungen, Allgemeinerkrankungen.
Untersuchung und Behandlung: Zufütterung der Welpen bei nicht ausreichender Milchmenge oder totalem Milchmangel. Die Aufzucht neugeborener Welpen mit Ersatzmilch ist eine anstrengende und aufwendige Aufgabe und der Besitzer muss sich zu Beginn darüber im Klaren sein, ob er dazu in der Lage ist (genaue Einhaltung der Fütterungsintervalle, richtiges Füttern), diese zu erfüllen. Möglichst Verabreichung kleiner Mengen von Muttermilch innerhalb der ersten 24 bis 48 Stunden (Kolostralmilch), da diese sehr reich an mütterlichen Schutzstoffen ist („Schluckimpfung"). Notfalls Anregung der Immunabwehr durch den Tierarzt (Paramunitätsinducer).

Bei diesen Welpen herrscht kein Milchmangel. Sie sind bald satt und zufrieden.

Verwendung handelsüblicher Milchersatznahrung, Kuhmilch ist aufgrund ihrer Zusammensetzung als Muttermilchersatz ungeeignet, unbehandelte Rohmilch verursacht zum Teil sogar lebensbedrohliche Verdauungsstörungen. Tagsüber in zwei- bis dreistündigen Abständen, nachts alle vier bis sechs Stunden. Temperierte Milch (37,8 °C) in einer Flasche mit Gummisauger und Fütterung bis zur Sättigung.
Bereitet das selbstständige Saugen in den ersten Tagen Schwierigkeiten, kann die Milch auch vorsichtig und tropfenweise aus einer Plastikeinmalspritze angeboten werden. Die Welpen gewöhnen sich recht schnell an Ersatzmilch und meist auch an den Gummisauger.
Welpen für Milchaufnahme zur Verhinderung des Fehlschluckens von Milch in waagerechte Stellung bringen. Stoffröllchen oder Handtuch, damit der Welpe seine „Milchtritte" ausführen kann. Zur Anregung der Verdauung und von Kot- und Harnabsatz müssen nach einer jeden Milchmalzeit Bauch und Afterregion mit einem angefeuchteten Wattebausch/Tuch oder dem Finger vorsichtig massiert werden. Diese Aufgabe wird üblicherweise sonst von der Mutterhündin durch intensives Putzen und Lecken der Welpen übernommen.

Gestörtes Welpenpflegeverhalten

Krankheitszeichen:

- Aggressivität gegen die eigenen Welpen
- Verzehren der eigenen Jungen
- Desinteresse an den Neugeborenen, häufig verbunden mit Milchmangel
- übertriebene Welpenfürsorge (ständiges intensives Belecken, Herumtragen der Welpen)

Ursache: Mangelhafte Reize zur Auslösung eines Brutfürsorgeverhaltens (tote, lebensschwache Welpen), schwere Verhaltensstörungen, Unerfahrenheit einer erstgebärenden Hündin sowie häufig nach Kaiserschnitt, da die Geburt nicht aktiv miterlebt wurde. Wird nur die Milchaufnahme verweigert, bestehen unter Umständen Schmerzen im Gesäugebereich (Gesäugeentzündung).
Vorkommen: Meist bei Hündinnen, die stark auf den Menschen fixiert sind.
Vorbeugung: Zuchtausschluss bei Verhaltensstörungen.
Behandlung: Präsentieren und geduldiges Anlegen der Welpen vor allem nach Schnittentbindung, Einreiben der Welpen mit der Nachgeburt oder Muttermilch, intensive Betreuung und Beobachtung der Mutterhündin durch den Besitzer, Ausschaltung störender Umgebungseinflüsse, mutterlose Welpenaufzucht als letzte Möglichkeit.

Erkrankungen der Bewegungsorgane

Erkrankungen der Knochen

Knochenwachstumsstörungen

Krankheitszeichen: Gliedmaßenverkrümmungen (Auswärtsdrehung der Vorderpfoten, X-Beinigkeit), aufgetriebene und druckschmerzhafte Wachstumsfugen, Lahmheiten, Entlastung des erkrankten Beins, langsam einsetzender Muskelschwund.

Ursache: Über- oder Fehlbelastungen der Knochen bei wachsenden Hunden, insbesondere durch eine zu rasche Gewichtszunahme bei Energieüberversorgung und/oder zu viel Bewegung, vor allem bei zu frühem Training auf dem Hundeplatz, Laufen am Fahrrad, ungestümem Treppenlaufen, übertriebenem Spielen mit anderen Hunden usw. Aber auch traumatisch bedingt (Stauchung der Wachstumsfugen).

Störungen des Kalzium- und Phosphorstoffwechsels, unausgewogene Vitamin- und Mineralstoffversorgung (Unterversorgung ebenso schädlich wie Überversorgung insbesondere mit Kalzium).

Vorkommen: Hauptsächlich Junghunde großwüchsiger Rassen betroffen (Irish Wolfhound, Deutsche Dogge, Bernhardiner, Rottweiler, Berner Sennenhund).

Vorbeugung: Fütterung einer „Arme-Leute-Kost“ (energie- und eiweißreduziert, aber ausgewogen), Vermeidung einer kritiklosen Verabreichung diverser Mineralstoff- und Vitaminmischungen bzw. Kalziumüberversorgung z. B. extra Kalk ins bereits ausgewogen mineralisierte Welpenfutter, Bewegungseinschränkung, Vermeidung von Treppenlaufen, auch wenn Junghunde sehr verspielt und bewegungslustig sind.

Untersuchung und Behandlung: Gründliche orthopädische Untersuchung mit Tasten der Wachstumsfugen und Gelenke, Blutuntersuchung (vor allem Kalzium-Phosphor-Verhältnis), Röntgen.

Ernährungsumstellung (rigorose Reduzierung der Futterenergie, rationierte Fütterung, Vermeidung aller Leckerbissen, Mineralstoffe und Vitamine nur nach Anweisung des Tierarztes), drastische Bewegungseinschränkung, regelmäßige Gewichtskontrollen, gegebenenfalls Schmerzmedikamente. Leichte Fälle heilen bis zum Verschluss der Wachstumsfugen wieder aus. Bei schweren Verläufen ist häufig eine operative Gliedmaßenkorrektur die einzige Methode, dem Hund wieder eine normale Bewegung zu ermöglichen.

Knochenentzündung wachsender Hunde (*Panostitis eosinophilica*)

Krankheitszeichen: Schubweise auftretende, häufig von einem auf das andere Bein umspringende Lahmheiten, erheblicher Druckschmerz beim Tasten der langen Röhrenknochen (vor allem Oberarm- und Oberschenkelknochen, aber auch Elle und Schienbein). Bewegungsunlust, Appetitmangel, gelegentlich Fieber.

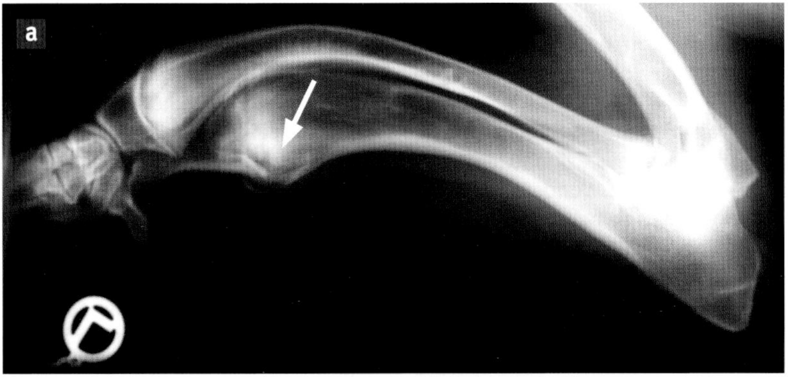

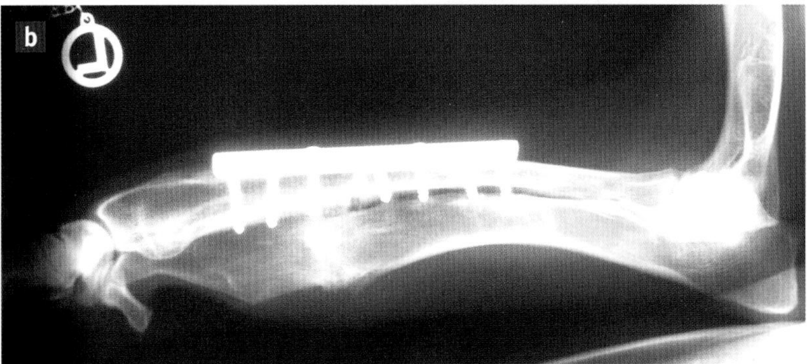

a) Knochenwachstumsstörung bei einem etwa sechs Monaten alten Irish Wolfhound. Elle und Speiche sind deutlich gebogen (Radius curvus). Knorpelzapfen in der verdickten Wachstumszone der Elle (Pfeil). Während im Frühstadium eine konsequente Futterumstellung und weitgehende Bewegungseinschränkung noch erfolgreich sind, muss in ausgeprägten Fällen wie diesem chirurgisch vorgegangen werden.

b) Der gleiche Patient nach Durchtrennung von Elle und Speiche. Die Stabilisierung der Speiche erfolgte mit einer Metallplatte und Schrauben (Korrekturosteotomie).

Ursache: Einengung von Versorgungsgefäßen des Knochens durch intensives Wachstum, mangelhafte Durchblutung, Blutstauung und Drucksteigerung im Knocheninneren.

Vorkommen: Besonders häufig bei Junghunden im Alter von fünf bis zwölf Monaten. Vorwiegend großwüchsige Rassen, insbesondere Deutsche Schäferhunde betroffen.

Untersuchung und Behandlung: Gründliche orthopädische Untersuchung, Auslösen von Schmerzreaktionen beim Betasten der langen Röhrenknochen, Röntgen, gegebenenfalls Blutuntersuchung.

Menschen zum Bild einer rheumatischen Erkrankung. Hierbei sind meist mehrere Gelenke gleichzeitig betroffen. Arthrosen entwickeln sich schleichend und sind die Folge von stumpfen Gelenktraumen, Überbeanspruchungen, Knochenfehlstellungen und Gelenkinstabilitäten. Eine Gelenkarthrose ist weiterhin ein bedeutendes, altersbedingtes Verschleißproblem.

Vorkommen: Häufig, vor allem bei älteren Hunden ausgeprägte Gelenkarthrose. Borreliose (infektiöse Gelenkentzündung) durchaus von Bedeutung.

Vorbeugung: Gelenkverletzungen sollten immer ernst genommen und unverzüglich dem Tierarzt vorgestellt werden. Frühzeitige Behandlung von Gelenkerkrankungen wie Kniescheibenverlagerung, Kreuzbandriss, Gelenkmaus usw. zur Verhinderung von Folgeschäden (Arthrosen).

Untersuchung und Behandlung: Gründliche orthopädische und Allgemeinuntersuchung. Tasten der veränderten Gelenke, Röntgen (bei Arthrosen häufig typische Auflagerungen auf der Knochenoberfläche), Gelenkpunktion bei Verdacht auf infektiöse Prozesse, Blutuntersuchung.

- **Arthritis**: operative Versorgung eröffneter Gelenke, Gelenkspülungen, Polsterverband, leichte Bewegung, Antibiotika, entzündungshemmende und schmerzlindernde Medikamente.
- **Arthrose**: Entzündungshemmende und schmerzlindernde Medikamente, Präparate zur Verbesserung der Struktur des Gelenkknorpels und zum Muskelaufbau, ausreichende Bewegung, Physiotherapie, Vermeidung von Extrem- und Überbelastungen (Laufen am Fahrrad, Hundesport) bei vorgeschädigten Gelenken.

Verstauchung/Verrenkung

Siehe Kapitel „Die häufigsten Notfälle beim Hund“.

Gelöste Knorpelschuppe (*Osteochondrosis dissecans, OCD*)

Krankheitszeichen: Schubweise auftretende, mittel- bis hochgradige Lahmheiten, Gelenkschmerzen. Am häufigsten im Schulter-, Ellenbogen-, Knie- sowie Sprunggelenk vorkommend.

Ursache: Gelöste Knorpelschuppe, die als Fremdkörper im Gelenk (Gelenkmaus) wirkt und unbehandelt zur Gelenkarthrose führt.

Vorkommen: Vor allem Junghunde (5. bis 10. Lebensmonat) großwüchsiger und schwerer Hunderassen betroffen, z. B. Bernhardiner, Deutscher Schäferhund, Neufundländer, Irish Wolfhound, Labrador und Golden Retriever.

Untersuchung und Behandlung: Gründliche orthopädische Untersuchung, Röntgen, CT/MRT, Arthroskopie.

Frühzeitige operative Entfernung der Gelenkmäuse zur Verhinderung von Folgereaktionen (Arthrosen).

Ellenbogengelenkdysplasie (ED)

Die Ellenbogengelenkdysplasie ist eines der häufigsten orthopädischen Probleme der Vordergliedmaße des jungen Hundes. Es handelt sich hierbei um kein einheitliches Krankheitsbild, sondern um eine Vielzahl unterschiedlicher Erkrankungen, die einzeln oder in Kombination auftreten können. Hierzu zählen unter anderem:

- Gelöste Knorpelschuppe am Rollkamm des Oberarmknochens (Osteochondrosis dissecans)
- Getrennter Ellenbogengelenkfortsatz (Isolierter Processus anconeus)
- Getrennter Rabenschnabelfortsatz (Frakturierter Processus coronoideus medialis)
- Nichtübereinstimmung der Gelenkflächen der beteiligten Knochen

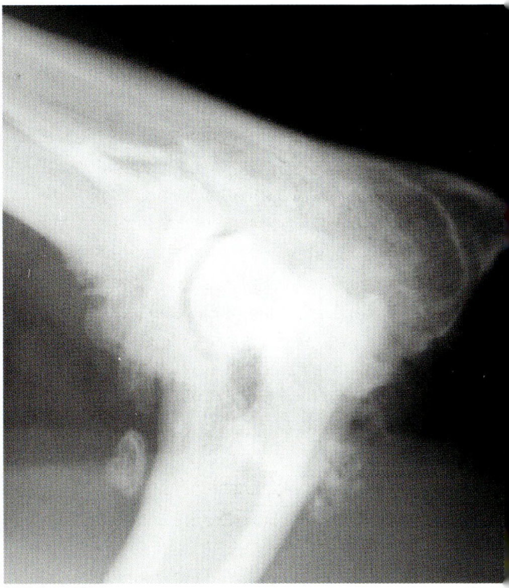

Ellenbogengelenkdysplasie Grad 3 mit schwerer Arthrose und deutlichen Knochenwucherungen und Randzacken.

Neben einer erblichen (genetischen) Komponente spielen vor allem eine energetische Überversorgung, schnelles Wachstum und rasche Gewichtszunahme sowie übermäßige körperliche Belastung eine wichtige Rolle bei der Krankheitsentstehung. Eine Veranlagung für die Ellenbogengelenkdysplasie besteht besonders für große und sehr große Rassen wie Rottweiler, Neufundländer, Berner und andere große Schweizer Sennenhunde, Deutscher Schäferhund, Labrador und Golden Retriever. Während krankheitsbedingte Lahmheiten bereits im Alter von vier bis zehn Monaten auftreten können, werden „verschleppte" fortgeschrittene Erkrankungen oft erst in weit höherem Alter festgestellt. Aufgrund der Erblichkeit sollten betroffene Tiere von der Zucht ausgeschlossen werden. Zahlreiche Rassezuchtverbände schreiben daher für die Zuchtzulassung eine Röntgenuntersuchung des Ellenbogengelenkes ab einem Alter von zwölf Monaten vor.

Gelöste Knorpelschuppe siehe S. 284.

Getrennter Ellenbogengelenkfortsatz (Isolierter *Processus anconeus*)

Krankheitszeichen: Schleichende, zum Teil erst nach längerer Belastung auftretende Lahmheiten, Gelenkkapselverdickung, Schmerzen.
Ursache: Absprengung des noch nicht vollständig verwachsenen Ellenbogengelenkfortsatzes durch ungleichmäßige Entwicklung von Elle und Speiche. Folgen sind Instabilität und Arthrose des Ellenbogengelenks.

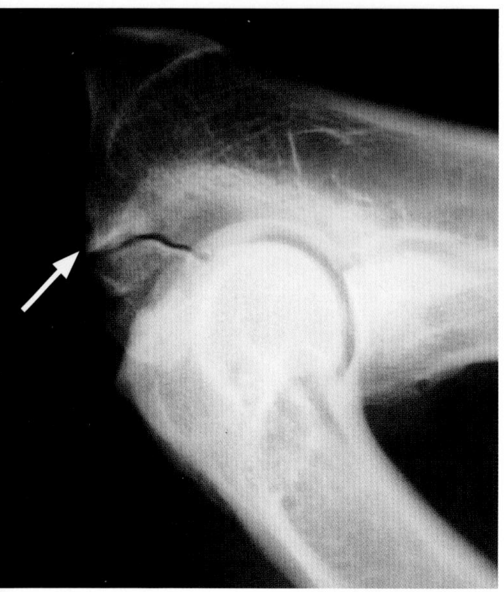

Isolierter Ellenbogengelenkfortsatz mit deutlicher Spaltbildung (Pfeil) und einsetzender Gelenkarthrose.

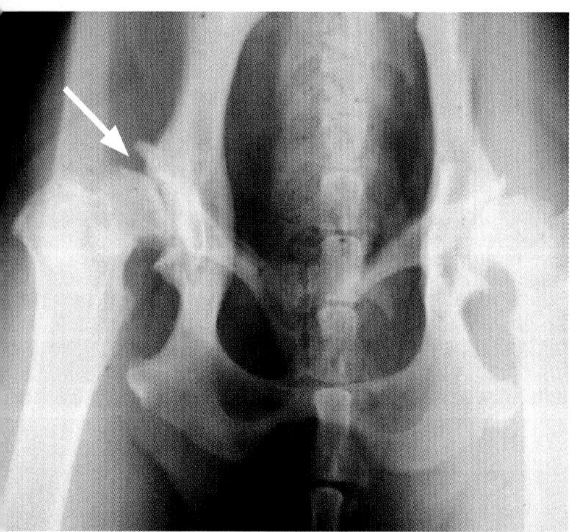

Hüftgelenkdeformation bei einem elf Monate alten Deutschen Schäferhund mit Abflachung der Hüftgelenkpfanne und unregelmäßigen Oberschenkelköpfen als Folge einer HD.

Vorkommen: Rassebedingte Häufung bei Basset, Deutschem Schäferhund und anderen großwüchsigen Hunderassen. Erste Krankheitszeichen vorwiegend im Alter von vier bis zehn Monaten.

Untersuchung und Behandlung: Gründliche orthopädische Untersuchung (Schmerzauslösung und gelegentliches Knirschen bei passiver Gelenkbewegung), Röntgen, Arthroskopie, CT.

Ein getrennter Ellenbogengelenkfortsatz sollte umgehend behandelt werden, da sonst ausgeprägte Gelenkveränderungen (Arthrosen) mit bleibenden Lahmheiten entstehen. Operative Entfernung, aber auch Befestigung mit einer Zugschraube möglich.

Getrennter Rabenschnabelfortsatz (Frakturierter *Processus coronoideus medialis*)

Krankheitszeichen: Schubweise auftretende Ellenbogengelenklahmheiten, Schmerzen.

Ursache: Entwicklungsstörung, die unter starker Belastung zur Absprengung des Rabenschnabelfortsatzes führt, begünstigt durch Stufenbildung im Ellenbogengelenk, oft in Zusammenhang mit einem Minimaltrauma (Sprung aus geringer Höhe, Einknicken, Überbelastung).

Vorkommen: Vornehmlich Junghunde schwerer Hunderassen betroffen, insbesondere Golden oder Labrador Retriever sowie Berner Sennenhund.

Untersuchung und Behandlung: Gründliche orthopädische Untersuchung (Schmerzauslösung bei Streckung und Drehung des Ellenbogengelenks), Röntgen des Ellenbogengelenks in verschiedenen Positionen, CT, Arthroskopie.

Der operativen Entfernung des getrennten Rabenschnabelfortsatzes steht die Langzeitgabe von entzündungshemmenden und schmerzlindernden Medikamenten gegenüber. Knorpelaufbauende und knorpelschützende Präparate, Physiotherapie. Zum Zeitpunkt des Auftretens erster Krankheitserscheinungen sind bereits ausgeprägte Gelenkveränderungen entstanden, die nicht mehr völlig zu beseitigen sind. Eine frühzeitige Feststellung und operative Behandlung verhindert jedoch eine weitere Knorpelzerstörung und das Auftreten schwerer Arthrosen mit fortschreitendem Alter und ist deshalb vor allem beim Junghund zu empfehlen.

Fehlentwicklung des Hüftgelenks (Hüftgelenkdysplasie, HD)

Krankheitszeichen: Ein Großteil der Hunde mit HD ist symptomfrei. Bei ausgeprägten Veränderungen: verminderte Bewegungsaktivität, mangelnde Ausdauer, Lahmheiten, Schwierigkeiten beim Aufstehen und Springen, schwankender Gang, Schmerzen im Hüftgelenk, Muskelschwund durch Entlastung der Hintergliedmaße. Schwere der Lahmheit oft unabhängig vom Grad der HD.

Ursache: Erbliche Veranlagung. Fehlentwicklung des Hüftgelenks während der Wachstumsperiode zwischen dem 4. und 10. Lebensmonat, bei der Hüftgelenkpfanne und Oberschenkelkopf nicht korrekt zueinander passen (Abflachung der Hüftgelenkpfanne, unregelmäßige Oberschenkelköpfe, unterschiedliche Oberschenkelhalswinkel und ein lockeres Gelenk). Durch die Instabilität im Hüftgelenk entwickeln sich mit zunehmendem Alter Arthrosen (Coxarthrose). Umweltfaktoren wie Fütterung (zu energiereiches Futter führt zu unangepasster Körpergewichtszunahme und zu hoher Wachstumsgeschwindigkeit), Haltung und Bewegung/Belastung haben Einfluss auf die Ausprägung der HD genetisch belasteter Tiere. Ohne erbliche Veranlagung würde die HD jedoch gar nicht auftreten.

Vorkommen: Häufig. Rassebedingte und familiäre Häufung vor allem bei Hunden größerer Rassen (unter anderem Deutscher Schäferhund, Rottweiler, Boxer, Schweizer Sennenhunde).

Vorbeugung: Zahlreiche Rassehundeverbände schreiben das Hüftgelenkröntgen im Alter von zwölf bis 18 Monaten für Zuchthunde vor. Die Bewertung der Röntgenaufnahmen erfolgt zentral durch anerkannte Gutachter. Entsprechend des vorliegenden Schwe-

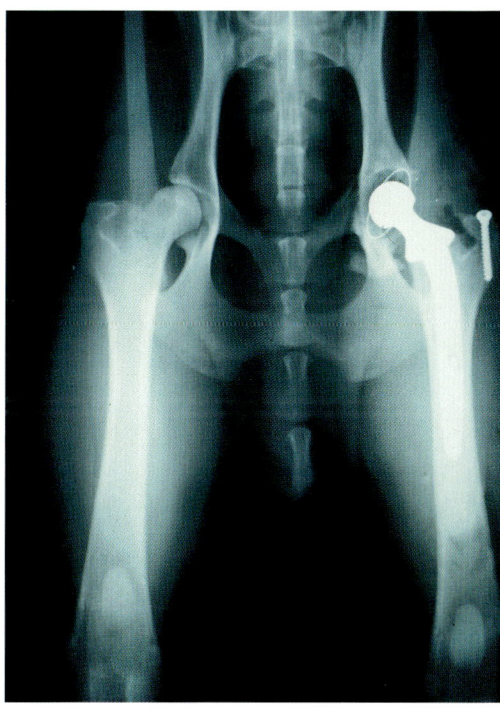

Diesem Schäferhund wurde einseitig ein künstliches Hüftgelenk eingesetzt.

regrades der Erkrankung erfolgt eine züchterische Auslese durch den Zuchtverband. Somit lässt sich die Erkrankung langsam zurückdrängen.
Untersuchung und Behandlung: Gründliche orthopädische Untersuchung, Röntgen in Narkose („HD-Aufnahme"). Schweregrad röntgenologisch feststellbarer HD-Zeichen steht oft nicht in Zusammenhang mit klinisch auftretenden Beschwerden. Durch biotechnologische Methoden Ablesen der Erbinformation (Genomanalyse) zukünftig möglich. Hierdurch neue Perspektiven für die Aufdeckung und Bekämpfung der HD eröffnet.
Bei geringgradig ausgeprägten Veränderungen kann durch Vermeidung von Extrembelastungen (Fahrradfahren, Hundesport), eine Gewichtskontrolle die Verhinderung des Muskelabbaus (Physiotherapie, Anabolika) sowie durch entzündungshemmende und schmerzlindernde Medikamente ein befriedigender Zustand erreicht und ein weiteres Fortschreiten der Erkrankung verlangsamt werden. Eine Heilung ist nicht möglich. Bei ausgeprägten Veränderungen sollten operative Eingriffe (z.B. Muskeldurchtrennung des *Musculus pectineus*, Nervendurchtrennung der Hüftgelenkkapsel, Entfernung des Oberschenkelkopfes bei kleinen, leichten Hunden, künstliches Hüftgelenk) in Erwägung gezogen werden.

Oberschenkelkopfnekrose (Legg-Calvé-Perthes-Krankheit)

Krankheitszeichen: Zunehmende Nachhandlahmheiten, Probleme beim Aufstehen und Springen, Schmerzen im betroffenen Hüftgelenk, Muskelschwund am erkrankten Hinterbein.
Ursache: Unbekannt, möglicherweise erblich bedingt. Nicht entzündliches steriles Absterben des Oberschenkelkopfes durch Störung der Blutgefäßversorgung, Verformung von Oberschenkelkopf und -hals, Entstehung einer schmerzhaften Hüftgelenkarthrose, meist einseitig, selten beidseitig.
Vorkommen: Gehäuft bei Hunden kleiner Rassen, bevorzugt Terrier, ab dem 3. bis 5. Lebensmonat zu beobachten.
Vorbeugung: Zuchtausschluss erkrankter Hunde.
Untersuchung und Behandlung: Röntgen.
Operative Entfernung des veränderten Oberschenkelkopfes. Dieser Eingriff ist bei kleineren Hunderassen unbedenklich und nur vereinzelt bleibt eine geringgradige Lahmheit zurück. Eine ausschließliche Gabe von Schmerzmedikamenten kombiniert mit einer Ruhigstellung des Patienten bringen nur selten ähnlich gute Erfolge.

Kniescheibenausrenkung (Patellaluxation)

Krankheitszeichen: Schubweise Lahmheiten. Plötzliche vollständige Entlastung eines Hinterbeins, welches wenig später, wenn die ausgerenkte Kniescheibe in ihre Ausgangsstellung zurückgekehrt ist, wieder völlig normal benutzt werden kann. Bei fortgeschrittenen Veränderungen Laufen auf drei Beinen, Muskelverkürzung, Muskelschwund.
Ursache: Angeborene, erblich bedingte Fehlentwicklung der Hinterbeine bzw. Abflachung der Rollkämme des Oberschenkelknochens. Durch eine veränderte Zugrichtung der beteiligten Muskeln und Bänder wird die Kniescheibe vorüber-

gehend oder dauerhaft aus ihrer angestammten Lage in der Furche zwischen den beiden Oberschenkelrollkämmen gedrängt.
Vorkommen: Gehäuft bei Zwerg- und Kleinrassen, unter anderem Pekingese, Yorkshire Terrier, Zwergpudel, Zwergpinscher, Malteser, Chihuahua, aber auch bei Terriern, Chow-Chow, Appenzeller und Entlebucher Sennenhund. Bei Zwerghunderassen meist beidseitiges Auftreten.
Vorbeugung: Zahlreiche Rassezuchtverbände schreiben die Untersuchung von Zuchttieren auf Patellaluxation vor.
Untersuchung und Behandlung: Gründliche orthopädische Untersuchung beim Vorführen, am stehenden und am liegenden Tier mit dem Versuch eine vorübergehende Kniescheibenverlagerung auszulösen, Röntgen.
Medikamentöser Behandlungsversuch in milden Fällen mit dem Ziel der Straffung der Gelenkkapsel zur Stabilisierung des Kniegelenks. Möglichst frühzeitige operative Korrektur der Gliedmaßenfehlbildung und/oder Vertiefung der Gelenkfurche zwischen den Rollkämmen des Oberschenkelknochens, bevor durch Entlastung oder Hochziehen des Hinterbeins ein Muskelschwund der Oberschenkelmuskulatur einsetzt.

Erkrankungen der Wirbelsäule

Bandscheibenvorfall (Teckellähme)

Krankheitszeichen: Sehr variabel je nach Ort und Grad der Schädigung: aufgekrümmter Rücken, Bewegungsunlust, Vermeidung von Springen oder Treppensteigen, hoch empfindlich beim Berühren des Rückens, schwankender Gang, Nachhandschwäche oder schlaffe Lähmung mit Nachziehen der Hinterbeine und robbender Fortbewegung (Querschnittslähmung), Kot- und Harnabsatzstörungen. Steifer Hals, tief gehaltener Kopf, hochgradige Schmerzen mit spontanem Schreien selbst bei geringfügiger Bewegung des Halses, Lahmheiten der Vorderbeine bei Vorfällen im Bereich der Halswirbelsäule.
Ursache: Elastizitätsverlust der Zwischenwirbelscheiben (Bandscheiben), leichte Traumen (Springen vom Sofa, Herumtoben) oder Wirbelsäulenüberbelastungen führen zum Vorfall der Bandscheiben in den Wirbelkanal mit Quetschung des Rückenmarks.
Vorkommen: Rassebedingte Häufung, vorwiegend bei kurzbeinigen Hunderassen mit langem Rücken (Dackel, Pekingese, Englische und Französische Bulldogge), aber auch bei Cocker Spaniel oder Zwergpudel im mittleren Lebensalter (vier bis sieben Jahre), meist am Übergang von Brust- zu Lendenwirbelsäule, an der Halswirbelsäule oder im Bereich der letzten Lendenwirbel. Altersbedingter Bandscheibenvorfall bei allen Hunderassen in höherem Lebensalter (sechs bis zehn Jahre) möglich.
Untersuchung und Behandlung: Gründliche neurologische Untersuchung, Röntgen ohne oder mit Kontrastmittel im Wirbelkanal (Myelografie), CT/MRT.
Je nach Ausmaß der Schäden unterschiedliches Vorgehen. Bei leichten Fällen konsequente Ruhigstellung, hochwirksame Entzündungshemmung, nervenwirk-

Anzeichen für eine Teckellähme sind der aufgekrümmte Rücken und die untergeschobenen, gelähmten Hinterbeine.

same Vitamine. Physiotherapie (Schwimmen, Massage) nie bei frischen Veränderungen, sondern stets erst zur Nachbehandlung. Frühzeitige operative Versorgung mit Druckentlastung des Rückenmarks in schwerwiegenden Fällen mit Lähmungserscheinungen, intensive Pflege und Nachsorge operierter Patienten.

Wobbler-Syndrom

Das englische Wort „wobble“ bedeutet „wackeln, zittern“.

Krankheitszeichen: Unsicherer, schwankender Gang, Nachhandschwäche, Schmerzen im Halsbereich, Kopftiefhaltung, gelegentlich steifer Hals, mühsames Aufstehen.

Ursache: Instabilität der Halswirbelsäule mit erhöhter gegenseitiger Verschieblichkeit der Wirbelkörper durch Lockerung der Bänder, Vorfall von Zwischenwirbelscheiben in den Wirbelkanal, Entstehung von Knochenfortsätzen und -wucherungen an den Wirbelkörpern, Einengung des Rückenmarkkanals und Quetschung des Rückenmarks. Ein übersteigertes Wachstum durch überreiche Fütterung wird zusammen mit einer gewissen Veranlagung als Auslöser der Veränderungen angesehen.

Vorkommen: Insbesondere bei Hunden großer Rassen vorkommend (Deutsche Dogge, Dobermann, Irish Wolfhound, Mastino, Barsoi). Häufiger bei Junghunden im Alter von drei bis zwölf Monaten auftretend, aber auch im höheren Alter noch möglich.

Vorbeugung: Ausgewogene und rationierte Fütterung von Junghunden, Vermeidung von Energie- und Mineralstoffüberversorgung großwüchsiger Rassen.
Untersuchung und Behandlung: Gründliche orthopädische, neurologische und Allgemeinuntersuchung, Röntgen ohne oder mit Kontrastmittel im Wirbelkanal (Myelografie), CT/MRT.
Entzündungshemmende Medikamente oder Kortisonpräparate meist nur vorübergehend erfolgreich; Gewebeentwässerung, Schmerzlinderung. Operation zur Druckentlastung des Rückenmarks und zur Stabilisierung der Wirbelsäule.

Cauda-equina-Kompressionssyndrom

Krankheitszeichen: Schwäche und Lahmheit der Nachhand eventuell mit Zehenschleifen, Angst vor dem Überspringen von Hindernissen, Probleme beim Aufstehen, Schwanzlähmung (Hammelschwanz), Schmerzäußerungen oder Zusammensacken bei Druck auf das Kreuzbein, Lecken und Beißen im Afterbereich und am Schwanz bis zur Selbstverstümmelung, seltener Harn- oder Kotabsatzstörungen.
Ursache: Nervenquetschungen am Übergang der Lendenwirbelsäule zum Kreuzbein. Der Wirbelkanal enthält in diesem Bereich kein Rückenmark mehr, sondern nur noch auslaufende Nervenbahnen, die wegen ihrer Anordnung einem Pferdeschwanz (*Cauda equina*) ähneln.
Die häufigsten auslösenden Ursachen sind Wirbelsäulenverknöcherungen, knöcherne oder bindegewebige Wirbelkanaleinengungen, Übergangswirbel oder eine Absenkung des Kreuzbeins gegenüber dem letzten Lendenwirbel durch Instabilität (Stufenbildung).
Vorkommen: Vorwiegend bei Hunden großer Rassen (Deutscher Schäferhund, Riesenschnauzer, Rottweiler und andere).
Untersuchung und Behandlung: Gründliche orthopädische und neurologische Untersuchung, Röntgen ohne oder mit Kontrastmittel (Myelografie), CT/MRT.
Ruhigstellung, entzündungshemmende Medikamente bei leichten Fällen im Anfangsstadium.
Operation (Eröffnung des Rückenmarkkanals zur Druckentlastung) bei schweren Verlaufsformen.

Wirbelsäulenverknöcherung (Spondylose, *Spondylopathia deformans*)

Krankheitszeichen: Rückenschmerzen, gespannter Gang, schwerfälliges Aufstehen und Hinlegen durch Einschränkung der Wirbelsäulenbeweglichkeit, Beschwerden beim Treppensteigen oder Springen. Meist jedoch Zufallsbefund beim Röntgen von Brust- oder Bauchhöhle.
Ursache: Einwirkung von Zug-, Druck- und Scherkräften auf den Bandapparat der Wirbelsäule. Entstehung spornartiger knöcherner Randzacken an Wirbelkörpern mit Tendenz zur Überbrückung des Zwischenwirbelspaltes, schleichende Versteifung der Wirbelsäule über längeren Zeitraum. Besonders schmerzhaft sind Brüche dieser Knochenbrücken oder Druck der einengenden Knochensporne auf die vom Rückenmark abgehenden Nervenfasern.
Vorkommen: Vorwiegend bei älteren Hunden großwüchsiger Rassen an der Brust- und Lendenwirbelsäule.

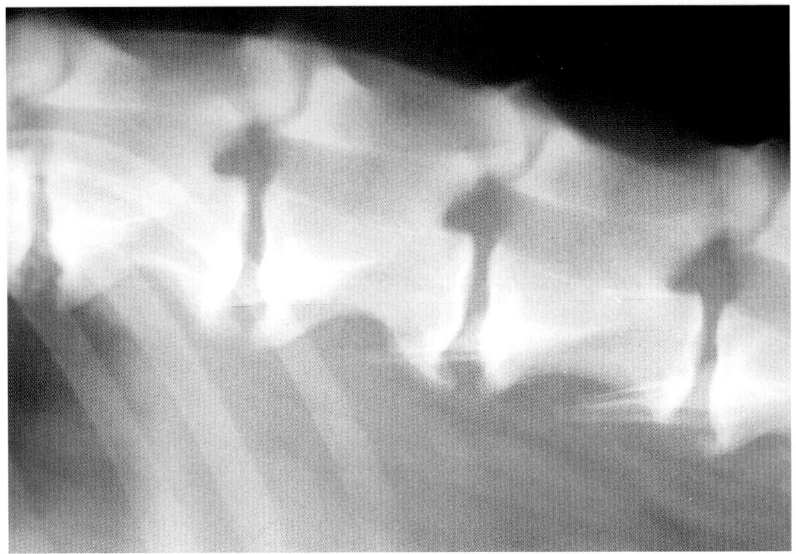

Die spornartigen Fortsätze am unteren Rand der Wirbelkörper mit Tendenz zur Überbrückung des Zwischenwirbelspaltes sind Anzeichen für eine Spondylose.

Untersuchung und Behandlung: Röntgen.
Keine Beseitigung der Ursachen möglich, nur Besserung der Krankheitserscheinungen. Lang anhaltende Gabe von Schmerzmedikamenten. Operative Entfernung der knöchernen Zubildungen zwecklos.

Erkrankungen von Muskeln, Sehnen und Bändern

Muskelschwund (Muskelatrophie)

Krankheitszeichen: Verringerung der Muskelmasse.
Ursache: „Inaktivitätsatrophie“ durch Nichtbenutzung, z. B. Gliedmaßenentlastung nach Knochenbrüchen, Kreuzbandrissen, Gelenkarthrosen usw.; immunbedingt (*Myositis eosinophilica*), Vitamin-E-Mangel, Nervenlähmungen oder hormonell bedingt (Schilddrüsenüberfunktion, Nebennierenrindenüberfunktion).
Untersuchung und Behandlung: Gründliche orthopädische, neurologische und Allgemeinuntersuchung.
Nach Behandlung der auslösenden Ursache (Operation eines Kreuzbandrisses, Ausheilung des Knochenbruchs usw.) muss die zurückgebildete Muskulatur schrittweise wieder aufgebaut werden. Physiotherapie (passive Bewegung, Massage), Schwimmen oder muskelaufbauende Medikamente (Anabolika) sind förderlich.

Eosinophile Muskelentzündung (*Myositis eosinophilica*)

Krankheitszeichen: Schubweise auftretende Schwellung, Verhärtung und Schmerzhaftigkeit der Kau- und Schläfenmuskulatur, gestörte Futteraufnahme. Öffnen des Fangs nur unter Schmerzen möglich. Augapfel- und Nickhautvorfall, gestaute Blutgefäße am Auge, gerötete Bindehäute.
Später deutlicher Muskelschwund, im Endstadium Kiefersperre durch bindegewebigen Ersatz der Kaumuskulatur möglich.
Ursache: Autoimmunerkrankung.
Vorkommen: Hunde großer Rassen ab dem 2. Lebensjahr betroffen, besonders Deutscher Schäferhund.
Untersuchung und Behandlung: Klinisches Bild hinweisend, Blutuntersuchung, Röntgen zum Ausschluss entzündlicher Kiefergelenkveränderungen, Muskelbiopsie und Untersuchung der entnommenen Gewebeprobe.
Entzündungshemmende und schmerzlindernde Medikamente, Anabolika, Physiotherapie (Massage, passive Bewegung).

Sehnenverletzungen

Krankheitszeichen: Je nach betroffener Sehne unterschiedliche, meist jedoch beträchtliche Funktionsausfälle, z.B. Durchtrittigkeit im Sprunggelenk bei Achillessehnenriss, eingeschränkte Gliedmaßenstreckung oder -beugung, Lahmheiten.
Ursache: Überdehnung, Zerreißen nach Überbeanspruchung oder durch Unfall, Durchtrennung nach tief gehenden Schnitt- oder Bissverletzungen.
Vorkommen: Biss- oder Schnittverletzungen im Zehen-, Mittelhand- oder Mittelfußbereich führen häufig auch zur Sehnendurchtrennung. Spontaner Sehnenriss durch Überbelastung selten.
Untersuchung und Behandlung: Klinisches Bild im Zusammenhang mit dem Vorbericht häufig ausreichend. Ultraschall, gegebenenfalls Röntgen, gründliche Untersuchung von Biss- und Schnittverletzungen im Gliedmaßenbereich.
Ruhigstellung durch Gips- oder Polsterverbände, vor allem bei Überdehnung und unvollständiger Sehnendurchtrennung. Operative Versorgung gerissener oder vollständig durchtrennter Sehnen mit nachfolgender, strikter Ruhigstellung unter Verband über drei bis vier Wochen, da Sehnen nur langsam heilen.

Kreuzbandriss (Cruciataruptur)

Krankheitszeichen: Plötzlich auftretende, schmerzhafte Lahmheit häufig mit Anbeugung bzw. Hochziehen des betroffenen Hinterbeins und vollständiger Entlastung, mit fortschreitender Zeit Abschwächung der Lahmheit. Wechselnde Lahmheitsgrade, aber nie vollständige Lahmheitsfreiheit, Kniegelenkschwellung. Unbehandelt führt ein Kreuzbandriss zur Arthrose.
Ursache: Bagatelltraumen (Sturz, Einknicken, Sprung aus geringer Höhe, Hängenbleiben mit der Pfote) nach Vorschädigung der Bandstrukturen. Ein gesundes Kreuzband reißt nur sehr selten. In 30 Prozent der Fälle kommt es im anderen Kniegelenk innerhalb eines Jahres ebenfalls zum Kreuzbandriss.
Vorkommen: Eine der häufigsten orthopädischen Erkrankungen bei Hunden mittleren Alters, häufig übergewichtige Tiere betroffen. Im Kniegelenk befinden sich

Vorkommen: Selten, vorwiegend bei jungen bis mittelalten Hündinnen.
Untersuchung und Behandlung: Gründliche Allgemeinuntersuchung, Blutuntersuchung (vor allem Natrium- und Kaliumbestimmung), Röntgen, Elektrokardiogramm (EKG), spezielle Funktionstests.
Intensivmedizinische Versorgung vor allem bei Addison-Krise mit Infusionen, Kreislaufbehandlung und Kortisongaben. In leichten Fällen sowie im Anschluss an die Intensivbehandlung bei Addison-Krise ist unter Umständen ein lebenslanger Ersatz des von der Nebennierenrinde ungenügend gebildeten Kortisons notwendig.

Nebennierenrindenüberfunktion (Morbus Cushing)

Krankheitszeichen: Erhöhte Trinkmenge, vermehrter Harnabsatz, gesteigerter Appetit, Hängebauch, Muskelschwäche, Muskelschwund vor allem an den Beinen, Teilnahmslosigkeit, Leistungsschwäche, pergamentartige Haut, Hautverkalkungen, symmetrischer Haarausfall (hauptsächlich im Bereich der Flanken und am Unterbauch), Hodenverkleinerung (Rüde), Zyklusstörungen (Hündin).
Ursache: Überwiegend gutartige Tumoren der Hirnanhangsdrüse (Hypophyse) oder Tumoren der Nebennierenrinde, die in der Nebenniere zu einer übermäßigen Kortisonausschüttung führen. Medikamentöse Verabreichung von Kortison in hoher Dosierung über lange Zeiträume.

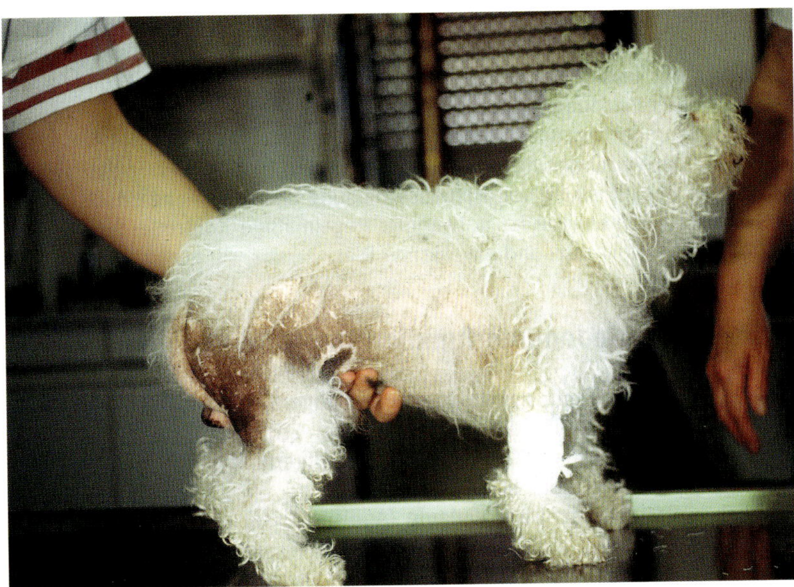

Bei diesem Hund führte die Nebennierenrindenüberfunktion zu einer symmetrischen Haarlosigkeit und einer Pigmentierungsstörung der Haut.

Vorkommen: Gewöhnlich bei mittelalten bis älteren Hunden, gehäuft bei Mittel- und Kleinpudel, Dackel, Boxer sowie kleinen Terriern (Boston, Yorkshire und Jack und Parson Russell Terrier). Bei etwa einem Drittel der Patienten zusätzlich noch eine Zuckererkrankung (Diabetes mellitus).

Untersuchung und Behandlung: Gründliche Allgemeinuntersuchung, Blut- und Harnuntersuchung, Röntgen, Ultraschall der Nebennieren, spezielle Funktionstests.

Medikamentöse Enzymhemmung und Unterbindung der Kortisonbildung in der Nebennierenrinde. Bestrahlung oder Operation bei Tumor der Hirnanhangsdrüse sehr aufwendig und nicht selten mit Komplikationen verbunden. Chirurgische Entfernung der entarteten Nebenniere in spezialisierten Kliniken.

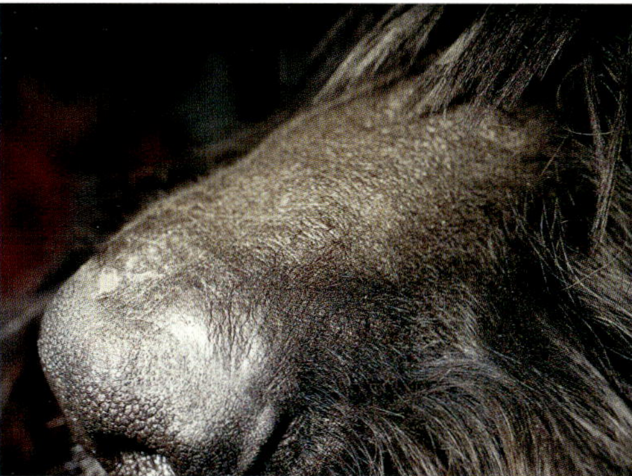

Haarlosigkeit auf dem Nasenrücken bei einem Riesenschnauzer mit Unterfunktion der Schilddrüse.

Schilddrüsenunterfunktion (Hypothyreose)

Krankheitszeichen: Große Variabilität der klinischen Symptome: fehlende Ausdauer, Abgeschlagenheit, Herzschlagverlangsamung, Gewichtszunahme, Unfruchtbarkeit, fehlender Geschlechtstrieb, Zyklusunregelmäßigkeiten (Hündin), Hodenverkleinerung (Rüde), symmetrische Haarlosigkeit, stumpfes und trockenes Fell, Babyfell, verstärkte Schuppenbildung, verdickte und verstärkt pigmentierte Haut, trauriger Gesichtsausdruck, schlechte Wundheilung.

Ursache: Mangelhafte Hormonproduktion der Schilddrüse durch autoimmun bedingte Schilddrüsenentzündung oder Schwund von Schilddrüsengewebe aus unbekannter Ursache. Seltener Schilddrüsentumoren, Tumoren des umgebenden Gewebes, Missbildungen, Traumen, Blutungen, Zysten, chirurgische Eingriffe.

Vorkommen: Eine der häufigsten hormonellen Störungen beim Hund, vorwiegend mittelalte bis ältere Hunde großer Rassen betroffen (Dobermann, Golden Retriever, Irish Setter, Bobtail, Boxer).

Untersuchung und Behandlung: Gründliche Allgemeinuntersuchung, Blutuntersuchung einschließlich Blutspiegelbestimmung der Schilddrüsenhormone, Elektrokardiogramm (EKG), Entnahme einer Hautstanze mit anschließender Laboruntersuchung, Schilddrüsenfunktionstests.

Lebenslange medikamentöse Verabreicherung des fehlenden Schilddrüsenhormons.

Schilddrüsenüberfunktion (Hyperthyreose)/ Schilddrüsentumoren

Krankheitszeichen: Gewichtsverlust trotz ausgesprochen guten Appetits (Heißhunger), Verdickung am Hals durch Vergrößerung der Schilddrüse (Kropfbildung), erhöhte Trinkmenge, gesteigerter Harnabsatz, Durchfall, Nervosität, Übererregbarkeit, Unruhe, Herzrasen, verstärktes Hecheln, hervorstehende Augen.
Ursache: Allgemeine Stoffwechselsteigerung durch Hormonüberproduktion infolge gut- oder bösartiger Schilddrüsentumoren. Durch Verfütterung von Schlundfleisch beim BARFen oft noch hormonell aktives Schilddrüsengewebe dabei.
Vorkommen: Selten.
90 Prozent der festgestellten Tumoren sind bösartig.
Untersuchung und Behandlung: Gründliche Allgemeinuntersuchung, Blutuntersuchung einschließlich Blutspiegelbestimmung der Schilddrüsenhormone, Elektrokardiogramm (EKG), Entnahme einer Schilddrüsengewebeprobe, Röntgen (unter anderem zur Suche nach Tochtergeschwülsten). Vermeidung von Schlundfleisch.
Medikamente, die den Blutspiegel der Schilddrüsenhormone senken, allein nicht hilfreich, da sie keine Tumorwirksamkeit besitzen. Operative Entfernung des aktiven Schilddrüsentumors Mittel der Wahl, sofern nicht schon Tochtergeschwülste (Metastasen) vorliegen. Nur in Einzelfällen Bestrahlung oder Chemotherapie, meist jedoch kombiniert mit Operation. Eine Unterscheidung gut- oder bösartiger Tumoren ist nur durch eine anschließende mikroskopische Gewebeuntersuchung möglich. Wenn eine Entfernung der gesamten Schilddrüse notwendig ist, müssen gegebenenfalls nachfolgend lebenslang Schilddrüsenhormone, Vitamin D3 und Kalzium verabreicht werden.

Zuckerkrankheit (Diabetes mellitus)

Krankheitszeichen: Erhöhte Trinkmenge, vermehrter Harnabsatz, Gewichtsverlust bis zur Abmagerung trotz gesteigerten Appetits (Heißhunger/Hungergefühl). Ein- oder beidseitige Linsentrübung (diabetische Katarakt). Schwere Verlaufsformen mit Futterverweigerung, Erbrechen, Depression, obstartig-fruchtigem Geruch der Ausatemluft, Bewusstlosigkeit.
Ursache: Insulin ist ein Hormon der Bauchspeicheldrüse und steuert die Blutzuckerverwertung im Körper. Ein erhöhter Blutzuckerspiegel tritt bei Insulinmangel durch gestörte Insulinbildung oder durch mangelhafte Wirksamkeit des in ausreichender Menge vorhandenen Insulins auf. Ein Diabetes mellitus führt darüber hinaus zu einer komplexen Störung des Kohlenhydrat-, Eiweiß- und Fettstoffwechsels.
Vorkommen: Häufigste Hormonerkrankung des Hundes, häufiger bei kleinen Hunderassen (Dackel, Pudel, Terrier), vor allem mittelalte bis ältere Hunde. Hündinnen (vor allem unkastriert) sind wesentlich häufiger als Rüden betroffen. Fettleibigkeit erhöht das Erkrankungsrisiko.

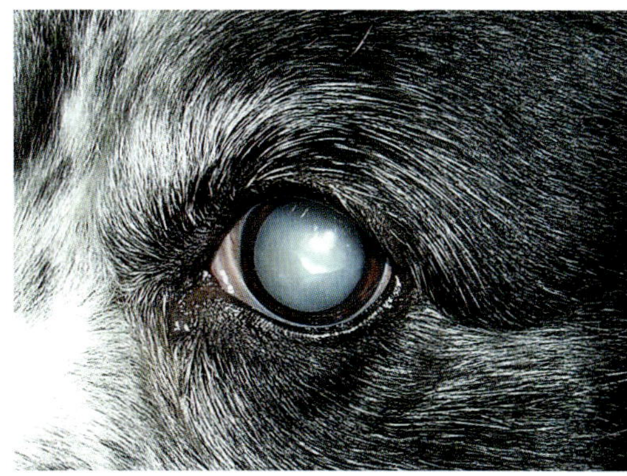

Diese Linsentrübung ist eine Folge der Zuckererkrankung.

Untersuchung und Behandlung: Blutuntersuchung (Nüchternblutentnahme), eventuell Blutzuckertagesprofil zur Beurteilung der täglichen Blutspiegelschwankungen, Urinuntersuchung.
Lebenslange tägliche Insulinverabreichung (per Spritze) durch den Besitzer nach Einstellung auf die erforderliche tägliche Insulindosis durch den Tierarzt. Einhalten einer konstanten Futterzusammensetzung und -menge sowie fester Fütterungsintervalle, die auf die jeweilige Insulininjektion abgestimmt werden müssen. Meiden leicht löslicher Kohlenhydrate (Traubenzucker, Milchzucker, Kuchen, Süßigkeiten). Rohfaserreiche Diätfütterung (ein Drittel Fleisch, ein Drittel kohlenhydrathaltige Futtermittel wie Reis und ein Drittel Gemüse oder handelsübliche Diätfertigfuttermittel). Zur Kontrolle einer optimalen Insulineinstellung dient neben der normalisierten Trinkmenge und einer Überprüfung des Glukosegehalts im Nüchternharn mit Urin-Teststreifen die regelmäßige Bestimmung des Langzeitzuckers (Fruktosamin) im Blut. Eine Linsentrübung (diabetische Katarakt) kann innerhalb weniger Tage zur Erblindung führen. Auch nach korrekter Einstellung des Blutzuckerspiegels keine Aufklarung der Linse. Vor allem bei jungen, lebenslustigen Hunden operative Entfernung der Linse und Einsetzen einer Kunstlinse zu erwägen.

NOTFALLSITUATION „UNTERZUCKERUNG“

- *Plötzlicher zu starker Abfall des Blutzuckers.*
- *Anzeichen: Nervosität, Zittern, Bewegungsstörungen, Nervenzuckungen, Bewusstlosigkeit, eventuell Krämpfe.*
- *Dem Hund muss sofort Traubenzucker angeboten werden. Bewährt hat sich die Gabe von Honig, der auch bei Futterverweigerung auf die Zunge oder das Zahnfleisch gestrichen werden kann.*
- *Keine Flüssigkeitsgabe (Zuckerlösung) bei Bewusstlosigkeit!*
- *Sofortige Verständigung und Vorstellung bei Ihrem Tierarzt.*

Erkrankungen des Nervensystems

Gehirnerschütterung (*Commotio cerebri*)

Krankheitszeichen: Benommenheit bis Bewusstlosigkeit, Abgeschlagenheit, schwankender Gang, Atmungsstörungen, weite, starre Pupillen.
Ursache: Unfälle im Straßenverkehr (Aufprallen gegen Fahrrad oder Auto), Stürze, Anschlagen des Kopfes an Gegenstände, Schlag auf den Kopf.
Vorkommen: Junghunde sowie kleinwüchsige Hunderassen wegen schwächerer knöcherner Schädelkapsel häufig schwerer betroffen.
Untersuchung und Behandlung: Gründliche neurologische und Allgemeinuntersuchung, da nach einem Unfall unter Umständen noch weitere Verletzungen vorliegen können.
Ruhigstellung in abgedunkelter, kühler Umgebung, Kreislaufstabilisierung, eventuell Sauerstoff und Infusionen bei Bewusstlosigkeit. Meist schnell spontane Besserung ohne bleibende Schäden.

Fallsucht (Epilepsie)

Siehe Kapitel „Die häufigsten Notfälle beim Hund“.

Gehirn- und Rückenmarkentzündung

Krankheitszeichen: Verhaltens- und Bewegungsstörungen, Blindheit, Krämpfe, monotone Kreisbewegungen, Schwäche und Lähmungen der Vorder- und Hinterbeine, Muskelzuckungen, gestörtes Allgemeinbefinden, gelegentlich Fieber.
Ursache: Infektionserkrankungen unter Einbeziehung von Gehirn- und Rückenmark (Staupe, Toxoplasmose, Tollwut, Pseudowut, Frühsommermeningoenzephalitis), seltener wandernde Parasitenlarven oder über das Blut verteilte bakterielle Erreger.
Vorbeugung: Planmäßige Erst- und regelmäßige Wiederholungsimpfungen (Staupe, Tollwut). Vermeidung der Verfütterung von rohen Fleisch- und Wurstwaren (Toxoplasmose, Pseudowut). Zeckenvorbeugung und regelmäßige Zeckenkontrolle im Fell.
Untersuchung und Behandlung: Untersuchung von Blut und Hirnwasser (Liquor) mit Antikörpernachweis.
Antibiotika, intensivmedizinische Versorgung. Je nach vorliegender Grunderkrankung sind die Aussichten für eine vollständige Normalisierung teilweise ungünstig. Tollwut und Pseudowut verlaufen immer tödlich.

Gleichgewichtsstörungen und Störung der Bewegungskoordination (Vestibulärsyndrom/Ataxie)

Krankheitszeichen: Kopfschiefhaltung, eintönige Kreisbewegungen in einer Richtung, Orientierungsverlust, Gleichgewichtsstörungen mit Umfallen und Rollbewegungen um die eigene Körperachse, Taubheit, Augenzittern, einseitige Gesichtsnervenlähmung, unkoordinierte Bewegungen, breitbeiniger Stand, Kopfwackeln, Zittern, Taumeln, Pupillenweitstellung.
Ursache: Mittel- oder Innenohrentzündung, Traumen, Vergiftungen, Schädigungen von Groß- und Kleinhirn (Virusinfektionen, Traumen, Vitaminmangel, wandernde Parasitenlarven, Vergiftungen, Missbildungen, Schwund von Nervengewebe, Tumoren).
Untersuchung und Behandlung: Gründliche neurologische Untersuchung, Röntgen, CT/MRT, Untersuchung der Ohren zum Ausschluss von Mittel- oder Innenohrentzündungen, Untersuchung von Blut und gegebenenfalls Hirnwasser (Liquor). Behandlung der zugrunde liegenden Ursache. Antibiotika bei infektiösen Prozessen, entzündungshemmende Medikamente, nervenwirksame Vitaminpräparate.

Altersbedingtes Vestibulärsyndrom (Geriatrisches Vestibulärsyndrom)

Krankheitszeichen: Plötzlich auftretende Kopfschiefhaltung, Erbrechen, Aufregung, Verwirrtheit, eintönige Kreisbewegungen in einer Richtung, Augenzittern, Gleichgewichtsstörungen, Rollbewegungen, Störung der Bewegungskoordination, wird häufig vom Besitzer als „Schlaganfall“ fehlinterpretiert.
Ursache: Nicht genau bekannt, altersbedingt, jedoch nicht vom Gehirn ausgehend, Durchblutungsstörungen in Innenohr vermutet.
Vorkommen: Bei mittelalten und alten Hunden.
Untersuchung und Behandlung: Gründliche neurologische Untersuchung, Ausschluss von Mittel- und Innenohrentzündung.
Häufig spontane Besserung nach einigen Tagen, Infusionen, Beruhigungsmitteln, durchblutungsfördernde Medikamente, Rückfälle sind jedoch möglich.

Nervenlähmungen/Nervenabriss

Krankheitszeichen: Der Ausfall der nervalen Versorgung führt zu Muskellähmungen. Je nach Ort der Schädigung sehr unterschiedliche Krankheitszeichen, unter anderem:

- Bei komplettem Abriss der Nervenwurzeln aus dem Rückenmark Lähmungen eines Vorderbeins mit Verlust der Schmerzempfindung, „hängende Schulter“, Auftreten auf dem Pfotenrücken („Kusshandstellung“), dadurch bedingt Schürfwunden wegen Nachschleifen der Gliedmaße, Muskelschwund.

- Bei Gesichtsnervenlähmung einseitiger Ausfall der Gesichtsmuskulatur (Herabhängen von Lippe, Augenlid und Ohr, schiefes Gesicht).
- Bei Kaumuskellähmung erschwerte Futteraufnahme oder Unvermögen zu kauen, herabhängender gelähmter Unterkiefer.
- Bei Lähmung des *Nervus radialis* der Vordergliedmaße Tiefstellung des Ellenbogens, Auftreten auf dem Pfotenrücken.
- Bei Schädigung des Hüftnervs Lähmung aller Muskeln unterhalb vom Kniegelenk, Nachschleifen des Fußes mit Krallen- und Hautabschürfungen, Überköten (Auftreten auf dem Pfotenrücken).

Ursache: Verkehrsunfälle, Schlageinwirkung, Stürze, Hängenbleiben beim Springen über Hindernisse, die zu Nervenquetschungen, -überdehnungen oder -abrissen führen, aber auch Nervenverletzungen durch Knochenbrüche. Nervenentzündungen, Gehirnentzündung, Tumoren.

Vorkommen: Ein Nervenabriss im Bereich des Rückenmarks ist eine häufige Komplikation bei Autounfällen.

Untersuchung und Behandlung: Gründliche neurologische Untersuchung, gegebenenfalls Messung der elektrischen Aktivität des Muskels (Elektromyografie).
Je nach Ort und Grad der Schädigung und der Schwere der Ausfallserscheinungen bestehen unterschiedliche Aussichten auf eine vollständige Normalisierung. Eine Nervenerholung vollzieht sich sehr langsam und ist kaum direkt zu beeinflussen. Geduld und Mitarbeit des Besitzers sind wichtig. Nervenwirksame Vitaminpräparate, anfänglich hohe Kortisondosen, Physiotherapie (passive Bewegung der gelähmten Muskeln, Massage, Wärmepackungen), Bandagen, Stützverbände. Bei Gliedmaßenlähmungen Schutz vor Verletzungen oder Selbstverstümmelung. Amputation des betroffenen Beins bei vollständigem Nervenabriss im Bereich des Rückenmarks.

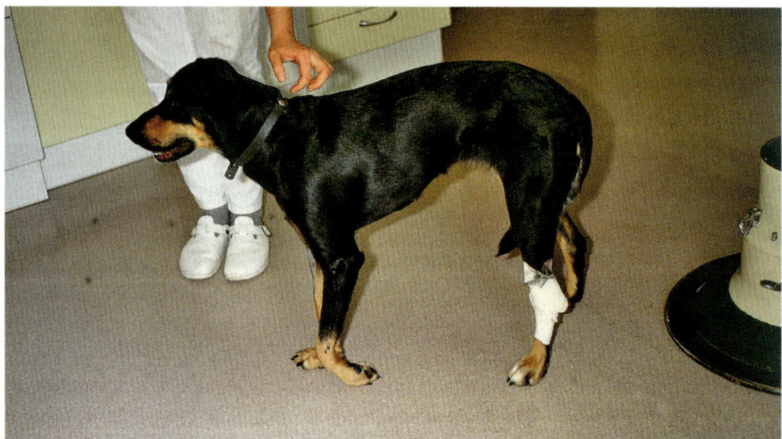

Ein Nervenabriss im Rückenmarksbereich führt zu herabhängender Schulter und „Kusshandstellung". Dadurch besteht die Gefahr des Wundscheuerns im Handrückenbereich.

Zwischen Hund und Mensch übertragbare Krankheiten

Krankheiten, die wechselseitig zwischen Tier und Mensch übertragen werden können, bezeichnet man als Zoonosen. Während die Übertragung von Erkrankungen des Menschen auf den Hund weniger von Bedeutung ist, können durch eine Erregerübertragung vom Hund zum Teil schwerwiegende Krankheitserscheinungen beim Menschen auftreten.

Mit der nachfolgenden Tabelle soll keinesfalls Angst vor dem Kontakt mit Hunden ausgelöst werden. Es ist jedoch wichtig, mögliche Gefahren zu kennen und stets die nötige Vorsicht beim Umgang mit unseren Vierbeinern walten zu lassen. Dies gilt besonders für Kinder. Durch einen innigen Fell- und Körperkontakt sowie das zumeist vernachlässigte Händewaschen nach dem Spielen mit dem Hund zählen sie zu dem am stärksten gefährdeten Personenkreis.
Es gibt jedoch eine Reihe von Erkrankungen, bei denen der Hund zu unrecht als Ansteckungsquelle für den Menschen angesehen wird, z. B. bei Toxoplasmose. Auch ein Zusammenhang zwischen Hundestaupe und Multipler Sklerose oder Hunde- und Menschenhepatitis kann ausgeschlossen werden.

Kinder sind wegen des meist intensiven Fellkontaktes am stärksten von einer Spul- oder Hakenwurminfektion gefährdet.

Infizierte oder erkrankte Hunde stellen aber auch ein Erregerreservoir für potenzielle Erkrankungen des Menschen dar (z.B. Blutparasitosen wie Herzwurmerkrankung oder kutane Dirofilariose). Auch wenn viele dieser Erkrankungen in Deutschland (noch) nicht heimisch sind, besteht vor allem bei Reisen in die betroffenen Urlaubsländer eine Infektionsgefährdung des Menschen. Durch die Einfuhr befallener Tiere gelangen diese Zoonoseerreger in zunehmendem Maße nach Deutschland. Der Nachweis und die Behandlung einer Erkrankung bei unseren Hunden sind daher zur Vermeidung einer möglichen Etablierung neuer inländischer Infektionsherde unbedingt erforderlich und von allgemeinem Interesse.

Erkrankung	Übertragungsweg	Krankheitsbild beim Menschen
Tollwut (Lyssa, Rabies)	durch virushaltigen Speichel vorwiegend über Bisswunden, seltener durch Einreiben von Speichel in Kratz- oder Schürfwunden, Belecken von Haut und Schleimhaut	durchschnittlich ein bis drei Monate nach Erregeraufnahme erste Krankheitszeichen: Unruhe, Fieber, übermäßiges Schwitzen, Schluckstörungen, gesteigerte Empfindlichkeit, Heiserkeit, Speicheln, Krämpfe der Atemmuskulatur, Atemnot, Lähmungen, Tod
Leptospirose (Stuttgarter Hundeseuche, Weil'sche Krankheit)	mit dem Urin infizierter Hunde ausgeschiedene Krankheitserreger gelangen über die Schleimhaut von Mund und Rachen, der Atemwege, über Augenbindehäute oder Verletzungen der Haut in den menschlichen Körper	vielfach milde und unspezifische Erkrankungszeichen, aber auch schwere Verläufe mit Fieber, Gelbsucht, Nierenentzündung, Hirnhautreizung und Kreislaufversagen
Salmonellose Campylobacter-Enteritis	direkte Erregerübertragung vom Hund auf den Menschen bei mangelhafter Hygiene möglich, aber selten	Erbrechen, Durchfall, Mattigkeit, Magen- und Bauchschmerzen
Hautpilzerkrankung (Mikrosporie, Trichophytie)	direkter Kontakt mit erkrankten Hunden oder indirekt über Putzzeug, Hundekorb, Decken, da Pilzsporen lange Zeit infektionsfähig sein können	anfangs kleine, rötliche, schuppende und juckende Hautstellen, die sich vergrößern und in der Mitte abheilen, kahle Stellen oder kreisrunde Herde mit kurzen abgebrochenen Haarstümpfen und mehliger Schuppung an behaarten Stellen

Erkrankung	Übertragungsweg	Krankheitsbild beim Menschen
Flöhe	ausgehungerte Hunde-, Katzen- oder Igelflöhe befallen bei ihrer Nahrungssuche gelegentlich auch einzelne Familienmitglieder	„Flohstiche“ = quaddelartige Hautrötungen, Juckreiz
Körperräude (Sarkoptes-Räude)	Kontakt mit erkrankten Hunden oder infizierten Hautschuppen	vorübergehendes Auftreten auch beim Menschen als „Trugkrätze“ oder Scheinräude möglich mit heftigem Juckreiz und Hautentzündung
Raubmilben (*Cheyletiella*)	gelegentlich auch Mensch befallen, Kontakt mit infizierten Hunden	heftiger Juckreiz, Hautentzündung mit hirsekorngroßen, flachen Knötchen
Kleiner Fuchsbandwurm	Verschlucken von Bandwurmeiern bei mangelhafter Hygiene im Umgang mit infizierten Hunden, aber auch durch Verzehr von Pilzen, Waldbeeren und Fallobst, die durch Fuchs- oder Hundekot verschmutzt sind	bis kindskopfgroße Zystenbildung, überwiegend in Leber, rasches gewebszerstörendes Wachstum, Streuung in Lunge, Leber und Knochen möglich, schwere Allgemeinstörungen, unbehandelt fast immer tödlich
Kleiner Hundebandwurm	Verschlucken von Bandwurmeiern bei Schmierinfektion oder mangelnder Hygiene im Umgang mit infizierten Hunden (Belecken, unregelmäßiges Händewaschen nach Berühren von Hundefell und Schnauze)	besonders Kinder mit intensivem Hundekontakt gefährdet, flüssigkeitsgefüllte Zysten vorwiegend in Leber und Lunge, Leber- und Oberbauchschmerzen, Atemnot
Kürbiskernbandwurm	versehentliches Verschlucken oder Zerbeißen von Flöhen oder Hundehaarlingen, die Bandwurmentwicklungsstadien beherbergen, Übertragung von in der Maulhöhle verbliebener infektiöser Entwicklungsstadien durch „Ablecken“ des Besitzers	selten Infektionen des Menschen, betreffen vor allem Kinder, meist symptomlos – bei schweren Verläufen Appetitlosigkeit, Durchfall und Blutarmut

Erkrankung	Übertragungsweg	Krankheitsbild beim Menschen
Spulwurm	Verschlucken infektionsfähiger Eier oder Larven beim Knuddeln und Schmusen mit dem Hund, aber auch durch verunreinigte Sandkästen oder öffentliche Parkanlagen	vor allem Kinder gefährdet, da häufig mangelnde Hygiene (Händewaschen) nach Kontakt mit Hunden, Körperwanderung der Larven, Krankheitszeichen abhängig von Befallsstärke und Sitz der Larven, zum Teil nur erkältungsähnliche Erscheinungen, aber auch Fieber, Muskel- und Gelenkschmerzen oder Sehstörungen möglich
Hakenwurm	durch Hautkontakt mit Larvenstadien, z. B. beim Barfußlaufen (Rasenflächen, Badestrände, Sandkästen)	Larven durchbohren die Haut und bilden bei der Wanderung stark gewundene Bohrgänge („Hautmaulwurf"), juckende Ekzeme, lang andauernde Hautentzündungen, allergische Reaktion
Giardiose	Erregeraufnahme über Kontakt mit Kotausscheidungen des Hundes bei mangelhafter Hygiene, menschliche Infektionen erfolgen jedoch hauptsächlich über erregerkontaminiertes Wasser	meist symptomlos, ein bis drei Wochen nach Infektion Durchfall, Unwohlsein, Blähungen, Fettstuhl, Bauchkrämpfe, am häufigsten erkranken Kinder unter zehn Jahren, durch Nahrungsverweigerung und Gewichtsabnahme auch Wachstumsstörung möglich
Grippale Infekte	Tröpfcheninfektion, Viruserreger mit Atemluft ausgeschieden	überwiegend symptomlos, aber auch Beteiligung der Viruserreger an vielgestaltigen Krankheiten der Atmungsorgane, „Grippe"

Anhang

Veterinärmedizinischer Sprachführer für den Tierarztbesuch

adipös: fett
Adipositas: Fettleibigkeit
Adspektion: Betrachtung
Analgesie: Schmerzlosigkeit
Anamnese: Vorbericht; Angaben, vom Besitzer zur Krankheit seines Hundes
Anästhesie: Methoden zur Schmerzausschaltung (Lokalanästhesie oder Narkose)
Angina: Rachenenge, Mandelentzündung
Anöstrus: Zeit der sexuellen Ruhe
Antibiotika: Medikament aus Stoffwechselprodukten von Mikroorganismen, das gegen Krankheitserreger wirkt
Anus, After: Darmausgang
Apathie: Teilnahmslosigkeit
Applikation: Verabreichung eines Arzneimittels
Arthritis: Gelenkentzündung
Arthrose: Gelenkverschleiß
Arthroskopie: endoskopische Betrachtung eines Gelenkes
Auskultation: Abhören
Autoimmunerkrankung: überschießende Reaktion des Abwehrsystems gegen körpereigenes Gewebe
benigne: gutartig
Bilirubin: Gallenfarbstoff
Biopsie: Entnahme und Untersuchung von Gewebe- oder Organproben vom lebenden Tier
Bradykardie: verlangsamte Herzfrequenz
Bronchitis: Entzündung der Bronchien (untere Atemwege)
Caninus: Fangzahn, Eckzahn
Colitis: Dickdarmentzündung
Degeneration: Abnutzung, Verschleiß
Dermatitis: Hautentzündung
Diagnose: Name einer Krankheit, Krankheitsbezeichnung
Dilatation: Erweiterung
Diurese: Harnproduktion
Drainage: Abfluss von Flüssigkeit, z. B. Wundwasser
Dyspnoe: erschwerte Atmung
Ekzem: oberflächliche Hautentzündung
Endokrinologie: Lehre von den Hormonen
Endoskop: optisches Gerät zur Betrachtung von Körperhöhlen
Endoskopie: Betrachtung von Körperhöhlen über eine kleine Öffnung mithilfe eines Endoskops
Endsilbe „-itis“: Bezeichnung für Entzündung, z. B. Bronchitis = Entzündung der Bronchien
Endsilbe „-om“: Bezeichnung für Tumor, z. B. Lipom = „Fettgewebsgeschwulst“

Enteritis: Darmschleimhautentzündung
Epilepsie: Fallsucht, Anfallsleiden
Erythrozyten: rote Blutkörperchen
Euthanasie: schmerzloses Einschläfern eines unheilbar kranken Tieres durch Injektion
Exsikkose: Austrocknung des Körpers
Exspiration: Ausatmung
Femur: Oberschenkelknochen
Fibula: Unterschenkelknochen, Wadenbein
Fissur: Knochenriss
Fistel: schlecht heilende röhrenförmige Wunde
Fraktur: Knochenbruch
Gastritis: Magenschleimhautentzündung
Gekröse: Darmaufhängung
Gingivitis: Zahnfleischentzündung
Glaukom: „Grüner Star", Erhöhung des Augeninnendrucks
Hämorrhagie: Blutung
Hepatitis: Leberentzündung
Hernie: Eingeweidebruch, z. B. Nabelbruch
Herzinsuffizienz: Herzschwäche
Herzklappeninsuffizienz: fehlerhaft schließende Herzklappen
Histologie: Lehre vom Aufbau der Körpergewebe
Humerus: Oberarmknochen
Ikterus: Gelbsucht
Immunität: angeborene oder erworbene Unempfindlichkeit oder Widerstandsfähigkeit gegenüber Krankheitserregern
Immunologie: Lehre von der Immunität
Inappetenz: Appetitlosigkeit
Incisivus: Schneidezahn
Infektion: Eindringen eines Krankheitserregers
Infektionskrankheit: ansteckende Erkrankung, die durch Krankheitserreger verursacht wird
infektiös: ansteckend
Infusion: Verabreichung größerer Flüssigkeitsmengen unter die Haut oder in ein Blutgefäß
Inhalation: Einatmung von Arzneimitteln in Form von Dämpfen oder Gasen
Injektion: Spritze in den Muskel, unter die Haut, in die Vene oder ins Gelenk
Inkubationszeit: Zeit zwischen einer Infektion und dem Ausbruch der Krankheit
Inspiration: Einatmung
Insuffizienz: Schwäche, mangelhafte Funktion
intraartikulär: in die Gelenkhöhle
intramuskulär: in den Muskel
intravenös: in die Vene
Intubation: Einführen eines Schlauches in die Luftröhre zur Beatmung oder Narkose
Inzision: Einschnitt
Kachexie: Abmagerung
Kanüle: Injektionsnadel
Kardiomyopathie: Herzmuskelerkrankung
Karzinom: bösartiger Tumor
Kastration: Entfernung von Eierstöcken oder Hoden
Katarakt: „Grauer Star", Trübung der Augenlinse

Katheter: kleines Schläuchlein, z. B. in der Harnröhre oder im Blutgefäß
kaudal: Lagebezeichnung: schwanzwärts, nach hinten
Keratitis: Hornhautentzündung
Kolik: schmerzhafte Krämpfe von Hohlorganen, z. B. von Harnblase oder Magen
Koma: tiefe Bewusstlosigkeit
Konjunktivitis: Entzündung der Lidbindehaut
Konservativ: Heilung mit Medikamenten oder Ähnlichem ohne Operation
Konstriktion: Zusammenziehung
kranial: Lagebezeichnung: kopfwärts, nach vorn
Laparotomie: operative Eröffnung der Bauchhöhle
lateral: Lagebezeichnung: seitlich, nach außen
Leukozyten: weiße Blutkörperchen
Lokalanästhesie: örtliche Betäubung
Luxation: Gelenkausrenkung
maligne: bösartig
Mamma: Milchdrüse, Gesäuge
Mastektomie, Mammektomie: Entfernung der Milchdrüse
Mandibula: Unterkiefer
medial: Lagebezeichnung: nach innen
Metöstrus: Nachhitze
Molar: Backenzahn
Narkose: schlafähnlicher Zustand, in dem keine Schmerzen wahrgenommen werden
Nephrektomie: Entfernung einer Niere, z. B. nach Unfall oder bei Tumoren
Nephrotomie: Eröffnung der Niere, z. B. zur Entfernung von Steinen
Netz: Doppelfalte des Bauchfells, die Binde- und Fettgewebe sowie Lymphknoten enthält und die Bauchhöhlenorgane einbettet
Nierenbecken: Sammelraum für Harn in der Niere
Obstipation: Verstopfung
Ödem: Schwellung durch Wasseransammlung im Gewebe
Osteosynthese: Versorgung von Knochenbrüchen durch eine Operation
Östrus: Stehhitze; Zeitraum, in dem sich die Hündin decken lässt und der Eisprung erfolgt
Otitis: Ohrenentzündung
Otoskop: Ohrspiegel
Ovarektomie: Entfernung der Eierstöcke, Kastration der Hündin
Ovariohysterektomie: Entfernung von Eierstöcken und Gebärmutter, Totaloperation
Palpation: Abtasten
Pankreatitis: Entzündung der Bauchspeicheldrüse
partiell: teilweise
Patella: Kniescheibe
Pathologie: Lehre von Ursache, Entstehung und Wesen der Krankheiten
Pathologisch: krankhaft
Perforation: Durchstechung, Durchbohrung
Peritoneum: Bauchfell
Perkussion: Abklopfen
peroral: über den Mund verabreicht
persistierend: bestehen bleiben
physiologisch: normal funktionierend
Pleura: Brustfell
Pneumonie: Lungenentzündung

Getrennter Ellenbogengelenkfortsatz (Isolierter *Processus anconeus*): Deutscher Schäferhund, Basset, Dackel, Bloodhound, Rottweiler, Labrador und Golden Retriever, Afghane, Collie, Französische Bulldogge, Bernhardiner, Dobermann, Pyrenäen Berghund, Weimaraner, Neufundländer, Deutsche Dogge
Getrennter Rabenschnabelfortsatz im Ellenbogengelenk (Frakturierter *Processus coronoideus*): Berner Sennenhund, Golden Retriever, Rottweiler, Neufundländer, Labrador Retriever, Deutscher Schäferhund
Grauer Star, Linsentrübung (Katarakt): Zwergschnauzer, Beagle, Afghane, Pudel, Cocker Spaniel, Golden Retriever, Boston Terrier, Staffordshire Bullterrier, Foxterrier, Labrador Retriever, Deutscher Schäferhund, Pointer, Siberian Husky
Grüner Star, Erhöhung des Augeninnendrucks (Glaukom): Cocker Spaniel, Basset, Beagle, Foxterrier, Sealyham Terrier, Cairn Terrier, Jack und Parson Russel Terrier, Zwergpudel, Dackel
Hautfaltenentzündung: Schweißhunde, Bulldoggen, Bernhardiner, Chow-Chow, Cocker Spaniel, Pekingese, Mops, Shar Pei
Herzklappenerkrankung (Atrioventrikularklappeninsuffizienz): kleinere Hunderassen, unter anderem Pudel, Dackel, Terrier, Cavalier King Charles Spaniel
Herzmuskelschädigung (Dilatative Cardiomyopathie): große Hunderassen, unter anderem Irish Wolfhound, Deutsche Dogge, Neufundländer, Dobermann, Cocker Spaniel
Hodenhochstand (Kryptorchismus): Klein- und Zwergpudel, Deutscher Schäferhund, Malteser, Greyhound, Whippet
Hornhautentzündung des Schäferhundes (*Keratitis superficialis chronica*, Keratitis Überreiter, Schäferhundkeratitis): Deutscher Schäferhund
Kniescheibenausrenkung (Patellaluxation): Zwerg- und Kleinrassen, unter anderem Pekingese, Yorkshire Terrier, Zwergpudel, Zwergspitz, Malteser, Chihuahua, Terrier, Flat Coated Retriever
Knochenentzündung wachsender Hunde (*Panostitis eosinophilica*): Deutscher Schäferhund
Luftröhrenverengung (Trachealkollaps): kleine Rassen, unter anderem Yorkshire Terrier, Zwergspitz, Zwergpudel, Pekingese
Magendrehung: erwachsene, große, tiefbrüstige Rassen, unter anderem Deutsche Dogge, Irish Wolfhound, Deutscher Schäferhund, Barsoi, Boxer, Irish Setter
Mastzelltumor: Boxer, Boston Terrier, Französische Bulldogge, English Setter, Deutsch Drahthaar
Nebennierenrindenüberfunktion (Cushing-Syndrom): Mittel- und Kleinpudel, Dackel, Boston Terrier, Boxer
Oberkieferverkürzung: Boxer, Bulldoggen, Pekingese, Mops
Taubheit: Dalmatiner, Bullterrier, Border Collie
Trockenes Auge, unzureichende Tränenproduktion (*Keratokonjunktivitis sicca*, KCS): Terrier, vor allem West Highland White Terrier, Zwergschnauzer, Pekingese, Cocker Spaniel, Dackel
Überzählige Schneidezähne: Bullterrier, Bulldoggen
Verzögerter oder ausbleibender Zahnwechsel (Milchzahnpersistenz): kleine und mittelgroße Rassen, vor allem Pudel, Dackel, Yorkshire Terrier, Cocker Spaniel, Spitz, Zwergpinscher (Rassehunde häufiger als Mischlinge)
Wucherung und Auftreibung von Schädel- und Kieferknochen (Craniomandibuläre Osteopathie): Scotch Terrier, West Highland White Terrier
Zahnfleischwucherung (*Epulis*): Boxer, Terrier, Deutscher Schäferhund, Dobermann, Dackel, Chow-Chow, Zwergspitz, Deutsch Kurzhaar
Zystinsteinbildung: Dackel, Labrador Retriever, Terrier, Zwergpudel, Boxer, Deutscher Schäferhund, Basset, Pekingese

Literatur

Beck, W. und Pantchev, N.: **Parasitäre Zoonosen**. Schlütersche Verlagsanstalt Hannover, 2009.

Gaida, S.: **Die Ellbogengelenkdysplasie des Hundes**, Spektrum Tiermedizin Klein- und Heimtiere 19, Veterinärspiegel Verlag GmbH, Berlin, 2009.

Grünbaum, E.-G. und Schimke, E.: **Klinik der Hundekrankheiten**, 3. Auflage, Enke Verlag, Stuttgart, 2007.

Hans, M. S., Thatcher, C. D., Remillard, R. L. und Roudebush, P.: **Klinische Diätetik für Kleintiere**, 4. Auflage, Schlütersche Verlagsanstalt, Hannover, 2002.

Harries, B.: **Welpe: Halten & Pflegen, Verstehen & Beschäftigen**. Franckh-Kosmos, Stuttgart, 2007.

Kohn, B. und Schwarz, G.: **Praktikum der Hundeklinik**, 12. Auflage, Enke Verlag, Stuttgart, 2017.

Wichtige Adressen

Gift-Notrufzentrale Freiburg
Hotline 0761/19240
www.uniklinik-freiburg.de/giftberatung.html

Schweizerisches Toxikologisches Informationszentrum
Hotline 0041/442 515151
www.toxinfo.ch

FINDEFIX - Das Haustierregister des Deutschen Tierschutzbundes
In der Raste 10
53129 Bonn
Tel.: +49 (0)228/6049635
E-Mail: info@findefix.com
www.findefix.com

TASSO e.V.
Otto-Volger-Str. 15
65843 Sulzbach/Ts.
Tel.: +49 (0)6190/937300
E-Mail: info@tasso.net
www.tasso.net

Register

Abort 274 f.
Abtreibung 23
Addison-Krise 295
Adipositas 42 f.
Allergien 180
Allergische Hauterkrankungen 180 f., 311
Alopezie 178 f.
Altern 107
Altersbedingtes Vestibulärsyndrom 301
Altersvorsorgeuntersuchungen 111 ff.
Aminosäuren 33 f.
Analbeutel 249
Analbeutelentzündung 249
Anämie 220
Anaplasmose 158 f.
Anfärbung der Hornhaut 201
Angina 225
Anöstrus 16
Antigestagene 23
Arthritis 229, 283 ff.
Arthrose 229, 283 ff.
Asthma 210
Aszites 254
Ataxie 301
Atemfrequenz 13
Atemnot 135
Atopie 181
Aufzucht 103 f.
Aufzucht neugeborener Welpen 278
Augapfelvorfall 125
Augenerkrankungen 193 ff.
Augeninnendruck 200
Augenlider, Erkrankungen der 193 f.
Augenpflege 100
Augenverletzung 125 f.
Aujeszky'sche Krankheit 152
Ausfluss 26
Austreibungsphase 25
Babesiose 173 f.
Backenzähne 14
Badebehandlung 67
Baden 99
Bandscheibenvorfall 289 ff., 311
Bandwürmer 166ff.
BARF 28 ff.
Bauchbruch 253
Bauchfellentzündung 253
Bauchspeicheldrüsenentzündung 258 f.
Bauchwassersucht 254
Bauschspeicheldrüsenerkrankungen 46 f.
Beatmen 121 f.
Bindehautentzündung 185 f.
Biologische Wertigkeit 33
Blasenriss 253
Blasensprung 26
Blasensteine 263
Blutarmut 220
Bluterkrankheit 220 f., 311
Blutgerinnungsstörungen 220 f.
Blutkrebs 222
Blutohr 189
Blutstillung 143
Blutung 143
Borreliose 156
Bronchitis 209
Brustwickel 212
Candidose 159
Caninusengstand 233 f.
Cardiomyopathie 312
Carré'sche Krankheit 149 f.
Cauda equina 291
CEA 204f.
Cherry Eye 197
Cheyletiella 165, 305
Chorioretinitis 204
Collie eye anomaly 204f., 311
Commotio cerebri 300
Computertopografie 58
CORL 236 f.
Coxarthrose 287
Craniomandibuläre Osteopathie 283, 313
Cruciataruptur 293f.
CT 58
Cushing-Syndrom 313
Dammbruch 251 f.
Darmschleimhautentzündungen 245 f.
Darmverschluss 246 f.
Dauerhitze 270
Deckakt 22 f.
Deckzeitpunkt 22
Demodexmilben 164
Demodikose 164
Dermatitis 182
Diabetes insipidus 295
Diabetes mellitus 46, 298 f.
Diarrhö 245

Dipylideum caninum 168
Dirofilariose 175ff.
Distichiasis 194
Drittes Augenlid 197
Durchfall 47 f., 245 f.
Dyspnoe 135
Echinococcus granulosus 167
Echinococcus multilocularis 167
Echinokokkose 166f.
ED 285
Ehrlichiose 157 f.
Eierstocktumoren 272
Eierstockzysten 187, 270
Eingeweidebrüche 138 f., 251ff.
Einreiseformalitäten 75
Einschläfern 70
Einzeller 170 ff.
Eisen 37
Eisprung 22
Eiweiße 33 f.
EKG 55 f.
Eklampsie 139, 278
Ektropium 193, 311
Ellenbogengelenkdysplasie 285, 311
Ellenbogengelenkluxation 311
Enddarmaussackung 248
Enddarmvorfall 248
Endometritis 270 f.
Endoskopie 58
Engstand 233 f.
Entartung 183
Enteritis 245 f.
Entropium 193 f.
Entwurmung 85 f.
Eosinophile Muskelentzündung 293 f.
Epilepsie 133 f., 300
Epistaxis 206
Epulis 229, 313
Erbrechen 136 f.
Ernährung 27 ff.
Eröffnungsphase 25
Erste Hilfe 117 ff.
EU-Heimtierausweis 72 ff.
Euthanasie 70
Exokrine Pankreasinsuffizienz 259
Exophthalmus 199
Fallsucht 300
Fangzähne 14
Fehlende Zähne 230 f.
Fehlgeburt 274 f.
Fellpflege 98 f.
Fertigfutter 27 f.
Fette 34
Fettleibigkeit 42 f.
Fieber 44
Fiebermessen 13
Filariosen 175ff.
Flöhe 87 f., 161, 305
Flohstichallergie 181, 186
Fluor 38
Frakturbehandlung 146
Frakturierter Processus coronoideus 285 f., 312
Fruchtwasser 26
Frühsommermeningoenzephalitis 153
FSME 153
Fuchsbandwurm 167
Futterallergie 180 f.
Futterbestandteile 31 f.
Gallensteine 256
Gastritis 241 f.
Gastroenteritis 242, 245
Gaumen 226 f.
Gaumensegel 227
Gaumenspalten 226
Gebärmutterentzündung 270 f.
Gebärmuttererkrankungen 270
Gebärmuttertumoren 272
Gebärmuttervereiterung 270 f.
Gebührenordnung 69
Geburt 24 ff.
Geburtsablauf 24 ff.
Gehirnentzündung 300
Gehirnerschütterung 300
Gelbsucht 256 f.
Gelenkerkrankungen 283 ff.
Gelenkmaus 312
Gelöste Knorpelschuppe 284
Geriatrisches Vestibulärsyndrom 301
Gerstenkorn 195
Gesäugeentzündung 273
Gesäugetumoren 273 f.
Geschlechtsreife 13
Gestörtes Welpenpflegeverhalten 278
Gesundheitszeugnis 72
Getrennter Ellenbogengelenkfortsatz 285 f.
Getrennter Rabenschnabelfortsatz 286 f.
Giardien 171
Giardiose 170, 306

Gifte 141
Gingivitis 228f.
Glaukom 199f.
Gleichgewichtsstörungen 301
Glossitis 224
Glottisödem 207
GOT 69
Grauer Star 203, 312
Grundimmunisierung 83f.
Grüner Star 199f., 312
Gurkenkernbandwurm 168
Haarausfall 161, 163, 178, 180, 296
Haarbalgmilben 164
Haarlinge 163
Haarlosigkeit 178f.
Hakenwürmer 169, 306
Halszyste 228
Haltung 103ff.
Hämophilie 220, 311
Hämothorax 213
Hängen 22
Hängende Schulter 302
Harnblasenentzündung 263
Harnröhrenfistel 264
Harnröhrenverschluss 264
Harnsteinbildung 44f.
Harnträufeln 21, 108
Harnuntersuchung 54
Harnvergiftung 260ff.
Hausapotheke 124
Hautfaltenentzündung 312
Hautinfektionen 181ff.
Hautparasiten 161ff.
Hautpilze 159f.
Hautpilzerkrankung 159f., 304
Hauttumoren 183
HCC 150
HD 287f.
Hecheln 14. 132
Hechtbiss 232f.
Heimlichgriff 121
Helicobacter pylori 241
Hepatitis 254f.
Hepatitis contagiosa canis 150
Herbstgrasmilben 165f.
Hernien 251ff.
Herzdiät 43
Herzerkrankungen 43
Herzfehler 215
Herzinsuffizienz 215
Herzklappenerkrankungen 216
Herzmassage 122f.
Herzmuskelerkrankungen 217f.
Herzrhythmusstörungen 218f.
Herzschrittmacher 219
Herzwurmkrankheit 175f.
Hinterbeißer 233
Hitze 16
Hitzschlag 132
Hodenabstieg 13
Hodendrehung 137
Hodenentzündung 137, 266
Hodenhochstand 312
Hodentumoren 267
Hormonelle Erkrankungen 295ff.
Hornhaut 200ff.
Hornhautgeschwür 202
Hornhautverletzungen 201f.
Hot Spots 186
Hüftgelenkdysplasie 287f., 312
Hundemalaria 173f.
Hundeseuche 151
Hygrome 184
Hyperplasie der Nickhautdrüse 197
Hypersexualität 265
Hyperthyreose 298
Hypothyreose 297
Ikterus 174, 256f.
Ileus 246f.
Impfungen 81ff.
Inaktivitätsatrophie 292
Inkarzeration 246
Innenohrentzündung 191
Insektenstich 131f.
Insulin 298
Invagination 246
Iris 193
Isolierter Processus anconeus 285f., 312
Jod 38
Kalium 37
Kalzium 36
Kapilläre Rückfüllzeit 114f.
Kardiomyopathie 217f.
Karies 235f.
Karpfenbiss 233
Kastration 18ff.
Katarakt 203, 312
KCS 198
Kehlkopfödem 207f.

Keratitis 200 f.
Keratitis superficialis 201, 312
Keratokonjunktivitis sicca 198
Kiefergelenkausrenkung 230
Kiefergelenkluxation 230
Kiefersperre 230
Klappeninsuffizienz 216
Kleiner Fuchsbandwurm 167, 305
Kleiner Hundebandwurm 167, 305
Kniescheibenausrenkung 288 f., 312
Knochenbrüche 145 f., 282
Knochenentzündung 280 ff., 312
Knochentumor 282
Knochenwachstumsstörungen 280
Kohlenhydrate 32 f.
Kokzidiose 172
Kolostralmilch 278
Koma 120
Konjunktivitis 195 ff.
Konjunktivitis follikularis 196
Koprostase 247 f.
Körperpflege 98 ff.
Körperräude 165, 305
Körpertemperatur 13, 115
Krallen 102 f.
Krankenversicherung 68 f.
Kreuzbandriss 293f.
Kropfbildung 298
Kryptorchismus 265 f., 312
Kupfer 38
Kürbiskernbandwurm 167f., 305
Kusshandstellung 302
Laboruntersuchungen 53 f.
Lähmungen 132 f.
Läufigkeit 16
Läufigkeitsstörungen 270
Läufigkeitsunterdrückung 19 ff.
Läuse 163f.
Lebenserwartung 108
Leberentzündung 150, 254 f.
Lebererkrankungen 45 f.
Lebertumoren 258
Lebervergrößerung 256
Leberzirrhose 255
Leckdermatitis 186 f.
Legg-Calvé-Perthes-Krankheit 288
Leishmaniose 174f.
Leistenbruch 252
Leptospirose 155, 304
Leukose 222
Lidentzündung 194 f.
Lidtumoren 195
Liegeschwielen 184
Linse 193
Linsenluxation 203
Linsentrübung 203
Linsenverlagerung 203
Lochialfluss 26, 277
Lochialstau 277
Luftröhrenverengung 208 f., 313
Lungenemphysem 210
Lungenentzündung 212
Lungenödem 211
Lungentumoren 213
Lungenwurm 169f.
Lymphatische Leukose 222
Magenblähung 243 ff.
Magendrehung 243 ff., 313
Magengeschwür 241 f.
Magenschleimhautentzündung 241 f.
Magenüberladung 31
Magnesium 37
Magnetresonanztomografie 59 f.
Malassezia 160
Maligne Histiozytose 222
Malignes Lymphom 222
Mammatumoren 273 f.
Mandelentzündung 225
Mandibula angusta 233 f.
Mastdarmvorfall 248
Mastitis 273
Mastzelltumor 313
Medizinalshampoo 66
Megaösophagus 240
Meliceres 228
Meniskus 294
Metöstrus 16
Mikrochip 73
Mikrosporie 159 f., 304
Milben 164 ff.
Milchdrüsen 17
Milchmangel 278f.
Milchzucker 33
Milzdrehung 223
Milzriss 223
Milztumor 222
Milzvergrößerung 222
Mineralstoffe 36 ff.
Mittelohrentzündung 191
Morbus Addison 295 f.

Morbus Cushing 296f.
MRT 59f.
Mundhöhle 127
Mundnasenfistel 233, 237
Mundschleimhautentzündung 224
Muskelatrophie 292
Muskelschwund 292
Myositis eosinophilica 293f.
Nabelbruch 251f.
Nachgeburt 26
Nachgeburtsphase 26
Nachgeburtsstörungen 277
Nachhitze 16
Narbenbruch 253
Narkose 66ff.
Narkoserisiko 66
Nasenbluten 126f.
Nasennebenhöhlenentzündung 207
Nasenschleimhautentzündung 206
Nässendes Ekzem 186
Natrium 37
Nebenhodenentzündung 266
Nebennierenrindenüberfunktion 296f., 313
Nebennierenrindenunterfunktion 295f.
Nephritis 261
Nervenabriss 301f.
Nervenlähmungen 301f.
Nesselfieber 131, 180
Netzhaut 204f.
Netzhautablösung 205
Netzhautschwund 204
Nickhautdrüse 197
Nickhautvorfall 196f.
Nierenentzündung 261
Nierenerkrankungen 44
Nierenfunktionsstörung 260ff.
Niereninsuffizienz 260
Nierenschwäche 260
Nierentumoren 262
Nierenversagen 260f.
Nissen 163, 164, 165
Notfallapotheke 124
Oberschenkelkopfnekrose 288
Obstipation 247f.
OCD 284f., 312
Ohrenerkrankungen 188ff.
Ohrenpflege 100
Ohrenzwang 189
Ohrmilben 166
Ohrrandgeschwür 188
Ohrräude 166f.
Ohrspeicheldrüsenentzündung 227
Ösophagitis 240f.
Osteochondrosis dissecans 284f., 312
Osteomyelitis 282
Östrus 16
Othämatom 189
Otitis externa 189f., 312
Otitis interna 191
Otitis media 191
Otodectes-Räude 166f.
Pankreasinsuffizienz 259
Pankreatitis 258f.
Panostitis eosinophilica 280ff., 312
Parasiten 161ff.
Parasitologische Kotuntersuchung 54
Parodontitis 234f.
Parotitis 227
Parvovirose 151
Patellaluxation 288f., 312
Peitschenwürmer 169
Perinealhernie 248
Peritonitis 253f.
Pfotenpflege 102
Pharyngitis 224f.
Phimose 269
Phosphor 37
Pilzinfektionen 159ff.
Piroplasmose 173
Plaque 229, 235
Pneumothorax 135f., 213
PRA 204, 312
Präputialkatarrh 269
Presswehen 25
Prießnitz-Umschläge 212
Progressive Retinaatrophie 204f., 312
Proöstrus 16
Prostataabszess 268
Prostataentzündung 268
Prostataerkrankungen 267ff.
Prostatatumoren 268
Prostatavergrößerung 267f.
Pseudowut 152
Pyodermie 181ff.
Pyometra 270f.
Querschnittslähmung 133
Rachenentzündung 224f.
Ranula 227
Rattengift 221

Raubmilben 164f., 305
Rechtsherzinsuffizienz 256
Reduktionsdiäten 43
Regenbogenhaut 202
Reisekrankheiten 173ff.
Reisevorbereitung 74ff.
Reißzähne 15
Rektumdivertikel 248
Rektumprolaps 248
Retentio secundinarum 277
Rhinitis 206
Rohfütterung 28ff.
Röntgen 54f.
Rotläufigkeit 16
Rubarth'sche Krankheit 150
Rückenmarkentzündung 300
Rundwürmer 85f.
Rutenschläger 282
Salmonellose 155f., 304
Sarkoptes-Räude 165f., 305
Sarkosporidien 40
Schäferhundkeratitis 201
Scheidenabstrich 19, 23
Scheidenentzündung 271f.
Scheidentumoren 272
Scheidenvorfall 140, 272
Scheinschwangerschaft 17f.
Schilddrüsentumoren 298
Schilddrüsenüberfunktion 298
Schilddrüsenunterfunktion 297
Schimmelpilze 41, 180
Schlaganfall 301
Schlittenfahren 249
Schmetterlingsmücken 175
Schock 117ff., 219
Schubladenphänomen 294
Schwerhörigkeit 191f.
Seborrhoe 179f.
Sehnenverletzungen 293
Selen 38
Sinusitis 207
Skabies 165f.
Sonnenbrand 194
Sonnenstich 132
Speichelgangzysten 227f.
Speichelsteine 228
Speiseröhrenentzündung 240f.
Spondylose 291f.
Spulwürmer 168, 305
Staupe 149f.
Staupegebiss 150
Stauungsleber 255f.
Stehhitze 16
Steinbeißergebiss 239
Steinbildung 263f.
Sterilisation 18
Stille Hitze 270
Stomatitis 224
Struvitsteine 264
Stubenreinheit 104f.
Stuttgarter Hundeseuche 155, 304
Taeniose 167
Talgfluss 179f.
Taubheit 191f.
Teckellähme 289f.
Tetanus 156
Tiersicherheitsgurt 77
Tollwut 151f., 304
Tonsillitis 225
Torsion 246
Totaloperation 20
Toxoplasmose 171f.
Trachealkollaps 298f., 313
Tracheobronchitis 208
Trächtigkeit 23, 274
Trächtigkeitsdauer 13
Tränennasengang 199
Tränenpunkte 199
Tränentest 198
Transportbox 77
Trichiasis 194
Trichophytie 159f., 304
Trockenes Auge 198
Übersteigerter Geschlechtstrieb 265
Übertragen 275
Überzählige Zähne 230f.
Ulcus ventriculi 241f.
Ultraschalluntersuchung 56f.
Ungesättigte Fettsäuren 34
Unterzuckerung 299
Unterzungenzyste 227
Urämie 260ff.
Uratsteine 264
Urolithiasis 263f.
Uveitis 202
Vaginitis 271f.
Verband 144f.
Verbrennungen 147f.
Verdauungsruhe 42
Vergiftung 140ff.

Verrenkungen 147, 284
Verstauchungen 147, 284
Verstopfung 247 f.
Verwerfen 274 f.
Vestibulärsyndrom 301
Virusinfektionen 149 ff.
Vitamine 34 ff.
Volvolus 246
Vorbeißer 232 f.
Vorhautausfluss 269
Vorhautentzündung 269
Vorhautverengung 269
Vorhitze 16
Wasserbedarf 39 f.
Wasserharnruhr 295
Wasserkopf 276, 277
Weil'sche Krankheit 155, 304
Welpenernährung 105 f.
Welpenkauf 91, 96 ff.
Wirbelsäulenverknöcherung 291f.
Wobbler-Syndrom 290 f.
Wundreinigung 143 f.
Wundstarrkrampf 156
Wurzelspitzenvereiterung 237
Zahnbelag 229, 235
Zähne 14 f., 100 f,
Zahnerkrankungen 230 ff.
Zahnfisteln 237
Zahnfleischentzündung 228 f.
Zahnfleischpolyp 229
Zahnfleischwucherung 229, 313
Zahnfraktur 129, 238
Zahnreinigung 101
Zahnschmelz, Farbveränderungen 234
Zahnschmelzdefekte 234
Zahnstein 101, 234f.
Zahnverletzungen 224
Zahnwechsel 14
Zecken 88 ff., 162 f.
Zeckenenzephalitis 153
Zeckenstich 89. 185 f., 174
Zink 37
Zitterkrampf 139, 278
Zoonosen 303
Zuchtreife 13
Zuckerkrankheit 46, 298 f.
Zungenentzündung 224
Zwerchfellhernie 214
Zwerchfellriss 214
Zwingerhusten 153 f.
Zwingerhusten-Komplex 153 f.
Zwischenzehenekzem 185 f.
Zyklusruhe 16
Zystinsteinbildung 264, 313
Zystinsteine 264
Zystitis 263